学技能超简单

学 PLC 技术超简单

（全新升级版）

蔡杏山　主编

机械工业出版社

本书是一本介绍PLC技术的图书，主要内容有快速了解PLC、PLC编程与仿真软件的使用、基本指令及应用、顺序控制指令及应用、功能指令及应用、PLC通信、S7-300系列PLC的硬件系统、S7-300/400系列PLC编程组态及仿真软件的使用、S7-300/400系列PLC应用系统的开发流程及举例。

本书在第1版的基础上，对其中一些内容进行改进，并增加了介绍S7-300/400系列PLC的内容。

本书基础起点低、语言通俗易懂、内容图文并茂且循序渐进，读者只要有初中文化程度，就能通过阅读本书而轻松掌握PLC技术。本书适合作为初学者学习PLC技术的自学图书，也适合作为职业院校相关专业的PLC课程教材。

图书在版编目（CIP）数据

学PLC技术超简单：全新升级版/蔡杏山主编. —2版. —北京：机械工业出版社，2016.12（2018.1重印）

（学技能超简单）

ISBN 978-7-111-55193-5

Ⅰ. ①学…　Ⅱ. ①蔡…　Ⅲ. ①PLC技术-基本知识　Ⅳ. ①TM571.6

中国版本图书馆CIP数据核字（2016）第254996号

机械工业出版社（北京市百万庄大街22号　邮政编码100037）

策划编辑：徐明煜　责任编辑：徐明煜　闾洪庆

责任校对：张　薇　封面设计：马精明

责任印制：李　昂

三河市宏达印刷有限公司印刷

2018年1月第2版第3次印刷

184mm×260mm · 18.5印张 · 449千字

标准书号：ISBN 978-7-111-55193-5

定价：49.00元

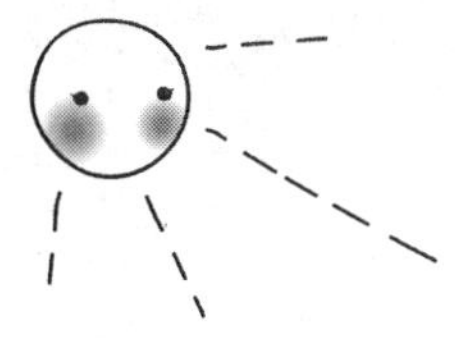

前　言

《学PLC技术超简单》一书自推出以来深受读者欢迎，取得了非常不错的销售成绩。在惊喜的同时，我们也发现了书中的一些不足，再加上热心读者为本书提出了一些好的建议，因此我们决定对《学PLC技术超简单》一书进行修订。

修订后，本书仍保持第1版的主要特点：

◆ **基础起点低。**读者只需具有初中文化程度即可阅读本书。

◆ **语言通俗易懂。**书中少用专业化的术语，遇到较难理解的内容用形象比喻说明，尽量避免复杂的理论分析和烦琐的公式推导，图书阅读起来会感觉十分顺畅。

◆ **采用图文并茂的方式表现内容。**书中大多采用读者喜欢的直观形象的图表方式表现内容，使阅读变得非常轻松，不易产生阅读疲劳。

◆ **内容安排符合人的认识规律。**在图书内容顺序安排上，按照循序渐进、由浅入深的原则进行，读者只需从前往后阅读图书，便会水到渠成。

◆ **突出显示书中知识要点。**为了帮助读者掌握书中的知识要点，书中用阴影和文字加粗的方法突出显示知识要点，指示学习重点。

◆ **网络免费辅导。**读者在阅读时遇到难理解的问题，可登录易天电学网(www.eTV100.com)，观看有关辅导材料或向老师提问进行学习，读者也可以在该网站了解本书的新书信息。

《学PLC技术超简单（全新升级版）》的改进主要有：

◆ **删掉一些陈旧或少用的内容，另外对一些旧符号、旧图形和旧电路进行更新，并对其重新进行描述说明。**

◆ **为了增强临场感，将一些绘制图换成实物图，让读者在阅读图书时就有仿佛亲自现场操作的感觉，这样在实践时可以很快上手。**

◆ **在第1版的基础上进行了扩展，除了让图书内容更完善外，还增加了很多实用的内容，使图书有较高的性价比。**

本书由蔡杏山担任主编。在编写过程中得到了许多教师的支持，其中蔡玉山、詹春华、黄勇、何慧、黄晓玲、蔡春霞、邓艳姣、刘凌云、刘海峰、刘元能、邵永亮、王娟、何丽、万四香、梁云、李清荣、朱球辉、何彬、蔡任英和邵永明等参与了部分章节的编写工作，在此一致表示感谢。由于编者水平有限，书中的错误和疏漏在所难免，望广大读者和同仁予以批评指正。

编　者

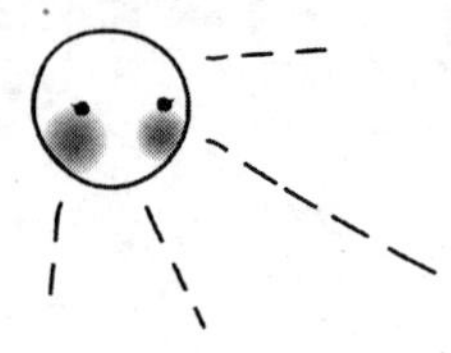

目　录

第1章 快速了解PLC

1.1 概述

1.1.1 PLC 的定义

PLC 是英文 Programmable Logic Controller 的缩写，意为可编程序逻辑控制器。世界上第一台 PLC 于 1969 年由美国数字设备公司（DEC）研制成功，随着技术的发展，PLC 的功能大大增强，不仅限于逻辑控制，因此美国电气制造协会（NEMA）于 1980 年对它进行重命名，称为可编程序控制器（Programmable Controller），简称 PC，但由于 PC 容易与个人计算机（Personal Computer，PC）混淆，故人们仍习惯将 PLC 当作可编程序控制器的缩写。

由于 PLC 一直在发展中，至今尚未对其下最后的定义。**国际电工委员会（IEC）对 PLC 最新定义如下：**

PLC 是一种数字运算操作电子系统，专为在工业环境下应用而设计，它采用了可编程序的存储器，用来在其内部存储执行逻辑运算、顺序控制、定时、计数和算术运算等操作的指令，并通过数字的、模拟的输入和输出，控制各种类型的机械或生产过程，PLC 及其有关的外围设备都应按易于与工业控制系统形成一个整体、易于扩充其功能的原则设计。

1.1.2 PLC 的分类

PLC 的种类很多，下面按结构形式、控制规模和实现功能对 PLC 进行分类。

1. 按结构形式分类

按硬件的结构形式不同，PLC 可分为整体式和模块式。

整体式 PLC 又称箱式 PLC，图 1-1 是一种常见的整体式 PLC，其外形像一个长方形的箱体，这种 PLC 的 CPU、存储器、I/O 接口等都安装在一个箱体内。整体式 PLC 的结构简单、体积小、价格低。小型 PLC 一般采用整体式结构。

模块式 PLC 又称组合式 PLC，其外形如图 1-2 所示，它有一个总线基板，基板上有很多总线插槽，其中由 CPU、存储器和电源构成的一个模块通常固定安装在某个插槽中，其他功能模块可随意安装在其他不同的插槽内。模块式 PLC 配置灵活，可通过增减模块来组成不同规模的系统，安装维修方便，但价格较高。大、中型 PLC 一般采用模块式结构。

图 1-1　整体式 PLC

图 1-2　模块式 PLC（组合式 PLC）

2. 按控制规模分类

I/O 点数（输入/输出端子数量）是衡量 PLC 控制规模的重要参数，根据 I/O 点数多少，可将 PLC 分为小型、中型和大型三类。

1）小型 PLC：其 I/O 点数小于 256 点，采用 8 位或 16 位单 CPU，用户存储器容量在 4KB 以下。

2）中型 PLC：其 I/O 点数在 256 ~ 2048 点之间，采用双 CPU，用户存储器容量为 2 ~ 8KB。

3）大型 PLC：其 I/O 点数大于 2048 点，采用 16 位、32 位多 CPU，用户存储器容量为 8 ~ 16KB。

3. 按功能分类

根据 PLC 的功能强弱不同，可将 PLC 分为低档、中档、高档三类。

1）低档 PLC。它具有逻辑运算、定时、计数、移位以及自诊断、监控等基本功能，有些还有少量模拟量输入/输出、算术运算、数据传送和比较、通信等功能。低档 PLC 主要用于逻辑控制、顺序控制或少量模拟量控制的单机控制系统。

2）中档 PLC。它除了具有低档 PLC 的功能外，还具有较强的模拟量输入/输出、算术运算、数据传送和比较、数制转换、远程 I/O、子程序、通信联网等功能，有些还增设有中断控制、PID（比例-积分-微分）控制等功能。中档 PLC 适用于比较复杂的控制系统。

3）高档 PLC。它除了具有中档 PLC 的功能外，还增加了带符号算术运算、矩阵运算、位逻辑运算、平方根运算及其他特殊功能函数的运算、制表及表格传送功能等。高档 PLC 具有很强的通信联网功能，一般用于大规模过程控制或构成分布式网络控制系统，实现工厂控制自动化。

1.1.3　PLC 的特点

PLC 是一种专为工业应用而设计的控制器，它主要有以下特点：

（1）可靠性高，抗干扰能力强

为了适应工业应用要求，PLC 从硬件和软件方面采用了大量的技术措施，以便能在恶劣环境下长时间可靠运行，现在大多数 PLC 的平均无故障运行时间可达几十万小时。

（2）通用性强，控制程序可变，使用方便

PLC 可利用齐全的各种硬件装置来组成各种控制系统，用户不必自己再设计和制作硬件装置。用户在硬件确定以后，在生产工艺流程改变或生产设备更新的情况下，无需大量改变PLC 的硬件设备，只需更改程序就可以满足要求。

（3）功能强，适应范围广

现代 PLC 不仅有逻辑运算、计时、计数、顺序控制等功能，还具有数字量和模拟量的输入输出、功率驱动、通信、人机对话、自检、记录显示等功能，既可控制一台生产机械、一条生产线，又可控制一个生产过程。

（4）编程简单，易用易学

目前大多数 PLC 采用梯形图编程方式，梯形图语言的编程元件符号和表达方式与继电器控制电路原理图非常接近，这样使大多数工厂企业电气技术人员非常容易接受和掌握。

（5）系统设计、调试和维修方便

PLC 用软件来取代继电器控制系统中大量的中间继电器、时间继电器、计数器等器件，使控制柜的设计安装接线工作量大为减少。另外，PLC 的用户程序可以通过计算机在实验室仿真调试，减少了现场的调试工作量。此外，由于 PLC 结构模块化及很强的自我诊断能力，维修也极为方便。

1.2 PLC 控制与继电器控制的比较

PLC 控制是在继电器控制基础上发展起来的，为了让读者能初步了解 PLC 控制方式，本节以电动机正转控制为例对两种控制系统进行比较。

1.2.1 继电器正转控制电路

图 1-3 是一种常见的继电器正转控制电路，可以对电动机进行正转和停转控制，图 a 为主电路，图 b 为控制电路。

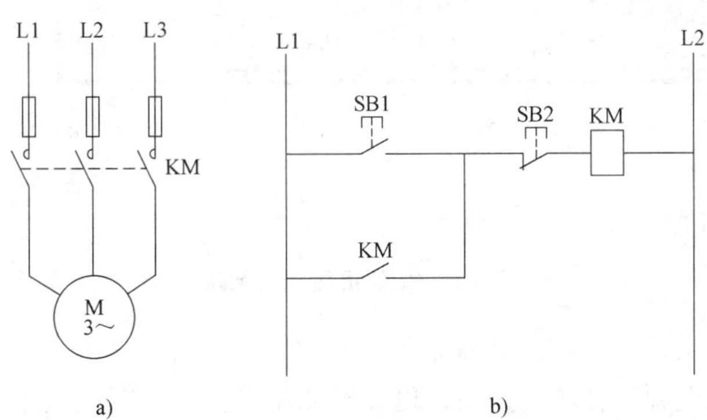

图 1-3 继电器正转控制电路

电路原理说明如下：

按下起动按钮 SB1，接触器 KM 线圈得电，主电路中的 KM 主触点闭合，电动机得电运转，与此同时，控制电路中的 KM 常开自锁触点也闭合，锁定 KM 线圈得电（即 SB1 断开后KM 线圈仍可得电）。

按下停止按钮 SB2，接触器 KM 线圈失电，KM 主触点断开，电动机失电停转，同时 KM

常开自锁触点也断开，解除自锁（即 SB2 闭合后 KM 线圈无法得电）。

1.2.2 PLC 正转控制电路

图 1-4 是一种 S7-200 PLC 正转控制电路，PLC 的型号为 CPU222，它可以实现图 1-3 所示的继电器-接触器正转控制电路相同的功能。PLC 正转控制电路也可分成主电路和控制电路两部分，PLC 与外接的输入、输出部件构成控制电路，主电路与继电器正转控制主电路相同。

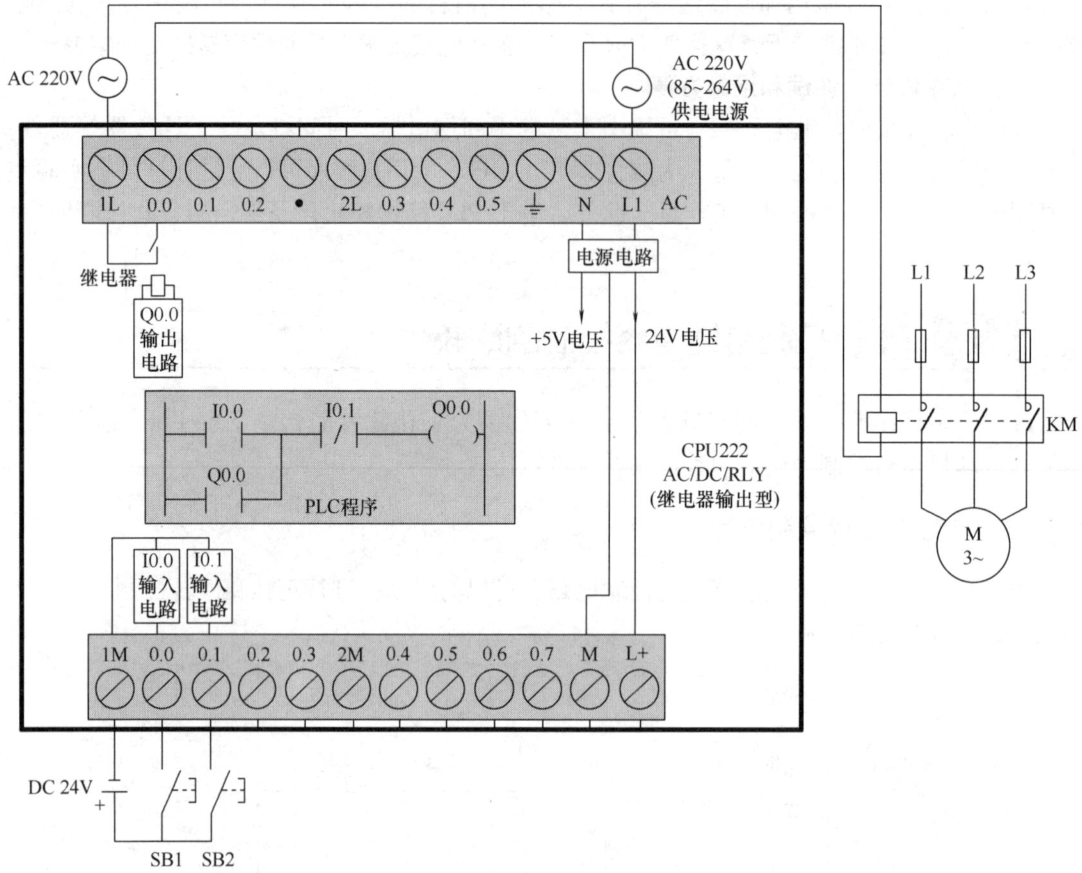

图 1-4 PLC 正转控制电路

在组建 PLC 控制系统时，要给 PLC 输入端子接输入部件（如开关）、给输出端子接输出部件，并给 PLC 提供电源。在图 1-4 中，PLC 输入端子连接 SB1（起动）、SB2（停止）按钮和 24V 直流电源（DC 24V），输出端子连接接触器 KM 线圈和 220V 交流电源（AC 220V），电源端子连接 220V 交流电源供电，在内部由电源电路转换成 5V 和 24V，5V 供给内部电路使用，24V 会送到 L+、M 端子，可以提供给输入端子使用。PLC 硬件连接完成后，在计算机中使用 PLC 编程软件编写图示的梯形图程序，并用专用的编程电缆将计算机与 PLC 连接起来，再将程序写入 PLC。

图 1-4 所示的 PLC 正转控制电路的硬、软件工作过程说明如下：

当按下起动按钮 SB1 时，24V 电源、SB1 与 PLC 的 I0.0、1M 端子内部的 I0.0 输入电路构成回路，有电流流过 I0.0 输入电路（电流途径是，24V +→SB1→I0.0 端子→I0.0 输入电路→1M 端子→24V -），I0.0 输入电路有电流流过，马上使程序中的 I0.0 常开触点闭合，程序中左母线的模拟电流（也称能流）经闭合的 I0.0 常开触点、I0.1 常闭触点流经 Q0.0 线圈到达右母线，程序中的 Q0.0 线圈得电，一方面会使程序中的 Q0.0 常开自锁触点闭合，还会控制 Q0.0 输出电路，使之输出电流流过继电器的线圈，继电器触点被吸合，于是有电流流过主电路中的接触器 KM 线圈，KM 主触点闭合，电动机得电运转。

当按下停止按钮 SB2 时，有电流流过 I0.1 端子内部的 I0.1 输入电路，会使程序中的 I0.1 常闭触点断开，程序中的 Q0.0 线圈失电，一方面会使程序中的 Q0.0 常开自锁触点断开，还会控制 Q0.0 输出电路，使之停止输出电流，继电器线圈无电流流过，其触点断开，主电路中的接触器 KM 线圈失电，KM 主触点断开，电动机停转。

1.2.3　PLC 控制、继电器控制和单片机控制的比较

PLC 控制与继电器控制相比，具有改变程序就能变换控制功能的优点，但在简单控制时成本较高，另外，利用单片机也可以实现控制。PLC、继电器和单片机控制系统的比较见表 1-1。

表 1-1　PLC、继电器和单片机控制系统的比较

比较内容	PLC 控制系统	继电器控制系统	单片机控制系统
功能	用程序可以实现各种复杂控制	用大量继电器布线逻辑实现循序控制	用程序实现各种复杂控制，功能强
改变控制内容	修改程序较简单容易	改变硬件接线、工作量大	修改程序，技术难度大
可靠性	平均无故障工作时间长	受机械触点寿命限制	一般比 PLC 差
工作方式	顺序扫描	顺序控制	中断处理，响应最快
接口	直接与生产设备相连	直接与生产设备相连	要设计专门的接口
环境适应性	可适应一般工业生产现场环境	环境差，会降低可靠性和寿命	要求有较好的环境，如机房、实验室、办公室
抗干扰	一般不用专门考虑抗干扰问题	能抗一般电磁干扰	要专门设计抗干扰措施，否则易受干扰影响
维护	现场检查，维修方便	定期更换继电器，维修费时	技术难度较高
系统开发	设计容易、安装简单、调试周期短	图样多，安装接线工作量大，调试周期长	系统设计复杂，调试技术难度大，需要有系统的计算机知识
通用性	较好，适应面广	一般是专用	要进行软、硬件技术改造才能作其他用
硬件成本	比单片机控制系统高	少于 30 个继电器时成本较低	一般比 PLC 低

1.3　PLC 的组成与工作原理

1.3.1　PLC 的组成框图

PLC 种类很多，但结构大同小异，典型的 PLC 控制系统组成框图如图 1-5 所示。在组建

PLC 控制系统时，需要给 PLC 的输入端子连接有关的输入设备（如按钮、触点和行程开关等），给输出端子接有关的输出设备（如指示灯、电磁线圈和电磁阀等），如果需要 PLC 与其他设备通信，可在 PLC 的通信接口连接其他设备，如果希望增强 PLC 的功能，可给 PLC 的扩展接口接上扩展单元。

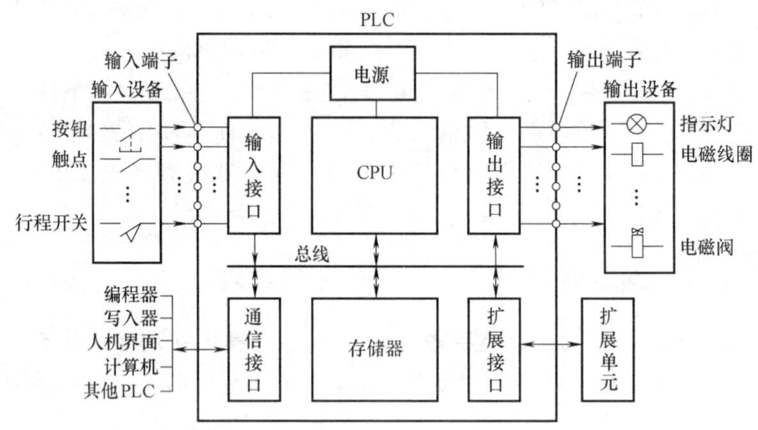

图 1-5　典型的 PLC 控制系统组成框图

1.3.2　PLC 内部组成单元说明

从图 1-5 中可以看出，**PLC 内部主要由 CPU、存储器、输入接口、输出接口、通信接口和扩展接口等组成。**

1. CPU

CPU 又称中央处理器，它是 PLC 的控制中心，它通过总线（包括数据总线、地址总线和控制总线）与存储器和各种接口连接，以控制它们有条不紊地工作。CPU 的性能对 PLC 工作速度和效率有很大的影响，故大型 PLC 通常采用高性能的 CPU。

CPU 的主要功能如下：

1）接收通信接口送来的程序和信息，并将它们存入存储器。

2）采用循环检测（即扫描检测）方式不断检测输入接口送来的状态信息，以判断输入设备的输入状态。

3）逐条运行存储器中的程序，并进行各种运算，再将运算结果存储下来，然后通过输出接口输出，以对输出设备进行有关的控制。

4）监测和诊断内部各电路的工作状态。

2. 存储器

存储器的功能是存储程序和数据。PLC 通常配有 ROM（只读存储器）和 RAM（随机存储器）两种存储器，ROM 用来存储系统程序，RAM 用来存储用户程序和程序运行时产生的数据。

系统程序由厂商编写并固化在 ROM 中，用户无法访问和修改系统程序。系统程序主要包括系统管理程序和指令解释程序。系统管理程序的功能是管理整个 PLC，让内部各个电路能有条不紊地工作。指令解释程序的功能是将用户编写的程序翻译成 CPU 可以识别和执行的程序。

用户程序是由用户编写并输入存储器的程序，为了方便调试和修改，用户程序通常存放在 RAM 中，由于断电后 RAM 中的程序会丢失，所以 RAM 专门配有后备电池供电。有些 PLC 采用 EEPROM（电可擦写只读存储器）来存储用户程序，由于 EEPROM 中的信息可使用电信号擦写，并且掉电后内容不会丢失，因此采用这种存储器后可不要备用电池。

3. 输入/输出接口

输入/输出接口（即输入/输出电路）又称 I/O 接口或 I/O 模块，是 PLC 与外围设备之间的连接部件。 PLC 通过输入接口检测输入设备的状态，以此作为对输出设备控制的依据，同时 PLC 又通过输出接口对输出设备进行控制。

PLC 的 I/O 接口能接收的输入和输出信号个数称为 PLC 的 I/O 点数。 I/O 点数是选择 PLC 的重要依据之一。

PLC 外围设备提供或需要的信号电平是多种多样的，而 PLC 内部 CPU 只能处理标准电平信号，所以 I/O 接口要能进行电平转换；另外，为了提高 PLC 的抗干扰能力，I/O 接口一般采用光电隔离和滤波功能；此外，为了便于了解 I/O 接口的工作状态，I/O 接口还带有状态指示灯。

（1）输入接口

PLC 的输入接口分为数字量输入接口和模拟量输入接口，数字量输入接口用于接收“1、0”数字信号或开关通断信号，又称开关量输入接口；模拟量输入接口用于接收模拟量信号。 模拟量输入接口通常采用 A-D 转换电路，将模拟量信号转换成数字信号。数字量输入接口如图 1-6 所示。

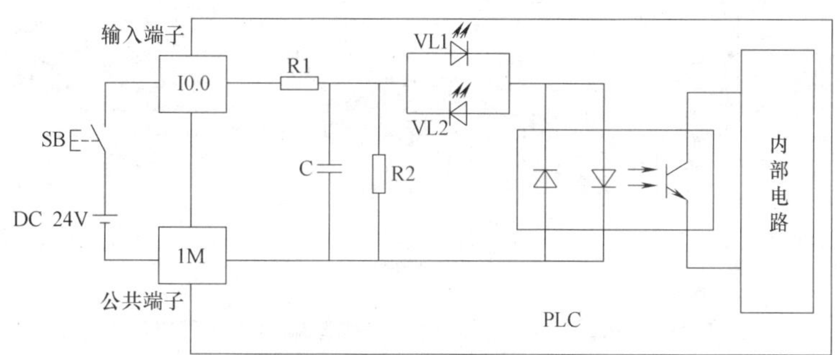

图 1-6　数字量输入接口

当闭合按钮 SB 后，24V 直流电源产生的电流流过指示灯 VL1 和光耦合器中的一个发光二极管，光耦合器中的光敏晶体管导通，将按钮的状态送给内部电路，由于光耦合器内部是通过光线传递，故可以将外部电路与内部电路有效隔离开来。

输入指示灯 VL1、VL2 用于指示输入端子是否有输入。R2、C 为滤波电路，用于滤除输入端子窜入的干扰信号，R1 为限流电阻。1M 端为同一组数字量（如 I0.0 ~ I0.7）的公共端。从图中不难看出，DC24V 电源的极性可以改变。

（2）输出接口

PLC 的输出接口也分为数字量输出接口和模拟量输出接口。模拟量输出接口通常采用 D-A 转换电路， 将数字量信号转换成模拟量信号。**数字量输出接口采用的电路形式较多，**

根据使用的输出开关器件不同可分为继电器输出接口、晶体管（场效应晶体管或普通晶体管）输出接口和双向晶闸管输出接口。

图1-7为继电器输出型接口电路。当PLC内部电路产生电流流经继电器KA线圈时，继电器常开触点KA闭合，负载有电流通过。R2、C和压敏电阻RV用来吸收继电器触点断开时负载线圈产生的瞬间反峰电压。

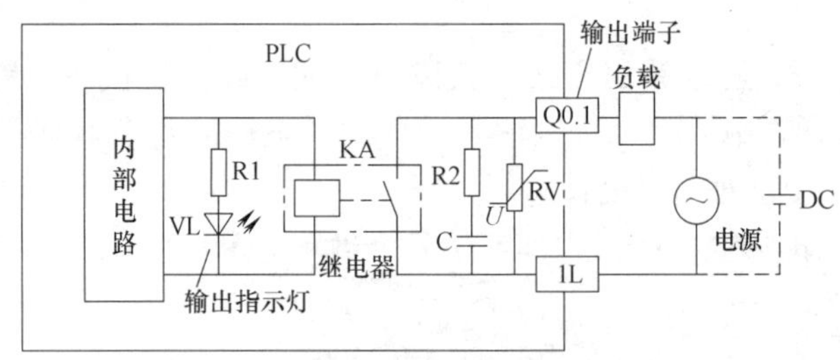

图1-7　继电器输出型接口电路

继电器输出接口的特点是可驱动交流或直流负载，允许通过的电流大，但其响应时间长，通断变化频率低。

图1-8为采用场效应晶体管的晶体管输出型接口电路，它采用光耦合器与场效应晶体管配合使用。当PLC内部电路输出的电流流过光耦合器的发光二极管使之发光时，光敏晶体管受光导通，场效应晶体管VF的G极电压下降，由于VF为耗尽型P沟道场效应晶体管，当G极为高电压时截止，为低电压时导通，因此光耦合器导通时VF也导通，相当于1L+、Q0.2端子内部接通。

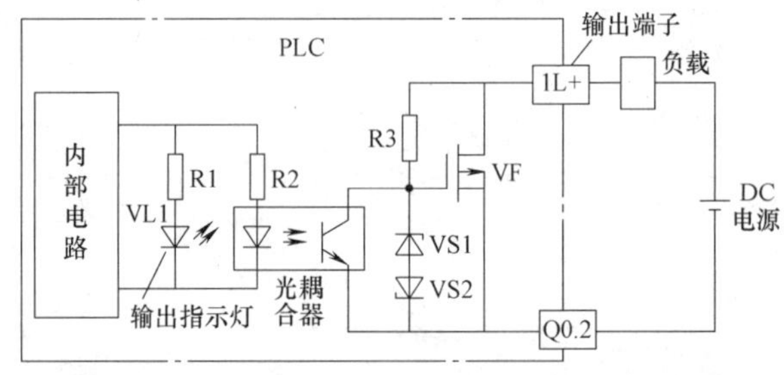

图1-8　采用场效应晶体管的晶体管输出型接口电路

晶体管（场效应晶体管或普通晶体管）输出接口反应速度快，通断频率高（可达20～100kHz），但只能用于驱动直流负载，且过电流能力差。

图1-9为晶闸管输出型接口电路，它采用双向晶闸管型光耦合器。当光耦合器内部的发

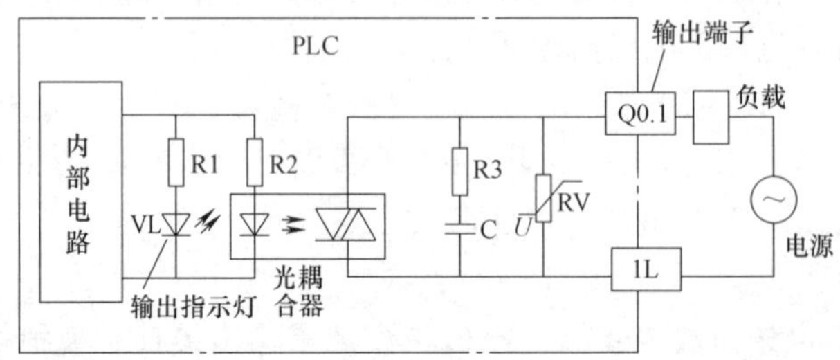

图1-9　晶闸管输出型接口电路

光二极管发光时，内部的双向晶闸管可以双向导通。**双向晶闸管输出接口的响应速度快，动作频率高，通常用于驱动交流负载。**

4. 通信接口

PLC 配有通信接口，PLC 可通过通信接口与编程器、打印机、其他 PLC、计算机等设备实现通信。PLC 与编程器或写入器连接，可以接收编程器或写入器输入的程序；PLC 与打印机连接，可将过程信息、系统参数等打印出来；PLC 与人机界面（如触摸屏）连接，可以在人机界面直接操作 PLC 或监视 PLC 工作状态；PLC 与其他 PLC 连接，可组成多机系统或连成网络，实现更大规模的控制；与计算机连接，可组成多级分布式控制系统，实现控制与管理相结合。

5. 扩展接口

为了提升 PLC 的性能，增强 PLC 的控制功能，可以通过扩展接口给 PLC 增接一些专用功能模块，如高速计数模块、闭环控制模块、运动控制模块、中断控制模块等。

6. 电源

PLC 一般采用开关电源供电，与普通电源相比，PLC 电源的稳定性好、抗干扰能力强。PLC 的电源对电网提供的电源稳定度要求不高，一般允许电源电压在其额定值 ±15% 的范围内波动。有些 PLC 还可以通过端子往外提供直流 24V 稳压电源。

1.3.3　PLC 的工作方式

PLC 是一种由程序控制运行的设备，其工作方式与微型计算机不同，微型计算机运行到结束指令时，程序运行结束。**PLC 运行程序时，会按顺序依次逐条执行存储器中的程序指令，当执行完最后的指令后，并不会马上停止，而是又重新开始再次执行存储器中的程序，如此周而复始，PLC 的这种工作方式称为循环扫描方式。**

PLC 的一般工作过程如图 1-10 所示。

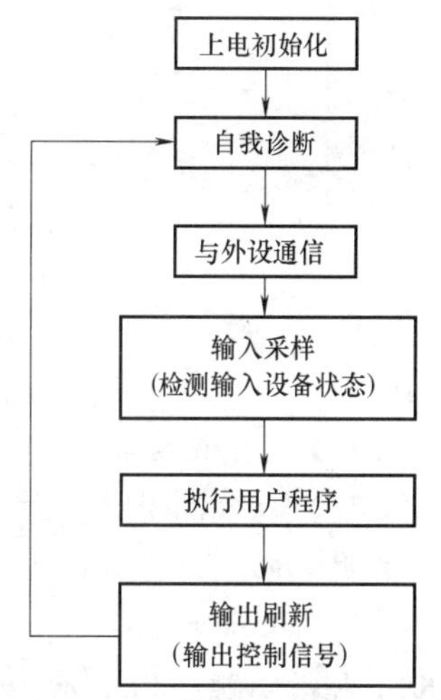

图 1-10　PLC 的一般工作过程

PLC 通电后，首先进行系统初始化，将内部电路恢复到起始状态，然后进行自我诊断，检测内部电路是否正常，以确保系统能正常运行，诊断结束后对通信接口进行扫描，若接有外部设备则与之通信。通信接口无外设或通信完成后，系统开始进行输入采样，检测输入设备（开关、按钮等）的状态，然后根据输入采样结果依次执行用户程序，程序运行结束后对输出进行刷新，即输出程序运行时产生的控制信号。以上过程完成后，系统又返回，重新开始自我诊断，以后不断重新上述过程。

PLC 有两个工作状态：RUN（运行）状态和 STOP（停止）状态。当 PLC 工作在 RUN 状态时，系统会完整地执行图 1-10 过程，当 PLC 工作在 STOP 状态时，系统不执行用户程序。PLC 正常工作时应处于 RUN 状态，而在编制和修改程序时，应让 PLC 处于 STOP 状态。PLC 的两种工作状态可通过面板上的开关切换。

PLC 工作在 RUN 状态时，完整执行图 1-10 过程所需的时间称为扫描周期，一般为 1 ~ 100ms。扫描周期与用户程序的长短、指令的种类和 CPU 执行指令的速度有很大的关系。

1.4 PLC 的编程语言

PLC 是一种由软件驱动的控制设备，PLC 软件由系统程序和用户程序组成。系统程序由 PLC 制造厂商设计编制的，并写入 PLC 内部的 ROM 中，用户无法修改。用户程序是由用户根据控制需要编制的程序，再写入 PLC 存储器中。

写一篇相同内容的文章，可以使用中文，也可以使用英文，还可以使用法文。同样地，编制 PLC 用户程序也可以使用多种语言。**PLC 常用的编程语言主要有梯形图（LAD）、功能块图（FBD）和指令语句表（STL）等，其中梯形图语言最为常用。**

1.4.1 梯形图

梯形图（LAD）采用类似传统继电器控制电路的符号来编程，用梯形图编制的程序具有形象、直观、实用的特点，因此这种编程语言成为电气工程人员应用广泛的 PLC 编程语言。

下面对相同功能的继电器控制电路与梯形图程序进行比较，具体如图 1-11 所示。

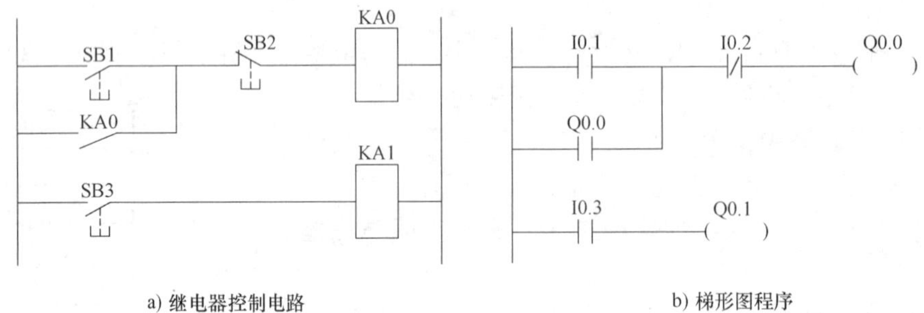

图 1-11 继电器控制电路与梯形图程序的比较

图 1-11a 为继电器控制电路，当 SB1 闭合时，继电器 KA0 线圈得电，KA0 自锁触点闭合，锁定 KA0 线圈得电，当 SB2 断开时，KA0 线圈失电，KA0 自锁触点断开，解除锁定，当 SB3 闭合时，继电器 KA1 线圈得电。

图 1-11b 为梯形图程序，当常开触点 I0.1 闭合时，左母线产生的能流（可理解为电流）经 I0.1 和常闭触点 I0.2 流经输出继电器 Q0.0 线圈到达右母线（西门子 PLC 梯形图程序省去右母线），Q0.0 自锁触点闭合，锁定 Q0.0 线圈得电；当常闭触点 I0.2 断开时，Q0.0 线圈失电，Q0.0 自锁触点断开，解除锁定；当常开触点 I0.3 闭合时，继电器 Q0.1 线圈得电。

不难看出，两种图的表达方式很相似，**不过梯形图使用的继电器是由软件来实现的，使用和修改灵活方便，而继电器控制电路采用硬接线，修改比较麻烦。**

1.4.2 功能块图

功能块图（FBD）采用了类似数字逻辑电路的符号来编程，对于有数字电路基础的人

很容易掌握这种语言。图1-12为功能相同的梯形图和功能块图，在功能块图中，左端为输入端，右端为输出端，输入、输出端的小圆圈表示“非运算”。

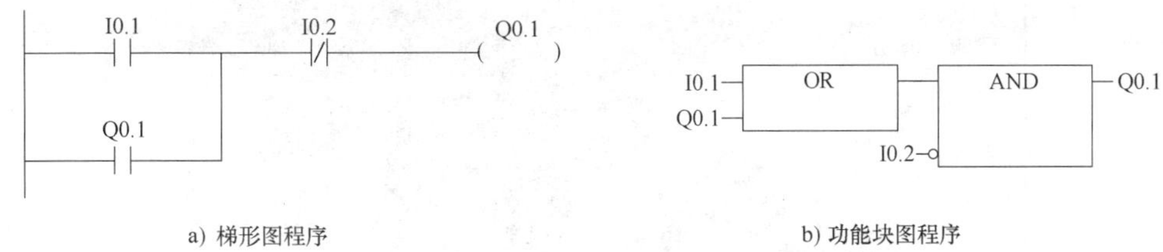

a) 梯形图程序　　b) 功能块图程序

图1-12　梯形图程序与功能块图程序的比较

1.4.3　指令语句表

指令语句表（STL）语言与微型计算机采用的汇编语言类似，也采用助记符形式编程。在使用简易编程器对PLC进行编程时，一般采用指令语句表语言，这主要是因为简易编程器显示屏很小，难于采用梯形图语言编程。图1-13为功能相同的梯形图和指令语句表。不难看出，指令语句表就像是描述绘制梯形图的文字，指令语句表主要由指令助记符和操作数组成。

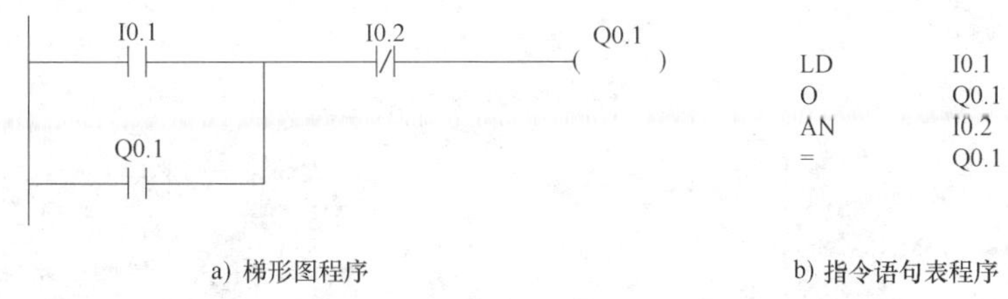

a) 梯形图程序　　b) 指令语句表程序

图1-13　梯形图程序与指令语句表程序的比较

1.5 西门子PLC介绍

1.5.1　S7系列与S7-200系列PLC

1. S7系列PLC

S7系列PLC是西门子生产的可编程序控制器，它包括小型机（S7-200、S7-1200系列）、中大型机（S7-300C、S7-300和S7-400系列）。S7系列PLC如图1-14所示，图中的LOGO！为智能逻辑控制器。

2. S7-200系列PLC

S7-200系列PLC是S7系列中的小型PLC，常用在小型自动化设备中。**根据使用的CPU模块不同，S7-200系列PLC可分为CPU221、CPU222、CPU224、CPU226等类型，除CPU221无法扩展外，其他类型都可以通过增加扩展模块来增加功能。**

（1）外形尺寸

S7-200系列PLC外形尺寸如图1-15所示，图中6DI/4DO表示有6个数字量输入端和4个数字量输出端。

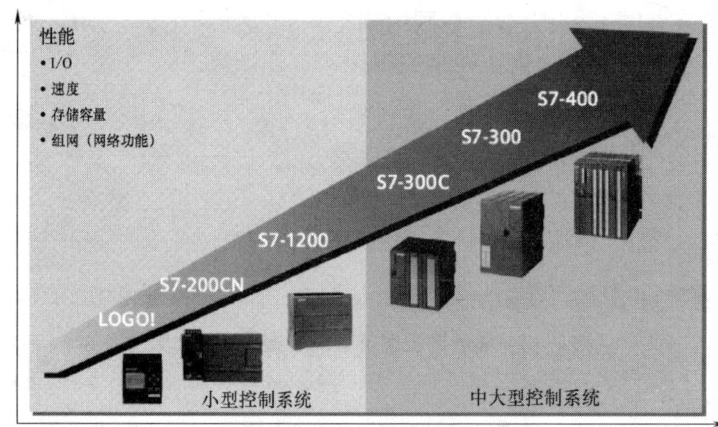

图 1-14　S7 系列 PLC

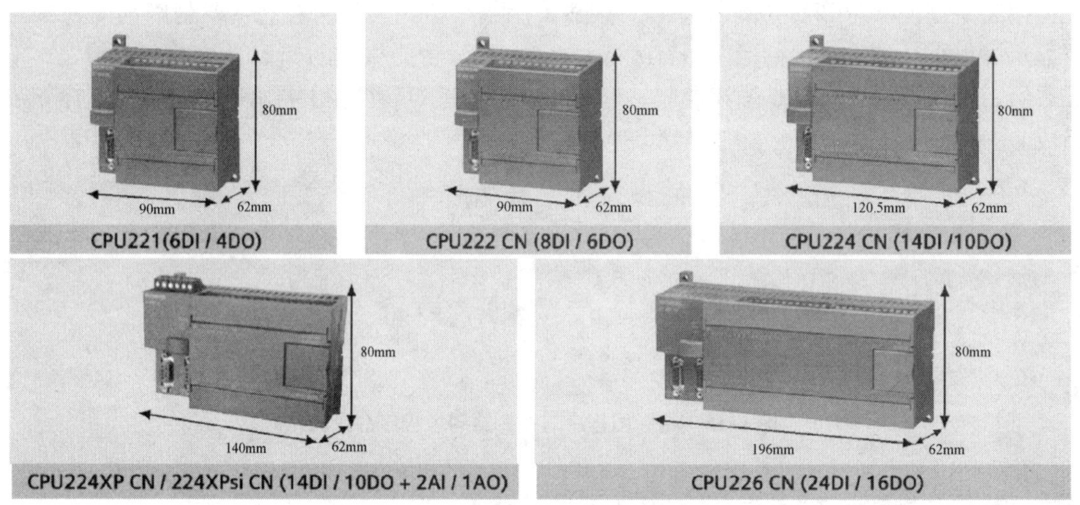

图 1-15　S7-200 系列 PLC 外形尺寸

（2）硬件与端子介绍

由于 S7-200 系列 PLC 型号较多，下面以 S7-224CN（即 CPU224）为例进行说明。S7-224CN 的硬件与端子如图 1-16 所示，从图中可以看出，其端子主要有模拟量输入和输出端子（AI&AO）、输出端子（数字量）、输入端子（数字量）、电源端子、24V 直流源输出端子（供给外部传感器）、通信端口和扩展模块电缆连接端子，另外还有拨码开关及内置模拟量调节旋钮。

（3）技术规范

S7-200 系列 PLC 的技术规范见表 1-2。

表 1-2　S7-200 系列 PLC 的技术规范

技术规范	CPU221	CPU222	CPU224	CPU224XP	CPU226
集成的数字量输入/输出	6 入/4 出	8 入/6 出	14 入/10 出	14 入/10 出	24 入/16 出
可连接的扩展模块数量，最大	不可扩展	2 个	7 个	7 个	7 个

（续）

技术规范	CPU221	CPU222	CPU224	CPU224XP	CPU226
最大可扩展的数字量输入/输出	不可扩展	78 点	168 点	168 点	248 点
最大可扩展的模拟量输入/输出	不可扩展	10 点	35 点	38 点	35 点
用户程序区	4KB	4KB	8KB	12KB	16KB
数据存储区	2KB	2KB	8KB	10KB	10KB
数据后备时间（电容）	50h	50h	100h	100h	100h
后备电池（选件）	200 天	200 天	200 天	200 天	200 天
编程软件	STEP 7-Micro/WIN	STEP 7-Micro/WIN	STEP 7-Micro/WIN	STEP 7-Micro/WIN	STEP 7-Micro/WIN
布尔量运算执行时间	0.22μs	0.22μs	0.22μs	0.22μs	0.22μs
标志寄存器/计数器/定时器	256/256/256	256/256/256	256/256/256	256/256/256	256/256/256
高速计数器	4 个 30kHz	4 个 30kHz	6 个 30kHz	6 个 100kHz	6 个 30kHz
高速脉冲输出	2 个 20kHz	2 个 20kHz	2 个 20kHz	2 个 100kHz	2 个 20kHz
通信接口	1 个 RS485	1 个 RS485	1 个 RS485	2 个 RS485	2 个 RS485
外部硬件中断	4	4	4	4	4
支持的通信协议	PPI，MPI，自由口	PPI，MPI，自由口，PROFIBUS-DP	PPI，MPI，自由口，PROFIBUS-DP	PPI，MPI，自由口，PROFIBUS-DP	PPI，MPI，自由口，PROFIBUS-DP
模拟电位器	1 个 8 位分辨率	1 个 8 位分辨率	2 个 8 位分辨率	2 个 8 位分辨率	2 个 8 位分辨率
实时时钟	可选卡件	可选卡件	内置时钟	内置时钟	内置时钟
外形尺寸（$W \times H \times D$）/mm	90×80×62	90×80×62	120.5×80×62	140×80×62	196×80×62

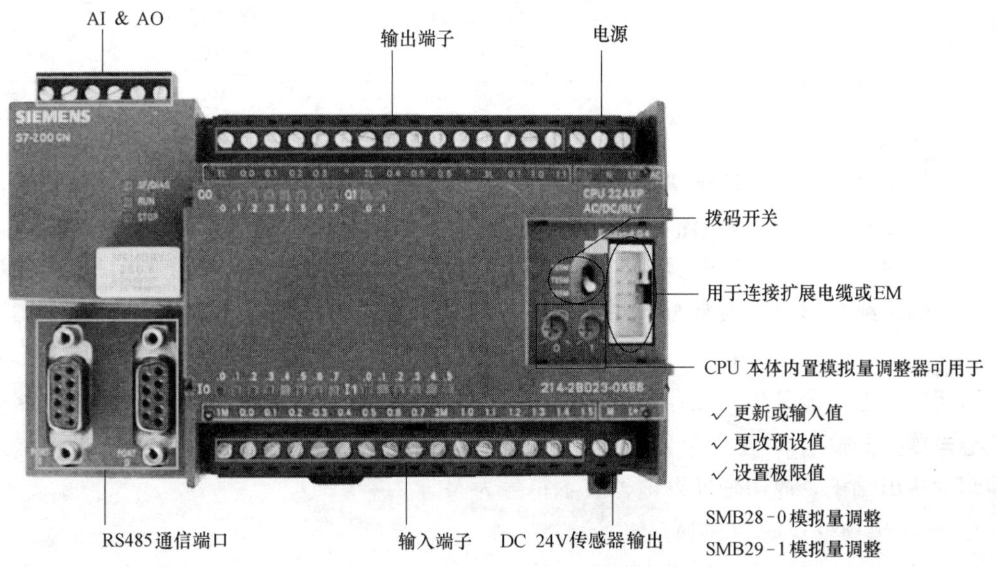

图 1-16　S7-224CN 的硬件与端子

1.5.2 S7-200 系列 PLC 的编程元件

PLC 是在继电器控制电路基础上发展起来的，继电器控制电路有时间继电器、中间继电器等，而 PLC 也有类似的器件，称为编程元件，这些元件是由软件来实现，故又称为软元件。PLC 编程可以看成是将编程元件按继电器控制方式连接起来的过程。

PLC 编程元件主要有输入继电器、输出继电器、辅助继电器、定时器、计数器、数据寄存器和常数寄存器等。

1. 输入继电器（I）

输入继电器又称输入过程映像寄存器，它与 PLC 的输入端子连接，只能受 PLC 外部开关信号驱动，当端子外接开关接通时，该端子内部的输入继电器为 ON（1 状态），反之为 OFF（0 状态）。一个输入继电器可以有很多常闭触点和常开触点。输入继电器的表示符号为 I，按八进制方式编址（或称编号），PLC 型号不同，输入继电器个数会有所不同。

表 1-3 列出了一些常用型号 PLC 的输入继电器编址。

表 1-3　常用型号 PLC 的输入继电器和输出继电器编址

型号	CPU221（6 入/4 出）	CPU222（8 入/6 出）	CPU224（14 入/10 出）	CPU226（XM）（24 入/16 出）
输入继电器	I0.0、I0.1、I0.2、I0.3、I0.4、I0.5	I0.0、I0.1、I0.2、I0.3、I0.4、I0.5、I0.6、I0.7	I0.0、I0.1、I0.2、I0.3、I0.4、I0.5、I0.6、I0.7 I1.0、I1.1、I1.2、I1.3、I1.4、I1.5	I0.0、I0.1、I0.2、I0.3、I0.4、I0.5、I0.6、I0.7 I1.0、I1.1、I1.2、I1.3、I1.4、I1.5、I1.6、I1.7 I2.0、I2.1、I2.2、I2.3、I2.4、I2.5、I2.6、I2.7
输出继电器	Q0.0、Q0.1、Q0.2、Q0.3	Q0.0、Q0.1、Q0.2、Q0.3、Q0.4、Q0.5	Q0.0、Q0.1、Q0.2、Q0.3、Q0.4、Q0.5、Q0.6、Q0.7 Q1.0、Q1.1	Q0.0、Q0.1、Q0.2、Q0.3、Q0.4、Q0.5、Q0.6、Q0.7 Q1.0、Q1.1、Q1.2、Q1.3、Q1.4、Q1.5、Q1.6、Q1.7

2. 输出继电器（Q）

输出继电器又称输出过程映像寄存器，它通过输出接口来驱动输出端子的外接负载，一个输出继电器只有一个与输出端子连接的常开触点（又称硬触点），而内部常开触点和常闭触点可以有很多个。输出继电器的表示符号为 Q，按八进制方式编址（或称编号），PLC 型号不同，输出继电器个数会有所不同。一些常用型号 PLC 的输出继电器编址见表 1-3。

3. 通用辅助继电器（M）

通用辅助继电器又称为位存储器，是 PLC 内部继电器，它类似于继电器控制电路中的中间继电器，与输入/输出继电器不同，通用辅助继电器不能接收输入端子送来的信号，也不能驱动输出端子。通用辅助继电器表示符号为 M。

4. 特殊辅助继电器（SM）

特殊辅助继电器又称特殊标志位存储器，它主要用来存储系统的状态和控制等信息。特殊辅助继电器表示符号为 SM。一些常用特殊辅助继电器的功能见表 1-4。

表 1-4　一些常用特殊辅助继电器的功能

特殊辅助继电器	功　能
SM0.0	PLC 运行时这一位始终为 1，是常 ON 继电器
SM0.1	PLC 首次扫描循环时该位为“ON”，用途之一是初始化程序
SM0.2	如果保留性数据丢失，该位为一次扫描循环打开。该位可用作错误内存位或激活特殊启动顺序的机制
SM0.3	从电源开启进入 RUN（运行）模式时，该位为一次扫描循环打开。该位可用于在启动操作之前提供机器预热时间
SM0.4	该位提供时钟脉冲，该脉冲在 1min 的周期时间内 OFF（关闭）30s，ON（打开）30s。该位提供便于使用的延迟或 1min 时钟脉冲
SM0.5	该位提供时钟脉冲，该脉冲在 1s 的周期时间内 OFF（关闭）0.5s，ON（打开）0.5s。该位提供便于使用的延迟或 1s 时钟脉冲
SM0.6	该位是扫描循环时钟，本次扫描打开，下一次扫描关闭。该位可用作扫描计数器输入
SM0.7	该位表示“模式”开关的当前位置（关闭 =“终止”位置，打开 =“运行”位置）。开关位于 RUN（运行）位置时，可以使用该位启用自由端口模式，可使用转换至“终止”位置的方法重新启用带 PC/编程设备的正常通信
SM1.0	某些指令的执行时，使操作结果为零时，该位为“ON”
SM1.1	某些指令的执行时，出现溢出结果或检测到非法数字数值时，该位为“ON”
SM1.2	某些指令的执行时，数学操作产生负结果时，该位为“ON”

5. 状态继电器（S）

状态继电器又称顺序控制继电器，是编制顺序控制程序的重要器件，它通常与顺控指令一起使用以实现顺序控制功能。状态继电器的表示符号为 S。

6. 定时器（T）

定时器是一种按时间动作的继电器，相当于继电器控制系统中的时间继电器。一个定时器可有很多常开触点和常闭触点，其定时单位有 1ms、10ms、100ms 三种。定时器表示符号为 T。

7. 计数器（C）

计数器是一种用来计算输入脉冲个数并产生动作的继电器，一个计数器可以有很多常开触点和常闭触点。计数器可分为递加计数器、递减计数器和双向计数器（又称递加/递减计数器）。计数器表示符号为 C。

8. 高速计数器（HC）

一般的计数器的计数速度受 PLC 扫描周期的影响，不能太快。而**高速计数器可以对较 PLC 扫描速度更快的事件进行计数。**高速计数器的当前值是一个双字长（32 位）的整数，且为只读值。高速计数器表示符号为 HC。

9. 累加器（AC）

累加器是用来暂时存储数据的寄存器，可以存储运算数据、中间数据和结果。PLC 有 4 个 32 位累加器，分别为 AC0 ~ AC3。累加器表示符号为 AC。

10. 变量存储器（V）

变量存储器主要用于存储变量。它可以存储程序执行过程中的中间运算结果或设置参数。变量存储器表示符号为 V。

11. 局部变量存储器（L）

局部变量存储器主要用来存储局部变量。局部变量存储器与变量存储器很相似，主要区别在于后者存储的变量全局有效，即全局变量可以被任何程序（主程序、子程序和中断程序）访问，而局部变量只局部有效，局部变量存储器一般用在子程序中。局部变量存储器的表示符号为 L。

12. 模拟量输入寄存器（AI）和模拟量输出寄存器（AO）

S7-200 系列 PLC 模拟量输入端子送入的模拟信号经模-数转换电路转换成 1 个字长（16 位）的数字量，该数字量存入模拟量输入寄存器。模拟量输入寄存器的表示符号为 AI。

模拟量输出寄存器可以存储 1 个字长的数字量，该数字量经数-模转换电路转换成模拟信号从模拟量输出端子输出。模拟量输出寄存器的表示符号为 AQ。

S7-200 CPU 的存储器容量及编程元件的编址范围见表 1-5。

表 1-5　S7-200 CPU 的存储器容量及编程元件的编址范围

描　述	CPU221	CPU222	CPU224	CPU224XP	CPU226
用户程序大小 带运行模式下编辑 不带运行模式下编辑	 4096B 4096B	 4096B 4096B	 8192B 12288B	 12288B 16384B	 16384B 24576B
用户数据大小	2048B	2048B	8192B	10240B	10240B
输入映像寄存器	I0.0～I15.7	I0.0～I15.7	I0.0～I15.7	I0.0～I15.7	I0.0～I15.7
输出映像寄存器	Q0.0～Q15.7	Q0.0～Q15.7	Q0.0～Q15.7	Q0.0～Q15.7	Q0.0～Q15.7
模拟量输入（只读） 模拟量输入（只写）	AIW0～AIW30 AQW0～AQW30	AIW0～AIW30 AQW0～AQW30	AIW0～AIW62 AQW0～AQW62	AIW0～AIW62 AQW0～AQW62	AIW0～AIW62 AQW0～AQW62
变量存储器（V）	VB0～VB2047	VB0～VB2047	VB0～VB8191	VB0～VB10239	VB0～VB10239
局部存储器（L）	LB0～LB63	LB0～LB63	LB0～LB63	LB0～LB63	LB0～LB63
位存储器（M）	M0.0～M31.7	M0.0～M31.7	M0.0～M31.7	M0.0～M31.7	M0.0～M31.7
特殊存储器（SM） 只读	SM0.0～SM179.7 SM0.0～SM29.7	SM0.0～SM299.7 SM0.0～SM29.7	SM0.0～SM549.7 SM0.0～SM29.7	SM0.0～SM549.7 SM0.0～SM29.7	SM0.0～SM549.7 SM0.0～SM29.7
定时器 有记忆接通 1ms 10ms 100ms 接通/关断延迟 1ms 10ms 100ms 	256（T0～T255） T0、T64 T1～T4 T65～T68 T5～T31 T69～T95 T32～T96 T33～T36 T97～T100 T37～T63 T101～T255	256（T0～T255） T0、T64 T1～T4 T65～T68 T5～T31 T69～T95 T32～T96 T33～T36 T97～T100 T37～T63 T101～T255	256（T0～T255） T0、T64 T1～T4 T65～T68 T5～T31 T69～T95 T32～T96 T33～T36 T97～T100 T37～T63 T101～T255	256（T0～T255） T0、T64 T1～T4 T65～T68 T5～T31 T69～T95 T32～T96 T33～T36 T97～T100 T37～T63 T101～T255	256（T0～T255） T0、T64 T1～T4 T65～T68 T5～T31 T69～T95 T32～T96 T33～T36 T97～T100 T37～T63 T101～T255

（续）

描　述	CPU221	CPU222	CPU224	CPU224XP	CPU226
计数器	C0 ~ C255	C0 ~ C255	C0 ~ C255	C0 ~ C255	C0 ~ C255
高速计数器	HC0 ~ HC5	HC0 ~ HC5	HC0 ~ HC5	HC0 ~ HC5	HC0 ~ HC5
顺序控制继电器（S）	S0.0 ~ S31.7	S0.0 ~ S31.7	S0.0 ~ S31.7	S0.0 ~ S31.7	S0.0 ~ S31.7
累加寄存储器	AC0 ~ AC3	AC0 ~ AC3	AC0 ~ AC3	AC0 ~ AC3	AC0 ~ AC3
跳转/标号	0 ~ 255	0 ~ 255	0 ~ 255	0 ~ 255	0 ~ 255
调用/子程序	0 ~ 63	0 ~ 63	0 ~ 63	0 ~ 63	0 ~ 127
中断程序	0 ~ 127	0 ~ 127	0 ~ 127	0 ~ 127	0 ~ 127
正/负跳变	256	256	256	256	256
PID 回路	0 ~ 7	0 ~ 7	0 ~ 7	0 ~ 7	0 ~ 7
端口	端口 0	端口 0	端口 0	端口 0.1	端口 0.1

1.5.3　S7-200 系列 PLC 的硬件接线

PLC 的接线包括电源接线、输入端接线和输出端接线，这三种接线的具体形式可从 S7-200 系列 PLC 型号看出来，例如 CPU221 DC/DC/DC 型 PLC 采用直流电源作为工作电源，输入端接直流电源，输出端接直流电源（输出形式为晶体管）；CPU AC/DC/继电器型 PLC 采用交流电源作为工作电源，输入端接直流电源，输出形式为继电器，输出端接直流、交流电源均可。

S7-200 系列 PLC 接线时可按以下规律：

1）工作电源有直流电源供电和交流电源供电方式。

2）PLC 输出形式有继电器输出、晶体管（场效应晶体管或普通晶体管）输出和晶闸管输出。**对于继电器输出形式，负载接交流电源或直流电源均可；对于晶体管输出形式，负载只能接直流电源；对于晶闸管输出形式，负载只能接交流电源。**

3）输入端可接外部提供的 24V 直流电源，也可接 PLC 本身输出的 24V 直流电压。

1. DC/DC/DC 接线

图 1-17 为 CPU221 DC/DC/DC 型 PLC 的接线图。该型号 PLC 的电源端子 L+、M 接 24V 的直流电源；输出端负载一端与输出端子 0.0 ~ 0.3 连接，另一端连接在一起并与输出端直流电源的负极和 M 端连接，输出端直流电源正极接 L+端子，输出端直流电源的电压值由输出端负载决定；输入端子分为两组，每组都采用独立的电源，第一组端子（0.0 ~ 0.3）的直流电源负极接端子 1M，第二组端子（0.4、0.5）的直流电源负极接端子 2M；PLC 还会从电源输出端子 L+、M 输出 24V 直流电压，该电压可提供给外接传感器作为电源，也可作为输入端子的电源。

图 1-18 为 CPU226 DC/DC/DC 型 PLC 的接线图，从图中可以看出，它与 CPU221 DC/DC/DC 型 PLC 的接线方法基本相同，区别在于 CPU226 DC/DC/DC 输出端采用了两组直流电源，第一组直流电源正极接 1L+端，负极接 1M 端，第二组直流电源正极接 2L+端，负极接 2M 端。

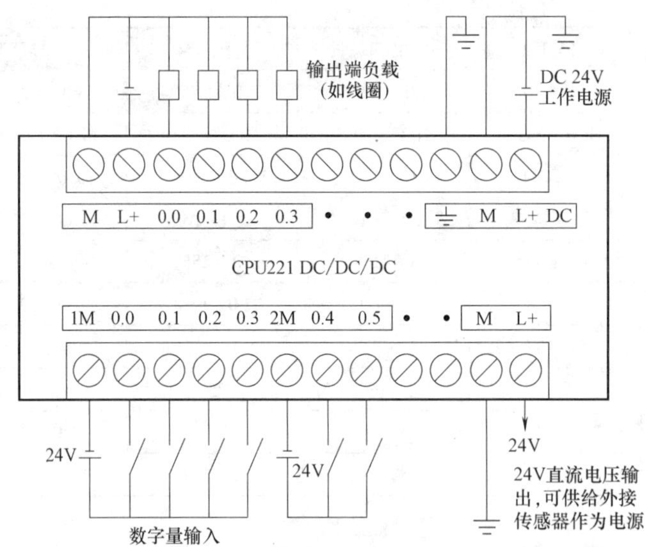

图1-17 CPU221 DC/DC/DC型PLC的接线图

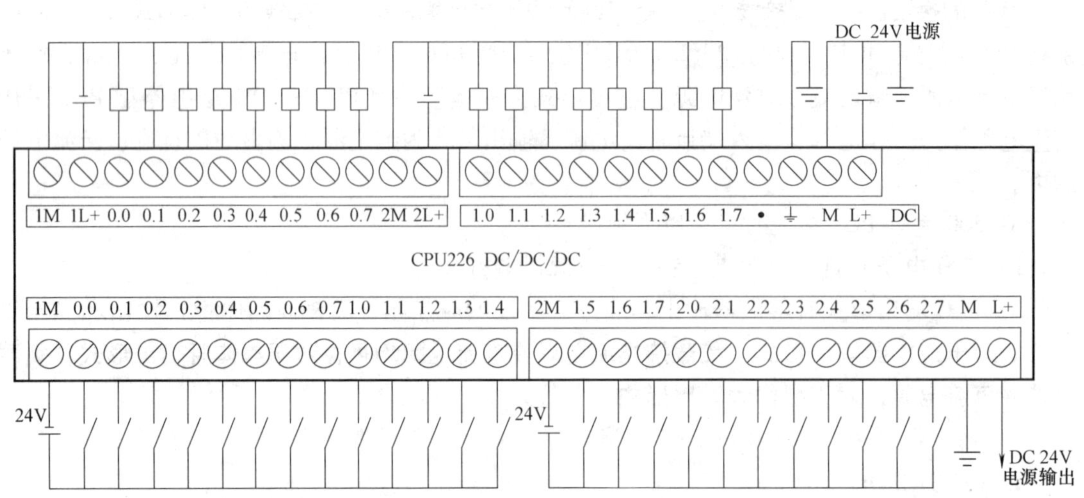

图1-18 CPU226 DC/DC/DC型PLC的接线图

2. AC/DC/继电器接线

图1-19a为CPU221 AC/DC/继电器型PLC的接线图。该型号PLC的工作电源采用120V或240V交流电源供电，该电源电压允许范围为85～264V，交流电源接在L1、N端子上；输出端子分为两组，采用两组电源，由于采用继电器输出形式，故输出端电源既可为交流电源，也可是直流电流，当采用直流电源时，电源的正极分别接1L、2L端，采用交流电源时不分极性；输入端子也分为两组，采用两组直流电源，电源的负极分别接1M、2M端。

如果使用的输入端子较少，也可让PLC输出的24V直流电压为输入端子供电。在接线时，将1M、M端接在一起，L+与输入设备的一端连接，具体如图1-19b所示。

图1-20为CPU226 AC/DC/继电器型PLC的接线图，它与CPU221 AC/DC/继电器型PLC的接线方法基本相同。

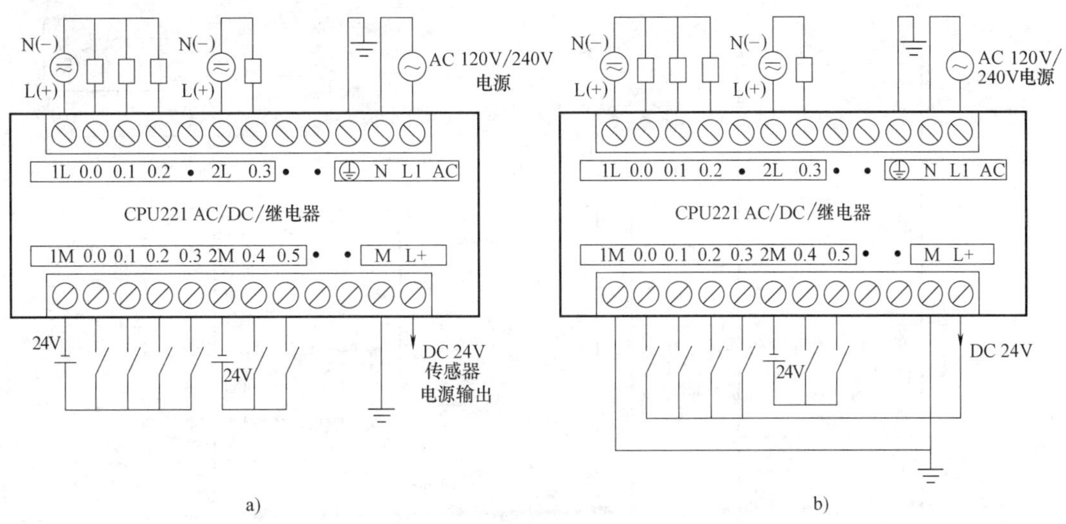

图 1-19　CPU221 AC/DC/继电器型 PLC 的接线图

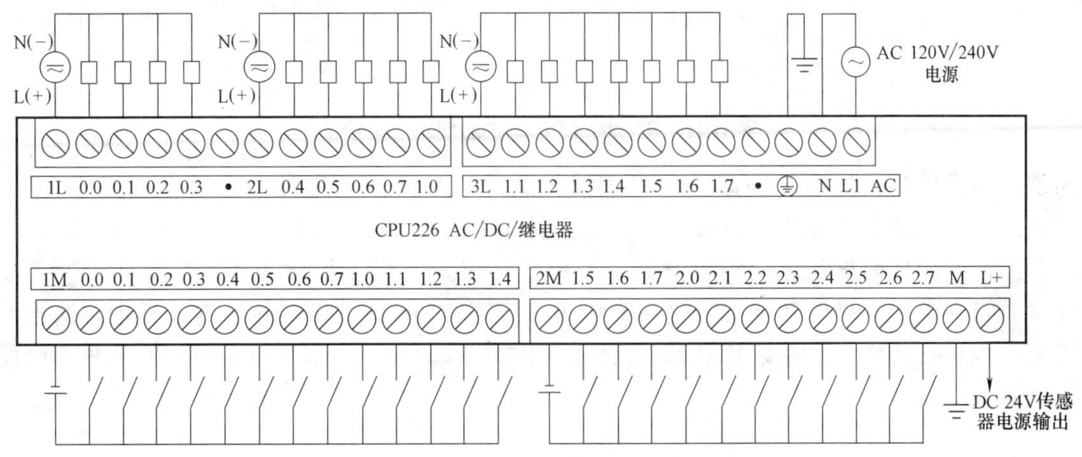

图 1-20　CPU226 AC/DC/继电器型 PLC 的接线图

3. S7-200 CPU 与扩展模块的总接线

S7-200 CPU 与扩展模块在交流电源中的总接线如图 1-21a 所示，在直流电源中的总接线如图 1-21b 所示，从图 1-21b 可以看出，直流电源是由 AC/DC 变换器将交流电源转换而来的。

4. 输出端保护电路

当 PLC 的输出端接感性负载（如线圈）时，在端子内部器件断开时线圈会产生很高的反峰电压，易击穿端子内部器件。为了安全起见，可在输出端接感性负载时接保护电路。

（1）直流感性负载保护电路

当 PLC 输出端接直流感性负载时，如图 1-22 所示，可在负载两端并联保护二极管或 RC 元件来吸收反峰电压。

对于晶体管或继电器输出型 PLC，可在感性负载两端并联保护二极管，以图 1-22a

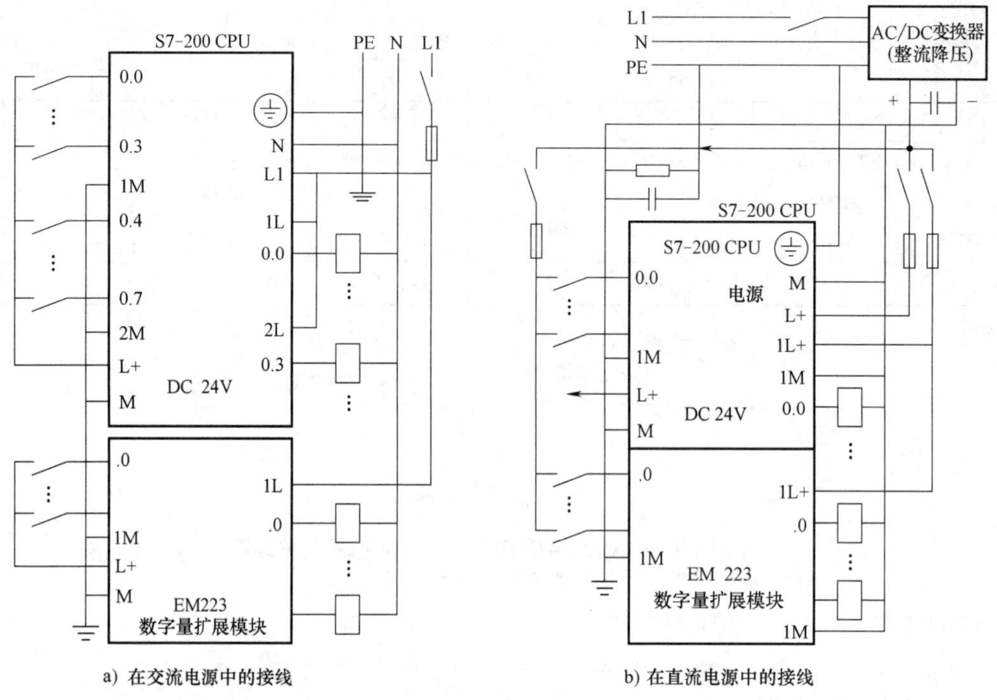

a）在交流电源中的接线

b）在直流电源中的接线

图1-21 S7-200 CPU与扩展模块的总接线

为例，当晶体管由导通转为截止时，感性负载两端马上产生很高的左负右正反峰电压，该电压通过电源加到晶体管两端，易击穿晶体管，并联保护二极管（如1N4001）后，感性负载两端的反峰电压使二极管导通，反峰电压迅速降低。如果需要提高晶体管的关断速度，可在保护二极管两端再串接一个稳压二极管，如图1-22b所示，**对于继电器输出型PLC，也可在感性负载两端并联RC元件**，如图1-22c所示，反峰电压会对RC元件充电而迅速降低。

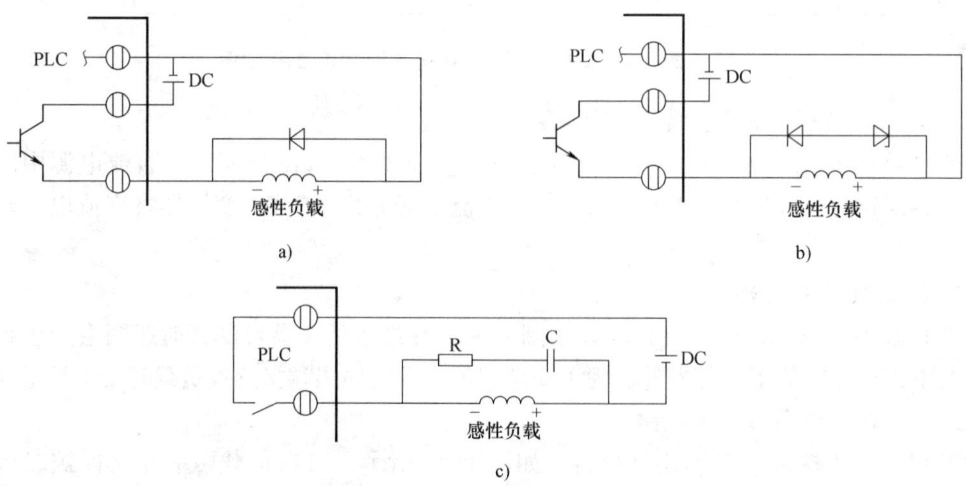

a)

b)

c)

图1-22 PLC直流感性负载保护电路

(2) 交流感性负载保护电路

当 PLC 输出端接交流感性负载时，可接 RC 元件或峰值抑制器（如压敏电阻）来吸收峰值电压，如图 1-23 所示。在输出端子内部器件断开时，感性负载两端也会产生峰值电压（其极性不定），若峰值电压与交流电源极性一致，两者电压会叠加来作用于输出端子内部开关器件，易损坏开关器件，如果采用图示的方式并联 RC 元件和压敏电阻，感性负载产生的瞬时峰值电压会对 RC 元件充电而降低，或击穿压敏电阻而泄放高压。

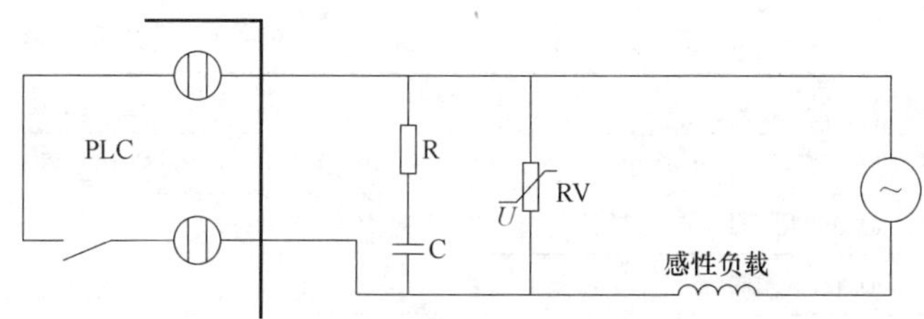

图 1-23　PLC 交流感性负载保护电路

1.6　PLC 应用系统开发举例

1.6.1　PLC 应用系统开发的一般流程

PLC 应用系统开发的一般流程如图 1-24 所示。

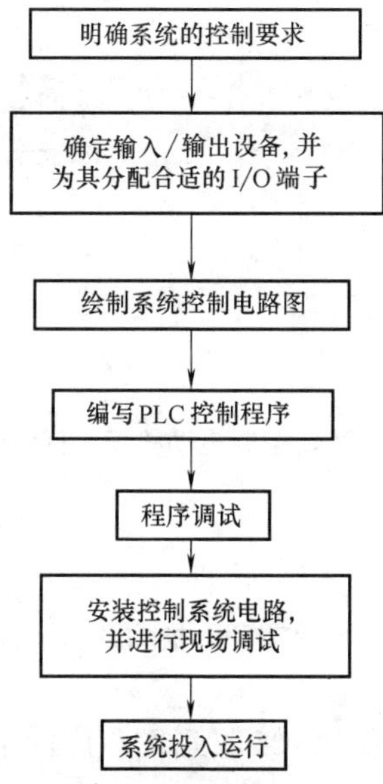

图 1-24　PLC 应用系统开发的一般流程

1.6.2　PLC 控制电动机正、反转的开发实例

下面通过开发一个电动机正、反转控制电路为例来说 PLC 应用系统的开发过程。

1. 明确系统的控制要求

系统要求通过3个按钮分别控制电动机连续正转、反转和停转，还要求采用热继电器对电动机进行过载保护，另外要求正、反转控制联锁。

2. 确定输入/输出设备，并为其分配合适的I/O端子

这里选用CPU221 AC/DC/继电器（S7-200系列PLC中的一种）作为控制中心，表1-6列出了本系统要用到的输入/输出设备及对应的PLC端子。

表1-6　系统用到的输入/输出设备和对应的PLC端子

输　入			输　出		
输入设备	对应PLC端子	功能说明	输出设备	对应PLC端子	功能说明
SB2	I0.0	正转控制	KM1线圈	Q0.0	驱动电动机正转
SB3	I0.1	反转控制	KM2线圈	Q0.1	驱动电动机反转
SB1	I0.2	停转控制			
FR常开触点	I0.3	过载保护			

3. 绘制系统控制电路图

绘制PLC控制电动机正、反转电路图，如图1-25所示。

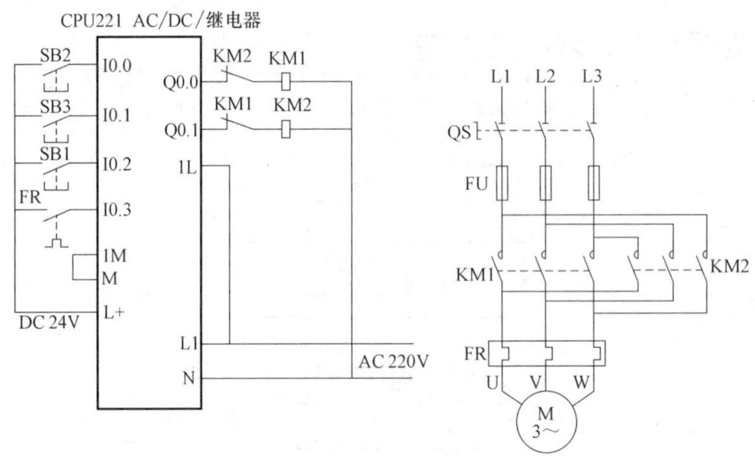

图1-25　PLC控制电动机正、反转电路图

4. 编写PLC控制程序

在计算机中安装STEP 7-Micro/WIN软件（S7-200系列PLC的编程软件），并使用STEP 7-Micro/WIN软件编写图1-26所示的梯形图控制程序。STEP 7-Micro/WIN软件的使用将在第2章详细介绍。

下面对照图1-25电路图来说明图1-26梯形图程序的工作原理：

（1）正转控制

按下PLC的I0.0端子外接按钮SB2→该端子对应的内部输入继电器I0.0得电→程序中的I0.0常开触点闭合→输出继电器Q0.0线圈得电，一方面使程序中的Q0.0常开自锁触点闭合，锁定Q0.0线圈供电，另一方面使网络2中的Q0.0常闭触点断开，Q0.1线圈无法得电，此外还使Q0.0端子内部的硬触点闭合→Q0.0端子外接的KM1线圈得电，它一方面使

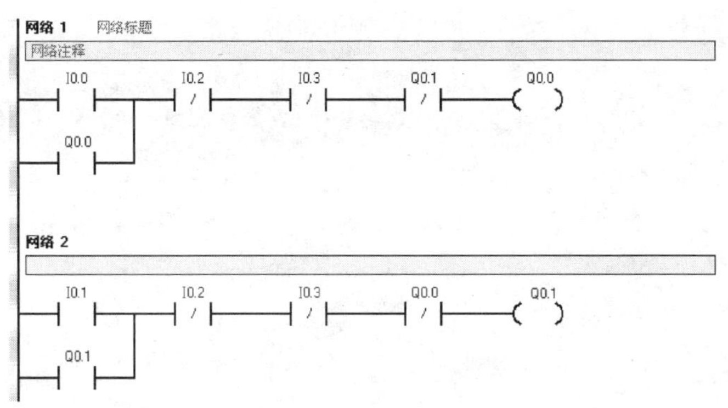

图 1-26　电动机正、反转控制梯形图程序

KM1 常闭联锁触点断开，KM2 线圈无法得电，另一方面使 KM1 主触点闭合→电动机得电正向运转。

（2）反转控制

按下 I0.1 端子外接按钮 SB3→该端子对应的内部输入继电器 I0.1 得电→程序中的 I0.1 常开触点闭合→输出继电器 Q0.1 线圈得电，一方面使程序中的 Q0.1 常开自锁触点闭合，锁定 Q0.1 线圈供电，另一方面使网络 1 中的 Q0.1 常闭触点断开，Q0.0 线圈无法得电，还使 Q0.1 端子内部的硬触点闭合→Q0.1 端子外接的 KM2 线圈得电，它一方面使 KM2 常闭联锁触点断开，KM1 线圈无法得电，另一方面使 KM2 主触点闭合→电动机两相供电切换，反向运转。

（3）停转控制

按下 I0.2 端子外接按钮 SB1→该端子对应的内部输入继电器 I0.2 得电→网络 1、2 中的两个 I0.2 常闭触点均断开→Q0.0、Q0.1 线圈均无法得电，Q0.0、Q0.1 端子内部的硬触点均断开→KM1、KM2 线圈均无法得电→KM1、KM2 主触点均断开→电动机失电停转。

（4）过载保护

当电动机过载运行时，热继电器 FR 发热元件使 I0.3 端子外接的 FR 常开触点闭合→该端子对应的内部输入继电器 I0.3 得电→网络 1、2 中的两个 I0.3 常闭触点均断开→Q0.0、Q0.1 线圈均无法得电，Q0.0、Q0.1 端子内部的硬触点均断开→KM1、KM2 线圈均无法得电→KM1、KM2 主触点均断开→电动机失电停转。

电动机正、反转控制梯形图程序写好后，需要对该程序进行编译，具体的编译操作过程见 2.1 节相应内容。

5. 连接 PC 与 PLC

采用图 1-27 所示的 USB-PPI 编程电缆将计算机与 PLC 连接好，并给 PLC 的 L1、N 端接上 220V 交流电压，再将编译好的程序下载到 PLC 中，具体操作过程见 2.1 节相应内容。

6. 模拟调试运行

将 PLC 的 1M、M 端连接在一起，再将 PLC 的 RUN/STOP 开关置于“RUN”位置，然后用一根导线短接 L+、I0.0 端子，模拟按下按钮 SB2，如图 1-28 所示，如果程序正确，PLC 的 Q0.0 端子应有输出，此时 Q0.0 对应的指示灯会变亮，如果不亮，要认真检查程序和 PLC 外围有关接线是否正确。再用同样的方法检查其他端子输入时输出端的状态。

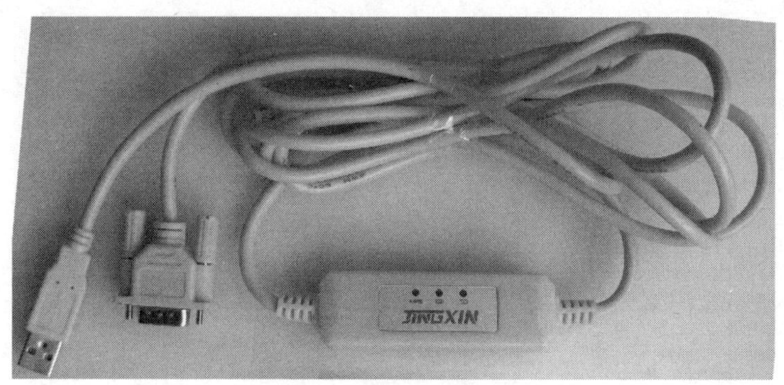

图 1-27 USB-PPI 编程电缆

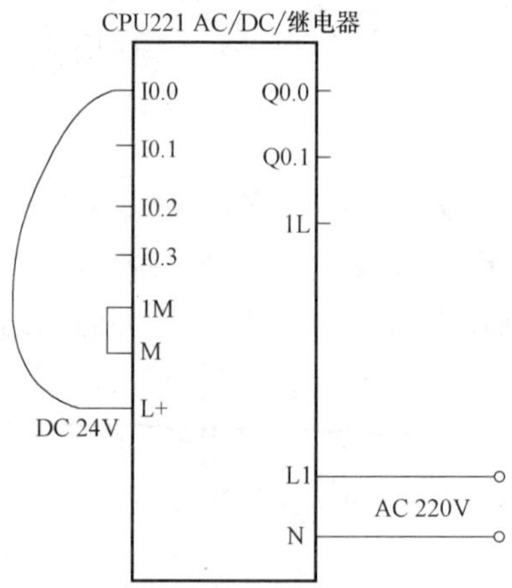

图 1-28 PLC 的模拟调试运行

7. 安装系统控制电路，并进行现场调试

模拟调试运行通过后，就可以按照绘制的系统控制电路图将 PLC 及外围设备安装在实际现场，电路安装完成后，还要进行现场调试，观察是否达到控制要求，若达不到要求，需检查是硬件问题还是软件问题，并解决这些问题。

8. 系统投入运行

系统现场调试通过后，可试运行一段时间，若无问题发生可正式投入运行。

第2章

PLC编程与仿真软件的使用

2.1 S7-200 系列 PLC 编程软件的使用

STEP 7-Micro/WIN 是 S7-200 系列 PLC 的编程软件，该软件版本较多，本节以 STEP 7-Micro/WIN_V4.0_SP7 版本为例进行说明，这是一个较新的版本，其他版本的使用方法与它基本相似。STEP 7-Micro/WIN 软件，约 200 ~ 300MB，在购买 S7-200 系列 PLC 时会配有该软件光盘，读者可登录易天电学网（www.eTV100.com）了解该软件有关获取和安装信息。

2.1.1 软件界面说明

1. 软件的启动

STEP 7-Micro/WIN 软件安装好后，单击桌面上的“V4.0 STEP 7 MicroWIN SP7”图标，或者执行“开始”菜单中的“Simatic→STEP 7-Micro/WIN V4.0.7.10→STEP 7 MicroWIN”，即可启动 STEP 7-Micro/WIN 软件，软件界面如图 2-1 所示。

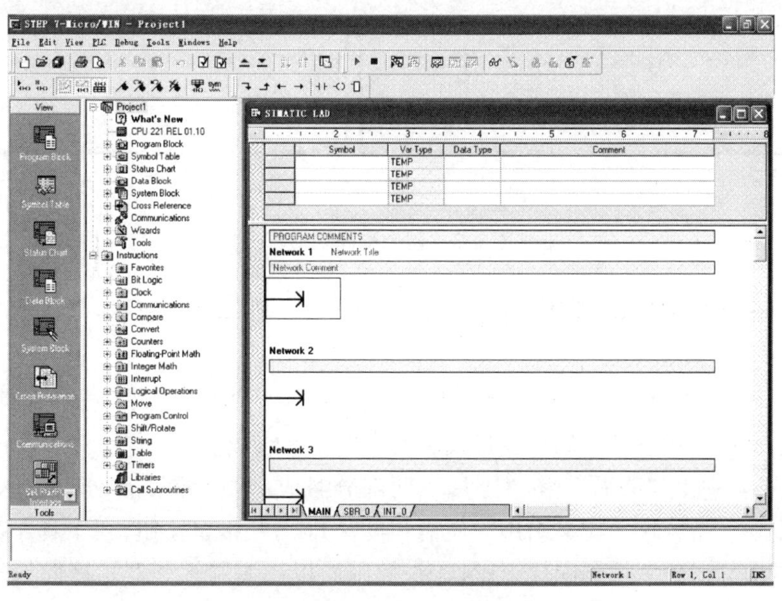

图 2-1 STEP 7-Micro/WIN 软件界面

2. 软件界面语言的转换

STEP 7-Micro/WIN 软件启动后，软件界面默认为英文，若要转换成中文界面，可以对软件进行设置。设置方法是，执行菜单命令“Tools→Options”，马上弹出 Options 窗口，如图 2-2 所示，在左方框中选择“General”项，再在 Language 框内选择“Chinese”项，然后单击“OK”按钮，会先后弹出两个对话框，如图 2-3 所示，在第一个对话框中单击“确定”按钮，在接着弹出的第二个对话框中单击“否”按钮，STEP 7-Micro/WIN 软件会自动关闭。

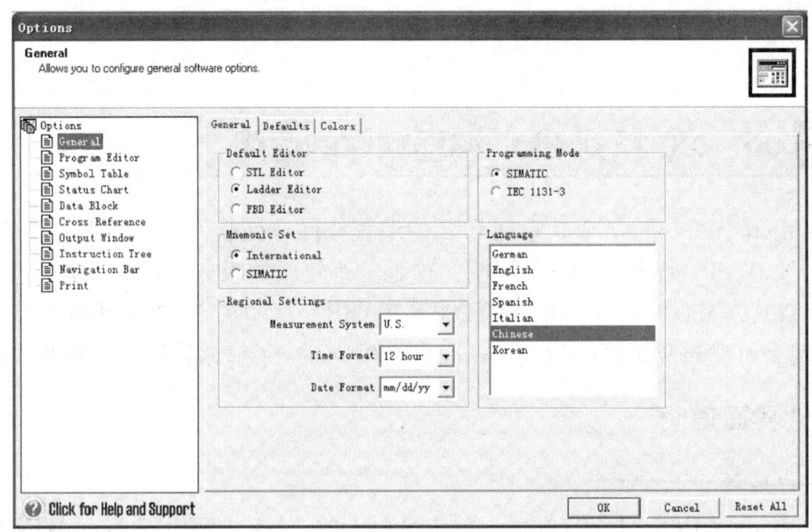

图 2-2　Options 窗口

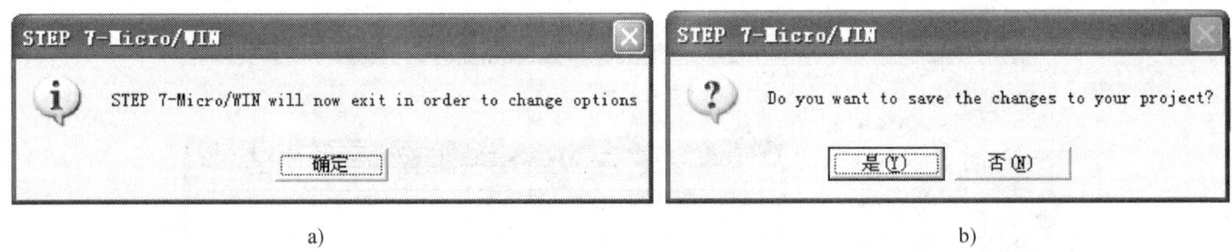

图 2-3　两个询问对话框

重新启动 STEP 7-Micro/WIN，软件界面变成中文，如图 2-4 所示。

3. 软件界面说明

图 2-5 是 STEP 7-Micro/WIN 的软件界面，它主要由标题栏、菜单栏、工具栏、浏览条、指令树、输出窗口、状态条、局部变量表和程序编程区组成。

1）浏览条：它由“查看”和“工具”两部分组成。“查看”部分有程序块、符号表、状态表、数据块、系统块、交叉引用、通信和设置 PG/PC 接口按钮，“工具”部分有指令向导、文本显示向导、位置控制向导、EM 253 控制面板和调制解调器扩展向导等按钮，操作显示滚动按钮，可以向上或向下查看其他更多按钮对象。执行菜单命令“查看→框架→浏览条”，可以打开或关闭浏览条。

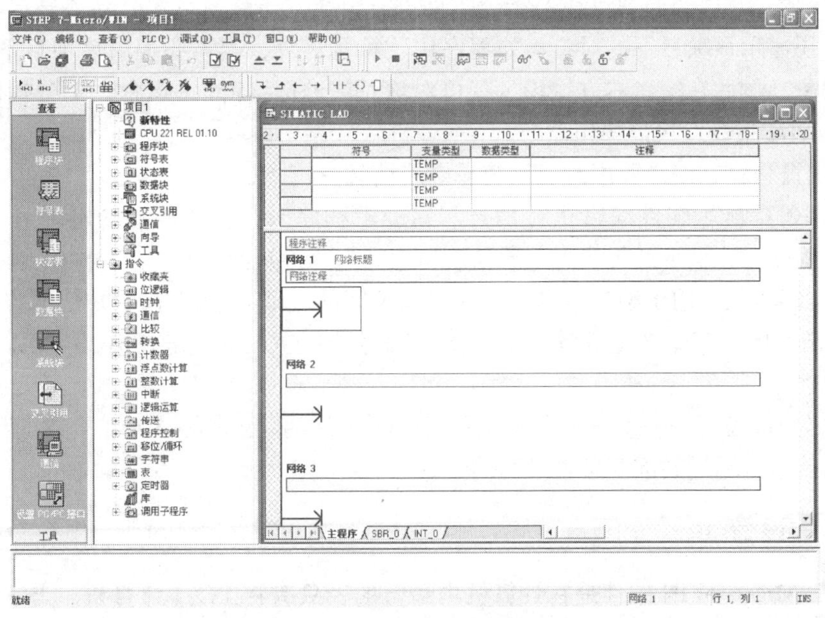

图 2-4　中文界面的 STEP 7-Micro/WIN 软件窗口

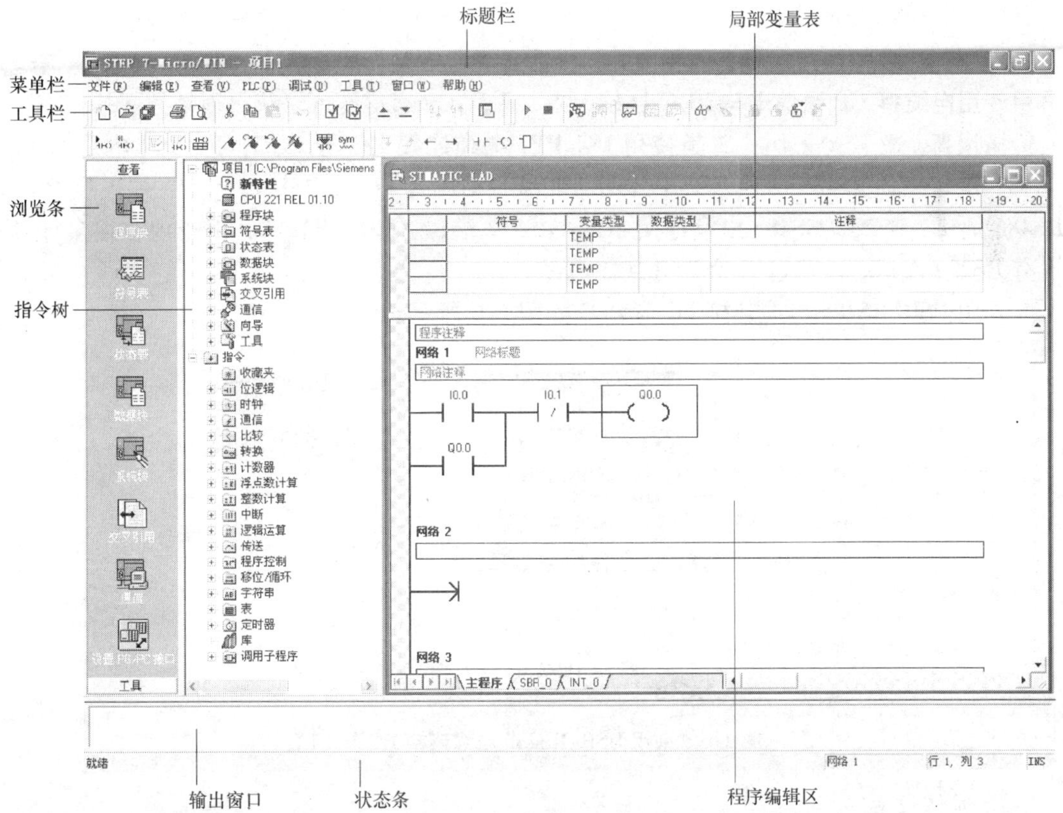

图 2-5　STEP 7-Micro/WIN 的软件界面说明

2）指令树：它由当前项目和“指令”两部分组成。当前项目部分除了显示项目文件存储路径外，还显示该项目下的对象，如程序块、符号表等，当需要编辑该项目下某对象时，可双击该对象，然后在窗口右方编辑区就可对该对象进行编辑；“指令”部分提供了编程时用到的所有 PLC 指令及快捷操作命令。

3）输出窗口：在编译程序时显示编译结果信息。

4）状态条：显示软件编辑执行信息。在编辑程序时，显示当前的网络号、行号、列号；在运行程序时，显示运行状态、通信波特率和远程地址等信息。

5）程序编辑区：用于编写程序。在程序编辑区的底部有主程序、SBR_0（子程序）和 INT_0（中断程序）三个选项标签，如果需要编写子程序，可单击 SBR_0 选项，即切换到子程序编辑区。

6）局部变量表：每一个程序块都有一个对应的局部变量表，在带参数的子程序调用中，参数的传递是通过局部变量表进行的。

2.1.2 通信设置

STEP 7-Micro/WIN 软件是在计算机中运行的，只有将 PC（计算机）与 PLC 连接起来，才能在 PC 中将 STEP 7-Micro/WIN 软件编写的程序写入 PLC，或将 PLC 已有的程序读入 PC 重新修改。

1. PC 与 PLC 的连接

PC 与 PLC 的连接主要有两种方式：一是给 PC 安装 CP 通信卡（如 CP5611 通信卡），再用专用电缆将 CP 通信卡与 PLC 连接起来，采用 CP 通信卡可以获得很高的通信速率，但其价格很高，故较少采用；**二是使用 PC-PPI 电缆连接 PC 与 PLC**，PC-PPI 电缆有 USB-RS485 和 RS232-RS485 两种，USB-RS485 电缆一端连接 PC 的 USB 口，另一端连接 PLC 的 RS485 端口，RS232-RS485 电缆连接 PC 的 RS232 端口（COM 端口），由于现在很多计算机没有 RS232 端口，故可选用 USB-RS485 电缆。

采用 USB-RS485 电缆连接 PC 与 PLC 如图 2-6 所示。

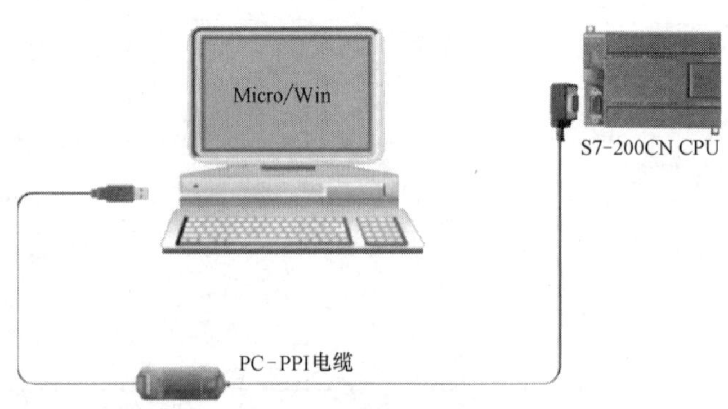

图 2-6　采用 USB-RS485 电缆连接 PC 与 PLC

2. 通信设置

采用 USB-RS485 电缆将 PC 与 PLC 连接好后，还要在 STEP 7-Micro/WIN 软件中进行通信设置。具体通信设置过程如下：

1）设置 PLC 的通信端口、地址和通信速率。单击 STEP 7-Micro/WIN 软件窗口浏览条中“查看”项下的“系统块”，弹出“系统块”对话框，如图 2-7 所示，单击左方“通信端口”项，在右方的端口 0 下方设置 PLC 的地址为 2，设置波特率为 9.6kbps（即 9.6kbit/s），其他参数保持默认值，单击“确认”按钮关闭对话框。

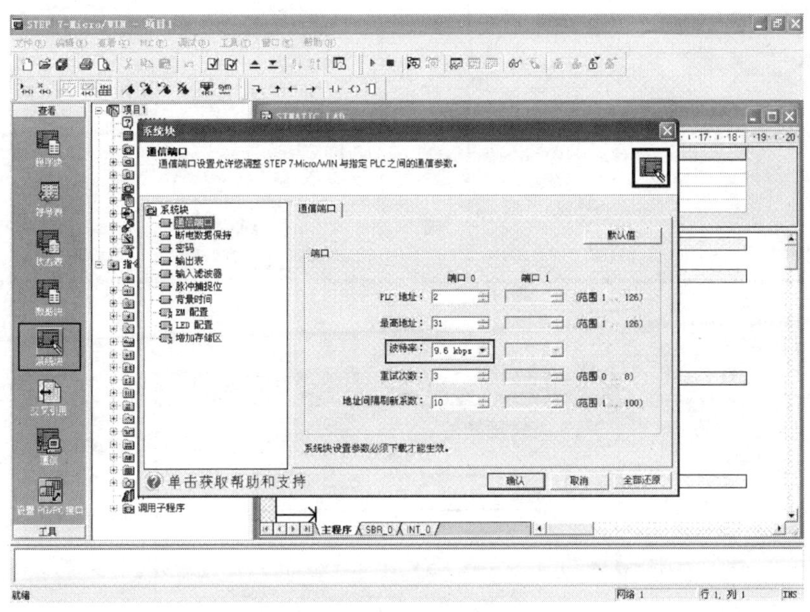

图 2-7　设置 PLC 的通信端口、地址和通信速率

2）设置 PC 的通信端口、地址和通信速率。单击 STEP 7-Micro/WIN 软件窗口浏览条中“查看”项下的“设置 PG/PC 接口”，弹出“设置 PG/PC 接口”对话框，如图 2-8a 所示，选择“PC/PPI cable（PPI）”项，再单击“属性”按钮，弹出“属性”对话框，如图 2-8b 所示，将地址设为 0（不能与 PLC 地址相同），将传输率设为 9.6kbps（要与 PLC 通信速率相同），然后单击该对话框中的“本地连接”选项卡，切换到该选项卡，如图 2-8c 所示，选择“连接到”为“USB”，单击“确定”按钮关闭对话框。

3）建立 PLC 与 PC 的通信连接。单击 STEP 7-Micro/WIN 软件窗口浏览条中“查看”项下的“通信”，弹出“通信”对话框，如图 2-9a 所示，选择“搜索所有波特率”项，再双击对话框右方的“双击刷新”，PC 开始搜索与它连接的 PLC，两者连接正常，将会在“双击刷新”位置出现 PLC 图标及型号，如图 2-9b 所示。

2.1.3　编写程序

1. 建立、保存和打开项目文件

项目文件类似于文件夹，程序块、符号表、状态表、数据块等都被包含在该项目文件中。项目文件的扩展名为 .mwp，它要用 STEP 7-Micro/WIN 软件才能打开。

建立项目文件的操作文件方法是，单击工具栏上的图标，或执行菜单命令“文件→新建”，即新建一个文件名为“项目 1”的项目文件。

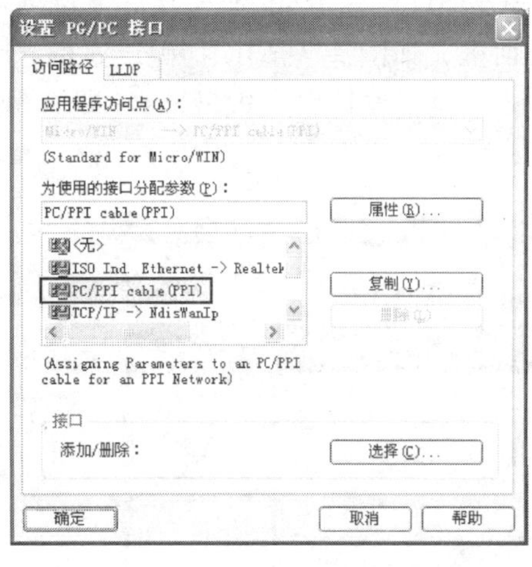

a)

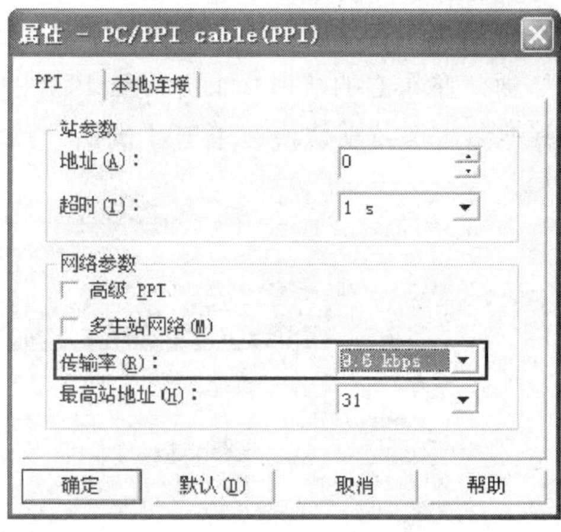

b)

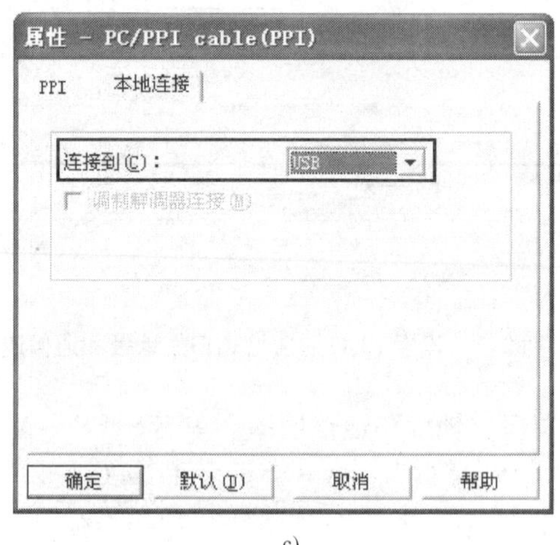

c)

图 2-8　设置 PC 的通信端口、地址和通信速率

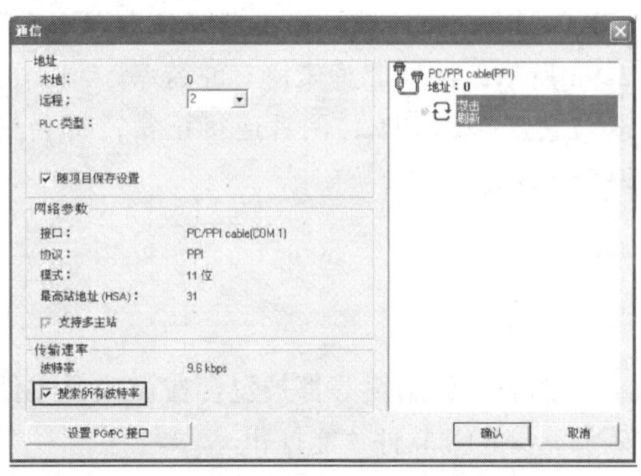

a)

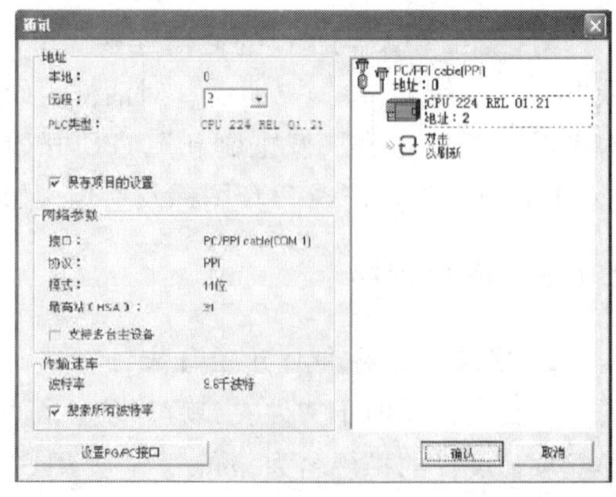

b)

图 2-9　建立 PLC 与 PC 的通信连接

如果要保存项目文件并更改文件名，可单击工具栏上的图标，或执行菜单命令“文件→保存”，弹出“另存为”对话框，如图 2-10 所示，在该对话框中选择项目文件的保存路径并输入文件名，单击“保存”按钮，就将项目文件保存下来，在软件窗口的“指令树”区域上部显示文件名和保存路径，如图 2-11 所示。

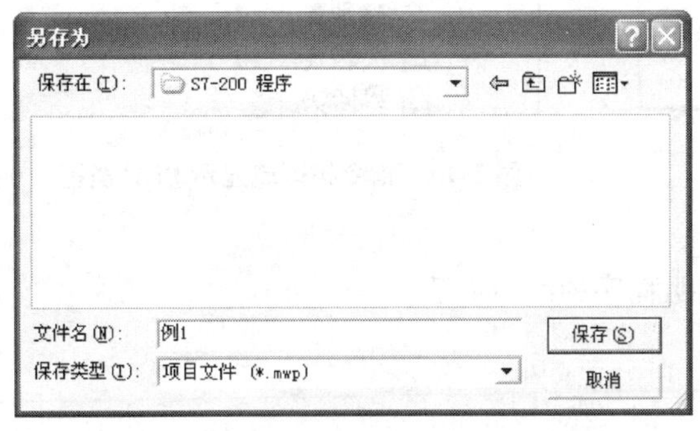

图 2-10　保存文件对话框

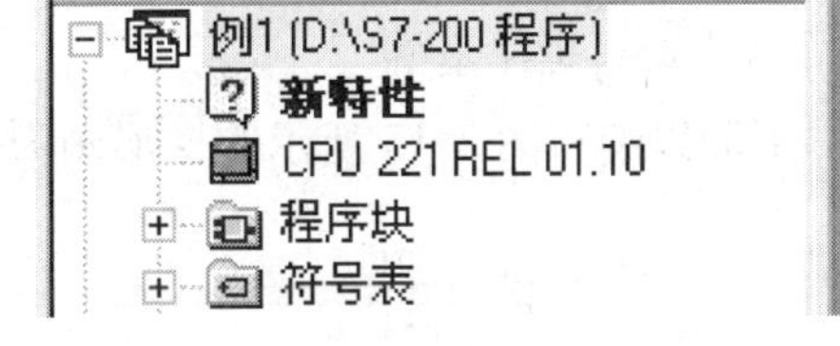

图 2-11　指令树区域显示的文件名及保存路径

如果要打开其他项目文件进行编辑，可单击工具栏上的图标，或执行菜单命令“文件→打开”，会弹出“打开”对话框，在该对话框中选择要的项目文件，再单击“打开”按钮，选择的文件即被打开。

2. 编写程序

（1）进入主程序编辑状态

如果要编写程序，STEP 7-Micro/WIN 软件的程序编辑区应为主程序编辑状态，如图 2-5 所示，如果未处于主程序编辑状态，可在“指令树”区域选择“程序块→主程序（OB1）”，如图 2-12 所示，即能将程序编辑区切换为主程序编辑状态。

图 2-12　在指令树区域打开主程序编辑区

（2）设置 PLC 类型

S7-200 系列 PLC 类型很多，功能有一定的差距，为了使编写的程序适合当前使用的 PLC，在编写程序前需要设置 PLC 类型。

设置 PLC 类型的方法是，执行菜单命令“PLC→类型”，弹出图 2-13 所示的“PLC 类型”对话框，在该对话框中选择当前使用的 PLC 类型和版本，如果不知道当前使用的 PLC 类型和版本，可单击“读取 PLC”按钮，软件会以通信的方式从连接的 PLC 中读取类型和版本信息，如果无法读取这些信息，可单击“通信”按钮，会弹出图 2-9 所示的对话框，按前述方法对该对话框进行设置并双击“双击刷新”，对 PLC 进行通信操作。设置好 PLC 类型后，单击“确认”按钮关闭对话框，指令树区域的 CPU 变成设定的类型，如图 2-14 所示。如果设定的 PLC 类型与使用的 PLC 类型不一致，程序无法下载到 PLC，或 PLC 可能会工作不正常。

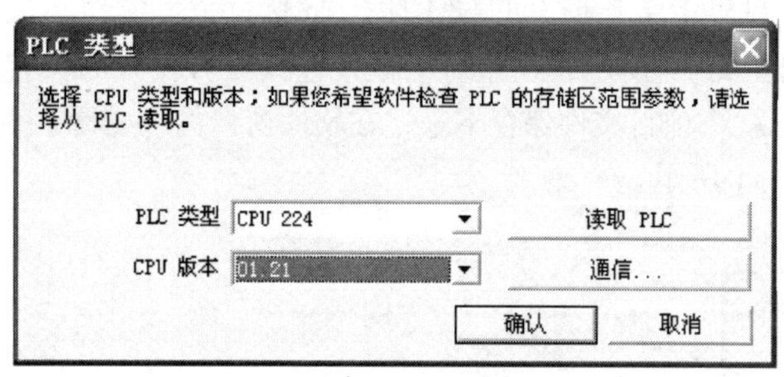

图 2-13　设置 PLC 类型

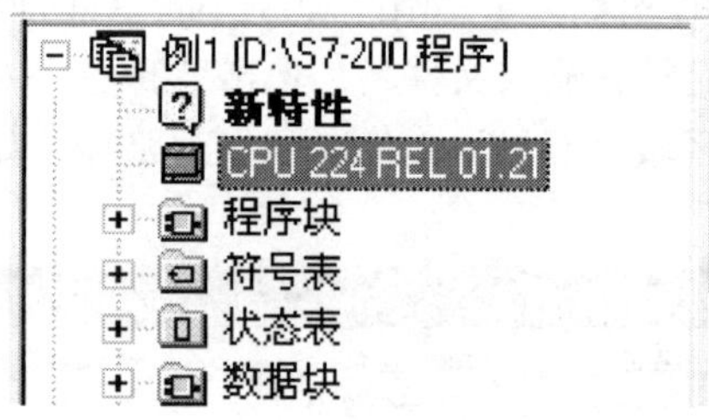

图 2-14　指令树区域显示 PLC 类型

（3）编写程序举例

下面以编写图 2-15 所示的梯形图为例来说明程序的编写方法。

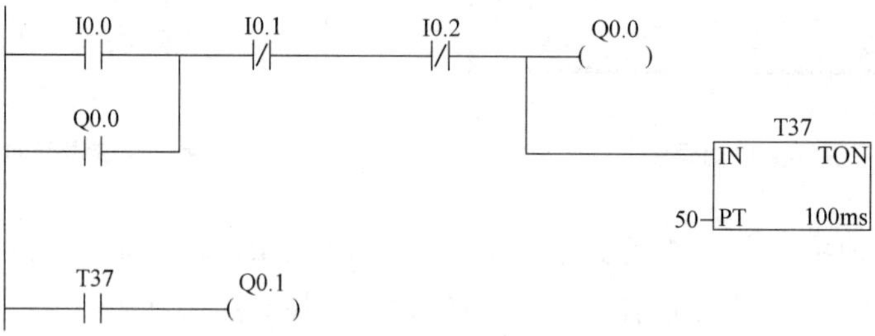

图 2-15　要编写的梯形图

程序编写过程如下：

1）将鼠标在程序编辑区起始处单击，定位编程元件的位置，再打开指令树区域指令项下的位逻辑，单击其中的常开触点，如图 2-16a 所示，即在程序编辑区定位框处插入一个常开触点，定位框自动后移，如图 2-16b 所示。用同样的方法放置两个常闭触点和一个输出线圈，分别如图 2-17 和图 2-18 所示。

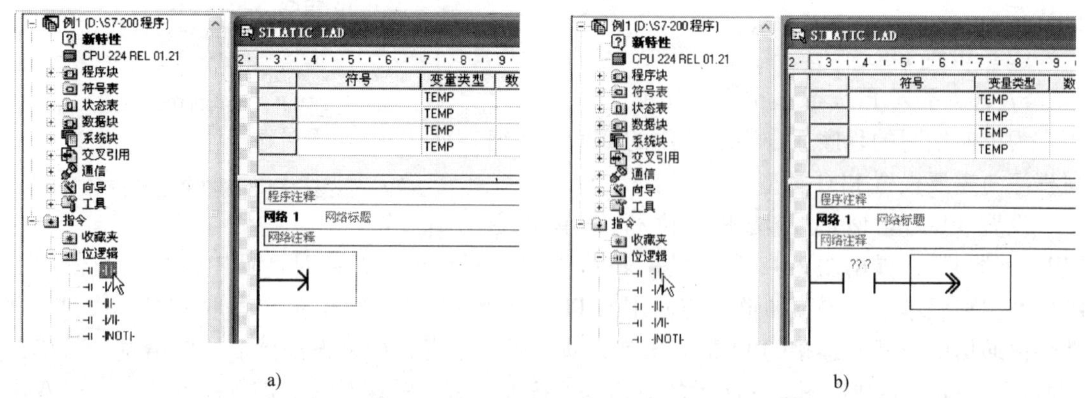

a)　　b)

图 2-16　放置常开触点

2）在网络 1 的第二行起始处插入一个常开触点，然后选中该触点，单击工具栏上的 ↑（向上连线）按钮，将触点与第一行连接起来，如图 2-19 所示。选中第一行的第 3 个触点

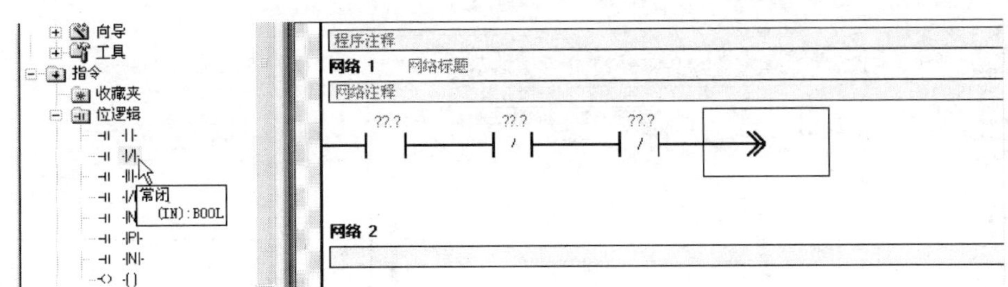

图 2-17　放置常闭触点

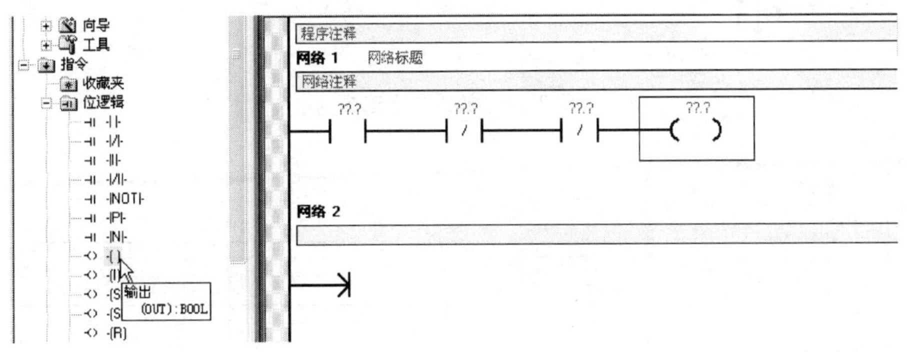

图 2-18　放置线圈

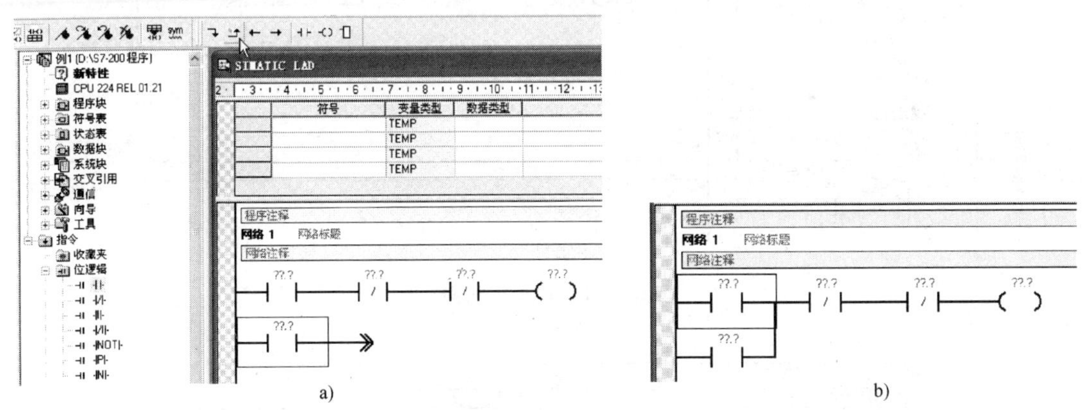

图 2-19　放置向上连线

（常闭触点），单击工具栏上的 ↴（向下连线）按钮，在该触点连接一个向下线，如图 2-20 所示。打开指令树区域指令项下的定时器，双击其中的 TON（接通延时定时器），在编辑区插入一个定时器元件，如图 2-21 所示。

3）在网络 2 插入一个常开触点和一个输出线圈，如图 2-22 所示。一个网络的电路只允许有一个独立的电路，若出现两个独立电路，编译时会出现“无效网络或网络太复杂无法编译”。

4）在网络 1 的第一个常开触点上方“??.?”处单击，该内容处于可编辑状态，输入该触点的名称“i0.0”，如图 2-23a 所示。回车后，该触点名称变为 I0.0，用同样的方法对其他元件进行命名，结果如图 2-23b 所示。注意：当定时器命名为“T37”时，其时间单位自

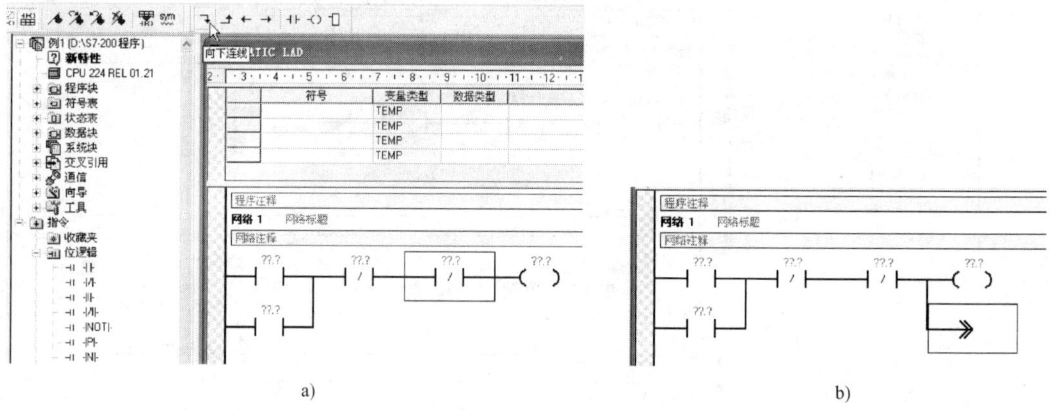

图 2-20　放置向下连线

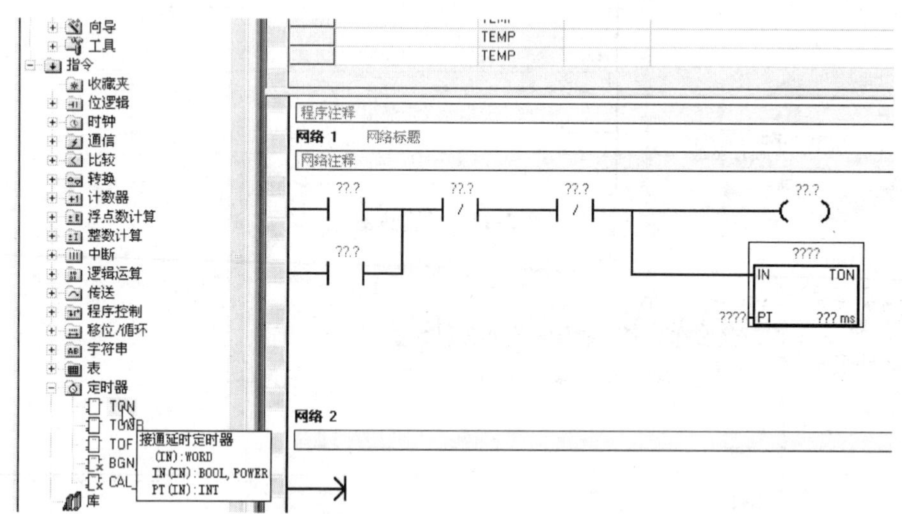

图 2-21　放置定时器

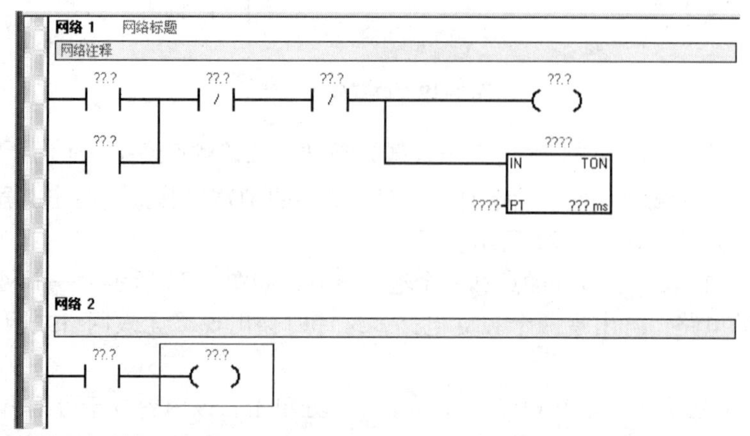

图 2-22　在网络 2 放置常开触点和线圈

动变为 100ms，定时时间 50 需要人工输入，该定时器的定时时间为 50 × 100ms = 5s。

至此，程序编写完成。

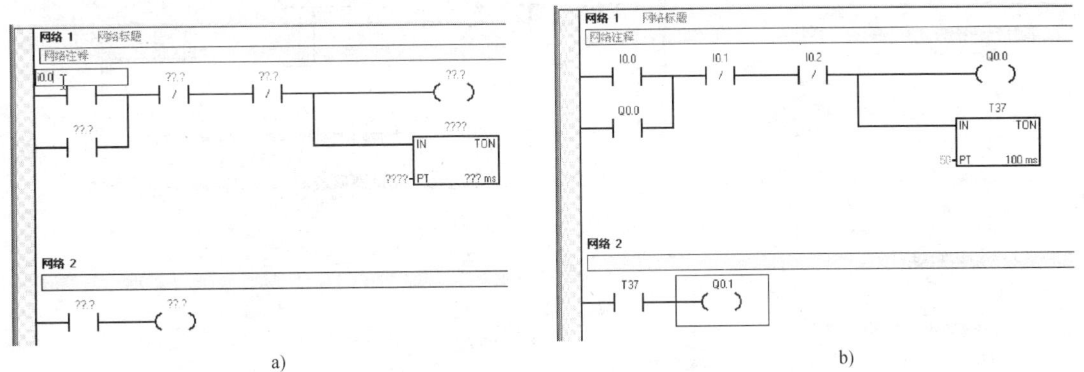

图 2-23 给元件输入名称及参数

3. 编译程序

在将编写的梯形图程序传送给 PLC 前，需要先对梯形图程序进行编译，将它转换成 PLC 能接受的代码。程序编译方法是，执行菜单命令“PLC→全部编译（或编译）”，也可单击工具栏上的“（全部编译）”或“（编译）”图标，就可以编译全部程序或当前打开的程序，编译完成后，在软件窗口下方的输出窗口出现编译信息，如图 2-24 所示。如果编写的程序出现错误，编译时在输出窗口会出现错误提示，如在图 2-25 中，将程序中的常闭触点 I0. 1 删除，编译时会出现错误提示，并指示错误位置，双击错误提示，程序编辑区的定位框会跳至程序出错位置。

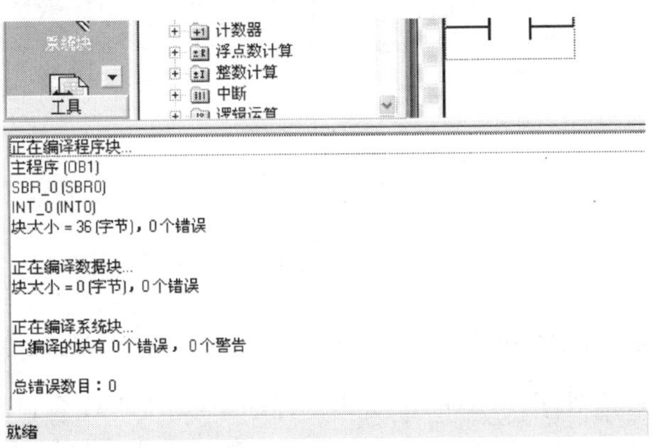

图 2-24 无错误的编译信息

2.1.4 下载和上载程序

将 PC 中编写的程序传送给 PLC 称为下载，将 PLC 中的程序传送给 PC 称为上载。

1. 下载程序

程序编译后，就可以将编译好的程序下载到 PLC。程序下载的方法是，执行菜单命令

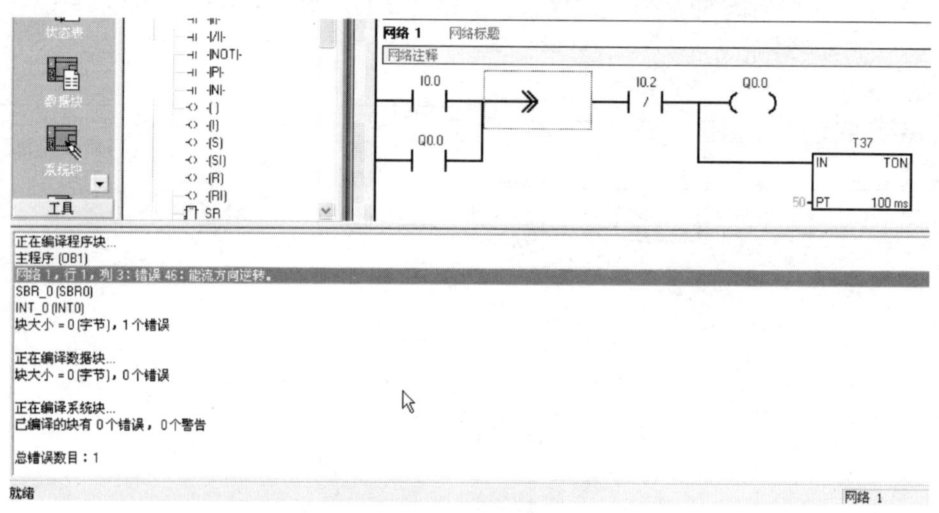

图 2-25　提示有错误的编译信息

“文件→下载”，也可单击工具栏上的“![]”图标，会出现“下载”对话框，如图 2-26 所示，单击“下载”按钮即可将程序下载到 PLC，如果 PC 与 PLC 连接通信不正常，会出现图 2-27 所示的对话框，提示通信错误。

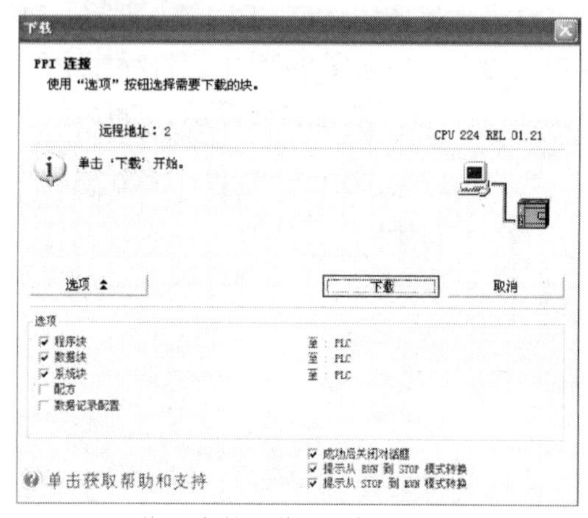

图 2-26　通信正常的下载对话框

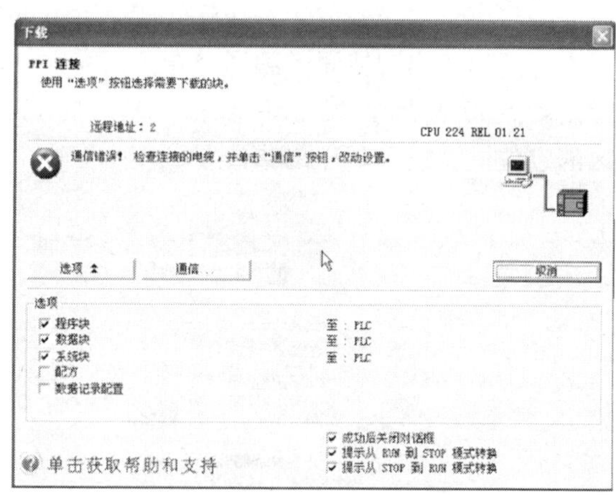

图 2-27　通信出错的下载对话框

程序下载应让 PLC 应处于“STOP”模式，程序下载时 PLC 会自动切换到“STOP”模式，下载结束后又会自动切换到“RUN”模式，若希望模式切换时出现模式切换提示对话框，可勾选图 2-26 对话框右下角两项。

2. 上载程序

当需要修改 PLC 中的程序时，可利用 STEP 7-Micro/WIN 软件将 PLC 中的程序上载到 PC。在上载程序时，需要新建一个空项目文件，以便放置上载内容，如果项目文件有内容，将会被上载内容覆盖。

上载程序的方法是，执行菜单命令“文件→上载”，也可单击工具栏上的“![]”图标，会出现与图 2-26 类似的“上载”对话框，单击其中的“上载”按钮即可将 PLC 中的程序上载到 PC 中。

2.2　S7-200 系列 PLC 仿真软件的使用

在使用 STEP 7-Micro/WIN 软件编写完程序后，如果手头没有 PLC 而又想马上能看到程序在 PLC 中的运行效果，这时可运行 S7-200 系列 PLC 仿真软件，让编写的程序在一个软件模拟的 PLC 中运行，从中观察程序的运行效果。

2.2.1　软件界面说明

S7-200 系列 PLC 仿真软件不是 STEP 7-Micro/WIN 软件的组成部分，它是由其他公司开发的用于对 S7-200 系列 PLC 进行仿真的软件。读者可登录易天电学网（www.eTV100.com）了解该软件有关信息。

S7-200 系列 PLC 仿真软件是一款绿色软件，无需安装，双击它即可运行，如图 2-28 所示。软件启动后出现启动画面，在画面上单击后弹出密码对话框，如图 2-29 所示，按提示输入密码，确定后完成软件的启动，出现软件界面，如图 2-30 所示。

图 2-28　双击启动 S7-200 系列 PLC 仿真软件

图 2-29　启动时按提示输入密码

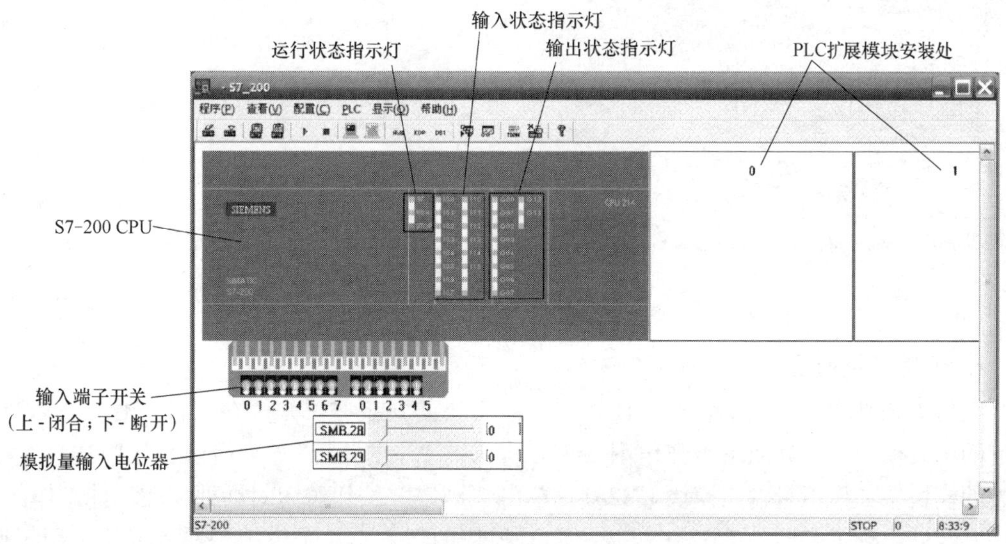

图 2-30　S7-200 系列 PLC 仿真软件界面

在软件窗口的工作区内，左上方为 S7-200 CPU 模块，右方为 PLC 的扩展模块安装处，左下方分别为输入端子开关（上拨表示闭合，下拨表示断开）和两个模拟量输入电位器。S7-200 CPU 模块上有运行状态、输入状态和输出状态指示灯，在仿真时，通过观察输入、输出指示灯的状态了解程序运行效果。

2.2.2 CPU 型号的设置与扩展模块的安装

1. CPU 型号的设置

在仿真时要求仿真软件和编程软件的 CPU 型号相同，否则可能会出现无法仿真或仿真出错。CPU 型号的设置方法是，执行菜单命令“配置→CPU 型号”，弹出图 2-31 所示的 CPU Type（CPU 型号）对话框，从中选择 CPU 的型号，CPU 网络地址保持默认地址 2，再单击“Accept”（接受）按钮关闭对话框，会发现软件工作区的 CPU 模块发生了变化，如图 2-32 所示。

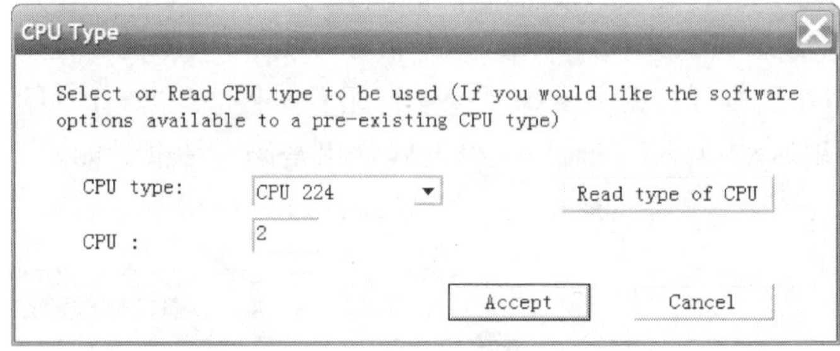

图 2-31 设置 CPU 的型号

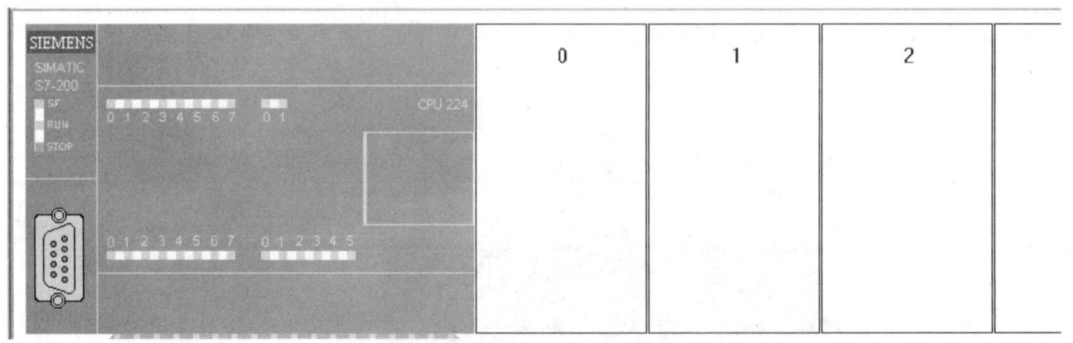

图 2-32 新设置的 CPU 外形

2. 扩展模块的安装

在仿真软件中也可以安装扩展模块。扩展模块的安装方法是，在软件工作区 CPU 模块邻近的扩展模块安装处双击，弹出图 2-33a 所示的“扩展模块”对话框，从中选择某个需安装的模块，如模拟量输入模块 EM231，单击“确定”按钮关闭对话框，在软件工作区的 0 模块安装处出现了安装的 EM231 模块，同时模块的下方有 4 个模拟量输入滑块，用于调节模拟量输入电压值，如图 2-33b 所示。

如果要删除扩展模块，只需在扩展模块上双击，弹出图 2-33a 所示的对话框，选中“无/卸下”项，再单击“确定”按钮即可。

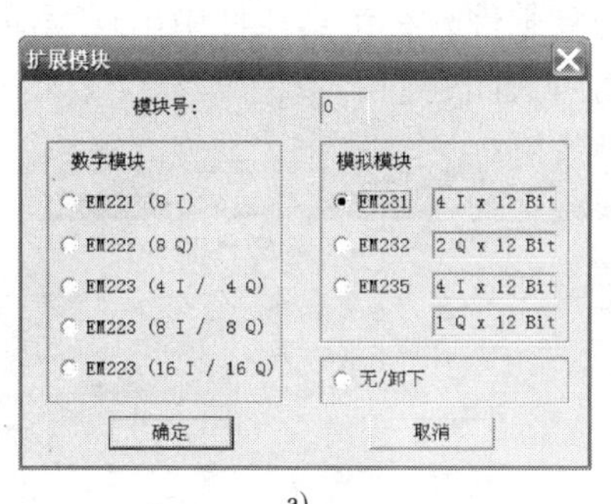

a)

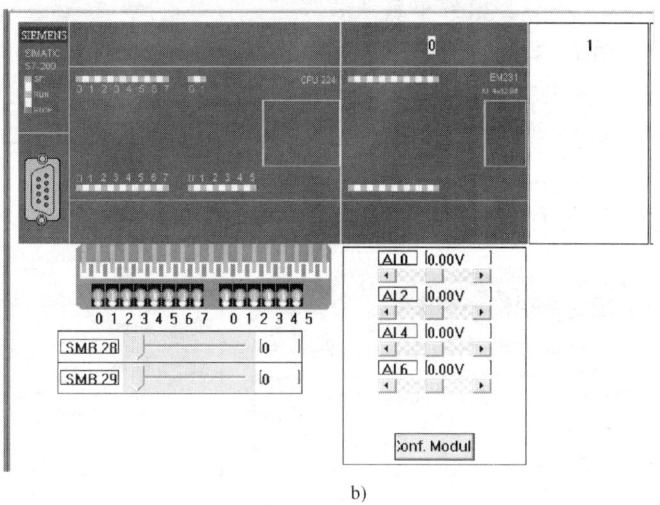

b)

图 2-33　安装扩展模块

2.2.3　程序的仿真

1. 从编程软件中导出程序文件

要仿真编写的程序，须先在 STEP 7-Micro/WIN 编程软件中编写程序，编写的程序如图 2-34a 所示，再对编写的程序进行编译，编译无错误再导出程序文件。导出程序文件的方法是，在 STEP 7-Micro/WIN 编程软件中执行菜单命令“文件→导出”，弹出“导出程序块”对话框，如图 2-34b 所示，输入文件名“test”并选择类型为“. awl”，再单击“保存”按钮，即从编写的程序中导出一个名为 test. awl 的文件。

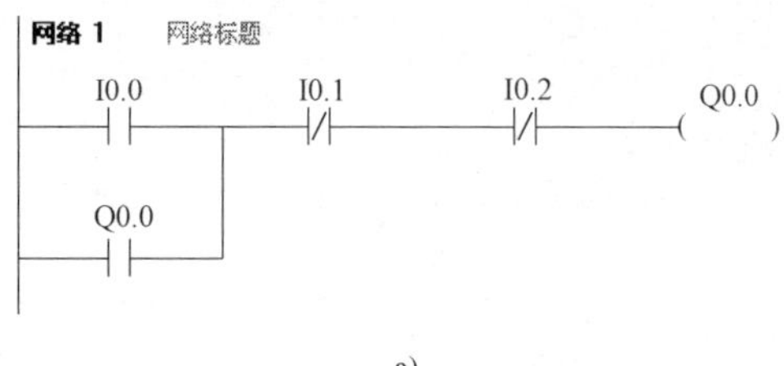

a)

b)

图 2-34　从编程软件中导出文件

2. 在仿真软件中装载程序

在仿真软件中装载程序的操作方法是，在仿真软件中执行菜单命令“程序→装载程序”，弹出“装载程序”对话框，如图 2-35a 所示，从中选择要装载的选项，一般保持默认值，单击“确定”按钮，弹出“打开”对话框，如图 2-35b 所示，在该对话框中选择要装载的 test. awl 文件，单击“打开”按钮，即将文件装载到仿真软件，在仿真软件中出现程序块的语句表和梯形图窗口，如图 2-35c 所示，不需要显示时可关闭它们。

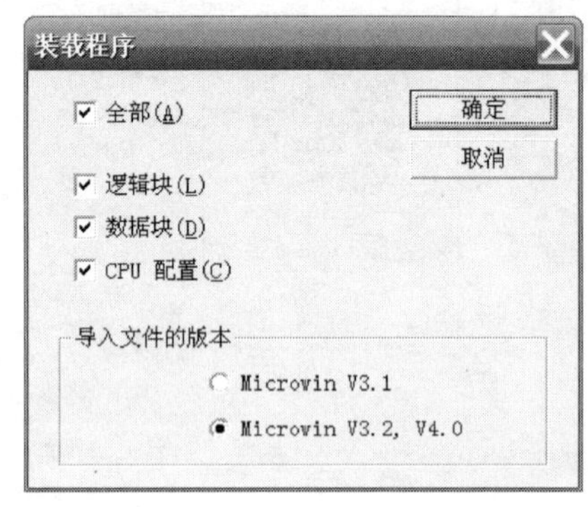

a)

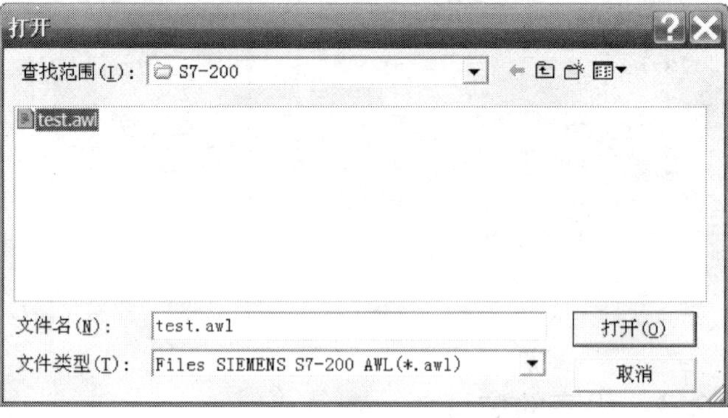

b)

c)

图 2-35　在仿真软件中装载程序

3. 仿真程序

在仿真程序时，先单击工具栏上的▶（运行）图标，让 PLC 进入 RUN 状态，RUN 指示灯变为亮（绿色），然后将 I0.0 输入端子开关上拨（开关闭合），I0.0 指示灯亮，同时输出端 Q0.0 对应的指示灯也亮，如图 2-36 所示，再将 I0.1 或 I0.2 输入端子开关上拨，发现 Q0.0 对应的指示灯不亮，这些与直接分析梯形图得到的结果是一致的，说明编写的梯形图正确。

若要停止仿真，单击工具栏上的■（停止）图标，PLC 则进入 STOP 状态。

4. 变量状态监控

如果想了解 PLC 的变量（如 I0.0、Q0.0）的值，可执行菜单命令“查看→内存监视”，

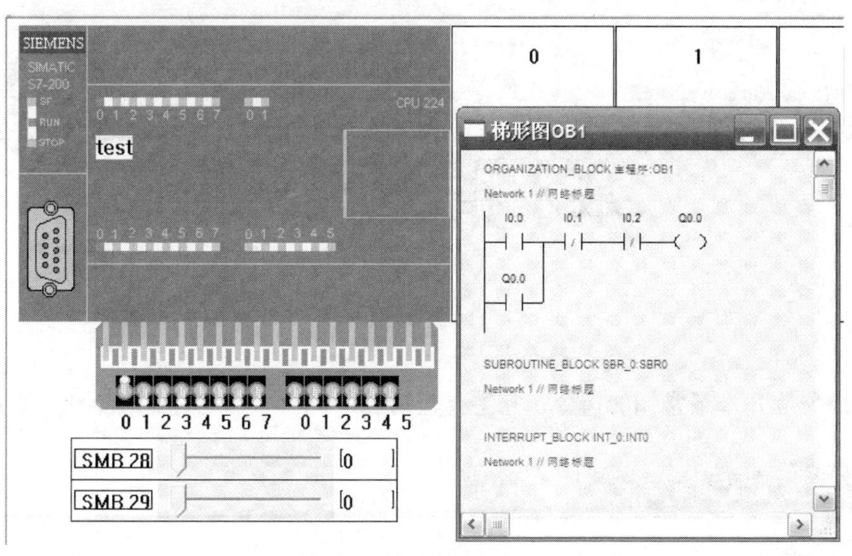

图 2-36　仿真程序

弹出“内存表”对话框，如图 2-37 所示，在对话框的地址栏输入要查看的变量名（如 I0.0），再单击下方的“开始”按钮，在“值”栏即会显示该变量的值（2#1）。如果改变 PLC 输入端子开关的状态，该对话框中相应变量的值也会发生变化。

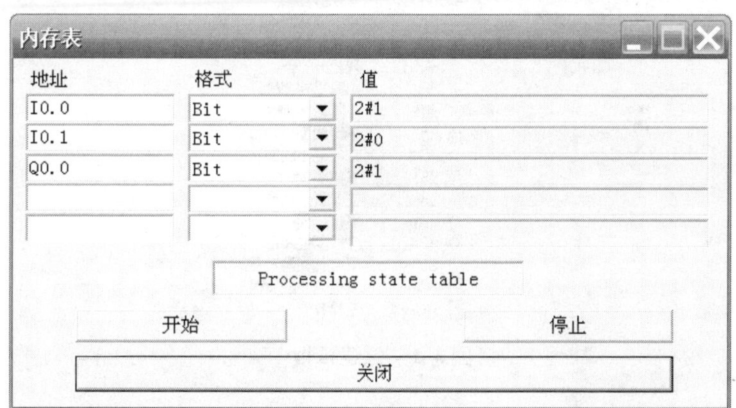

图 2-37　监控变量状态

第 3 章

基本指令及应用

基本指令是 PLC 最常用的指令，它主要包括位逻辑指令、定时器指令和计数器指令。

3.1 位逻辑指令

在 STEP 7-Micro/WIN 软件的指令树区域，展开“位逻辑”指令包，可以查看到所有的位逻辑指令，如图 3-1 所示。位逻辑指令有 16 条，可大致分为触点指令、线圈指令、立即指令、RS 触发器指令和空操作指令。

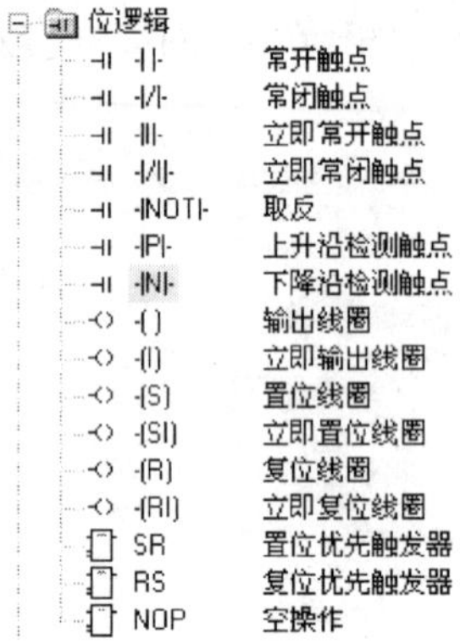

位逻辑
-| |- 常开触点
-|/|- 常闭触点
-|I|- 立即常开触点
-|/I|- 立即常闭触点
-|NOT|- 取反
-|P|- 上升沿检测触点
-|N|- 下降沿检测触点
-( ) 输出线圈
-(I) 立即输出线圈
-(S) 置位线圈
-(SI) 立即置位线圈
-(R) 复位线圈
-(RI) 立即复位线圈
SR 置位优先触发器
RS 复位优先触发器
NOP 空操作

图 3-1 位逻辑指令

3.1.1 触点指令

触点指令可分为普通触点指令和边沿检测指令。

1. 普通触点指令

普通触点指令说明见表 3-1。

表 3-1 普通触点指令说明

指令标识	梯形图符号及名称	说明	可用软元件	举例
-| |-	??.? -| |- 常开触点	当??.? 位为 1 时，??.? 常开触点闭合，为 0 时常开触点断开	I、Q、M、SM、T、C、L、S、V	I0.1 A 当 I0.1 位为 1 时，I0.1 常开触点闭合，左母线的能流通过触点流到 A 点

（续）

指令标识	梯形图符号及名称	说　明	可用软元件	举　例
┤/├	??.? ┤ / ├ 常闭触点	当??.? 位为 0 时，??.? 常闭触点闭合，为 1 时常闭触点断开	I、Q、M、SM、T、C、L、S、V	I0.1　A 当 I0.1 位为 0 时，I0.1 常闭触点闭合，左母线的能流通过触点流到 A 点
┤NOT├	┤NOT├ 取反	当该触点左方有能流时，经能流取反后右方无能流，左方无能流时右方有能流		I0.1　A　NOT　B 当 I0.1 常开触点断开时，A 点无能流，经能流取反后，B 点有能流，这里的两个触点组合，功能与一个常闭触点相同

2. 边沿检测触点指令

边沿检测触点指令说明见表 3-2。

表 3-2　边沿检测触点指令说明

指令标识	梯形图符号及名称	说　明	举　例
┤P├	┤ P ├ 上升沿检测触点	当该指令前面的逻辑运算结果有一个上升沿（0→1）时，会产生一个宽度为一个扫描周期的脉冲，驱动后面的输出线圈	I0.4　P　Q0.4　N　Q0.5 I0.4　Q0.4　接通一个周期　Q0.5　接通一个周期 当 I0.4 触点由断开转为闭合时，会产生一个 0→1 的上升沿，P 触点接通一个扫描周期时间，Q0.4 线圈得电一个周期 当 I0.4 触点由闭合转为断开时，产生一个 1→0 的下降沿，N 触点接通一个扫描周期时间，Q0.5 线圈得电一个周期
┤N├	┤ N ├ 下降沿检测触点	当该指令前面的逻辑运算结果有一个下降沿（1→0）时，会产生一个宽度为一个扫描周期的脉冲，驱动后面的输出线圈	

3.1.2　线圈指令

1. 指令说明

线圈指令说明见表 3-3。

表 3-3　线圈指令说明

指令标识	梯形图符号及名称	说　明	操作数
—( )	??.? —(　) 输出线圈	当有输入能流时，??.? 线圈得电，能流消失后，??.? 线圈马上失电	??.?（软元件）：I、Q、M、SM、T、C、V、S、L，数据类型为布尔型 ????（软元件的数量）：VB、IB、QB、MB、SMB、LB、SB、AC、*VD、*AC、*LD、常量，数据类型为字节型，范围为 1~255

（续）

指令标识	梯形图符号及名称	说　明	操作数
-(S)	??.? —(S) ???? 置位线圈	当有输入能流时，将??.? 开始的???? 个线圈置位（即让这些线圈都得电），能流消失后，这些线圈仍保持为1（即仍得电）	??.?（软元件）：I、Q、M、SM、T、C、V、S、L，数据类型为布尔型 ????（软元件的数量）：VB、IB、QB、MB、SMB、LB、SB、AC、＊VD、＊AC、＊LD、常量，数据类型为字节型，范围为1～255
-(R)	??.? —(R) ???? 复位线圈	当有输入能流时，将??.? 开始的???? 个线圈复位（即让这些线圈都失电），能流消失后，这些线圈仍保持为0（即失电）	

2. 指令使用举例

线圈指令的使用如图 3-2 所示。当 I0.4 常开触点闭合时，将 M0.0～M0.2 线圈都置位，即让这 3 个线圈都得电，同时 Q0.4 线圈也得电，I0.4 常开触点断开后，M0.0～M0.2 线圈仍保持得电状态，而 Q0.4 线圈则失电；当 I0.5 常开触点闭合时，将 M0.0～M0.2 线圈都被复位，即这 3 个线圈都失电，同时 Q0.5 线圈得电，I0.5 常开触点断开后，M0.0～M0.2 线圈仍保持失电状态，Q0.5 线圈也失电。

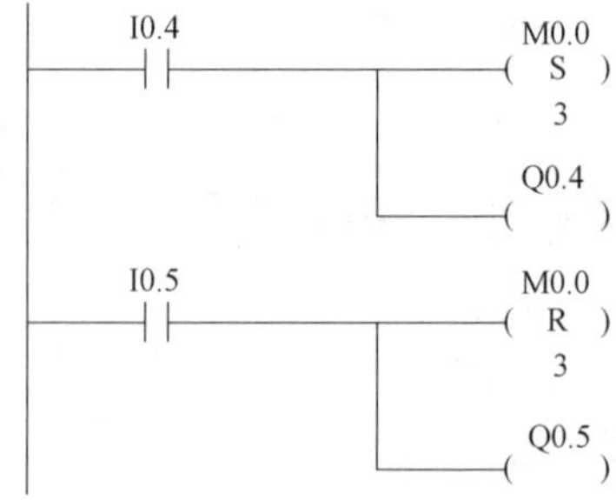

图 3-2　线圈指令的使用举例

3.1.3　立即指令

PLC 的一般工作过程是，当操作输入端设备时（如按下 I0.0 端子外接按钮），该端的状态数据“1”存入输入映像寄存器 I0.0 中，PLC 运行时先扫描读出输入映像寄存器的数据，然后根据读取的数据运行用户编写的程序，程序运行结束后将结果送入输出映像寄存器（如 Q0.0），通过输出电路驱动输出端子外接的输出设备（如接触器线圈），然后 PLC 又重复上述过程。PLC 完整运行一个过程需要的时间称为一个扫描周期，在 PLC 执行用户程序阶段时，即使输入设备状态发生变化（如按钮由闭合转为断开），PLC 不理会此时的变化，仍按扫描输入映像寄存器阶段读的数据执行程序，直到下一个扫描周期才读取输入端新状态。

如果希望 PLC 工作时能即时响应输入或即时产生输出，可使用立即指令。立即指令可分为立即触点指令、立即线圈指令。

1. 立即触点指令

立即触点指令又称立即输入指令，它只适用于输入量 I，执行立即触点指令时，PLC 会立即读取输入端子的值，再根据该值判断程序中的触点通/断状态，但并不更新该端子对应的输入映像寄存器的值，其他普通触点的状态仍由扫描输入映像寄存器阶段读取的值决定。

立即触点指令说明见表 3-4。

表 3-4　立即触点指令说明

指令标识	梯形图符号及名称	说　明	举　例
─┤I├	??.? ┤ I ├ 立即常开触点	当 PLC 的??.? 端子输入为 ON 时，??.? 立即常开触点即刻闭合，当 PLC 的??.? 端子输入为 OFF 时，??.? 立即常开触点即刻断开	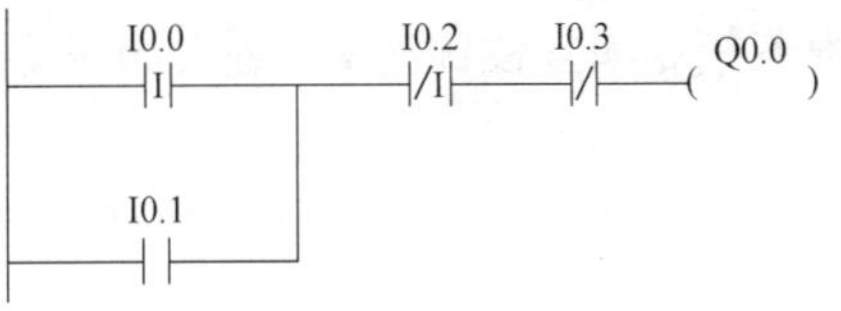 I0.0 ┤I├，I0.1 ┤├（并联），I0.2 ┤/I├，I0.3 ┤/├，Q0.0 ( ) 当 PLC 的 I0.0 端子输入为 ON（如该端子外接开关闭合）时，I0.0 立即常开触点立即闭合，Q0.0 线圈随之得电，如果 PLC 的 I0.1 端子输入为 ON，I0.1 常开触点并不马上闭合，而是要等到 PLC 运行完后续程序后才闭合 同样地，PLC 的 I0.2 端子输入为 ON 时，可以较 PLC 的 I0.3 端子输入为 ON 时更快使 Q0.0 线圈失电
─┤/I├	??.? ┤ /I ├ 立即常闭触点	当 PLC 的??.? 端子输入为 ON 时，??.? 立即常闭触点即刻断开，当 PLC 的??.? 端子输入为 OFF 时，??.? 立即常闭触点即刻闭合	

2. 立即线圈指令

立即线圈指令又称立即输出指令，该指令在执行时，将前面的运算结果立即送到输出映像寄存器而即时从输出端子产生输出，输出映像寄存器内容也被刷新。立即线圈指令只能用于输出量 Q，线圈中的“I”表示立即输出。

立即线圈指令说明见表 3-5。

表 3-5　立即线圈指令说明

指令标识	梯形图符号及名称	说　明	举　例
─(I)	??.? ─(I) 立即线圈	当有输入能流时，??.? 线圈得电，PLC 的??.? 端子立即产生输出，能流消失后，??.? 线圈失电，PLC 的??.? 端子立即停止输出	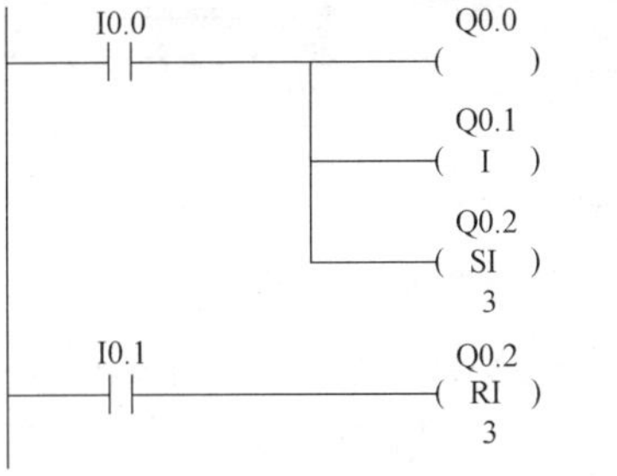 I0.0 ┤├ → Q0.0 ( )，Q0.1 (I)，Q0.2 (SI) 3 I0.1 ┤├ → Q0.2 (RI) 3 当 I0.0 常开触点闭合时，Q0.0、Q0.1 和 Q0.2 ~ Q0.4 线圈均得电，PLC 的 Q0.1 ~ Q0.4 端子立即产生输出，Q0.0 端子需要在程序运行结束后才产生输出，I0.0 常开触点断开后，Q0.1 端子立即停止输出，Q0.0 端子需要在程序运行结束后才停止输出，而 Q0.2 ~ Q0.4 端子仍保持输出 当 I0.1 常开触点闭合时，Q0.2 ~ Q0.4 线圈均失电，PLC 的 Q0.2 ~ Q0.4 端子立即停止输出
─(SI)	??.? ─(SI) ???? 立即置位线圈	当有输入能流时，将??.? 开始的???? 个线圈置位，PLC 从??.? 开始的???? 个端子立即产生输出，能流消失后，这些线圈仍保持为 1，其对应的 PLC 端子保持输出	
─(RI)	??.? ─(RI) ???? 立即复位线圈	当有输入能流时，将??.? 开始的???? 个线圈复位，PLC 从??.? 开始的???? 个端子立即停止输出，能流消失后，这些线圈仍保持为 0，其对应的 PLC 端子仍停止输出	

3.1.4 RS 触发器指令

RS 触发器指令的功能是根据 R、S 端输入状态产生相应的输出，它分为置位优先 SR 触发器指令和复位优先 RS 触发器指令。

1. 指令说明

RS 触发器指令说明见表 3-6。

表 3-6 RS 触发器指令说明

<table>
<tr><th>指令标识</th><th>梯形图符号及名称</th><th>说明</th><th>操作数</th></tr>
<tr><td>SR</td><td>??.?
S1 OUT
SR
R
置位优先触发器</td><td>当 S1、R 端同时输入 1 时，OUT = 1，??.? =1。SR 置位优先触发器的输入输出关系见下表：
<table>
<tr><td>S1</td><td>R</td><td>OUT（?? . ?）</td></tr>
<tr><td>0</td><td>0</td><td>保持前一状态</td></tr>
<tr><td>0</td><td>1</td><td>0</td></tr>
<tr><td>1</td><td>0</td><td>1</td></tr>
<tr><td>1</td><td>1</td><td>1</td></tr>
</table></td><td rowspan="2">
<table>
<tr><td>输入/输出</td><td>数据类型</td><td>可用软元件</td></tr>
<tr><td>S1、R</td><td>BOOL</td><td>I、Q、V、M、SM、S、T、C</td></tr>
<tr><td>S、R1、OUT</td><td>BOOL</td><td>I、Q、V、M、SM、S、T、C、L</td></tr>
<tr><td>?? . ?</td><td>BOOL</td><td>I、Q、V、M、S</td></tr>
</table></td></tr>
<tr><td>RS</td><td>??.?
S OUT
RS
R1
复位优先触发器</td><td>当 S、R1 端同时输入 1 时，OUT = 0，??.? =0。RS 复位优先触发器的输入输出关系见下表：
<table>
<tr><td>S</td><td>R1</td><td>OUT（?? . ?）</td></tr>
<tr><td>0</td><td>0</td><td>保持前一状态</td></tr>
<tr><td>0</td><td>1</td><td>0</td></tr>
<tr><td>1</td><td>0</td><td>1</td></tr>
<tr><td>1</td><td>1</td><td>0</td></tr>
</table></td></tr>
</table>

2. 指令使用举例

RS 触发器指令使用如图 3-3 所示。

图 3-3a 使用了 SR 置位优先触发器指令，从右方的时序图可以看出：①当 I0.0 触点闭合（SI =1）、I0.1 触点断开（R =0）时，Q0.0 被置位为 1；②当 I0.0 触点由闭合转为断开（SI =0）、I0.1 触点仍处于断开（R =0）时，Q0.0 仍保持为 1；③当 I0.0 触点断开（SI =0）、I0.1 触点闭合（R =1）时，Q0.0 被复位为 0；④当 I0.0、I0.1 触点均闭合（SI =0、R =1）时，Q0.0 被置位为 1。

图 3-3b 使用了 RS 复位优先触发器指令，其① ~ ③种输入输出情况与 SR 置位优先触发器指令相同，两者区别在于第④种情况，对于 SR 置位优先触发器指令，当 S1、R 端同时输入 1 时，Q0.0 =1；对于 RS 复位优先触发器指令，当 S、R1 端同时输入 1 时，Q0.0 =0。

3.1.5 空操作指令

空操作指令的功能是让程序不执行任何操作，由于该指令本身执行时需要一定时间，故

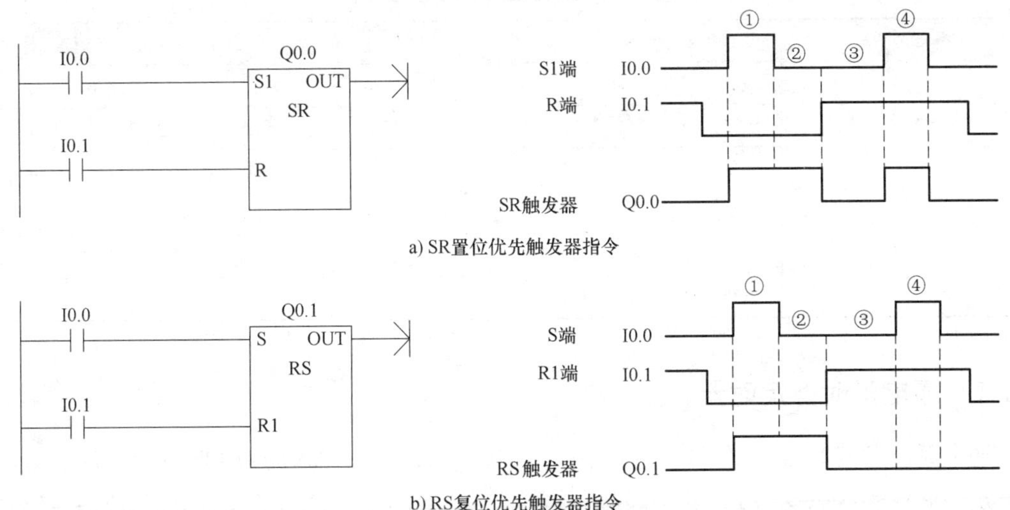

a) SR置位优先触发器指令

b) RS复位优先触发器指令

图 3-3　RS 触发器指令使用举例

可延缓程序执行周期。

空操作指令说明见表 3-7。

表 3-7　空操作指令说明

指令标识	梯形图符号及名称	说　明	举　例
NOP	???? NOP 空操作	空操作指令，其功能是将让程序不执行任何操作 N（????）=0~255，执行一次 NOP 指令需要的时间约为 0.22μs，执行 N 次 NOP 的时间约为 0.22μs×N	M0.0 —|/|— 100 NOP 当 M0.0 触点闭合时，NOP 指令执行 100 次

3.2 定时器

定时器是一种按时间动作的继电器，相当于继电器控制系统中的时间继电器。一个定时器可有很多个常开触点和常闭触点，其定时单位有 1ms、10ms、100ms 三种。

根据工作方式不同，定时器可分为三种：通电延时定时器（TON）、断电延时定时器（TOF）和记忆型通电延时定时器（TONR）。三种定时器如图 3-4 所示，其有关规格见表 3-8，TON、TOF 是共享型定时器，当将某一编号的定时器用作 TON 时就不能再将它用作 TOF，如将 T32 用作 TON 定时器后，就不能将 T32 用作 TOF 定时器。

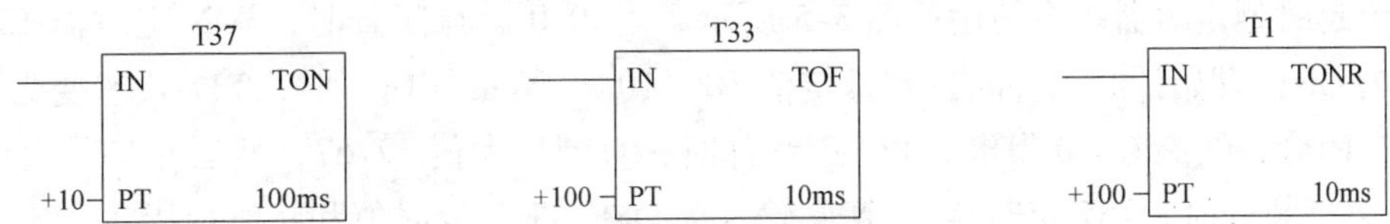

图 3-4　三种定时器的梯形图符号

表 3-8　三种定时器的有关规格

类　型	定时器号	定时单位	最大定时值
TONR	T0，T64	1ms	32.767s
	T1～T4，T65～T68	10ms	327.67s
	T5～T31，T69～T95	100ms	3276.7s
TON、TOF	T32，T96	1ms	32.767s
	T33～T36，T97～T100	10ms	327.67s
	T37～T63，T101～T255	100ms	3276.7s

3.2.1　通电延时型定时器

通电延时型定时器（TON）的特点是，当TON的IN端输入为ON时开始计时，计时达到设定时间值后状态变为1，驱动同编号的触点产生动作，TON达到设定时间值后会继续计时直到最大值，但后续的计时并不影响定时器的输出状态；在计时期间，若TON的IN端输入变为OFF，定时器马上复位，计时值和输出状态值都清0。

1. 指令说明

通电延时型定时器说明见表3-9。

表 3-9　通电延时型定时器说明

指令标识	梯形图符号及名称	说　明	参　数
TON	???? IN　TON ????-PT　???ms 通电延时型定时器	当IN端输入为ON时，Txxx（上????）通电延时型定时器开始计时，计时时间为计时值（PT值）×??? ms，到达计时值后，Txxx定时器的状态变为1且继续计时，直到最大值32767；当IN端输入为OFF时，Txxx定时器的当前计时值清0，同时状态也变为0 指令上方的???? 用于输入TON定时器编号，PT旁的???? 用于设置定时值，ms旁的??? 根据定时器编号自动生成，如定时器编号输入T37，??? ms自动变成100ms	<table><tr><th>输入/输出</th><th>数据类型</th><th>操作数</th></tr><tr><td>Txxx</td><td>WORD</td><td>常数（T0～T255）</td></tr><tr><td>IN</td><td>BOOL</td><td>I、Q、V、M、SM、S、T、C、L</td></tr><tr><td>PT</td><td>INT</td><td>IW、QW、VW、MW、SMW、SW、LW、T、C、AC、AIW、*VD、*LD、*AC、常数</td></tr></table>

2. 指令使用举例

通电延时型定时器指令使用如图3-5所示。当I0.0触点闭合时，TON定时器T37的IN端输入为ON，开始计时，计时达到设定值10（10×100ms=1s）时，T37状态变为1，T37常开触点闭合，线圈Q0.0得电，T37继续计时，直到最大值32767，然后保持最大值不变；当I0.0触点断开时，T37定时器的IN端输入为OFF，T37计时值和状态均清0，T37常开触点断开，线圈Q0.0失电。

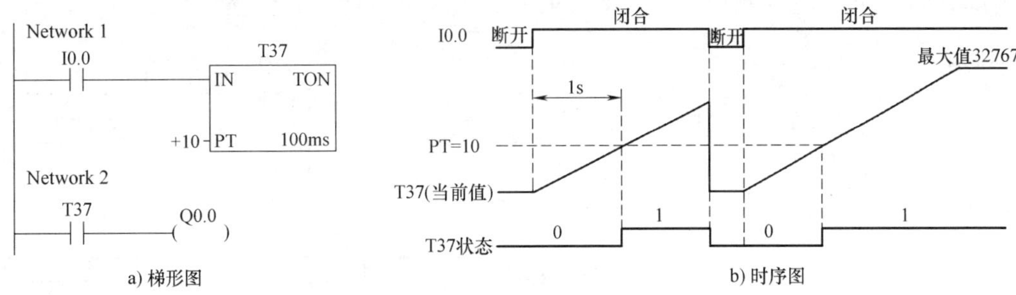

a) 梯形图　　b) 时序图

图 3-5　通电延时型定时器指令使用举例

3.2.2　断电延时型定时器

断电延时型定时器（TOF）的特点是，当 TOF 的 IN 端输入为 ON 时，TOF 的状态变为 1，同时计时值被清 0，当 TOF 的 IN 端输入变为 OFF 时，TOF 的状态仍保持为 1，同时 TOF 开始计时，当计时值达到设定值后 TOF 的状态变为 0，当前计时值保持设定值不变。

也就是说，TOF 定时器在 IN 端输入为 ON 时状态为 1 且计时值清 0，IN 端变为 OFF（即输入断电）后状态仍为 1 但从 0 开始计时，计时值达到设定值时状态变为 0，计时值保持设定值不变。

1. 指令说明

断电延时型定时器说明见表 3-10。

表 3-10　断电延时型定时器说明

<table>
<tr><th>指令标识</th><th>梯形图符号及名称</th><th>说　明</th><th>参　数</th></tr>
<tr><td>TOF</td><td>????
IN　TOF
????-PT　???ms
断电延时型定时器</td><td>当 IN 端输入为 ON 时，Txxx（上????）断电延时型定时器的状态变为 1，同时计时值清 0，当 IN 端输入变为 OFF 时，定时器的状态仍为 1，定时器开始计时值，到达设定计时值后，定时器的状态变为 0，当前计时值保持不变
指令上方的???? 用于输入 TOF 定时器编号，PT 旁的???? 用于设置定时值，ms 旁的??? 根据定时器编号自动生成</td><td><table>
<tr><th>输入/输出</th><th>数据类型</th><th>操作数</th></tr>
<tr><td>Txxx</td><td>WORD</td><td>常数（T0 ~ T255）</td></tr>
<tr><td>IN</td><td>BOOL</td><td>I、Q、V、M、SM、S、T、C、L</td></tr>
<tr><td>PT</td><td>INT</td><td>IW、QW、VW、MW、SMW、SW、LW、T、C、AC、AIW、* VD、* LD、* AC、常数</td></tr>
</table></td></tr>
</table>

2. 指令使用举例

断电延时型定时器指令使用如图 3-6 所示。当 I0.0 触点闭合时，TOF 定时器 T33 的 IN 端输入为 ON，T33 状态变为 1，同时计时值清 0；当 I0.0 触点闭合转为断开时，T33 的 IN 端输入为 OFF，T33 开始计时，计时达到设定值 100（100 × 10ms = 1s）时，T33 状态变为 0，当前计时值不变；当 I0.0 重新闭合时，T33 状态变为 1，同时计时值清 0。

在 TOF 定时器 T33 通电时状态为 1，T33 常开触点闭合，线圈 Q0.0 得电，在 T33 断电后开始计时，计时达到设定值时状态变为 0，T33 常开触点断开，线圈 Q0.0 失电。

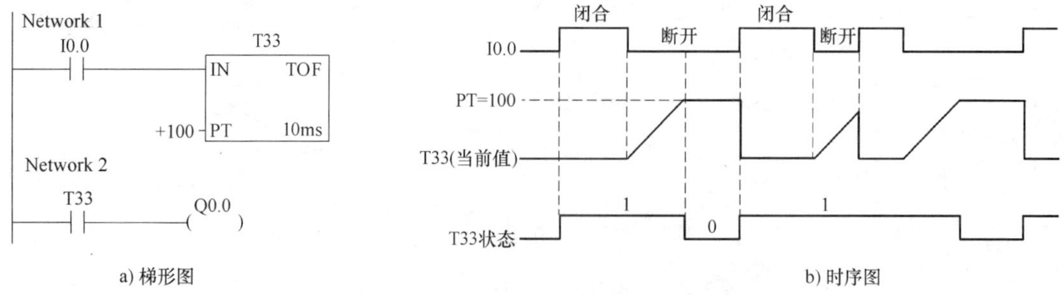

a) 梯形图　　b) 时序图

图 3-6　断电延时型定时器指令使用举例

3.2.3　记忆型通电延时定时器

记忆型通电延时定时器（TONR）的特点是，当 TONR 输入端（IN）通电即开始计时，计时达到设定时间值后状态置 1，然后 TONR 会继续计时直到最大值，在后续的计时期间定时器的状态仍为 1；在计时期间，如果 TONR 的输入端失电，其计时值不会复位，而是将失电前瞬间的计时值记忆下来，当输入端再次通电时，TONR 会在记忆值上继续计时，直到最大值。

失电不会使 TONR 状态复位计时清 0，要让 TONR 状态复位计时清 0，必须用到复位指令（R）。

1. 指令说明

记忆型通电延时定时器说明见表 3-11。

表 3-11　记忆型通电延时定时器说明

<table>
<tr><th>指令标识</th><th>梯形图符号及名称</th><th>说　明</th><th>参　数</th></tr>
<tr><td>TONR</td><td>????
IN　TONR
????-PT　???ms
记忆型通电延时定时器</td><td>当 IN 端输入为 ON 时，Txxx（上????）记忆型通电延时定时器开始计时，计时时间为计时值（PT 值）×??? ms，如果未到达计时值时 IN 输入变为 OFF，定时器将当前计时值保存下来，当 IN 端输入再次变为 ON 时，定时器在记忆的计时值上继续计时，到达设置的计时值后，Txxx 定时器的状态变为 1 且继续计时，直到最大值 32767
指令上方的???? 用于输入 TONR 定时器编号，PT 旁的???? 用于设置定时值，ms 旁的??? 根据定时器编号自动生成</td><td><table>
<tr><th>输入/输出</th><th>数据类型</th><th>操作数</th></tr>
<tr><td>Txxx</td><td>WORD</td><td>常数（T0 ~ T255）</td></tr>
<tr><td>IN</td><td>BOOL</td><td>I、Q、V、M、SM、S、T、C、L</td></tr>
<tr><td>PT</td><td>INT</td><td>IW、QW、VW、MW、SMW、SW、LW、T、C、AC、AIW、*VD、*LD、*AC、常数</td></tr>
</table></td></tr>
</table>

2. 指令使用举例

记忆型通电延时定时器指令使用如图 3-7 所示。

当 I0.0 触点闭合时，TONR 定时器 T1 的 IN 端输入为 ON，开始计时，如果计时值未达

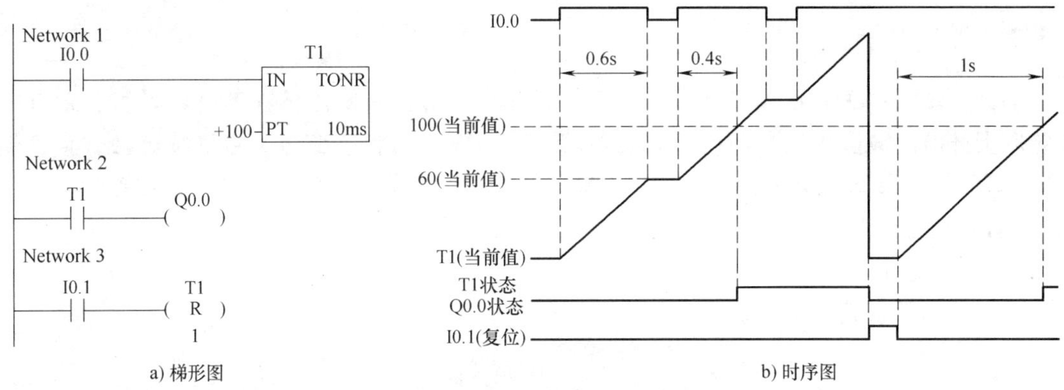

a) 梯形图　　b) 时序图

图 3-7　记忆型通电延时定时器指令使用举例

到设定值时 I0.0 触点就断开，T1 将当前计时值记忆下来；当 I0.0 触点再闭合时，T1 在记忆的计时值上继续计时，当计时值达到设定值 100（100×10ms=1s）时，T1 状态变为 1，T1 常开触点闭合，线圈 Q0.0 得电，T1 继续计时，直到最大计时值 32767，在计时期间，如果 I0.1 触点闭合，复位指令（R）执行，T1 被复位，T1 状态变为 0，计时值也被清 0；当触点 I0.1 断开且 I0.0 闭合时，T1 重新开始计时。

3.3 计数器

计数器的功能是对输入脉冲进行计数。S7-200 系列 PLC 有三种类型的计数器：加计数器 CTU（递增计数器）、减计数器 CTD（递减计数器）和加减计数器 CTUD（加减计数器）。计数器的编号为 C0～C255。三种计数器如图 3-8 所示。

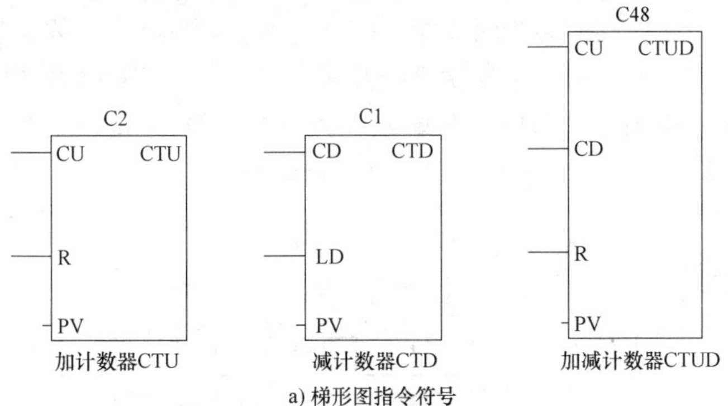

加计数器CTU　　减计数器CTD　　加减计数器CTUD

a) 梯形图指令符号

输入/输出	数据类型	操作数
C××	WORD	常数(C0～C255)
CU、CD、LD、R	BOOL	I、Q、V、M、SM、S、T、C、L
PV	INT	IW、QW、VW、MW、SMW、SW、LW、T、C、AC、AIW、*VD、*LD、*AC、常数

b) 参数

图 3-8　三种计数器

3.3.1 加计数器

加计数器（CTU）的特点是，当 CTU 输入端（CU）有脉冲输入时开始计数，每来一个脉冲上升沿计数值加 1，当计数值达到设定值（PV）后状态变为 1 且继续计数，直到最大值 32767，如果 R 端输入为 ON 或其他复位指令对计数器执行复位操作，计数器的状态变为 0，计数值也清 0。

1. 指令说明

加计数器说明见表 3-12。

表 3-12 加计数器说明

指令标识	梯形图符号及名称	说明
CTU	???? CU CTU R ????-PV 加计数器	当 R 端输入为 ON 时，对 Cxxx（上????）加计数器复位，计数器状态变为 0，计数值也清 0 CU 端每输入一个脉冲上升沿，CTU 计数器的计数值就增 1，当计数值达到 PV 值（计数设定值），计数器状态变为 1 且继续计数，直到最大值 32767 指令上方的???? 用于输入 CTU 计数器编号，PV 旁的???? 用于输入计数设定值，R 为计数器复位端

2. 指令使用举例

加计数器指令使用如图 3-9 所示。当 I0.1 触点闭合时，CTU 计数器的 R（复位）端输入为 ON，CTU 计数器的状态为 0，计数值也清 0。当 I0.0 触点第一次由断开转为闭合时，CTU 的 CU 端输入一个脉冲上升沿，CTU 计数值增 1，计数值为 1，I0.0 触点由闭合转为断开时，CTU 计数值不变；当 I0.0 触点第二次由断开转为闭合时，CTU 计数值又增 1，计数值为 2；当 I0.0 触点第三次由断开转为闭合时，CTU 计数值再增 1，计数值为 3，达到设定值，CTU 的状态变为 1；当 I0.0 触点第四次由断开转为闭合时，CTU 计数值变为 4，其状态仍为 1。如果这时 I0.1 触点闭合，CTU 的 R 端输入为 ON，CTU 复位，状态变为 0，计数值也清 0。CTU 复位后，若 CU 端输入脉冲，CTU 又开始计数。

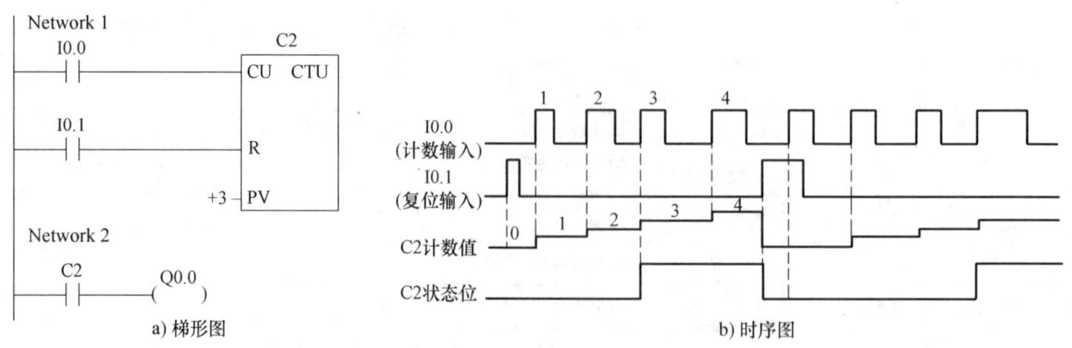

图 3-9 加计数器指令使用举例

在 CTU 计数器 C2 的状态为 1 时，C2 常开触点闭合，线圈 Q0.0 得电，计数器 C2 复位后，C2 触点断开，线圈 Q0.0 失电。

3.3.2　减计数器

减计数器（CTD）的特点是，当 CTD 的 LD（装载）端输入为 ON 时，CTD 状态位变为 0、计数值变为设定值，装载后，计数器的 CD 端每输入一个脉冲上升沿，计数值就减 1，当计数值减到 0 时，CTD 的状态变为 1 并停止计数。

1. 指令说明

减计数器说明见表 3-13。

表 3-13　减计数器说明

指令标识	梯形图符号及名称	说　明
CTD	???? CD　CTD LD ????-PV 减计数器	当 LD 端输入为 ON 时，Cxxx（上????）减计数器状态变为 0，同时计数值变为 PV 值 CD 端每输入一个脉冲上升沿，CTD 计数器的计数值就减 1，当计数值减到 0 时，计数器状态变为 1 并停止计数 指令上方的???? 用于输入 CTD 计数器编号，PV 旁的???? 用于输入计数设定值，LD 为计数值装载控制端

2. 指令使用举例

减计数器指令使用如图 3-10 所示。当 I0.1 触点闭合时，CTD 计数器的 LD 端输入为 ON，CTD 的状态变为 0，计数值变为设定值 3。当 I0.0 触点第一次由断开转为闭合时，CTD 的 CD 端输入一个脉冲上升沿，CTD 计数值减 1，计数值变为 2，I0.0 触点由闭合转为断开时，CTD 计数值不变；当 I0.0 触点第二次由断开转为闭合时，CTD 计数值又减 1，计数值变为 1；当 I0.0 触点第三次由断开转为闭合时，CTD 计数值再减 1，计数值为 0，CTD 的状态变为 1；当 I0.0 第四次由断开转为闭合时，CTD 状态（1）和计数值（0）保持不变。如果这时 I0.1 触点闭合，CTD 的 LD 端输入为 ON，CTD 状态也变为 0，同时计数值由 0 变为设定值，在 LD 端输入为 ON 期间，CD 端输入无效。LD 端输入变为 OFF 后，若 CD 端输入脉冲上升沿，CTD 又开始减计数。

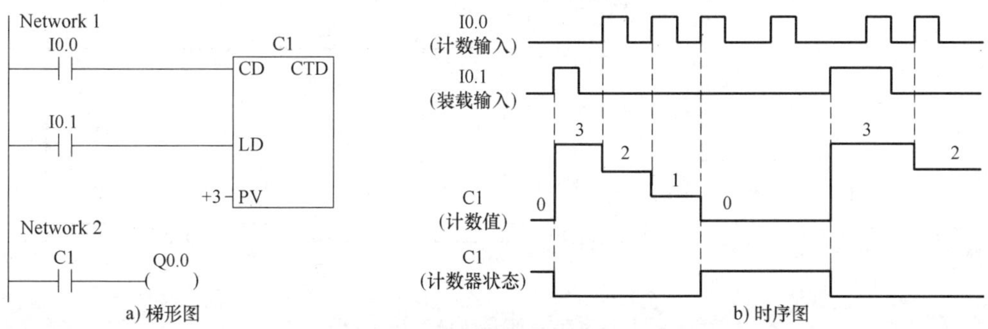

图 3-10　减计数器指令使用举例

在 CTD 计数器 C1 的状态为 1 时，C1 常开触点闭合，线圈 Q0.0 得电，在计数器 C1 装载后状态位为 0，C1 触点断开，线圈 Q0.0 失电。

3.3.3 加减计数器

加减计数器（CTUD）的特点如下：

1）当 CTUD 的 R 端（复位端）输入为 ON 时，CTUD 状态变为 0，同时计数值清 0。

2）在加计数时，CU 端（加计数端）每输入一个脉冲上升沿，计数值就增 1，CTUD 加计数的最大值为 32767，在达到最大值时再来一个脉冲上升沿，计数值会变为 -32768。

3）在减计数时，CD 端（减计数端）每输入一个脉冲上升沿，计数值就减 1，CTUD 减计数的最小值为 -32768，在达到最小值时再来一个脉冲上升沿，计数值会变为 32767。

4）不管是加计数或减计数，只要计数值等于或大于设定值时，CTUD 的状态就为 1。

1. 指令说明

加减计数器说明见表 3-14。

表 3-14 加减计数器说明

指令标识	梯形图符号及名称	说明
CTUD	???? CU CTUD CD R ????-PV 加减计数器	当 R 端输入为 ON 时，Cxxx（上????）加减计数器状态变为 0，同时计数值清 0 CU 端每输入一个脉冲上升沿，CTUD 计数器的计数值就增 1，当计数值增到最大值 32767 时，CU 端再输入一个脉冲上升沿，计数值会变为 -32768 CD 端每输入一个脉冲上升沿，CTUD 计数器的计数值就减 1，当计数值减到最小值 -32768 时，CD 端再输入一个脉冲上升沿，计数值会变为 32767 不管是加计数或是减计数，只要当前计数值等于或大于 PV 值（设定值）时，CTUD 的状态就为 1 指令上方的???? 用于输入 CTD 计数器编号，PV 旁的???? 用于输入计数设定值，CU 为加计数输入端，CD 为减计数输入端，R 为计数器复位端

2. 指令使用举例

加减计数器指令使用如图 3-11 所示。

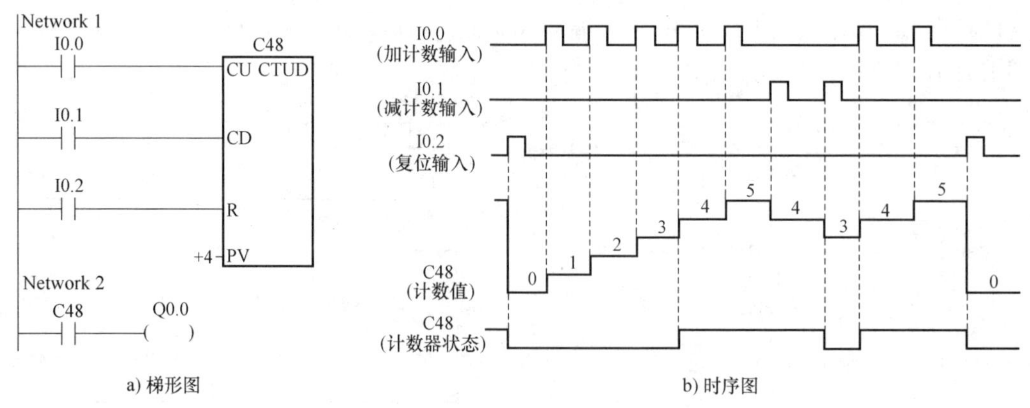

a) 梯形图 b) 时序图

图 3-11 加减计数器指令使用举例

当 I0.2 触点闭合时，CTUD 计数器 C48 的 R 端输入为 ON，CTUD 的状态变为 0，同时计数值清 0。

当 I0.0 触点第一次由断开转为闭合时，CTUD 计数值增 1，计数值为 1；当 I0.0 触点第二次由断开转为闭合时，CTUD 计数值又增 1，计数值为 2；当 I0.0 触点第三次由断开转为闭合时，CTUD 计数值再增 1，计数值为 3，当 I0.0 触点第四次由断开转为闭合时，CTUD 计数值再增 1，计数值为 4，达到计数设定值，CTUD 的状态变为 1；当 CU 端继续输入时，CTUD 计数值继续增大。如果 CU 端停止输入，而在 CD 端使用 I0.1 触点输入脉冲，每输入一个脉冲上升沿，CTUD 的计数值就减 1，当计数值减到小于设定值 4 时，CTUD 的状态变为 0，如果 CU 端又有脉冲输入，又会开始加计数，计数值达到设定值时，CTUD 的状态又变为 1。在加计数或减计数时，一旦 R 端输入为 ON，CTUD 状态和计数值都变为 0。

在 CTUD 计数器 C48 的状态为 1 时，C48 常开触点闭合，线圈 Q0.0 得电，C48 状态为 0 时，C48 触点断开，线圈 Q0.0 失电。

3.4 常用的基本控制电路及梯形图

3.4.1 起动、自锁和停止控制电路与梯形图

起动、自锁和停止控制是 PLC 最基本的控制功能。起动、自锁和停止控制可采用驱动指令（=），也可以采用置位、复位指令（S、R）来实现。

1. 采用驱动指令实现起动、自锁和停止控制

驱动指令（=）的功能是驱动线圈，它是一种常用的指令。用驱动指令实现起动、自锁和停止控制的 PLC 电路和梯形图如图 3-12 所示。

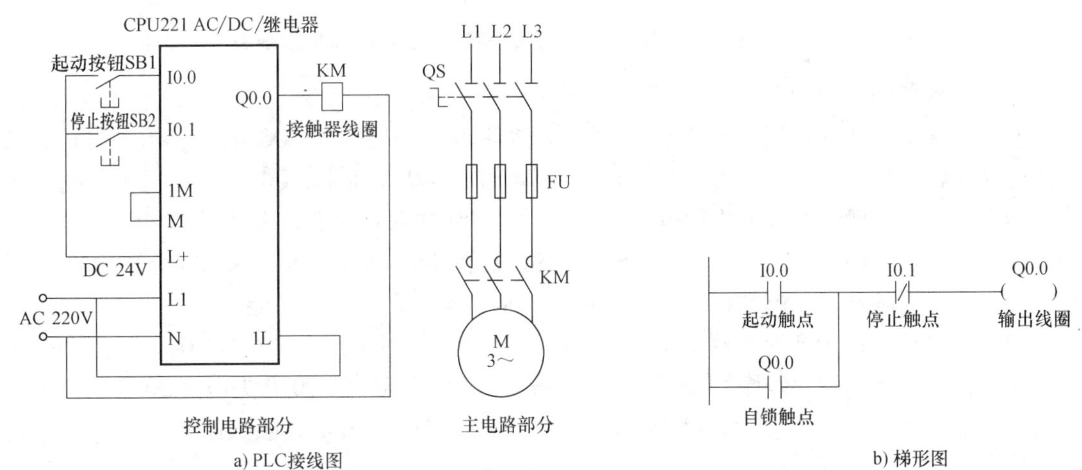

图 3-12　采用驱动指令实现起动、自锁和停止控制电路与梯形图

电路与梯形图说明如下：

当按下起动按钮 SB1 时，PLC 内部梯形图程序中的起动触点 I0.0 闭合，输出线圈 Q0.0 得电，PLC 输出端子 Q0.0 内部的硬触点闭合，Q0.0 端子与 1L 端子之间内部硬触点闭合，接触器线圈 KM 得电，主电路中的 KM 主触点闭合，电动机得电起动。

输出线圈 Q0.0 得电后，除了会使 Q0.0、1L 端子之间的硬触点闭合外，还会使自锁触点 Q0.0 闭合，在起动触点 I0.0 断开后，依靠自锁触点闭合可使线圈 Q0.0 继续得电，电动

机就会继续运转，从而实现自锁控制功能。

当按下停止按钮 SB2 时，PLC 内部梯形图程序中的停止触点 I0.1 断开，输出线圈 Q0.0 失电，Q0.0、1L 端子之间的内部硬触点断开，接触器线圈 KM 失电，主电路中的 KM 主触点断开，电动机失电停转。

2. 采用置位、复位指令实现起动、自锁和停止控制

采用置位、复位指令（R、S）实现起动、自锁和停止控制的 PLC 接线图和梯形图如图 3-13 所示。

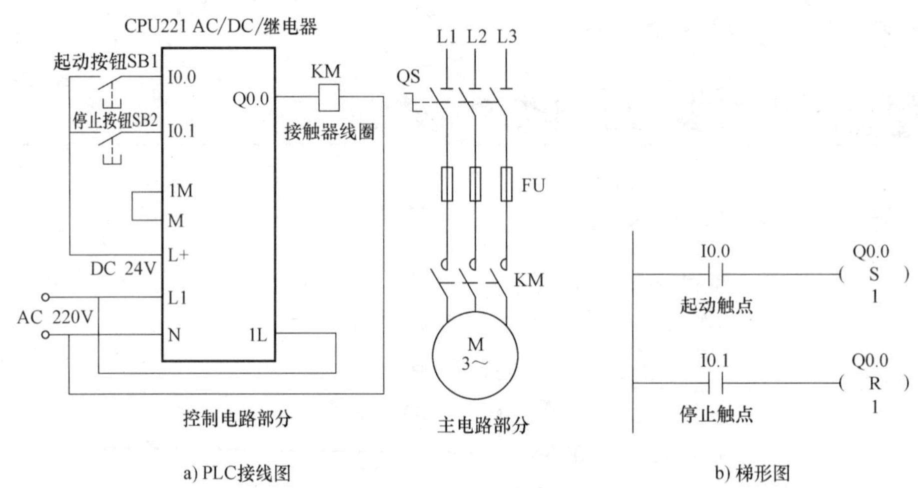

图 3-13 采用置位复位指令实现起动、自锁和停止控制的 PLC 接线图与梯形图

电路与梯形图说明如下：

当按下起动按钮 SB1 时，梯形图中的起动触点 I0.0 闭合，“S Q0.0，1”指令执行，指令执行结果将输出继电器线圈 Q0.0 置 1，相当于线圈 Q0.0 得电，Q0.0、1L 端子之间的内部硬触点接通，接触器线圈 KM 得电，主电路中的 KM 主触点闭合，电动机得电起动。

线圈 Q0.0 置位后，松开起动按钮 SB1、起动触点 I0.0 断开，但线圈 Q0.0 仍保持“1”态，即仍维持得电状态，电动机就会继续运转，从而实现自锁控制功能。

当按下停止按钮 SB2 时，梯形图程序中的停止触点 I0.1 闭合，“R Q0.0，1”指令被执行，指令执行结果将输出线圈 Q0.0 复位（即置0），相当于线圈 Q0.0 失电，Q0.0、1L 端子之间的内部硬触点断开，接触器线圈 KM 失电，主电路中的 KM 主触点断开，电动机失电停转。

将图 3-12 和图 3-13 进行比较可以发现，采用置位复位指令与线圈驱动都可以实现起动、自锁和停止控制，两者的 PLC 外部接线都相同，仅给 PLC 编写的梯形图程序不同。

3.4.2 正、反转联锁控制电路与梯形图

正、反转联锁控制电路与梯形图如图 3-14 所示。

电路与梯形图说明如下：

（1）正转联锁控制

按下正转按钮 SB1→梯形图程序中的正转触点 I0.0 闭合→线圈 Q0.0 得电→Q0.0 自锁

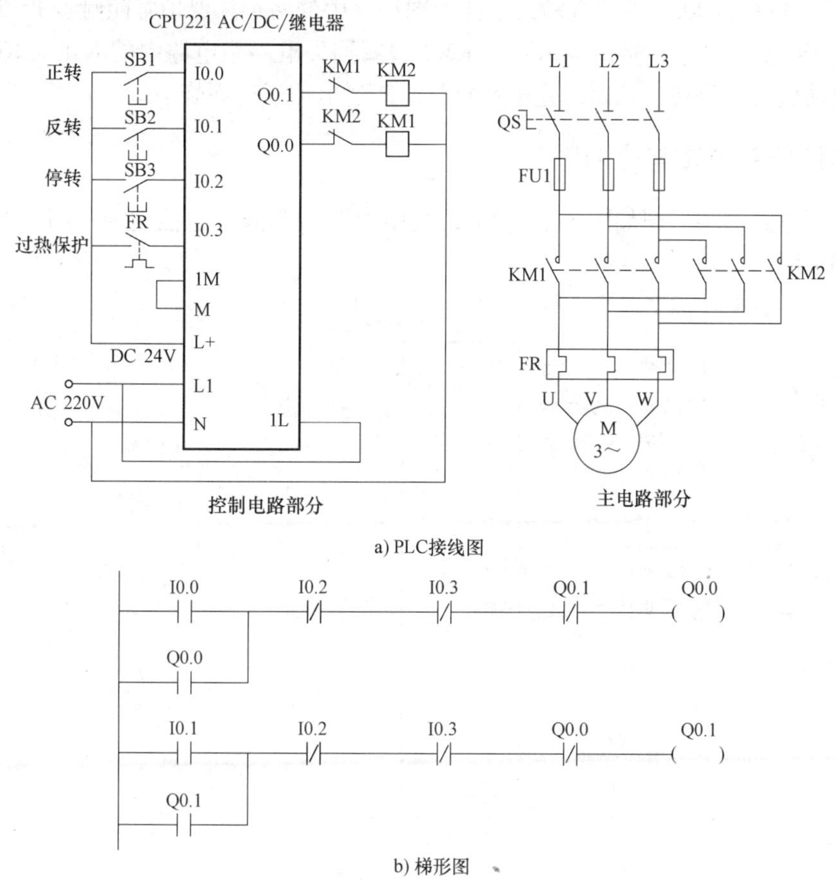

a) PLC接线图

b) 梯形图

图 3-14　正、反转联锁控制电路与梯形图

触点闭合，Q0.0 联锁触点断开，Q0.0 端子与 1L 端子间的内硬触点闭合→Q0.0 自锁触点闭合，使线圈 Q0.0 在 I0.0 触点断开后仍可得电；Q0.0 联锁触点断开，使线圈 Q0.1 即使在 I0.1 触点闭合（误操作 SB2 引起）时也无法得电，实现联锁控制；Q0.0 端子与 1L 端子间的内硬触点闭合，接触器 KM1 线圈得电，主电路中的 KM1 主触点闭合，电动机得电正转。

（2）反转联锁控制

按下反转按钮 SB2→梯形图程序中的反转触点 I0.1 闭合→线圈 Q0.1 得电→Q0.1 自锁触点闭合，Q0.1 联锁触点断开，Q0.1 端子与 1L 端子间的内硬触点闭合→Q0.1 自锁触点闭合，使线圈 Q0.1 在 I0.1 触点断开后继续得电；Q0.1 联锁触点断开，使线圈 Q0.0 即使在 I0.0 触点闭合（误操作 SB1 引起）时也无法得电，实现联锁控制；Q0.1 端子与 1L 端子间的内硬触点闭合，接触器 KM2 线圈得电，主电路中的 KM2 主触点闭合，电动机得电反转。

（3）停转控制

按下停止按钮 SB3→梯形图程序中的两个停止触点 I0.2 均断开→线圈 Q0.0、Q0.1 均失电→接触器 KM1、KM2 线圈均失电→主电路中的 KM1、KM2 主触点均断开，电动机失电停转。

（4）过热保护

如果电动机长时间过载运行，流过热继电器 FR 的电流会因长时间过电流发热而动作，

FR 触点闭合，PLC 的 I0.3 端子有输入→梯形图程序中的两个热保护常闭触点 I0.3 均断开→线圈 Q0.0、Q0.1 均失电→接触器 KM1、KM2 线圈均失电→主电路中的 KM1、KM2 主触点均断开，电动机失电停转，从而防止电动机长时间过电流运行而烧坏。

3.4.3 多地控制电路与梯形图

多地控制电路与梯形图如图 3-15 所示，其中图 b 为单人多地控制梯形图，图 c 为多人多地控制梯形图。

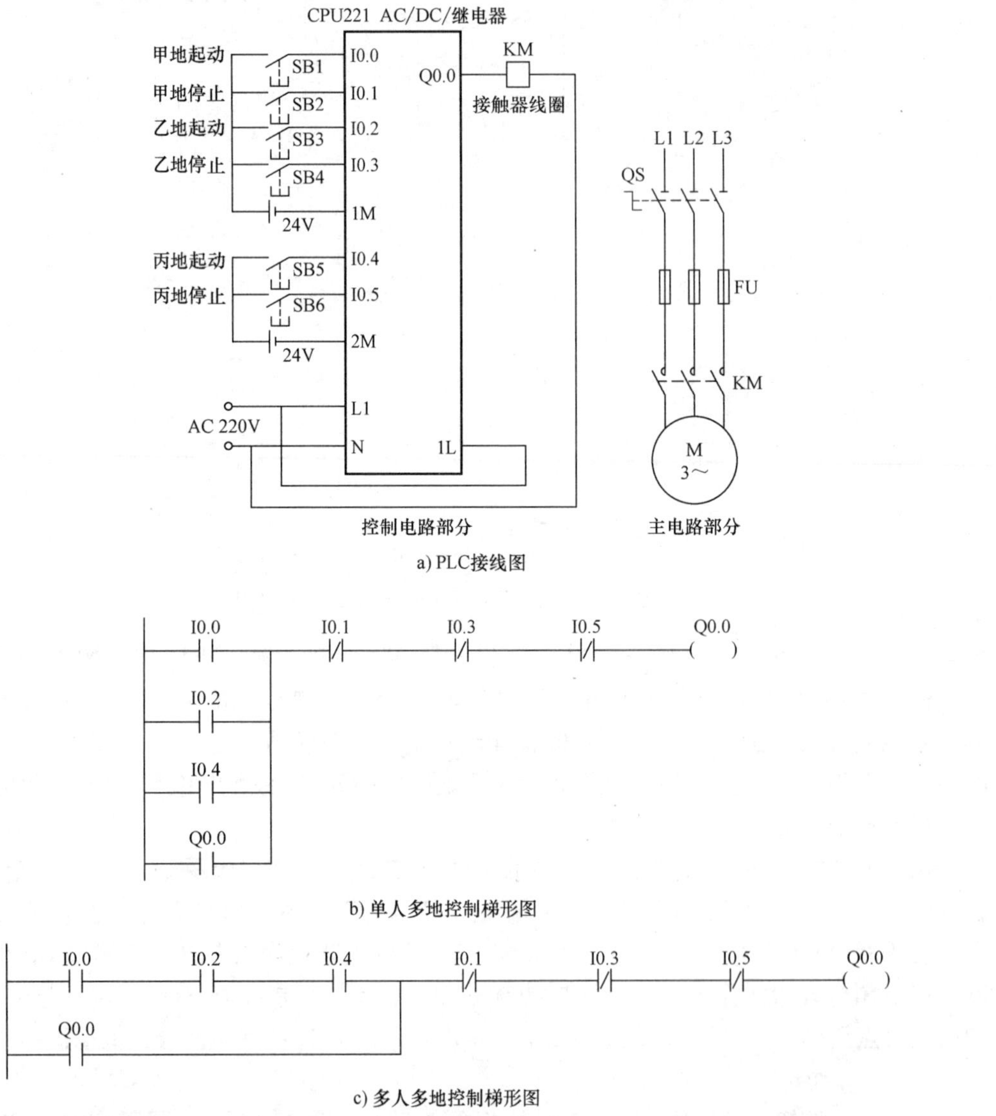

a) PLC接线图

b) 单人多地控制梯形图

c) 多人多地控制梯形图

图 3-15 多地控制电路与梯形图

（1）单人多地控制

单人多地控制电路和梯形图如图 3-15a、b 所示。

1）甲地起动控制。在甲地按下起动按钮 SB1 时→I0.0 常开触点闭合→线圈 Q0.0 得电→

Q0.0 常开自锁触点闭合，Q0.0 端子内硬触点闭合→Q0.0 常开自锁触点闭合锁定 Q0.0 线圈供电，Q0.0 端子内硬触点闭合使接触器线圈 KM 得电→主电路中的 KM 主触点闭合，电动机得电运转。

2）甲地停止控制。在甲地按下停止按钮 SB2 时→I0.1 常闭触点断开→线圈 Q0.0 失电→Q0.0 常开自锁触点断开，Q0.0 端子内硬触点断开→接触器线圈 KM 失电→主电路中的 KM 主触点断开，电动机失电停转。

乙地和丙地的起/停控制与甲地控制相同，利用图 3-15b 所示梯形图可以实现在任何一地进行起/停控制，也可以在一地进行起动，在另一地控制停止。

（2）多人多地控制

多人多地控制电路和梯形图如图 3-15a、c 所示。

1）起动控制。在甲、乙、丙三地同时按下按钮 SB1、SB3、SB5→I0.0、I0.2、I0.4 三个常开触点均闭合→线圈 Q0.0 得电→Q0.0 常开自锁触点闭合，Q0.0 端子的内硬触点闭合→Q0.0 线圈供电锁定，接触器线圈 KM 得电→主电路中的 KM 主触点闭合，电动机得电运转。

2）停止控制。在甲、乙、丙三地按下 SB2、SB4、SB6 中的某个停止按钮时→I0.1、I0.3、I0.5 三个常闭触点中某个断开→线圈 Q0.0 失电→Q0.0 常开自锁触点断开，Q0.0 端子内硬触点断开→Q0.0 常开自锁触点断开使 Q0.0 线圈供电切断，Q0.0 端子的内硬触点断开使接触器线圈 KM 失电→主电路中的 KM 主触点断开，电动机失电停转。

图 3-15c 所示梯形图可以实现多人在多地同时按下起动按钮才能起动功能，在任意一地都可以进行停止控制。

3.4.4　定时控制电路与梯形图

定时控制方式很多，下面介绍两种典型的定时控制电路与梯形图。

1. 延时起动定时运行控制电路与梯形图

延时起动定时运行控制电路与梯形图如图 3-16 所示，其实现的功能是，按下起动按钮 3s 后，电动机开始运行，松开起动按钮后，运行 5s 会自动停止。

电路与梯形图说明如下：

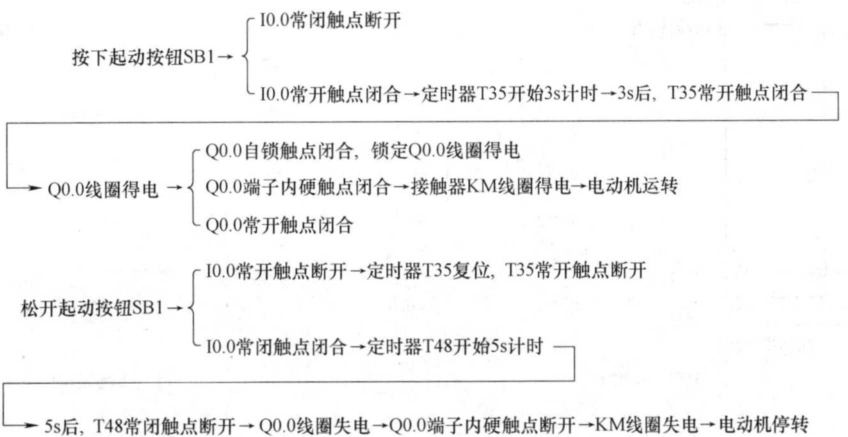

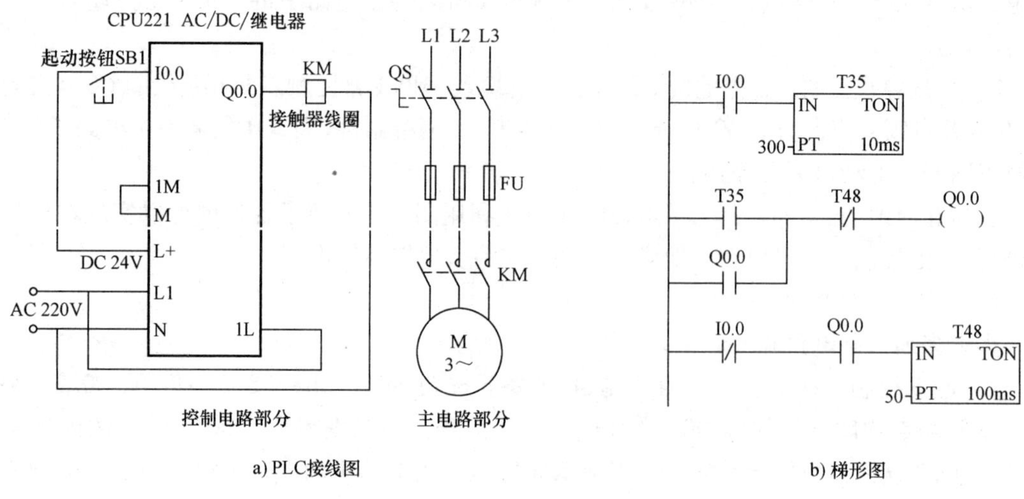

a) PLC接线图　　b) 梯形图

图3-16　延时起动定时运行控制电路与梯形图

2. 多定时器组合控制电路与梯形图

图3-17是一种典型的多定时器组合控制电路与梯形图，其实现的功能是，按下起动按

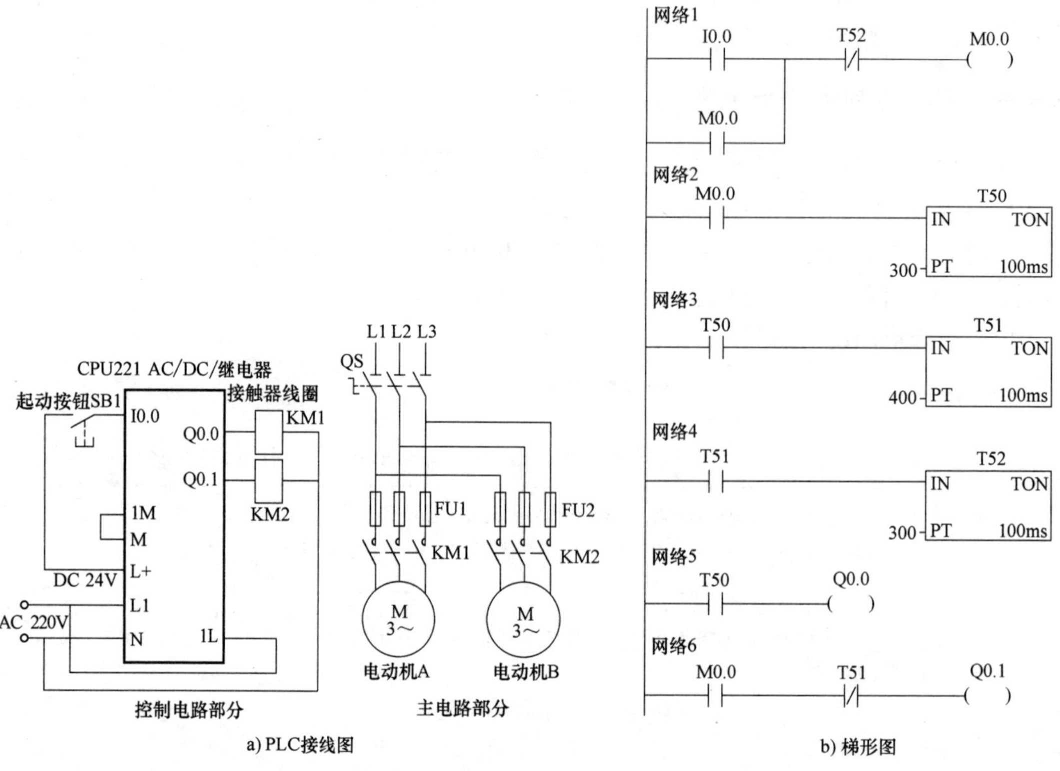

a) PLC接线图　　b) 梯形图

图3-17　一种典型的多定时器组合控制电路与梯形图

钮后电动机B马上运行，30s后电动机A开始运行，70s后电动机B停转，100s后电动机A停转。

电路与梯形图说明如下：

按下起动按钮SB1→I0.0常开触点闭合→辅助继电器M0.0线圈得电→

- [1]M0.0自锁触点闭合→锁定M0.0线圈供电
- [6]M0.0常开触点闭合→Q0.1线圈得电→Q0.1端子内硬触点闭合→接触器KM2线圈得电→电动机B运转
- [2]M0.0常开触点闭合→定时器T50开始30s计时→

30s后→定时器T50动作→

- [5]T50常开触点闭合→Q0.0线圈得电→KM1线圈得电→电动机A起动运行
- [3]T50常开触点闭合→定时器T51开始40s计时→

40s后，定时器T51动作→

- [6]T51常闭触点断开→Q0.1线圈失电→KM2线圈失电→电动机B停转
- [4]T51常开触点闭合→定时器T52开始30s计时→

30s后，定时器T52动作→[1]T52常闭触点断开→M0.0线圈失电→

- [1]M0.0自锁触点断开→解除M0.0线圈供电
- [6]M0.0常开触点断开
- [2]M0.0常开触点断开→定时器T50复位→

- [5]T50常开触点断开→Q0.0线圈失电→KM1线圈失电→电动机A停转
- [3]T50常开触点断开→定时器T51复位→[4]T51常开触点断开→定时器T52复位→[1]T52常闭触点恢复闭合

3.4.5　长定时控制电路与梯形图

西门子S7-200系列PLC的最大定时时间为3276.7s（约54min），采用定时器和计数器组合可以延长定时时间。定时器与计数器组合延长定时控制电路与梯形图如图3-18所示。

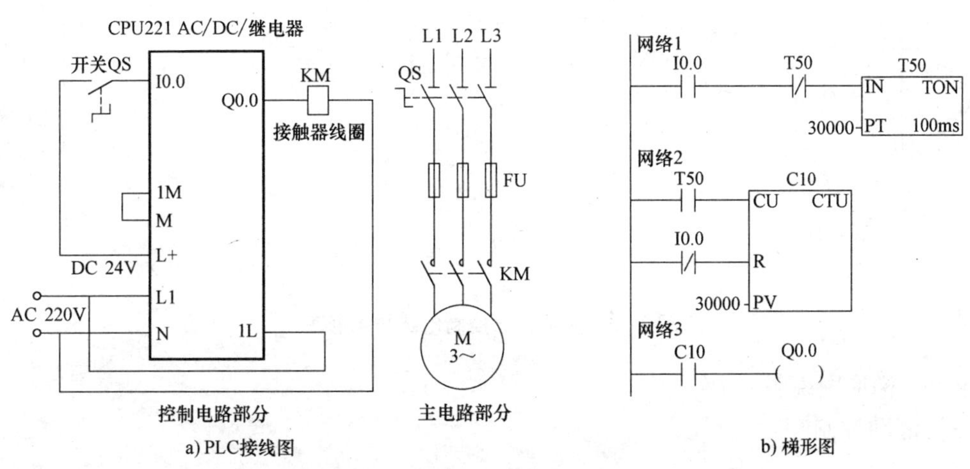

图3-18　定时器与计数器组合延长定时控制电路与梯形图

电路与梯形图说明如下：

将开关QS1闭合 →
- [2] I0.0常闭触点断开，计数器C10复位清0结束
- [1] I0.0常开触点闭合 → 定时器T50开始3000s计时 → 3000s后，定时器T50动作 →
  - [2]T50常开触点闭合，计数器C10值增1，由0变为1
  - [1]T50常闭触点断开 → 定时器T50复位 →
    - [2]T50常开触点断开，计数器C10值保持为1
    - [1]T50常闭触点闭合 →

→ 因开关QS1仍处于闭合，[1]I0.0常开触点也保持闭合 → 定时器T50又开始3000s计时 → 3000s后,定时器T50动作 →
- [2]T50常开触点闭合，计数器C10值增1，由1变为2
- [1]T50常闭触点断开 → 定时器T50复位 →
  - [2]T50常开触点断开，计数器C10值保持为2
  - [1]T50常闭触点闭合 → 定时器T50又开始计时，以后重复上述过程 →

→ 当计数器C10计数值达到30000 → 计数器C10动作 → [3]C10常开触点闭合 → Q0.0线圈得电 → KM线圈得电 → 电动机运转

图 3-18 中的定时器 T50 定时单位为 0.1s（100ms），它与计数器 C10 组合使用后，其定时时间 $T = 30000 \times 0.1\text{s} \times 30000 = 90000000\text{s} = 25000\text{h}$。若需重新定时，可将开关 QS1 断开，让［2］I0.0 常闭触点闭合，对计数器 C10 执行复位，然后再闭合 QS，则会重新开始 250000h 定时。

3.4.6 多重输出控制电路与梯形图

多重输出控制电路与梯形图如图 3-19 所示。

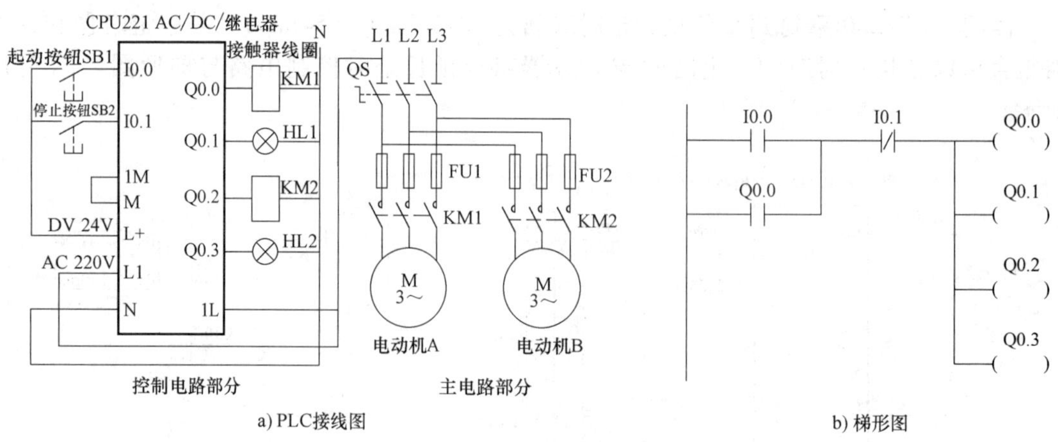

图 3-19 多重输出控制电路与梯形图

电路与梯形图说明如下：

（1）起动控制

按下起动按钮SB1 → I0.0常开触点闭合 →

- Q0.0自锁触点闭合，锁定输出线圈Q0.0～Q0.3供电
- Q0.0线圈得电 → Q0.0端子内硬触点闭合 → KM1线圈得电 → KM1主触点闭合 → 电动机A得电运转
- Q0.1线圈得电 → Q0.1端子内硬触点闭合 → HL1灯点亮
- Q0.2线圈得电 → Q0.2端子内硬触点闭合 → KM2线圈得电 → KM2主触点闭合 → 电动机B得电运转
- Q0.3线圈得电 → Q0.3端子内硬触点闭合 → HL2灯点亮

（2）停止控制

按下停止按钮SB2 → I0.0常闭触点断开 →

- Q0.0自锁触点断开，解除输出线圈Q0.0～Q0.3供电
- Q0.0线圈失电 → Q0.0端子内硬触点断开 → KM1线圈失电 → KM1主触点断开 → 电动机A失电停转
- Q0.1线圈失电 → Q0.1端子内硬触点断开 → HL1熄灭
- Q0.2线圈失电 → Q0.2端子内硬触点断开 → KM2线圈失电 → KM2主触点断开 → 电动机B失电停转
- Q0.3线圈失电 → Q0.3端子内硬触点断开 → HL2熄灭

3.4.7　过载报警控制电路与梯形图

过载报警控制电路与梯形图如图 3-20 所示。

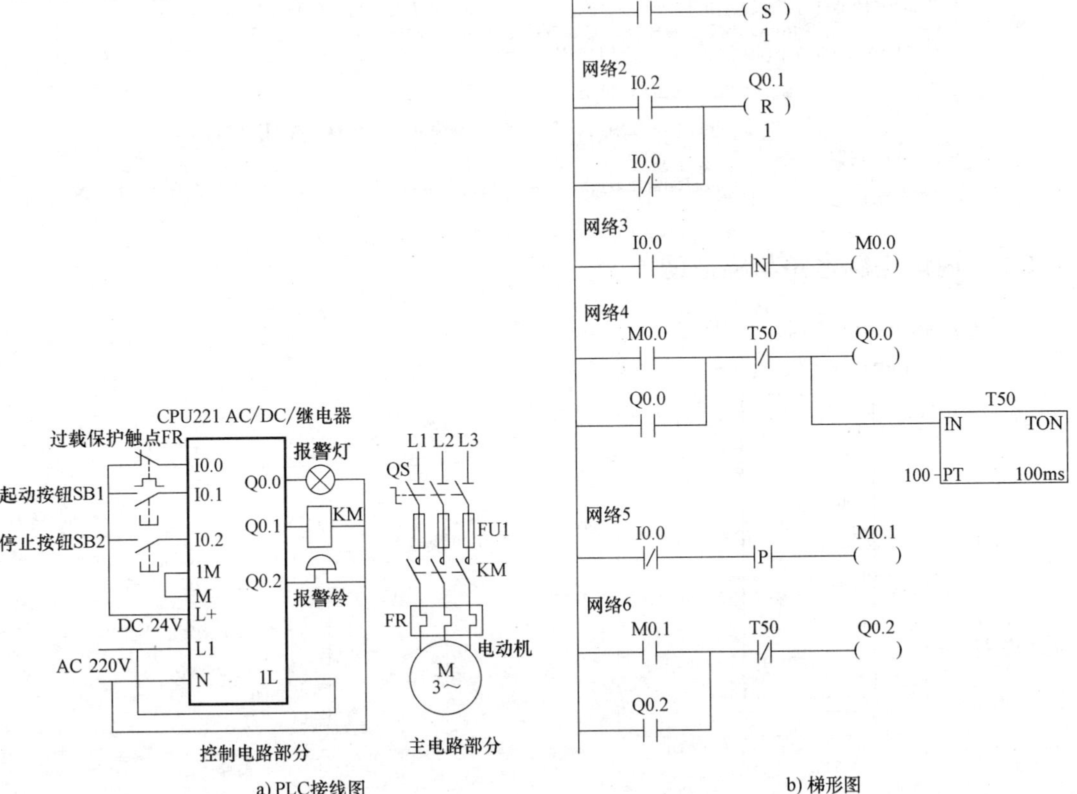

a) PLC接线图　　b) 梯形图

图 3-20　过载报警控制电路与梯形图

电路与梯形图说明如下：

（1）起动控制

按下起动按钮 SB1→［1］I0.1 常开触点闭合→置位指令执行→Q0.1 线圈被置位，即 Q0.1 线圈得电→Q0.1 端子内硬触点闭合→接触器 KM 线圈得电→KM 主触点闭合→电动机得电运转。

（2）停止控制

按下停止按钮 SB2→［2］I0.2 常开触点闭合→复位指令执行→Q0.1 线圈被复位（置 0），即 Q0.1 线圈失电→Q0.1 端子内硬触点断开→接触器 KM 线圈失电→KM 主触点断开→电动机失电停转。

（3）过载保护及报警控制

在正常工作时，FR过载保护触点闭合 →
- [2] I0.0常闭触点断开，Q0.1复位指令无法执行
- [3] I0.0常开触点闭合，下降沿检测(N触点)无效，M0.0状态为0
- [5] I0.0常闭触点断开，上升沿检测(P触点)无效，M0.1状态为0

当电动机过载运行时，热继电器FR发热元件动作，过载保护触点断开 →
- [2]I0.0常闭触点闭合 → 执行Q0.1复位指令 → Q0.1线圈失电 → Q0.1端子内硬触点断开 → KM线圈失电 → KM主触点断开 → 电动机失电停转
- [3]I0.0常开触点由闭合转为断开，产生一个脉冲下降沿 → N触点有效，M0.0线圈得电一个扫描周期 → [4]M0.0常开触点闭合 → 定时器T50开始10s计时，同时Q0.0线圈得电 → Q0.0线圈得电，一方面使[4]Q0.0自锁触点闭合来锁定供电，另一方面使报警灯通电点亮
- [5]I0.0常闭触点由断开转为闭合，产生一个脉冲上升沿 → P触点有效，M0.1线圈得电一个扫描周期 → [6]M0.1常开触点闭合 → Q0.2线圈得电 → Q0.2线圈得电一方面使[6]Q0.2自锁触点闭合来锁定供电，另一面使报警铃通电发声

→ 10s后，定时器T50置1 →
- [6] T50常闭触点断开 → Q0.2线圈失电 → 报警铃失电，停止报警声
- [4] T50常闭触点断开 → 定时器T50复位，同时Q0.0线圈失电 → 报警灯失电熄灭

3.4.8 闪烁控制电路与梯形图

闪烁控制电路与梯形图如图 3-21 所示。

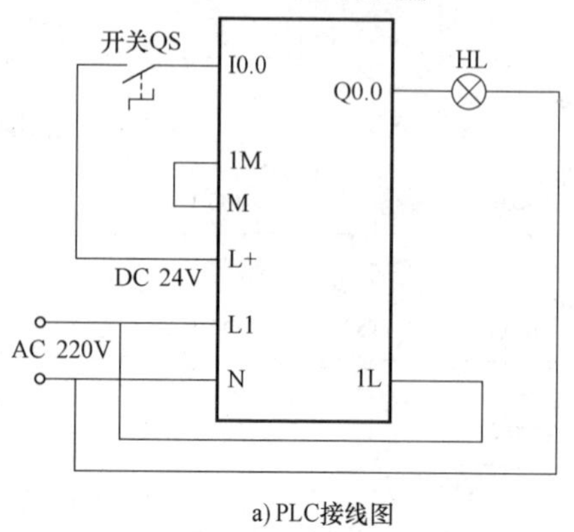

a) PLC接线图

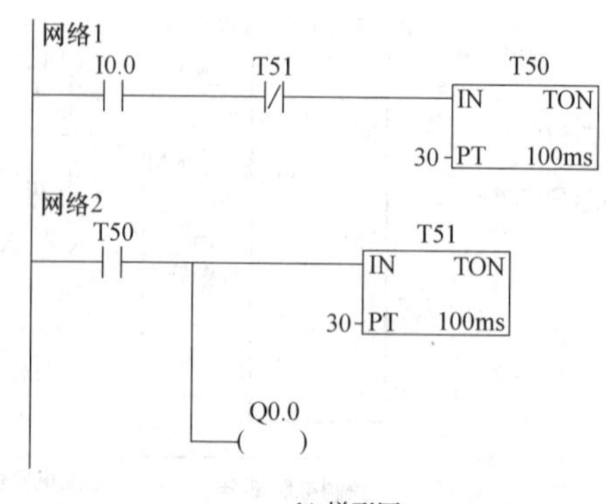

b) 梯形图

图 3-21 闪烁控制电路与梯形图

电路与梯形图说明如下：

将开关 QS 闭合→I0.0 常开触点闭合→定时器 T50 开始 3s 计时→3s 后，定时器 T50 动作，T50 常开触点闭合→定时器 T51 开始 3s 计时，同时 Q0.0 得电，Q0.0 端子内硬触点闭合，灯 HL 点亮→3s 后，定时器 T51 动作，T51 常闭触点断开→定时器 T50 复位，T50 常开触点断开→Q0.0 线圈失电，同时定时器 T51 复位→Q0.0 线圈失电使灯 HL 熄灭；定时器 T51 复位使 T51 闭合，由于开关 QS 仍处于闭合，I0.0 常开触点也处于闭合，定时器 T50 又重新开始 3s 计时（此期间 T50 触点断开，灯处于熄灭状态）。

以后重复上述过程，灯 HL 保持 3s 亮、3s 灭的频率闪烁发光。

3.5 基本指令应用实例

3.5.1 喷泉控制

1. 明确系统控制要求

系统要求用两个按钮来控制 A、B、C 三组喷头工作（通过控制三组喷头的泵电动机来实现），三组喷头排列如图 3-22 所示。系统控制要求具体如下：

当按下起动按钮后，A 组喷头先喷 5s 后停止，然后 B、C 组喷头同时喷，5s 后，B 组喷头停止、C 组喷头继续喷 5s 再停止，而后 A、B 组喷头喷 7s，C 组喷头在这 7s 的前 2s 内停止，后 5s 内喷水，接着 A、B、C 三组喷头同时停止 3s，以后重复前述过程。按下停止按钮后，三组喷头同时停止喷水。图 3-23 为 A、B、C 三组喷头工作时序图。

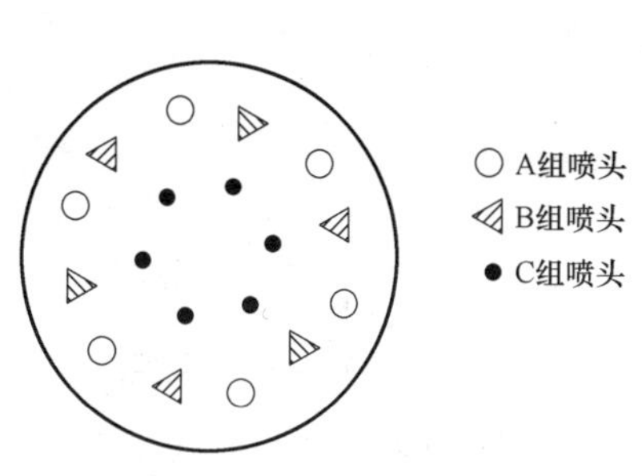

图 3-22　A、B、C 三组喷头排列图

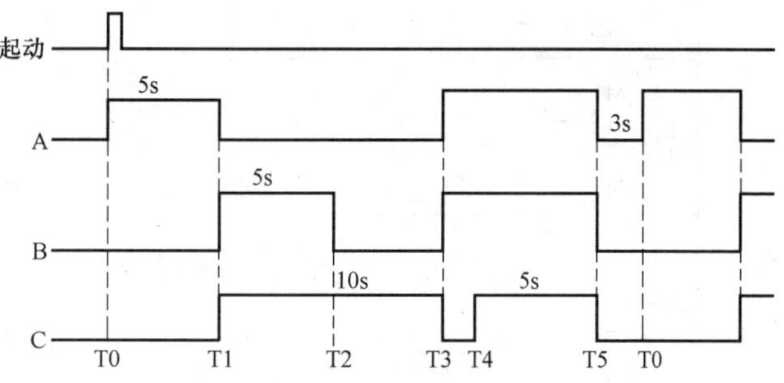

图 3-23　A、B、C 三组喷头工作时序图

2. 确定输入/输出设备，并为其分配合适的 I/O 端子

喷泉控制需用到的输入/输出设备和对应的 PLC 端子见表 3-15。

表 3-15　喷泉控制采用的输入/输出设备和对应的 PLC 端子

输　入			输　出		
输入设备	对应 PLC 端子	功能说明	输出设备	对应 PLC 端子	功能说明
SB1	I0.0	起动控制	KM1 线圈	Q0.0	驱动 A 组电动机工作
SB2	I0.1	停止控制	KM2 线圈	Q0.1	驱动 B 组电动机工作
			KM3 线圈	Q0.2	驱动 C 组电动机工作

3. 绘制喷泉控制电路图

图 3-24 为喷泉控制电路图。

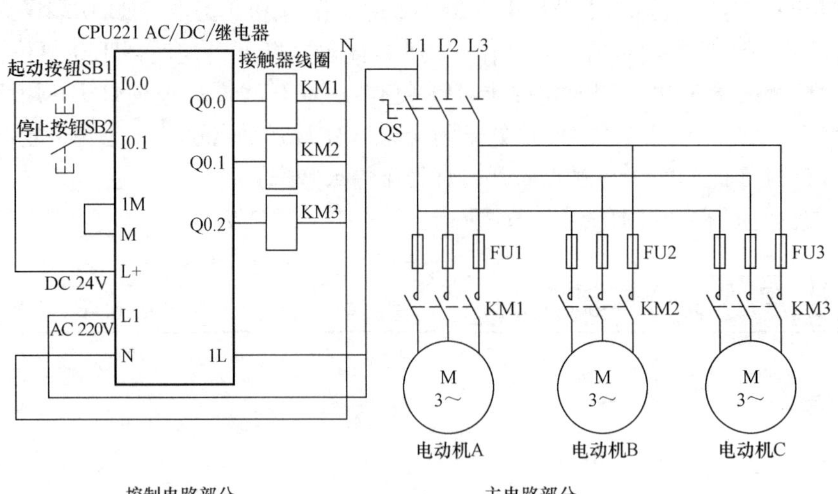

图 3-24　喷泉控制电路图

4. 编写 PLC 控制程序

启动 STEP 7-Micro/WIN 编程软件，编写满足控制要求的梯形图程序，编写完成的梯形图如图 3-25 所示。

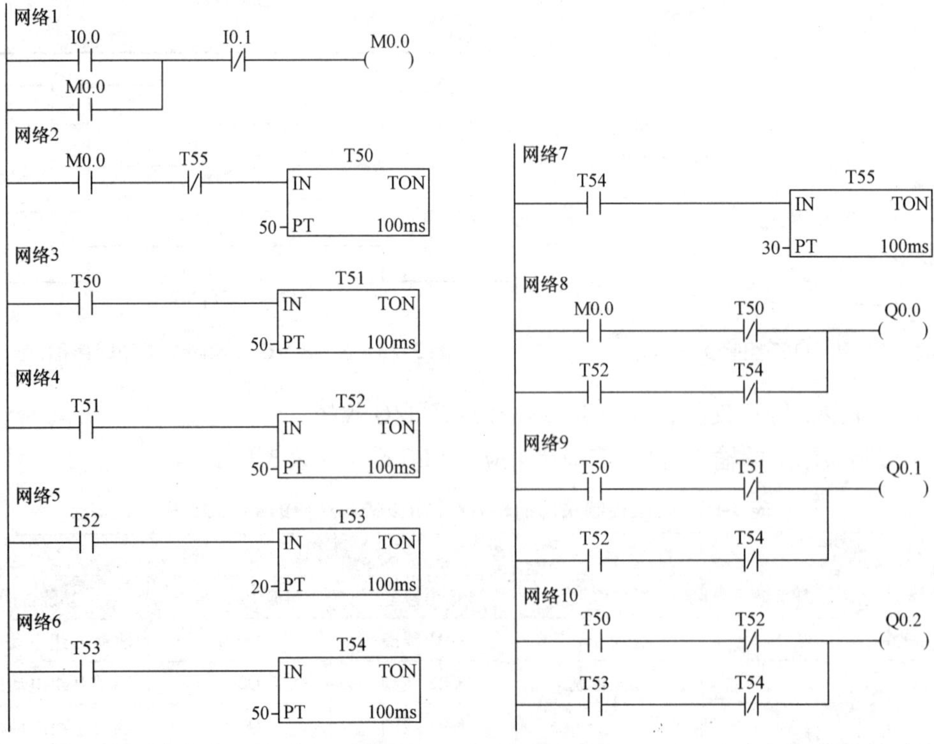

图 3-25　喷泉控制程序

下面对照图 3-24 所示的控制电路来说明梯形图工作原理：

（1）起动控制

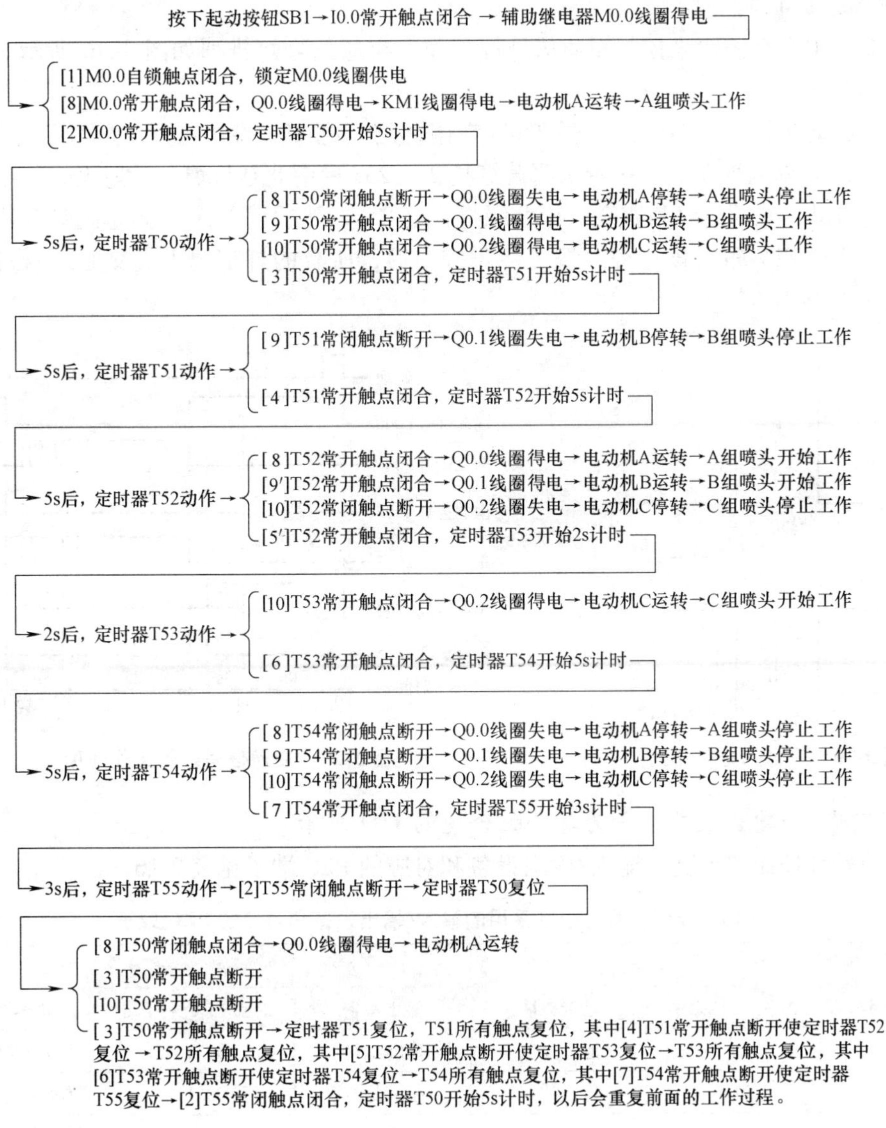

（2）停止控制

按下停止按钮SB2→I0.1常闭触点断开→M0.0线圈失电→

- [1]M0.0自锁触点断开，解除自锁
- [2]M0.0常开触点断开→定时器T50复位

→T50所有触点复位，其中[3]T50常开触点断开→定时器T51复位→T51所有触点复位，其中[4]T51常开触点断开使定时器T52复位→T52所有触点复位，其中[5]T52常开触点断开使定时器T53复位→T53所有触点复位，其中[6]T53常开触点断开使定时器T54复位→T54所有触点复位，其中[7]T54常开触点断开使定时器T55复位→T55所有触点复位，[2]T55常闭触点闭合→由于定时器T50～T55所有触点复位，Q0.0～Q0.2线圈均无法得电→KM1～KM3线圈失电→电动机A、B、C均停转

3.5.2 交通信号灯控制

1. 明确系统控制要求

系统要求用两个按钮来控制交通信号灯工作，交通信号灯排列如图 3-26 所示。系统控制要求具体如下：

当按下起动按钮后，南北红灯亮 25s，在南北红灯亮 25s 的时间里，东西绿灯先亮 20s 再以 1 次/s 的频率闪烁 3 次，接着东西黄灯亮 2s，25s 后南北红灯熄灭，熄灭时间维持 30s，在这 30s 时间里，东西红灯一直亮，南北绿灯先亮 25s，然后以 1 次/s 频率闪烁 3 次，接着南北黄灯亮 2s。以后重复该过程。按下停止按钮后，所有的灯都熄灭。交通信号灯的工作时序如图 3-27 所示。

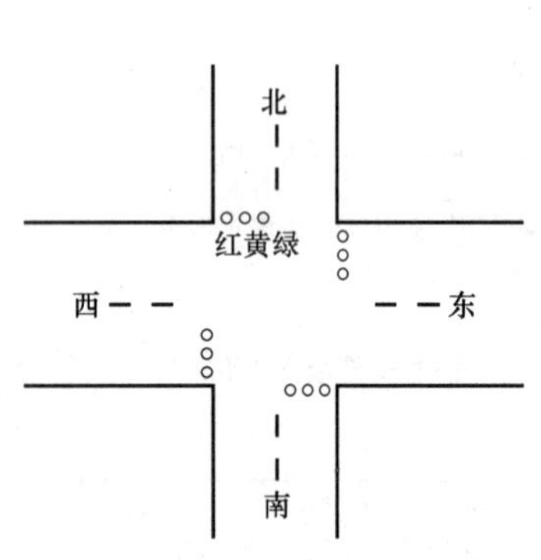

图 3-26 交通信号灯排列

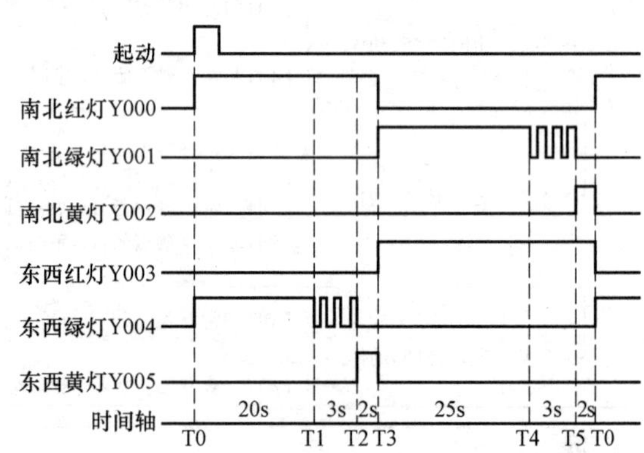

图 3-27 交通信号灯的工作时序

2. 确定输入/输出设备，并为其分配合适的 I/O 端子

交通信号灯控制需用到的输入/输出设备和对应的 PLC 端子见表 3-16。

表 3-16 交通信号灯控制采用的输入/输出设备和对应的 PLC 端子

输入			输出		
输入设备	对应 PLC 端子	功能说明	输出设备	对应 PLC 端子	功能说明
SB1	I0.0	起动控制	南北红灯	Q0.0	驱动南北红灯亮
SB2	I0.1	停止控制	南北绿灯	Q0.1	驱动南北绿灯亮
			南北黄灯	Q0.2	驱动南北黄灯亮
			东西红灯	Q0.3	驱动东西红灯亮
			东西绿灯	Q0.4	驱动东西绿灯亮
			东西黄灯	Q0.5	驱动东西黄灯亮

3. 绘制交通信号灯控制电路图

图 3-28 为交通信号灯控制电路图。

4. 编写 PLC 控制程序

启动 STEP 7-Micro/WIN 编程软件，编写满足控制要求的梯形图程序，编写完成的梯形图如图 3-29 所示。

CPU224 AC/DC/继电器
N
AC 220V
L
起动按钮SB1
I0.0
停止按钮SB2
I0.1
1M
M
L+
DC 24V
南北红灯
Q0.0
南北绿灯
Q0.1
南北黄灯
Q0.2
东西红灯
Q0.3
1L
东西绿灯
Q0.4
东西黄灯
Q0.5
2L
L1
AC 220V
N

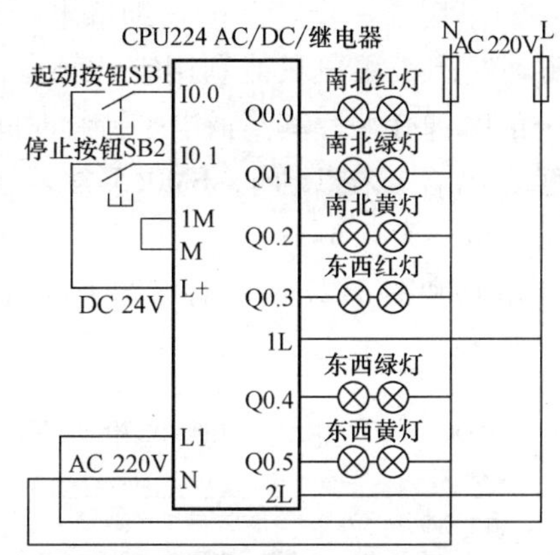

图 3-28　交通信号灯控制电路

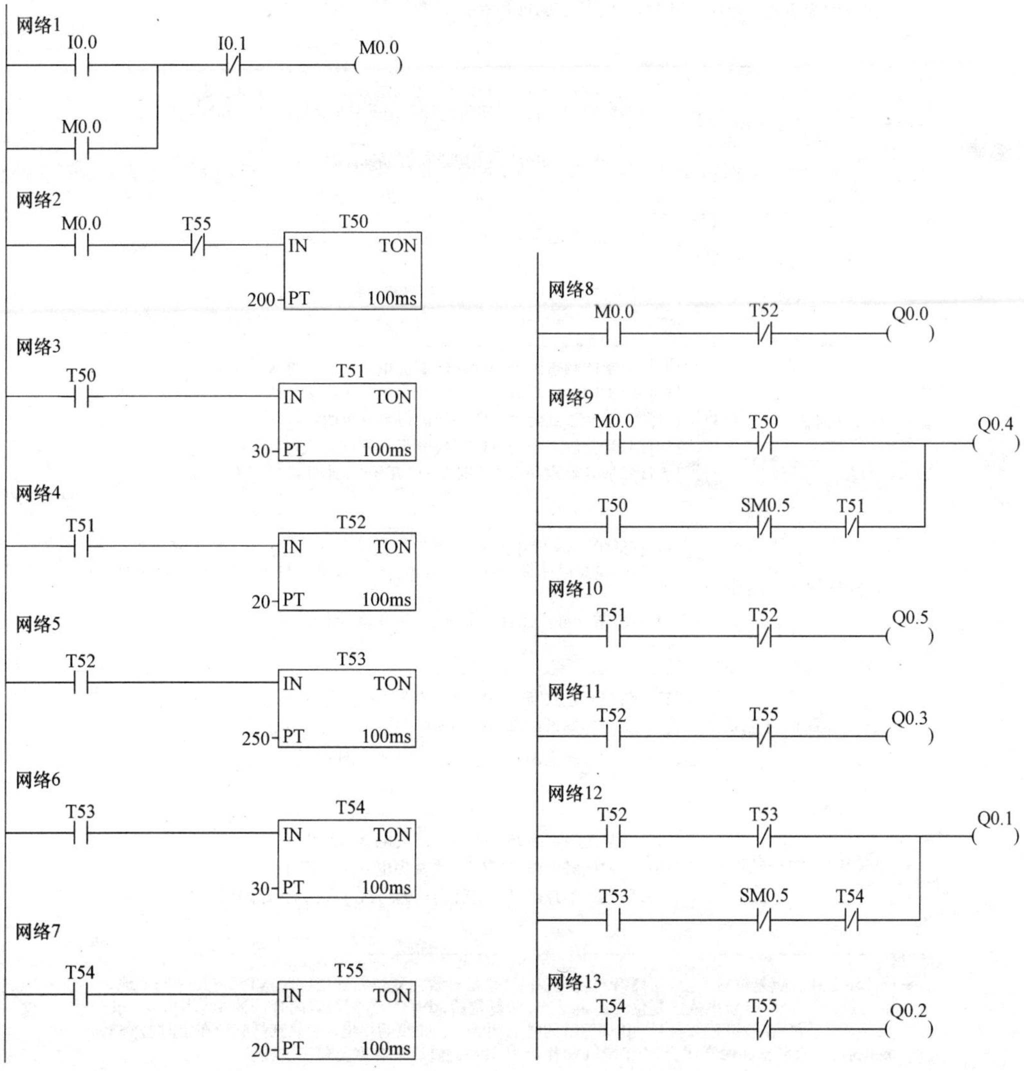

网络1
I0.0
I0.1
M0.0
M0.0
网络2
M0.0
T55
T50
IN
TON
200
PT
100ms
网络3
T50
T51
IN
TON
30
PT
100ms
网络4
T51
T52
IN
TON
20
PT
100ms
网络5
T52
T53
IN
TON
250
PT
100ms
网络6
T53
T54
IN
TON
30
PT
100ms
网络7
T54
T55
IN
TON
20
PT
100ms
网络8
M0.0
T52
Q0.0
网络9
M0.0
T50
Q0.4
T50
SM0.5
T51
网络10
T51
T52
Q0.5
网络11
T52
T55
Q0.3
网络12
T52
T53
Q0.1
T53
SM0.5
T54
网络13
T54
T55
Q0.2

图 3-29　交通信号灯控制梯形图程序

在图 3-29 所示的梯形图中，采用了一个特殊的辅助继电器 SM0.5，称为触点利用型特殊继电器，它利用 PLC 自动驱动线圈，用户只能利用它的触点，即画梯形图里只能画它的触点。SM0.5 能产生周期为 1s 的时钟脉冲，其高低电平持续时间各为 0.5s，以图 3-29 梯形图网络 9 为例，当 T50 常开触点闭合，在 1s 内，SM0.5 常闭触点接通、断开时间分别为 0.5s，Q0.4 线圈得电、失电时间也都为 0.5s。

下面对照图 3-28 所示控制电路和图 3-27 所示时序图来说明梯形图工作原理：

（1）起动控制

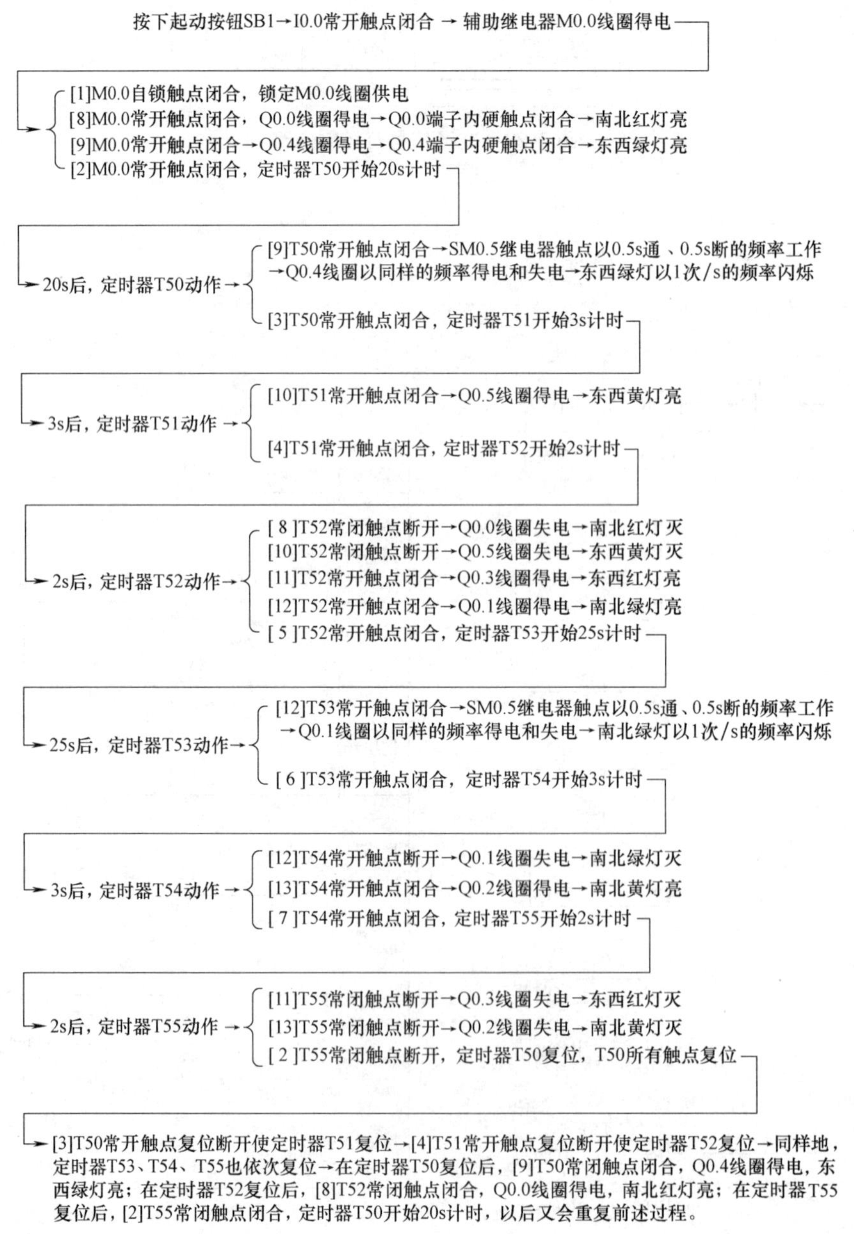

（2）停止控制

按下停止按钮SB2→I0.1常闭触点断开→辅助继电器M0.0线圈失电→

- [1]M0.0自锁触点断开，解除M0.0线圈供电
- [8]M0.0常开触点断开，Q0.0线圈无法得电
- [9]M0.0常开触点断开，Q0.4线圈无法得电
- [2]M0.0常开触点断开，定时器T0复位，T0所有触点复位→

→[3]T50常开触点复位断开使定时器T51复位，T51所有触点均复位→其中[4]T51常开触点复位断开使定时器T52复位→同样地，定时器T53、T54、T55也依次复位→在定时器T51复位后，[10]T51常开触点断开，Q0.5线圈无法得电；在定时器T52复位后，[11]T52常开触点断开，Q0.3线圈无法得电；在定时器T53复位后，[12]T53常开触点断开，Q0.1线圈无法得电；在定时器T54复位后，[13]T54常开触点断开，Q0.2线圈无法得电→Q0.0～Q0.5线圈均无法得电，所有交通信号灯都熄灭。

3.5.3　多级传送带控制

1. 明确系统控制要求

系统要求用两个按钮来控制传送带按一定方式工作，传送带结构如图 3-30 所示。系统控制要求具体如下：

当按下起动按钮后，电磁阀 YV 打开，开始落料，同时一级传送带电动机 M1 起动，将物料往前传送，6s 后二级传送带电动机 M2 起动，M2 起动 5s 后三级传送带电动机 M3 起动，M3 起动 4s 后四级传送带电动机 M4 起动。

当按下停止按钮后，为了不让各传送带上有物料堆积，要求先关闭电磁阀 YV，6s 后让 M1 停转，M1 停转 5s 后让 M2 停转，M2 停转 4s 后让 M3 停转，M3 停转 3s 后让 M4 停转。

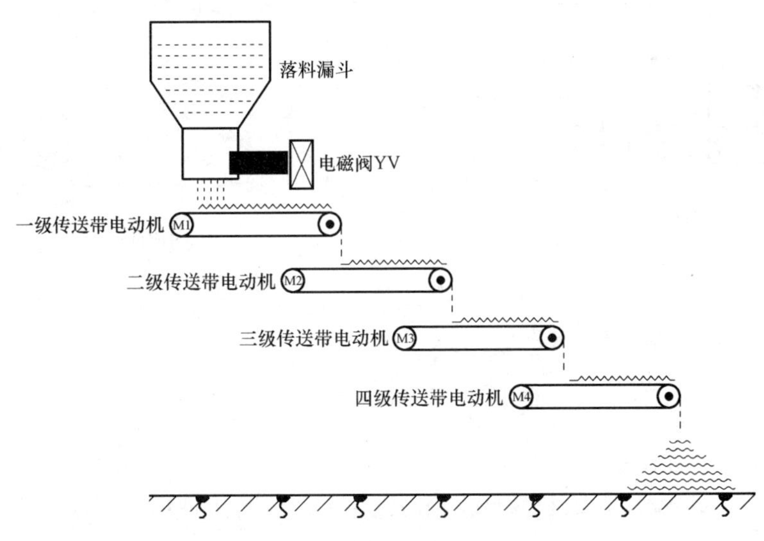

图 3-30　多级传送带结构示意图

2. 确定输入/输出设备，并为其分配合适的 I/O 端子

多级传送带控制需用到的输入/输出设备和对应的 PLC 端子见表 3-17。

3. 绘制多级传送带控制电路图

图 3-31 为多级传送带控制电路图。

表 3-17　多级传送带控制采用的输入/输出设备和对应的 PLC 端子

输　入			输　出		
输入设备	对应 PLC 端子	功能说明	输出设备	对应 PLC 端子	功能说明
SB1	I0. 0	起动控制	KM1 线圈	Q0. 0	控制电磁阀 YV
SB2	I0. 1	停止控制	KM2 线圈	Q0. 1	控制一级传送带电动机 M1
			KM3 线圈	Q0. 2	控制二级传送带电动机 M2
			KM4 线圈	Q0. 3	控制三级传送带电动机 M3
			KM5 线圈	Q0. 4	控制四级传送带电动机 M4

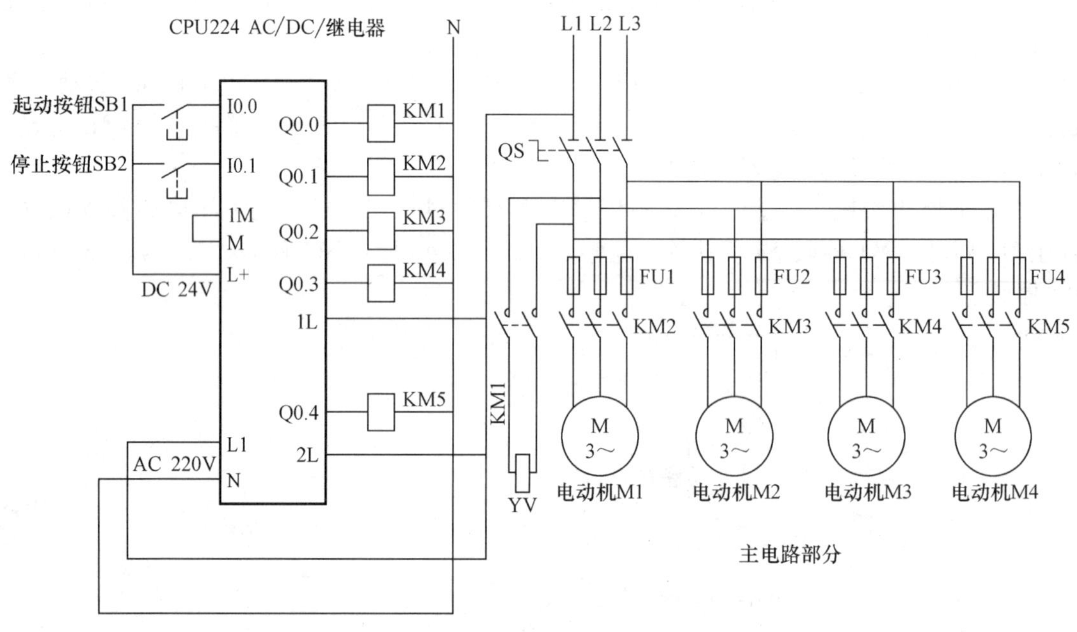

图 3-31　多级传送带控制电路

4. 编写 PLC 控制程序

启动 STEP 7-Micro/WIN 编程软件，编写满足控制要求的梯形图程序，编写完成的梯形图如图 3-32 所示。

下面对照图 3-31 所示控制电路来说明图 3-32 所示梯形图的工作原理。

（1）起动控制

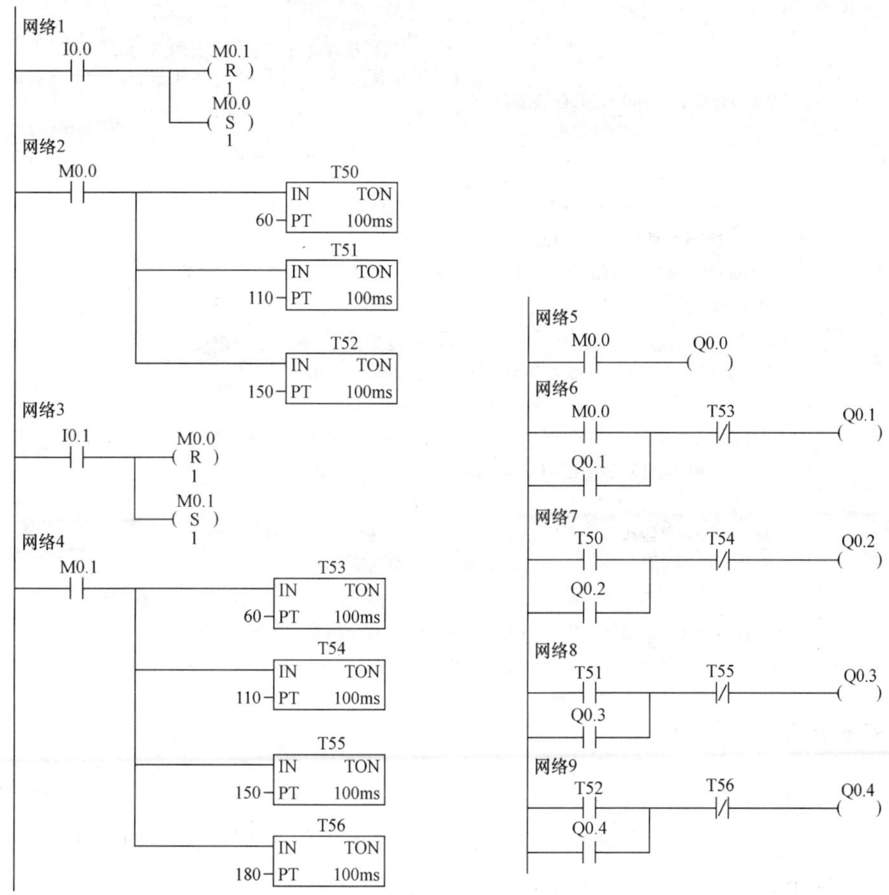

图 3-32　传送带控制梯形图程序

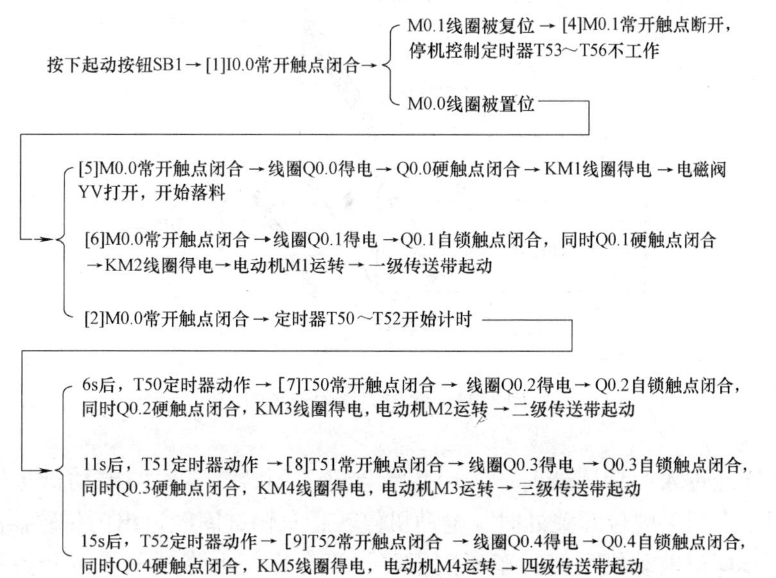

（2）停止控制

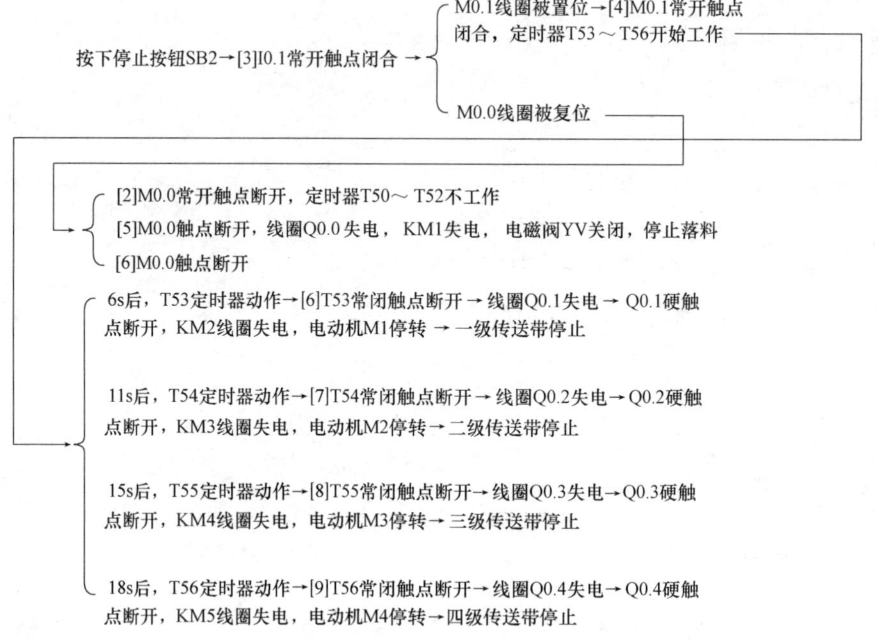

3.5.4 车库自动门控制

1. 明确系统控制要求

系统要求车库门在车辆进出时能自动打开关闭，车库门控制结构如图 3-33 所示。系统控制具体要求如下：

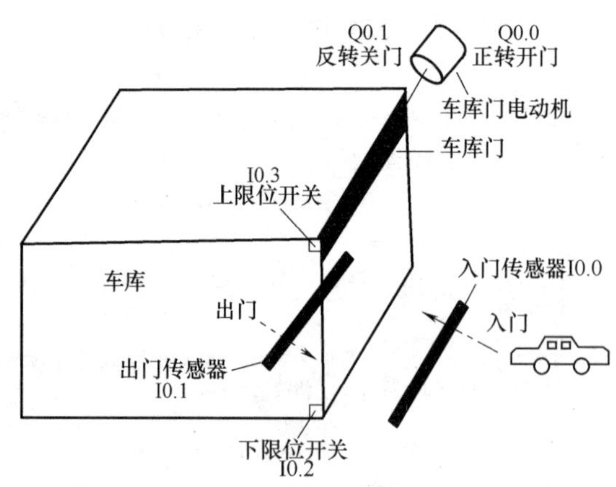

图 3-33 车库门结构示意图

在车辆入库经过入门传感器时，入门传感器开关闭合，车库门电动机正转，车库门上升，当车库门上升到上限位开关处时，电动机停转；车辆进库经过出门传感器时，出门传感器开关闭合，车库门电动机反转，车库门下降，当车库门下降到下限位开关处时，电动机停转。

在车辆出库经过出门传感器时，出门传感器开关闭合，车库门电动机正转，车库门上升，当门上升到上限位开关处时，电动机停转；车辆出库经过入门传感器时，入门传感器开关闭合，车库门电动机反转，车库门下降，当门下降到下限位开关处时，电动机停转。

2. 确定输入/输出设备，并为其分配合适的 I/O 端子

车库自动门控制需用到的输入/输出设备和对应的 PLC 端子见表 3-18。

表 3-18　车库自动门控制采用的输入/输出设备和对应的 PLC 端子

输　入			输　出		
输入设备	对应 PLC 端子	功能说明	输出设备	对应 PLC 端子	功能说明
入门传感器开关	I0.0	检测车辆有无通过	KM1 线圈	Q0.0	控制车库门上升（电动机正转）
出门传感器开关	I0.1	检测车辆有无通过	KM2 线圈	Q0.1	控制车库门下降（电动机反转）
下限位开关	I0.2	限制车库门下降			
上限位开关	I0.3	限制车库门上升			

3. 绘制车库自动门控制电路图

图 3-34 为车库自动门控制电路图。

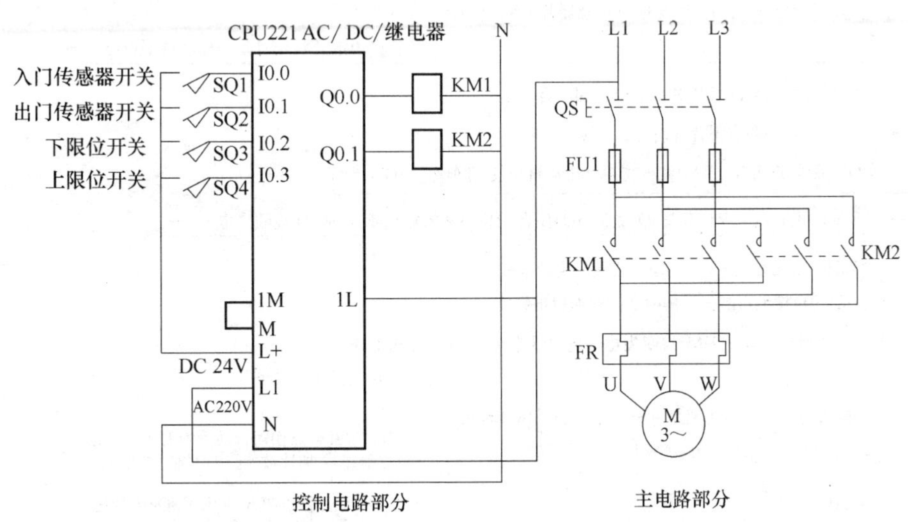

图 3-34　车库自动门控制电路图

4. 编写 PLC 控制程序

启动 STEP 7-Micro/WIN 编程软件，编写满足控制要求的梯形图程序，编写完成的梯形图如图 3-35 所示。

下面对照图 3-34 所示控制电路来说明图 3-35 所示梯形图的工作原理。

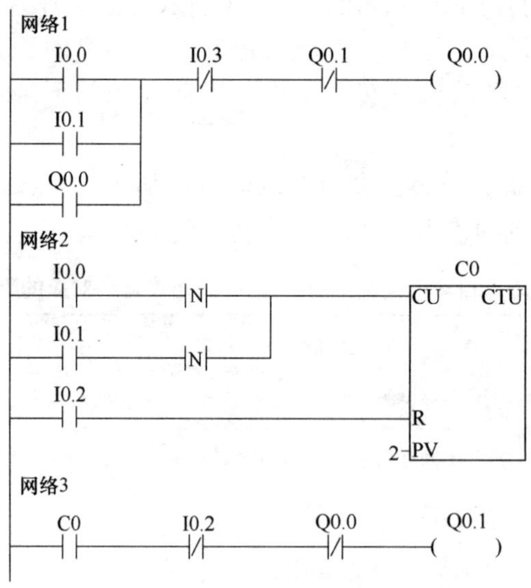

图 3-35　车库自动门控制梯形图程序

（1）入库控制过程

车辆入库经过入门传感器时→传感器开关SQ1闭合→
- [2]I0.0常开触点闭合→下降沿触点不动作
- [1]I0.0常开触点闭合→Q0.0线圈得电→
  - [3]Q0.0常闭触点断开，确保Q0.1线圈不会得电
  - [1]Q0.0自锁触点闭合→锁定Q0.0线圈得电
  - Q0.0硬触点闭合→KM1线圈得电→电动机正转，将车库门升起→

当车库门上升到上限位开关SQ4处时，SQ4闭合，[1]I0.3常闭触点断开→Q0.0线圈失电→
- [3]Q0.0常闭触点闭合，为Q0.1线圈得电做准备
- [1]Q0.0自锁触点断开→解除Q0.0线圈得电锁定
- Q0.0硬触点断开→KM1线圈失电→电动机停转，车库门停止上升

车辆入库驶离入门传感器时→传感器开关SQ1断开→
- [1]I0.0常开触点断开
- [2]I0.0常开触点由闭合转为断开→下降沿触点动作→加计数器C0计数值由0增为1

车辆入库经过出门传感器时→传感器开关SQ2闭合→
- [1]I0.1常开触点闭合→由于SQ4闭合使I0.3常闭触点断开，故Q0.0无法得电
- [2]I0.1常开触点闭合→下降沿触点不动作

车辆入库驶离出门传感器时→传感器开关SQ2断开→
- [1]I0.1常开触点断开
- [2]I0.1常开触点由闭合转为断开→下降沿触点动作→加计数器C0计数值由1增为2→

计数器C0状态变为1→[3]C0常开触点闭合→Q0.1线圈得电→KM2线圈得电→电动机反转，将车库门降下，当门下降到下限位开关SQ3时，[2]I0.2常开触点闭合，计数器C0复位，[3]C0常开触点断开，Q0.1线圈失电→KM2线圈失电→电动机停转，车辆入库控制过程结束。

（2）出库控制过程

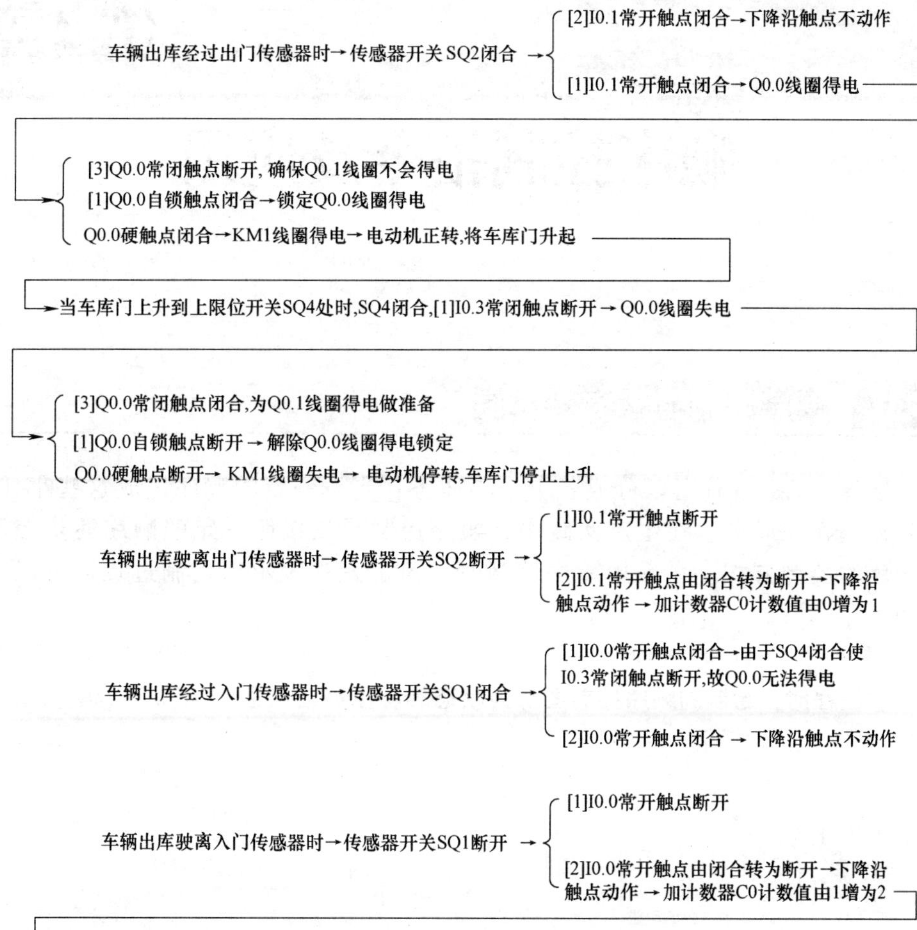

→计数器C0状态变为1→[3]C0常开触点闭合→Q0.1线圈得电→KM2线圈得电→电动机反转，将车库门降下，当门下降到下限位开关SQ3处时，[2]I0.2常开触点闭合，计数器C0复位，[3]C0常开触点断开，Q0.1线圈失电→KM2线圈失电→电动机停转，车辆出库控制过程结束。

第4章 顺序控制指令及应用

4.1 顺序控制与状态转移图

一个复杂的任务往往可以分成若干个小任务，当按一定的顺序完成这些小任务后，整个大任务也就完成了。**在生产实践中，顺序控制是指按照一定的顺序逐步控制来完成各个工序的控制方式。**在采用顺序控制时，为了直观表示出控制过程，可以绘制顺序控制图。

图4-1是一个三台电动机顺序控制图，由于每一个步骤称作一个工艺，所以又称工序图。**在PLC编程时，绘制的顺序控制图称为状态转移图或功能图，简称SFC图，**图4-1b为图4-1a对应的状态转移图。

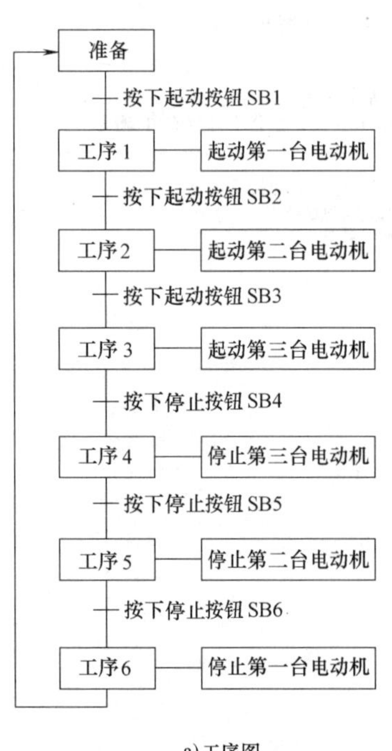

a)工序图

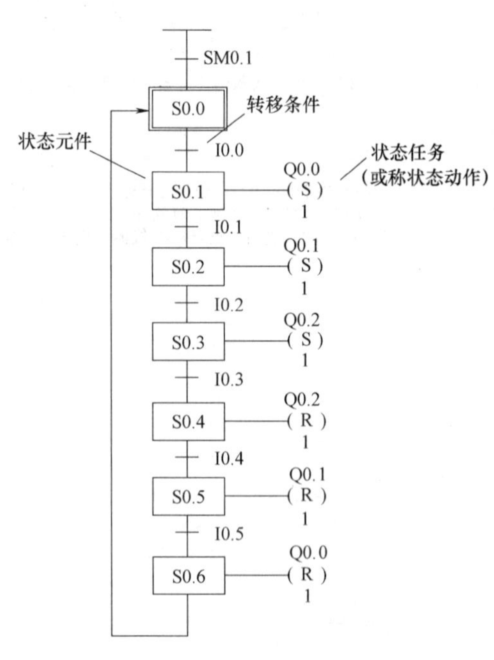

b)状态转移图（SFC图）

图4-1　一种三台电动机顺序控制图

顺序控制有三个要素：转移条件、转移目标和工作任务。在图4-1a中，当上一个工序需要转到下一个工序时必须满足一定的转移条件，如工序1要转到下一个工序2时，须按下起动按钮SB2，若不按下SB2，就无法进行下一个工序2，按下SB2即为转移条件。当转移条件满足后，需要确定转移目标，如工序1转移目标是工序2。每个工序都有具体的工作任务，如工序1的工作任务是“起动第一台电动机”。

PLC编程时绘制的状态转移图与顺序控制图相似，图4-1b中的状态元件（状态继电器）S0.1相当于工序1，“S Q0.0，1”相当于工作任务，S0.1的转移目标是S0.2，S0.6的转移目标是S0.0，SM0.1和S0.0用来完成准备工作，其中SM0.1为初始脉冲继电器，PLC启动时触点会自动接通一个扫描周期，S0.0为初始状态继电器，每个SFC图必须要有一个初始状态，绘制SFC图时要加双线矩形框。

4.2 顺序控制指令

顺序控制指令用来编写顺序控制程序，S7-200系列PLC有三条常用的顺序控制指令。

4.2.1 指令名称及功能

顺序控制指令说明见表4-1。

表4-1　顺序控制指令说明

指令格式	功能说明	梯形图
LSCR　S_bit	S_bit段顺控程序开始	S0.1 SCR
SCRT　S_bit	S_bit段顺控程序转移	S0.2 (SCRT)
SCRE	顺控程序结束	(SCRE)

4.2.2 指令使用举例

顺序控制指令使用及说明如图4-2所示，图a为梯形图，图b为状态转移图。从图中可以看出，顺序控制程序由多个SCR程序段组成，每个SCR程序段以LSCR指令开始、以SCRE指令结束，程序段之间的转移使用SCRT指令，当执行SCRT指令时，会将指定程序段的状态器激活（即置1），使之成为活动步程序，该程序段被执行，同时自动将前程序段的状态器和元件复位（即置0）。

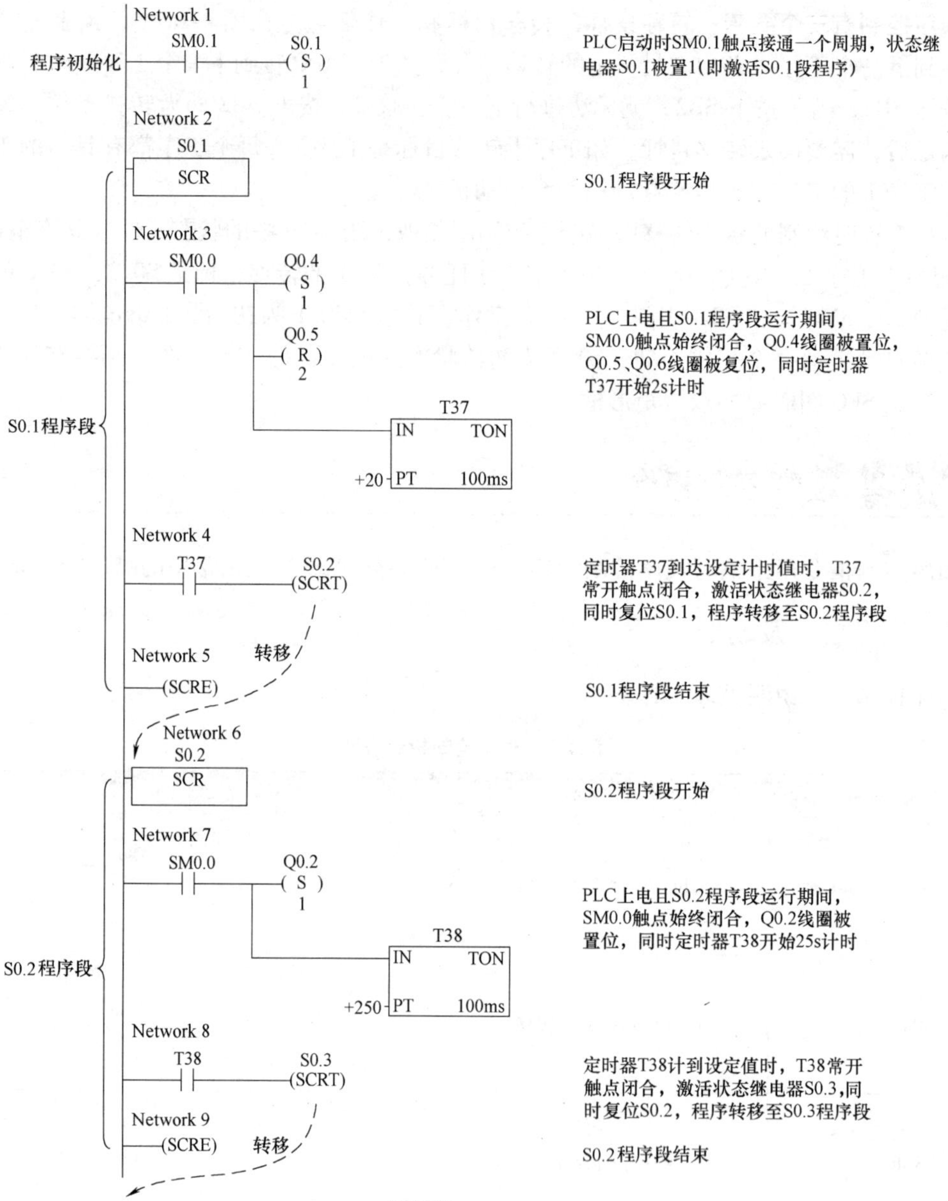

程序初始化
Network 1
SM0.1 S0.1 (S) 1
PLC启动时SM0.1触点接通一个周期，状态继电器S0.1被置1(即激活S0.1段程序)

Network 2
S0.1 SCR
S0.1程序段开始

S0.1程序段
Network 3
SM0.0 Q0.4 (S) 1
Q0.5 (R) 2
T37 IN TON
+20 PT 100ms
PLC上电且S0.1程序段运行期间，SM0.0触点始终闭合，Q0.4线圈被置位，Q0.5、Q0.6线圈被复位，同时定时器T37开始2s计时

Network 4
T37 S0.2 (SCRT)
定时器T37到达设定计时值时，T37常开触点闭合，激活状态继电器S0.2，同时复位S0.1，程序转移至S0.2程序段

Network 5
(SCRE)
转移
S0.1程序段结束

Network 6
S0.2 SCR
S0.2程序段开始

S0.2程序段
Network 7
SM0.0 Q0.2 (S) 1
T38 IN TON
+250 PT 100ms
PLC上电且S0.2程序段运行期间，SM0.0触点始终闭合，Q0.2线圈被置位，同时定时器T38开始25s计时

Network 8
T38 S0.3 (SCRT)
定时器T38计到设定值时，T38常开触点闭合，激活状态继电器S0.3，同时复位S0.2，程序转移至S0.3程序段

Network 9
(SCRE)
转移
S0.2程序段结束

a) 梯形图

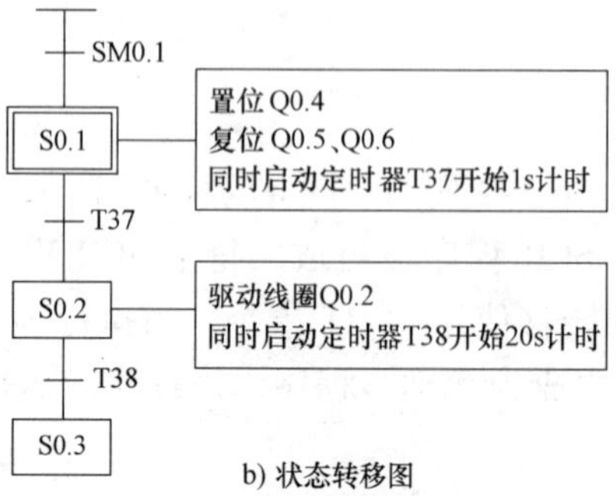

SM0.1
S0.1
置位 Q0.4
复位 Q0.5、Q0.6
同时启动定时器T37开始1s计时
T37
S0.2
驱动线圈Q0.2
同时启动定时器T38开始20s计时
T38
S0.3

b) 状态转移图

图 4-2 顺序控制指令使用举例

4.2.3　指令使用注意事项

使用顺序控制指令时，要注意以下事项：

1）顺序控制指令仅对状态继电器 S 有效，S 也具有一般继电器的功能，对它还可以使用其他继电器一样的指令。

2）SCR 段程序（LSCR 至 SCRE 之间的程序）能否执行，取决于该段程序对应的状态继电器 S 是否被置位。另外，当前程序 SCRE（结束）与下一个程序 LSCR（开始）之间的程序不影响下一个 SCR 程序的执行。

3）同一个状态继电器 S 不能用在不同的程序中，如主程序中用了 S0.2，在子程序中就不能再使用它。

4）SCR 段程序中不能使用跳转指令 JMP 和 LBL，即不允许使用跳转指令跳入、跳出 SCR 程序或在 SCR 程序内部跳转。

5）SCR 段程序中不能使用 FOR、NEXT 和 END 指令。

6）在使用 SCRT 指令实现程序转移后，前 SCR 段程序变为非活动步程序，该程序段的元件会自动复位，如果希望转移后某元件能继续输出，可对该元件使用置位或复位指令。

4.3　顺序控制的几种方式

顺序控制主要方式有：单分支方式、选择性分支方式和并行分支方式。图 4-2b 所示的状态转移图为单分支方式，程序由前往后依次执行，中间没有分支，简单的顺序控制常采用这种单分支方式。较复杂的顺序控制可采用选择性分支方式或并行分支方式。

4.3.1　选择性分支方式

选择性分支状态转移图如图 4-3a 所示，在状态继电器 S0.0 后面有两个可选择的分支，当 I0.0 闭合时执行 S0.1 分支，当 I0.3 闭合时执行 S0.3 分支，如果 I0.0 较 I0.3 先闭合，则只执行 I0.0 所在的分支，I0.3 所在的分支不执行，即两条分支不能同时进行。图 4-3b 是依据图 a 画出的梯形图，梯形图工作原理见标注说明。

4.3.2　并行分支方式

并行分支方式状态转移图如图 4-4a 所示，在状态器 S0.0 后面有两个并行的分支，并行分支用双线表示，当 I0.0 闭合时 S0.1 和 S0.3 两个分支同时执行，当两个分支都执行完成并且 I0.3 闭合时才能往下执行，若 S0.1 或 S0.4 任一条分支未执行完，即使 I0.3 闭合，也不会执行到 S0.5。

图 4-4b 是依据图 a 画出的梯形图。由于 S0.2、S0.4 两程序段都未使用 SCRT 指令进行转移，故 S0.2、S0.4 状态器均未复位（即状态都为 1），S0.2、S0.4 两个常开触点均处于闭合，如果 I0.3 触点闭合，则马上将 S0.2、S0.4 状态器复位，同时将 S0.5 状态器置 1，转移至 S0.5 程序段。

SM0.1
S0.0
Q0.0
I0.0
I0.3
S0.1
Q0.1
S0.3
Q0.3
I0.1
I0.4
S0.2
Q0.2
S0.4
Q0.4
I0.2
I0.5
S0.5
Q0.5
I0.6
S0.6

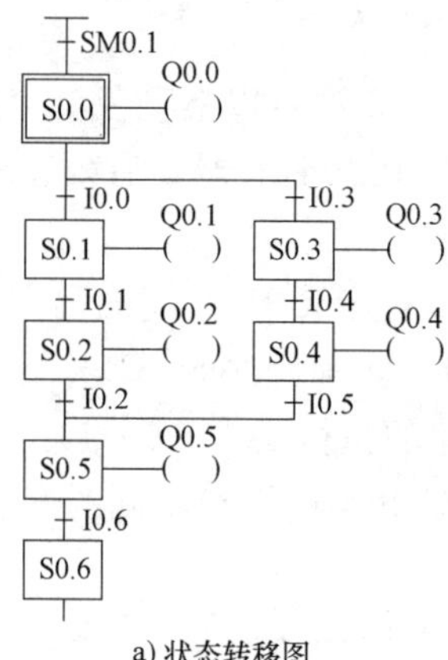

a) 状态转移图

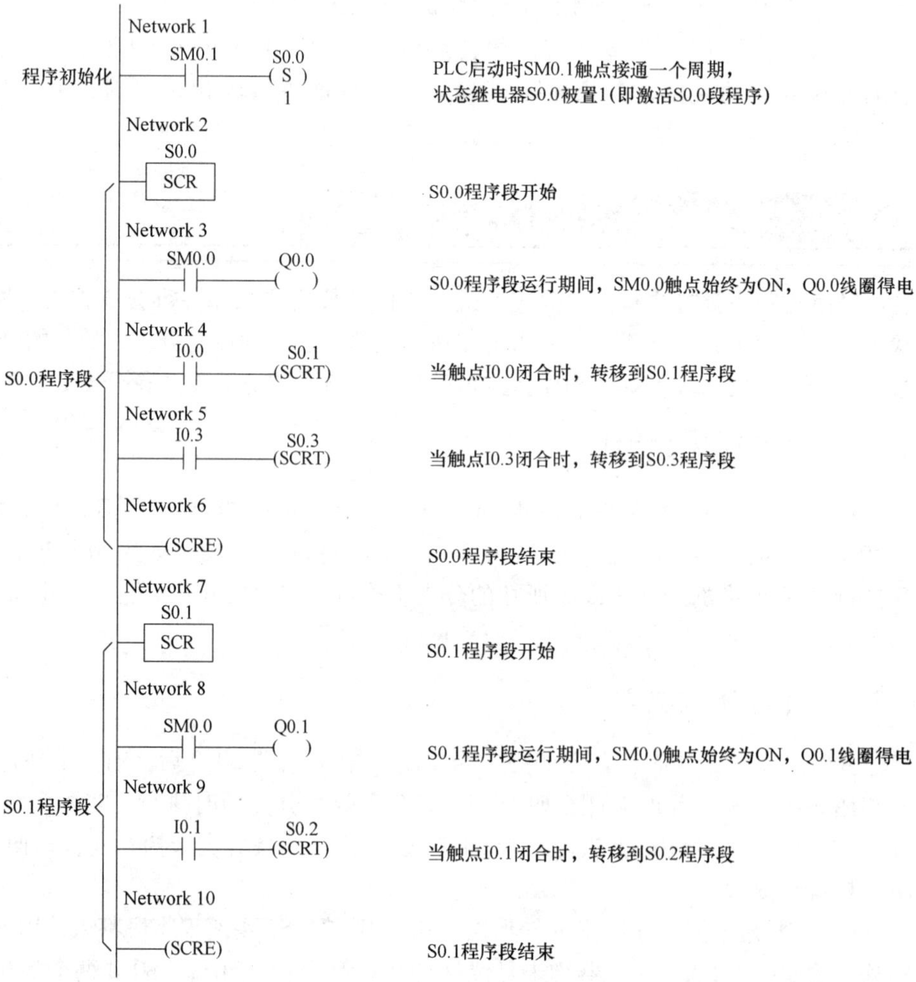

程序初始化
Network 1
SM0.1
S0.0
S
1
PLC启动时SM0.1触点接通一个周期，
状态继电器S0.0被置1(即激活S0.0段程序)
Network 2
S0.0
SCR
S0.0程序段开始
Network 3
SM0.0
Q0.0
S0.0程序段运行期间，SM0.0触点始终为ON，Q0.0线圈得电
S0.0程序段
Network 4
I0.0
S0.1
SCRT
当触点I0.0闭合时，转移到S0.1程序段
Network 5
I0.3
S0.3
SCRT
当触点I0.3闭合时，转移到S0.3程序段
Network 6
SCRE
S0.0程序段结束
Network 7
S0.1
SCR
S0.1程序段开始
Network 8
SM0.0
Q0.1
S0.1程序段运行期间，SM0.0触点始终为ON，Q0.1线圈得电
S0.1程序段
Network 9
I0.1
S0.2
SCRT
当触点I0.1闭合时，转移到S0.2程序段
Network 10
SCRE
S0.1程序段结束

图 4-3　选择性分支方式

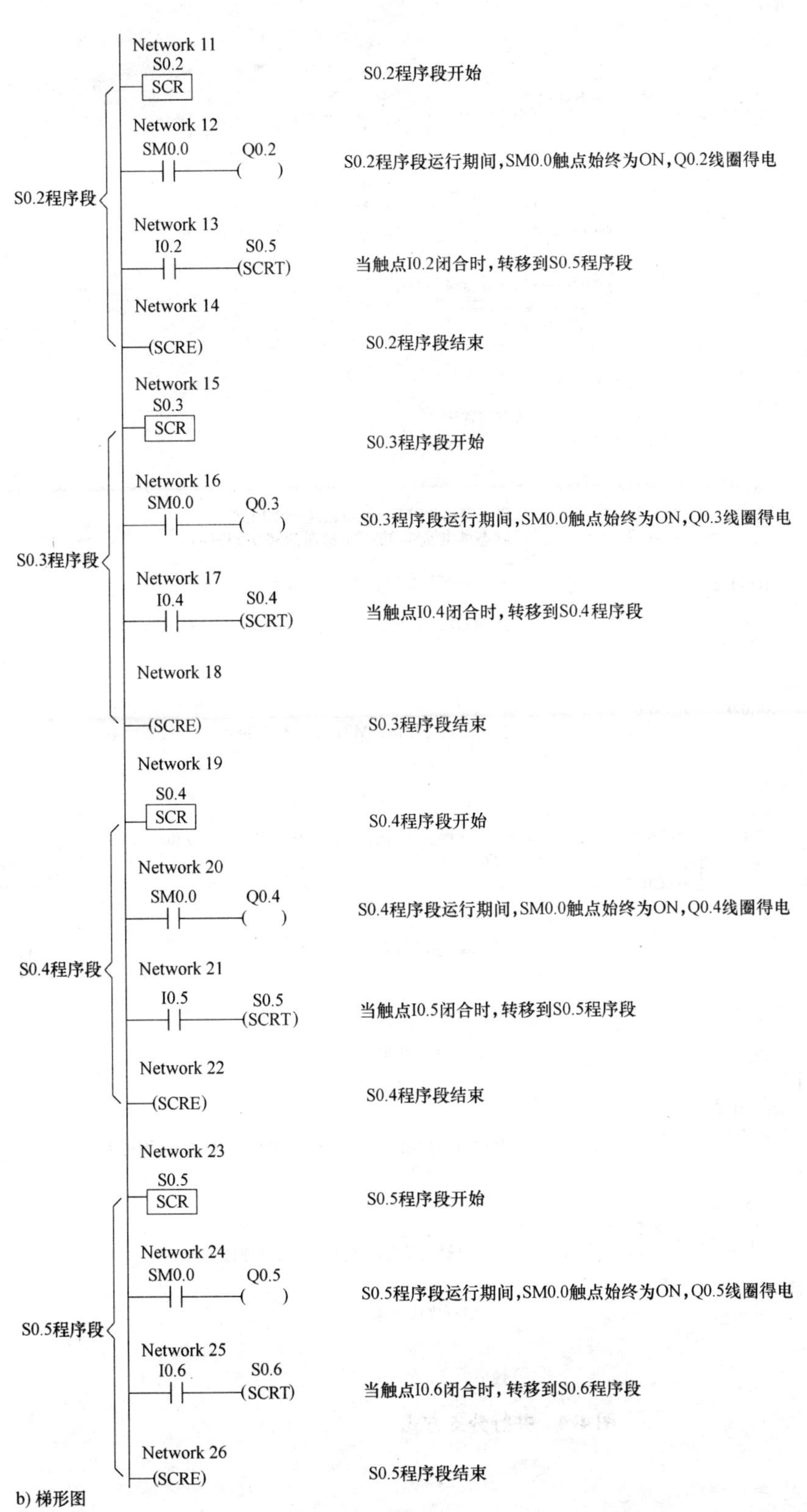

b) 梯形图

状态转移图与梯形图

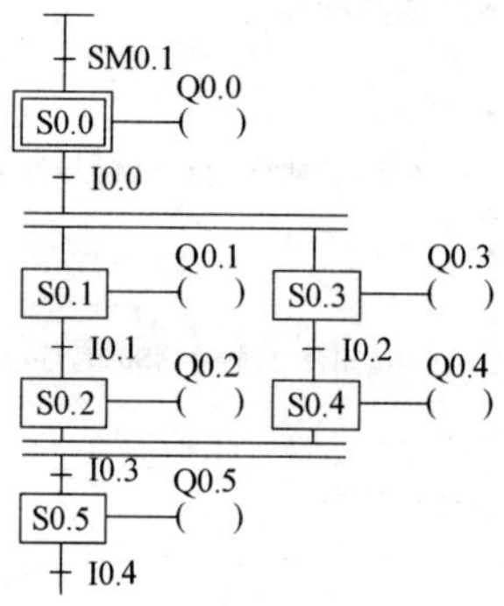

a) 状态转移图

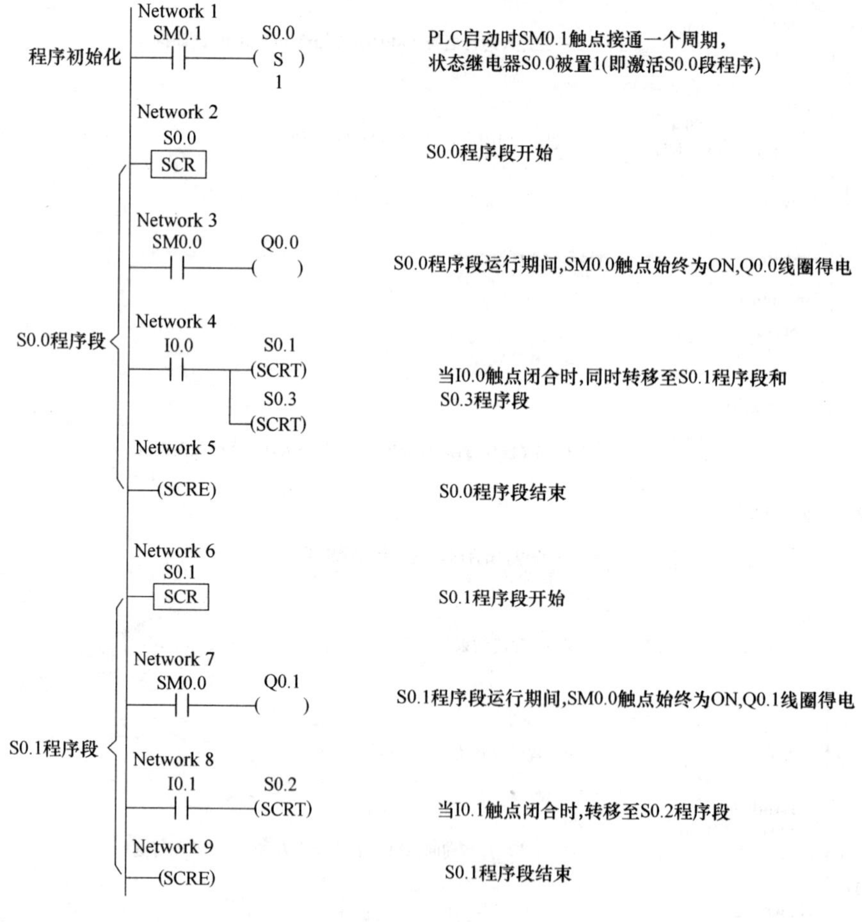

b) 梯形图

图 4-4　并行分支方式

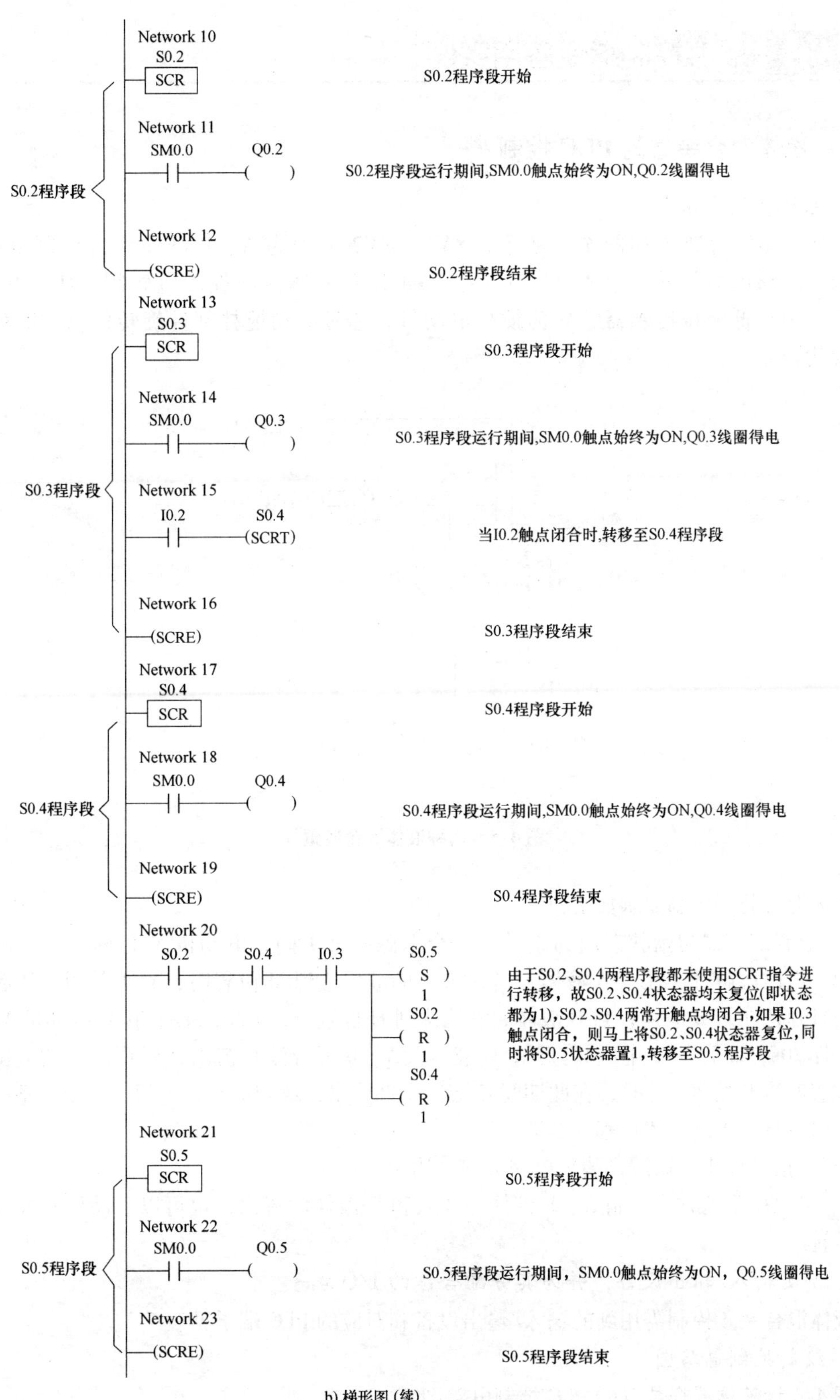

b) 梯形图 (续)

图 4-4　并行分支方式（续）

4.4 顺序控制指令应用实例

4.4.1 液体混合装置的 PLC 控制

1. 系统控制要求

两种液体混合装置如图 4-5 所示，YV1、YV2 分别为 A、B 液体注入控制电磁阀，电磁阀线圈通电时打开，液体可以流入，YV3 为 C 液体流出控制电磁阀，H、M、L 分别为高、中、低液位传感器，M 为搅拌电动机，通过驱动搅拌部件旋转使 A、B 液体充分混合均匀。

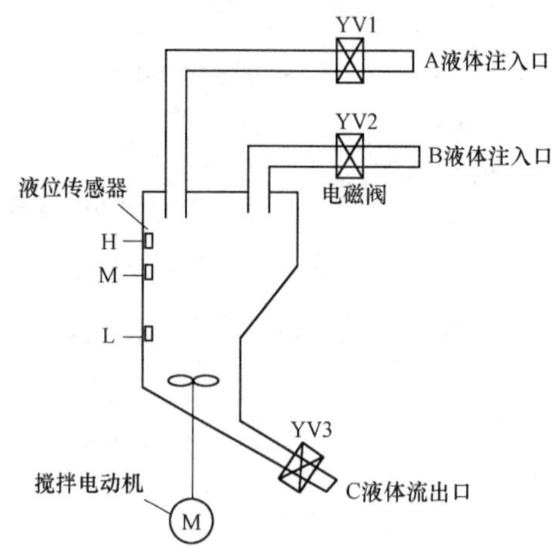

图 4-5 两种液体混合装置

液体混合装置控制要求如下：

1）装置的容器初始状态应为空的，三个电磁阀都关闭，电动机 M 停转。按下起动按钮，YV1 电磁阀打开，注入 A 液体，当 A 液体的液位达到 M 位置时，YV1 关闭；然后 YV2 电磁阀打开，注入 B 液体，当 B 液体的液位达到 H 位置时，YV2 关闭；接着电动机 M 开始运转搅拌 20s，而后 YV3 电磁阀打开，C 液体（A、B 混合液）流出，当 C 液体的液位下降到 L 位置时，开始 20s 计时，在此期间 C 液体全部流出，20s 后 YV3 关闭，一个完整的周期完成。以后自动重复上述过程。

2）当按下停止按钮后，装置要完成一个周期才停止。

3）可以用手动方式控制 A、B 液体的注入和 C 液体的流出，也可以手动控制搅拌电动机的运转。

2. 确定输入/输出设备，并为其分配合适的 I/O 端子

液体混合装置控制需用到的输入/输出设备和对应的 PLC 端子见表 4-2。

3. 绘制控制电路图

图 4-6 为液体混合装置的 PLC 控制电路图。

表 4-2　液体混合装置控制采用的输入/输出设备和对应的 PLC 端子

输　　入			输　　出		
输入设备	对应端子	功能说明	输出设备	对应端子	功能说明
SB1	I0.0	起动控制	KM1 线圈	Q0.0	控制 A 液体电磁阀
SB2	I0.1	停止控制	KM2 线圈	Q0.1	控制 B 液体电磁阀
SQ1	I0.2	检测低液位 L	KM3 线圈	Q0.2	控制 C 液体电磁阀
SQ2	I0.3	检测中液位 M	KM4 线圈	Q0.3	驱动搅拌电动机工作
SQ3	I0.4	检测高液位 H			
QS	Q1.0	手动/自动控制切换（ON：自动；OFF：手动）			
SB3	Q1.1	手动控制 A 液体流入			
SB4	Q1.2	手动控制 B 液体流入			
SB5	Q1.3	手动控制 C 液体流出			
SB6	Q1.4	手动控制搅拌电动机			

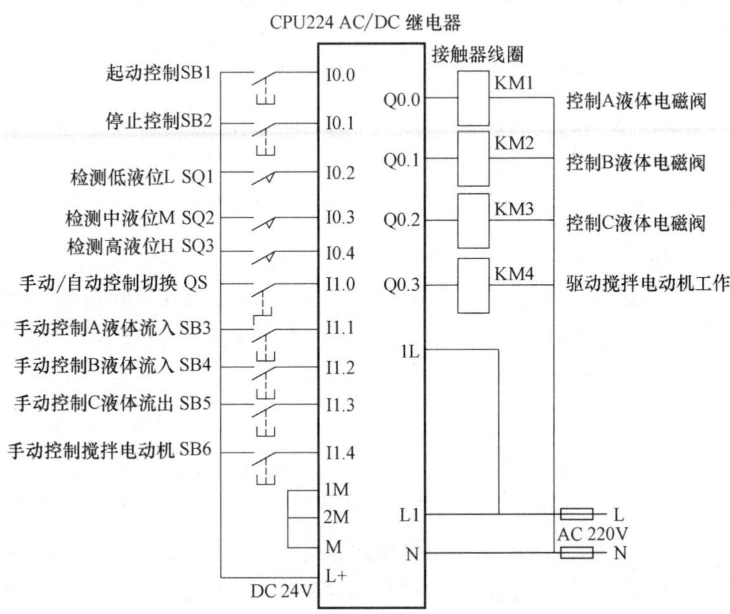

图 4-6　液体混合装置的 PLC 控制电路图

4. 编写 PLC 控制程序

（1）绘制状态转移图

在编写较复杂的步进程序时，建议先绘制状态转移图，再按状态转移图的框架绘制梯形图。STEP 7-Micro/WIN 编程软件不具备状态转移图绘制功能，因此可采用手工或借助一般的图形软件绘制状态转移图。

图 4-7 为液体混合装置控制的状态转移图。

（2）绘制梯形图

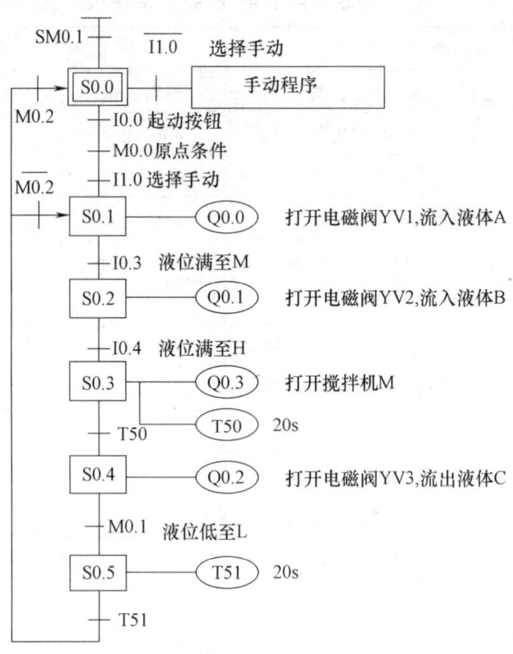

图 4-7　液体混合装置控制的状态转移图

启动 STEP 7-Micro/WIN 编程软件，按照图 4-7 所示的状态转移图编写梯形图，编写完成的梯形图如图 4-8 所示。

下面对照图 4-6 控制电路来说明图 4-8 梯形图的工作原理。

液体混合装置有自动和手动两种控制方式，它由开关 QS 来决定（QS 闭合：自动控制；QS 断开：手动控制）。要让装置工作在自动控制方式，除了开关 QS 应闭合外，装置还须满足自动控制的初始条件（又称原点条件），否则系统将无法进入自动控制方式。装置的原点条件是 L、M、H 液位传感器的开关 SQ1、SQ2、SQ3 均断开，电磁阀 YV1、YV2、YV3 均关闭，电动机 M 停转。

1）检测原点条件。图 4-8 梯形图中的［1］程序用来检测原点条件（或称初始条件）。在自动控制工作前，若装置中的液体未排完，或者电磁阀 YV1、YV2、YV3 和电动机 M 有一个或多个处于得电工作状态，即不满足原点条件，系统将无法进行自动控制工作状态。

程序检测原点条件的方法：若装置中的 C 液体位置高于传感器 L→SQ1 闭合→［1］I0.2 常闭触点断开，M0.0 线圈无法得电；或者某原因让 Q0.0～Q0.3 线圈一个或多个处于得电状态，会使电磁阀 YV1、YV2、YV3 或电动机 M 处于通电工作状态，同时会使 Q0.0～Q0.3 常闭触点断开而让 M0.0 线圈无法得电，［6］M0.0 常开触点断开，无法对状态继电器 S0.1 置位，也就不会转移执行 S0.1 程序段开始的自动控制程序。

如果是因为 C 液体未排完而使装置不满足自动控制的原点条件，可手工操作按钮 SB5，使［7］I1.3 常开触点闭合，Q0.2 线圈得电，接触器 KM3 线圈得电，KM3 触点（图 4-6 中未画出）闭合，接通电磁阀 YV3 线圈电源，YV3 打开，将 C 液体从装置容器中放完，液位传感器 L 的 SQ1 断开，［1］I0.2 常闭触点闭合，M0.0 线圈得电，从而满足自动控制所需的原点条件。

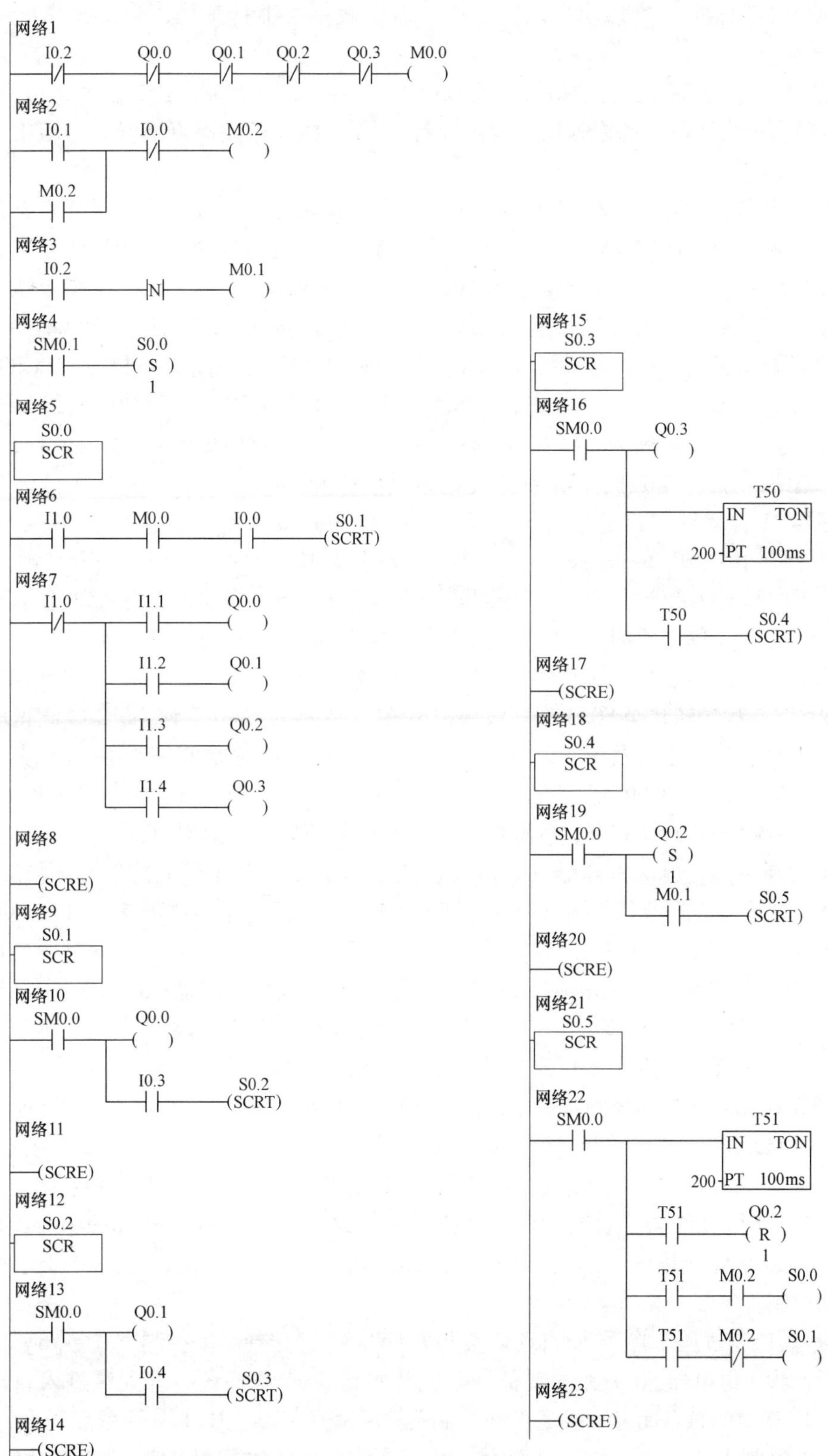

图 4-8　液体混合装置控制梯形图

2）自动控制过程。在启动自动控制前，需要做一些准备工作，包括操作准备和程序准备。

① 操作准备：将手动/自动切换开关 QS 闭合，选择自动控制方式，图 4-8 中［6］I1.0 常开触点闭合，为接通自动控制程序段做准备，［7］I1.0 常闭触点断开，切断手动控制程序段。

② 程序准备：在启动自动控制前，［1］程序会检测原点条件，若满足原点条件，则辅助继电器线圈 M0.0 得电，［6］M0.0 常开触点闭合，为接通自动控制程序段做准备。另外在 PLC 刚启动时，［4］SM0.1 触点自动接通一个扫描周期，“S S0.0，1”指令执行，将状态继电器 S0.0 置位，使程序转移至 S0.0 程序段，也为接通自动控制程序段做准备。

③ 启动自动控制：按下起动按钮 SB1→［6］I0.0 常开触点闭合→执行“SCRT S0.1”，程序转移至 S0.1 程序段→由于［10］SM0.0 触点在 S0.1 程序段运行期间始终闭合，Q0.0 线圈得电→Q0.0 端子内硬触点闭合→KM1 线圈得电→主电路中 KM1 主触点闭合（图 4-6 中未画出主电路部分）→电磁阀 YV1 线圈通电，阀门打开，注入 A 液体→当 A 液体高度到达液位传感器 M 位置时，传感器开关 SQ2 闭合→［10］I0.3 常开触点闭合→执行“SCRT S0.2”，程序转移至 S0.2 程序段（同时 S0.1 程序段复位）→由于［13］SM0.0 触点在 S0.2 程序段运行期间始终闭合，Q0.1 线圈得电，S0.1 程序段复位使 Q0.0 线圈失电→Q0.0 线圈失电使电磁阀 YV1 阀门关闭，Q0.1 线圈得电使电磁阀 YV2 阀门打开，注入 B 液体→当 B 液体高度到达液位传感器 H 位置时，传感器开关 SQ3 闭合→［13］I0.4 常开触点闭合→执行“SCRT S0.3”，程序转移至 S0.3 程序段→［16］常 ON 触点 SM0.0 使 Q0.3 线圈得电→搅拌电动机 M 运转，同时定时器 T50 开始 20s 计时→20s 后，定时器 T50 动作→［16］T50 常开触点闭合→执行“SCRT S0.4”，程序转移至 S0.4 程序段→［19］常 ON 触点 SM0.0 使 Q0.2 线圈被置位→电磁阀 YV3 打开，C 液体流出→当液体下降到液位传感器 L 位置时，传感器开关 SQ1 断开→［3］I0.2 常开触点断开（在液体高于 L 位置时 SQ1 处于闭合状态），产生一个下降沿脉冲→下降沿脉冲触点为继电器 M0.1 线圈接通一个扫描周期→［19］M0.1 常开触点闭合→执行“SCRT S0.5”，程序转移至 S0.5 程序段，由于 Q0.2 线圈是置位得电，故程序转移时 Q0.2 线圈不会失电→［22］常 ON 触点 SM0.0 使定时器 T51 开始 20s 计时→20s 后，［22］T51 常开触点闭合，Q0.2 线圈被复位→电磁阀 YV3 关闭；与此同时，S0.1 线圈得电，［9］S0.1 程序段激活，开始下一次自动控制。

④ 停止控制：在自动控制过程中，若按下停止按钮 SB2→［2］I0.1 常开触点闭合→［2］辅助继电器 M0.2 得电→［2］M0.2 自锁触点闭合，锁定供电；［22］M0.2 常闭触点断开，状态继电器 S0.1 无法得电，［9］S0.1 程序段无法运行；［22］M0.2 常开触点闭合，当程序运行到［22］时，T51 常开触点闭合，状态继电器 S0.0 得电，［5］S0.0 程序段运行，但由于常开触点 I0.0 处于断开（SB1 断开），状态继电器 S0.1 无法置位，无法转移到 S0.1 程序段，自动控制程序部分无法运行。

3）手动控制过程。将手动/自动切换开关 QS 断开，选择手动控制方式→［6］I1.0 常开触点断开，状态继电器 S0.1 无法置位，无法转移到 S0.1 程序段，即无法进入自动控制程序；［7］I1.0 常闭触点闭合，接通手动控制程序→按下 SB3，I1.1 常开触点闭合，Q0.0 线圈得电，电磁阀 YV1 打开，注入 A 液体→松开 SB3，I1.1 常闭触点断开，Q0.0 线圈失电，电磁阀 YV1 关闭，停止注入 A 液体→按下 SB4 注入 B 液体，松开 SB4 停止注入 B 液体→按

下 SB5 排出 C 液体，松开 SB5 停止排出 C 液体→按下 SB6 搅拌液体，松开 SB6 停止搅拌液体。

4.4.2　简易机械手的 PLC 控制

1. 系统控制要求

简易机械手结构如图 4-9 所示。M1 为控制机械手左右移动的电动机，M2 为控制机械手上下升降的电动机，YV 线圈用来控制机械手夹紧放松，SQ1 为左到位检测开关，SQ2 为右到位检测开关，SQ3 为上到位检测开关，SQ4 为下到位检测开关，SQ5 为工件检测开关。

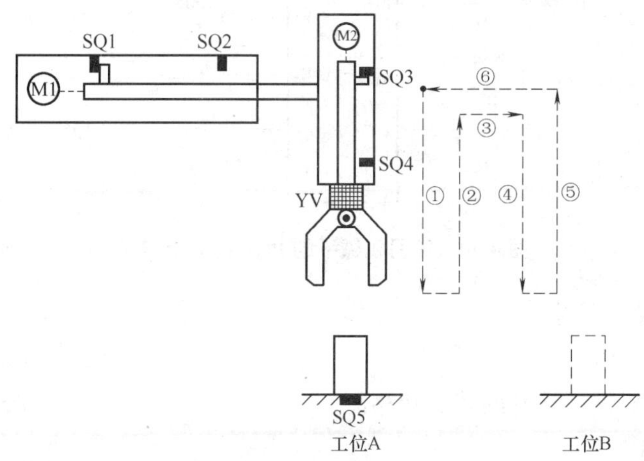

图 4-9　简易机械手的结构

简易机械手控制要求如下：

1）机械手要将工件从工位 A 移到工位 B 处。

2）机械手的初始状态（原点条件）是机械手应停在工位 A 的上方，SQ1、SQ3 均闭合。

3）若原点条件满足且 SQ5 闭合（工件 A 处有工件），按下起动按钮，机械手按“原点→下降→夹紧→上升→右移→下降→放松→上升→左移→原点”步骤工作。

2. 确定输入/输出设备，并为其分配合适的 I/O 端子

简易机械手控制需用到的输入/输出设备和对应的 PLC 端子见表 4-3。

表 4-3　简易机械手控制采用的输入/输出设备和对应的 PLC 端子

输　入			输　出		
输入设备	对应端子	功能说明	输出设备	对应端子	功能说明
SB1	I0.0	起动控制	KM1 线圈	Q0.0	控制机械手右移
SB2	I0.1	停止控制	KM2 线圈	Q0.1	控制机械手左移
SQ1	I0.2	左到位检测	KM3 线圈	Q0.2	控制机械手下降
SQ2	I0.3	右到位检测	KM4 线圈	Q0.3	控制机械手上升
SQ3	I0.4	上到位检测	KM5 线圈	Q0.4	控制机械手夹紧
SQ4	I0.5	下到位检测			
SQ5	I0.6	工件检测			

3. 绘制控制电路图

图 4-10 为简易机械手的 PLC 控制电路图。

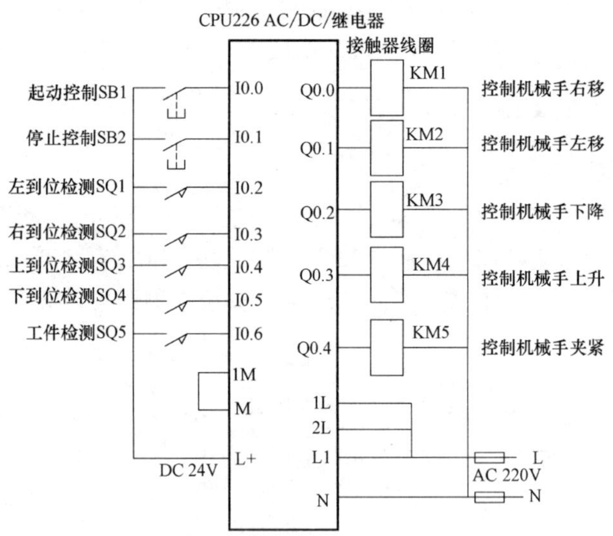

图 4-10　简易机械手的 PLC 控制电路图

4. 编写 PLC 控制程序

(1) 绘制状态转移图

图 4-11 为简易机械手控制的状态转移图。

(2) 绘制梯形图

启动 STEP 7-Micro/WIN 编程软件，按照图 4-11 所示的状态转移图编写梯形图，编写完成的梯形图如图 4-12 所示。

下面对照图 4-10 所示控制电路图来说明图 4-12 所示梯形图的工作原理。

武术运动员在表演武术时，通常会在表演场地某位置站立好，然后开始进行各种武术套路表演，表演结束后会收势成表演前的站立状态。同样地，大多数机电设备在工作前先要处于初始位置（相当于运动员在表演前的站立位置），然后在程序的控制下，机电设备开始各种操作，操作结束又会回到初始位置，机电设备的初始位置也称原点。

1) 工作控制。当 PLC 启动时，[2] SM0.1 会接通一个扫描周期，将状态继电器 S0.0 被置位，S0.0 程序段被激活，成为活动步程序。

① 原点条件检测。机械手的原点条件是左到位（左限位开关 SQ1 闭合）、上到位（上限位开关 SQ3 闭合），即机械手的初始位置应在左上角。若不满足原点条件，原点检测程序会使机械手返回到原点，然后才开始工作。

[4] 为原点检测程序，当按下起动按钮 SB1→[1]

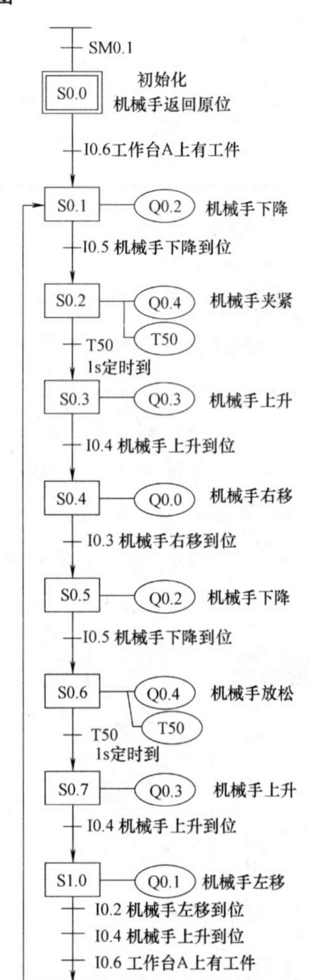

图 4-11　简易机械手控制状态转移图

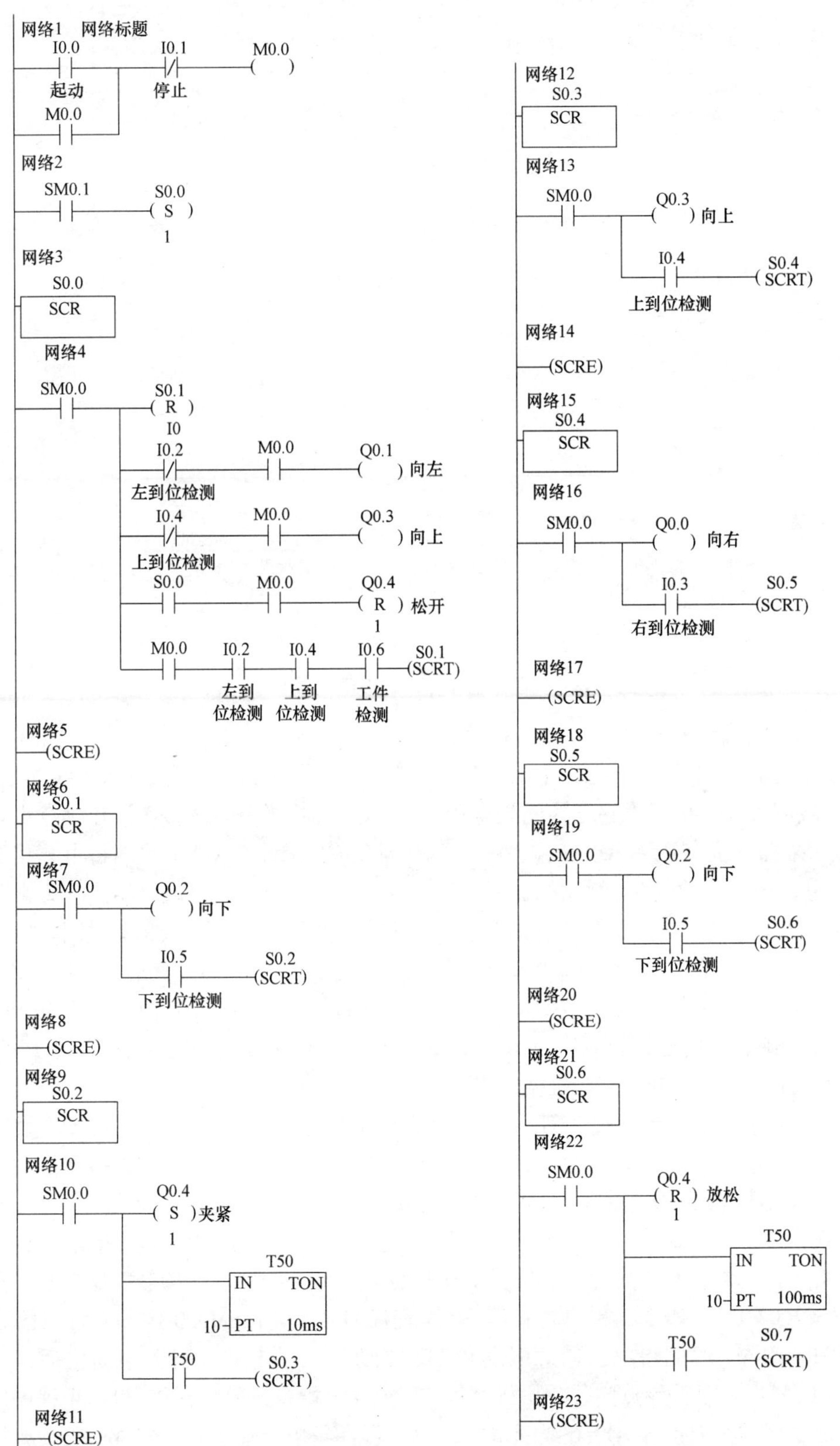

图 4-12　简易机械手控制梯形图

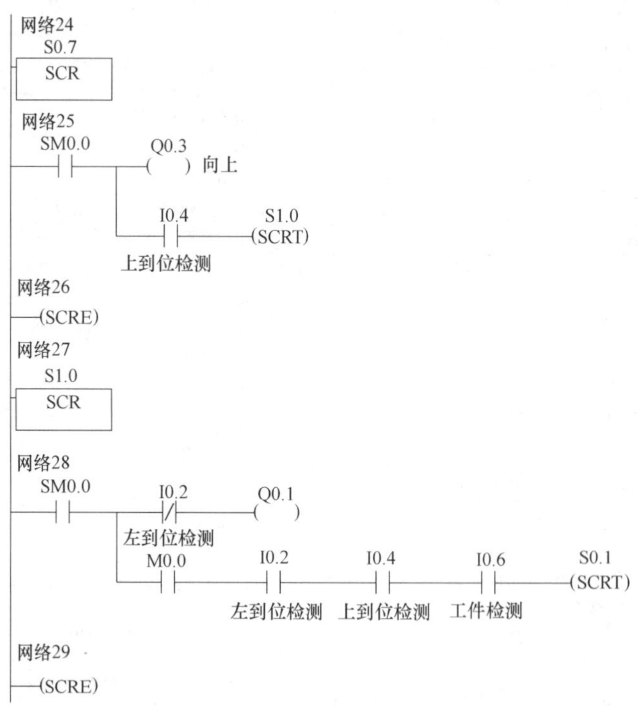

图 4-12　简易机械手控制梯形图（续）

I0.0 常开触点闭合，辅助继电器 M0 线圈得电，M0.0 自锁触点闭合，锁定供电，同时［4］M0.0 常开触点闭合，因 S0.0 状态继电器被置位，故 S0.0 常开触点闭合，Q0.4 线圈复位，接触器 KM5 线圈失电，机械手夹紧线圈失电而放松，［4］中的其他 M0.0 常开触点也均闭合。若机械手未左到位，开关 SQ1 断开，［4］I0.2 常闭触点闭合，Q0.1 线圈得电，接触器 KM1 线圈得电，通过电动机 M1 驱动机械手左移，左移到位后 SQ1 闭合，［4］I0.2 常闭触点断开；若机械手未上到位，开关 SQ3 断开，［4］I0.4 常闭触点闭合，Q0.3 线圈得电，接触器 KM4 线圈得电，通过电动机 M2 驱动机械手上升，上升到位后 SQ3 闭合，［4］I0.4 常闭触点断开。如果机械手左到位、上到位且工位 A 有工件（开关 SQ5 闭合），则［4］I0.2、I0.4、I0.6 常开触点均闭合，执行“SCRT S0.1”指令，使 S0.1 程序段成为活动步程序，程序转移至 S0.1 程序段，开始控制机械手搬运工件。

② 机械手搬运工件控制。S0.1 程序段成为活动步程序后，［7］SM0.0 常 ON 触点闭合→Q0.2 线圈得电，KM3 线圈得电，通过电动机 M2 驱动机械手下移，当下移到位后，下到位开关 SQ4 闭合，［7］I0.5 常开触点闭合，执行“SCRT S0.2”指令，程序转移至 S0.2 程序段→［10］SM0.0 常 ON 触点闭合，Q0.4 线圈被置位，接触器 KM5 线圈得电，夹紧线圈 YV 得电将工件夹紧，与此同时，定时器 T50 开始 1s 计时→1s 后，［10］T50 常开触点闭合，执行“SCRT S0.3”指令，程序转移至 S0.3 程序段→［13］SM0.0 常 ON 触点闭合→Q0.3 线圈得电，KM4 线圈得电，通过电动机 M2 驱动机械手上移，当上移到位后，开关 SQ3 闭合，［13］I0.4 常开触点闭合，执行“SCRT S0.4”指令，程序转移至 S0.4 程序段→［16］SM0.0 常 ON 触点闭合→Q0.0 线圈得电，KM1 线圈得电，通过电动机 M1 驱动机械手右移，当右移到位后，开关 SQ2 闭合，［16］I0.3 常开触点闭合，执行“SCRT S0.5”指

令，程序转移至 S0.5 程序段→[19] SM0.0 常 ON 触点闭合→Q0.2 线圈得电，KM3 线圈得电，通过电动机 M2 驱动机械手下降，当下降到位后，开关 SQ4 闭合，[19] I0.5 常开触点闭合，执行“SCRT S0.6”指令，程序转移至 S0.6 程序段→[22] SM0.0 常 ON 触点闭合→Q0.4 线圈被复位，接触器 KM5 线圈失电，夹紧线圈 YV 失电将工件放下，与此同时，定时器 T50 开始 1s 计时→1s 后，[22] T50 常开触点闭合，执行“SCRT S0.7”指令，程序转移至 S0.7 程序段→[25] SM0.0 常 ON 触点闭合→Q0.3 线圈得电，KM4 线圈得电，通过电动机 M2 驱动机械手上升，当上升到位后，开关 SQ3 闭合，[25] I0.4 常开触点闭合，执行“SCRT S1.0”指令，程序转移至 S1.0 程序段→[28] SM0.0 常 ON 触点闭合→Q0.1 线圈得电，KM2 线圈得电，通过电动机 M1 驱动机械手左移，当左移到位后，开关 SQ1 闭合，[28] I0.2 常闭触点断开，Q0.1 线圈失电，机械手停止左移，同时 [28] I0.2 常开触点闭合，如果上到位开关 SQ3（I0.4）和工件检测开关 SQ5（I0.6）均闭合，执行“SCRT S0.1”指令，程序转移至 S0.1 程序段→[7] SM0.0 常 ON 触点闭合，Q0.2 线圈得电，开始下一次工件搬运。若工位 A 无工件，SQ5 断开，机械手会停在原点位置。

2）停止控制。当按下停止按钮 SB2→[1] I0.1 常闭触点断开→辅助继电器 M0.0 线圈失电→[1]、[4]、[28] 中的 M0.0 常开触点均断开，其中 [1] M0.0 常开触点断开解除 M0.0 线圈供电，[4]、[28] M0.0 常开触点断开均会使“SCRT S0.1”指令无法执行，也就无法转移至 S0.1 程序段，机械手不工作。

4.4.3　大小铁球分拣机的 PLC 控制

1. 系统控制要求

大小铁球分拣机结构如图 4-13 所示。M1 为传送带电动机，通过传送带驱动机械手臂左向或右向移动；M2 为电磁铁升降电动机，用于驱动电磁铁 YA 上移或下移；SQ1、SQ4、SQ5 分别为混装球箱、小球箱、大球箱的定位开关，当机械手臂移到某球箱上方时，相应的定位开关闭合；SQ6 为接近开关，当铁球靠近时开关闭合，表示电磁铁下方有球存在。

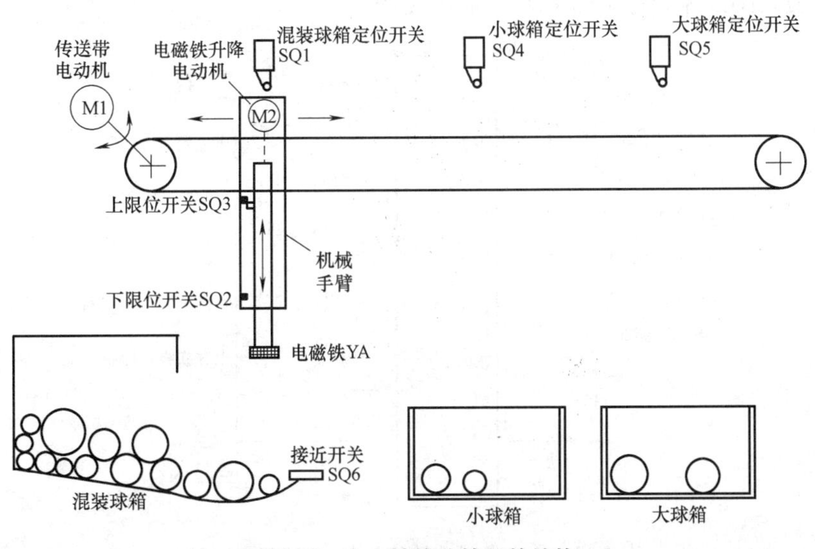

图 4-13　大小铁球分拣机的结构

大小铁球分拣机控制要求及工作过程如下：

1）分拣机要从混装球箱中将大小球分拣出来，并将小球放入小球箱内，大球放入大球箱内。

2）分拣机的初始状态（原点条件）是机械手臂应停在混装球箱上方，SQ1、SQ3均闭合。

3）在工作时，若SQ6闭合，则电动机M2驱动电磁铁下移，2s后，给电磁铁通电从混装球箱中吸引铁球，若此时SQ2断开，表示吸引的是大球，若SQ2闭合，则吸引的是小球，然后电磁铁上移，SQ3闭合后，电动机M1带动机械手臂右移，如果电磁铁吸引的为小球，机械手臂移至SQ4处停止，电磁铁下移，将小球放入小球箱（让电磁铁失电），而后电磁铁上移，机械手臂回归原位，如果电磁铁吸引的是大球，机械手臂移至SQ5处停止，电磁铁下移，将小球放入大球箱，而后电磁铁上移，机械手臂回归原位。

2. 确定输入/输出设备，并为其分配合适的I/O端子

大小铁球分拣机控制系统用到的输入/输出设备和对应的PLC端子见表4-4。

表4-4　大小铁球分拣机控制系统采用的输入/输出设备和对应的PLC端子

输　入			输　出		
输入设备	对应端子	功能说明	输出设备	对应端子	功能说明
SB1	I0.0	起动控制	HL	Q0.0	工作指示
SQ1	I0.1	混装球箱定位	KM1线圈	Q0.1	电磁铁上升控制
SQ2	I0.2	电磁铁下限位	KM2线圈	Q0.2	电磁铁下降控制
SQ3	I0.3	电磁铁上限位	KM3线圈	Q0.3	机械手臂左移控制
SQ4	I0.4	小球箱定位	KM4线圈	Q0.4	机械手臂右移控制
SQ5	I0.5	大球箱定位	KM5线圈	Q0.5	电磁铁吸合控制
SQ6	I0.6	铁球检测			

3. 绘制控制电路图

图4-14为大小铁球分拣机的PLC控制电路图。

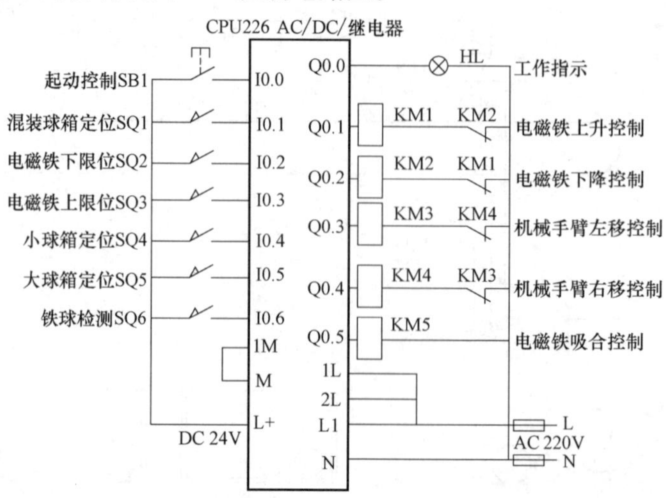

图4-14　大小铁球分拣机的PLC控制电路图

4. 编写 PLC 控制程序

(1) 绘制状态转移图

分拣机拣球时抓的可能为大球，也可能抓的为小球，若抓的为大球时则执行抓取大球控制，若抓的为小球则执行抓取小球控制，这是一种选择性控制，编程时应采用选择性分支方式。图 4-15 为大小铁球分拣机控制的状态转移图。

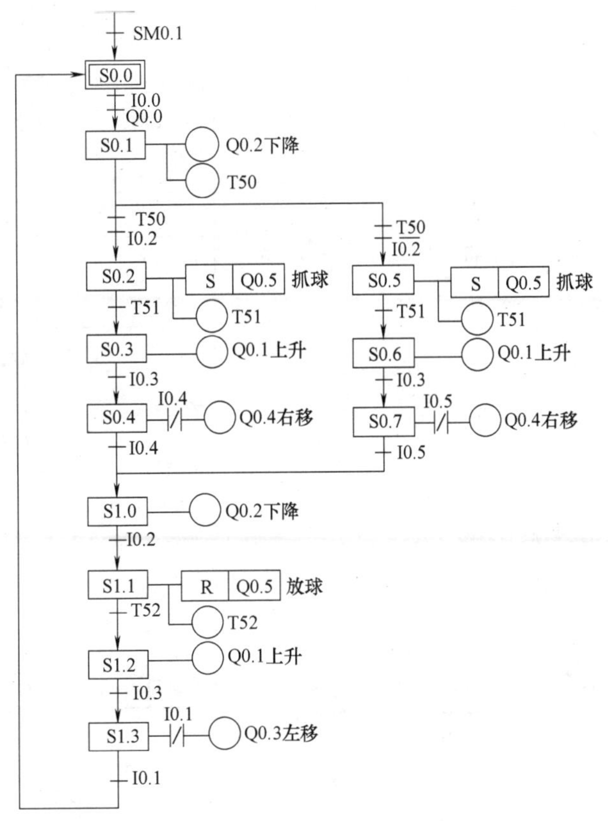

图 4-15　大小铁球分拣机控制的状态转移图

(2) 绘制梯形图

启动 STEP 7-Micro/WIN 编程软件，根据图 4-15 所示的状态转移图编写梯形图，编写完成的梯形图如图 4-16 所示。

下面对照图 4-13 所示分拣机结构图、图 4-14 所示控制电路图和图 4-16 所示梯形图来说明分拣机的工作原理。

1) 检测原点条件。图 4-16 梯形图中的［1］程序用来检测分拣机是否满足原点条件。分拣机的原点条件有：①机械手臂停止混装球箱上方（会使定位开关 SQ1 闭合，［1］I0. 1 常开触点闭合）；②电磁铁处于上限位位置（会使上限位开关 SQ3 闭合，［1］I0. 3 常开触点闭合）；③电磁铁未通电（Q0. 5 线圈失电，电磁铁也无供电，［1］Q0. 5 常闭触点闭合）；④有铁球处于电磁铁正下方（会使铁球检测开关 SQ6 闭合，［1］I0. 6 常开触点闭合）。这四点都满足后，［1］Q0. 0 线圈得电，［4］Q0. 0 常开触点闭合，同时 Q0. 0 端子的内硬触点接通，指示灯 HL 亮。HL 不亮，说明原点条件不满足。

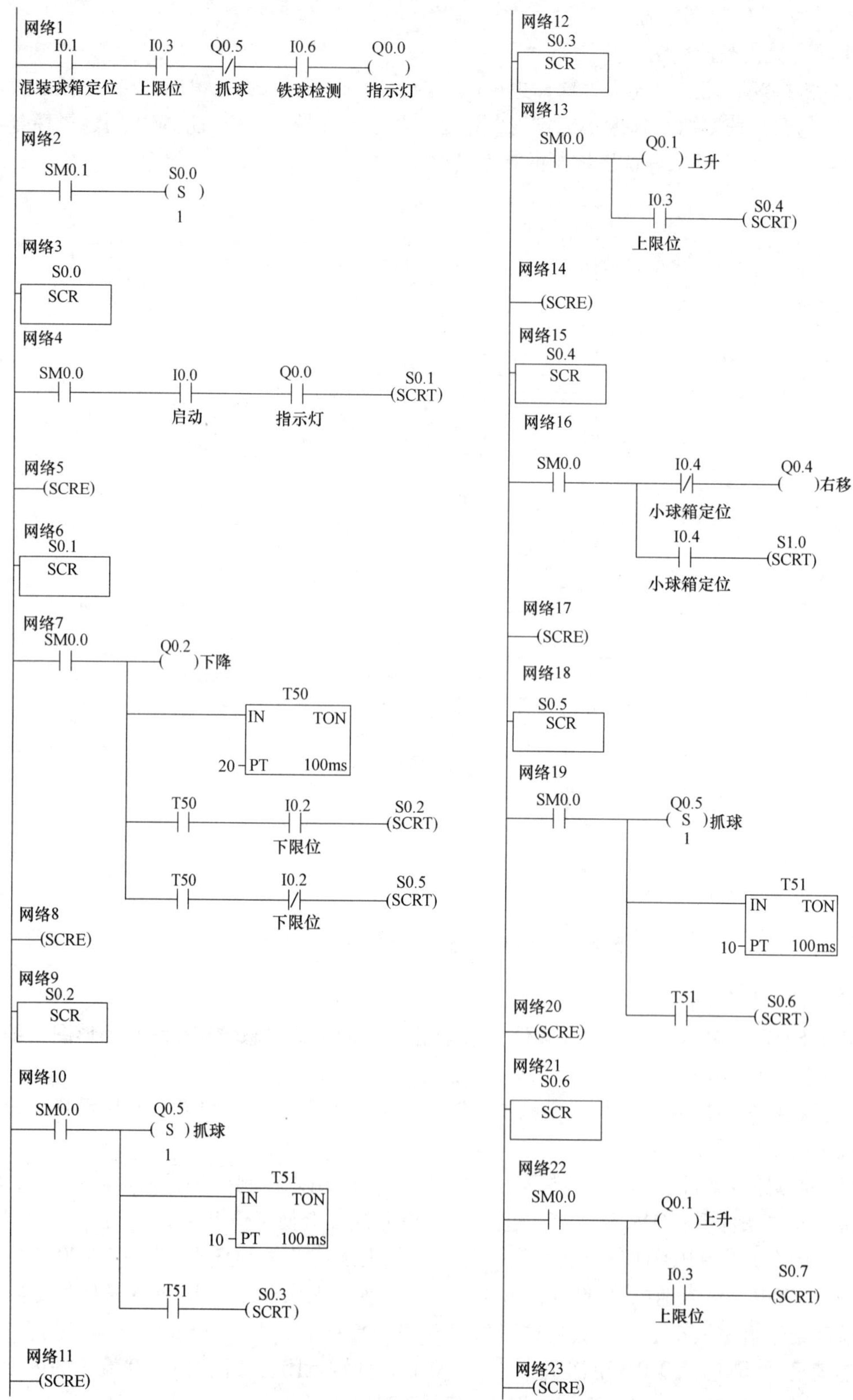

图 4-16　大小铁球分拣机控制的梯形图

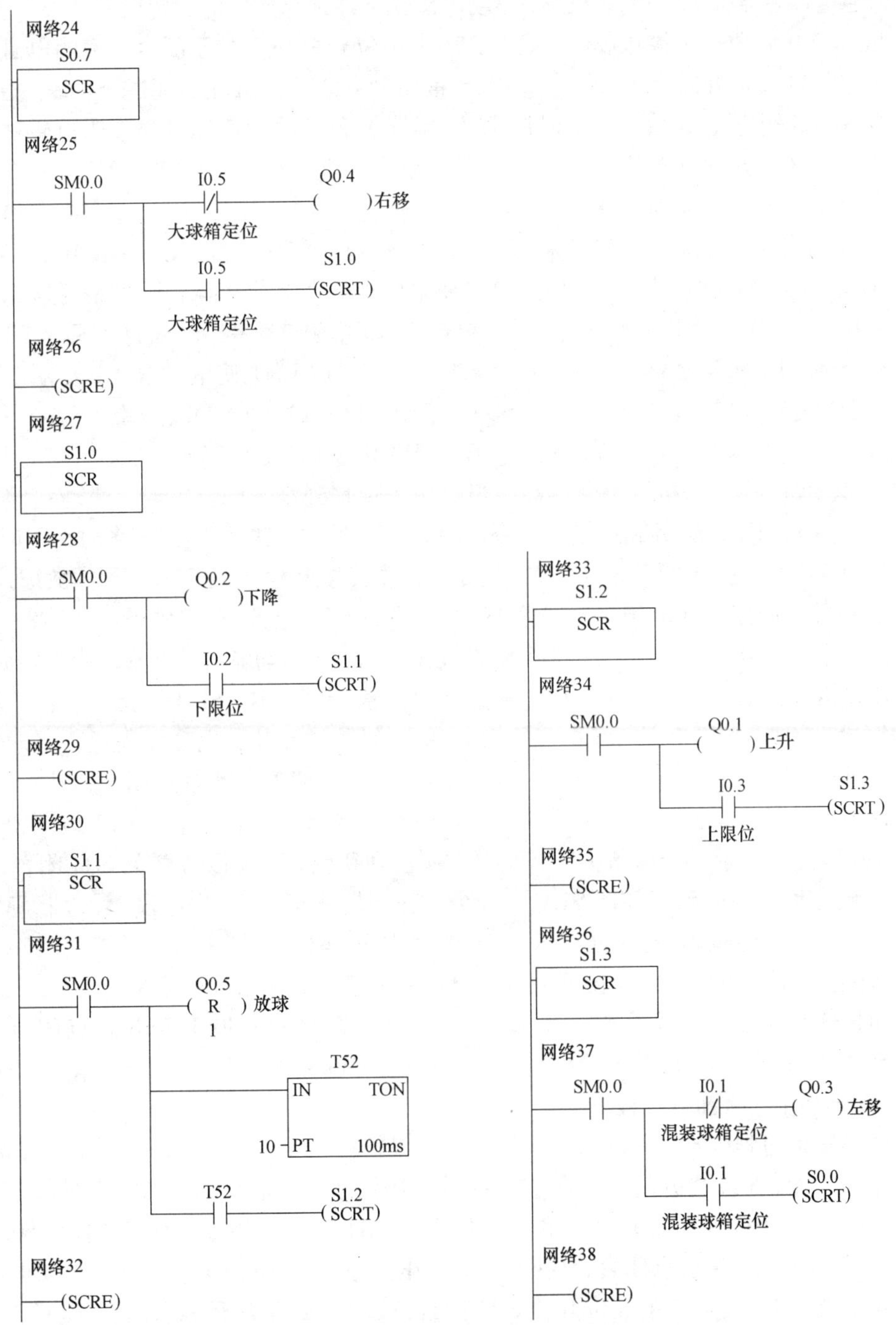

图 4-16　大小铁球分拣机控制的梯形图（续）

2）工作过程。当 PLC 上电启动时，SM0.1 会接通一个扫描周期，状态继电器 S0.0 被置位，S0.0 程序段被激活，成为活动步程序。

按下起动按钮 SB1→[4] I0.0 常开触点闭合→由于 SM0.0 和 Q0.0 触点均闭合，故执行“SCRT S0.1”指令，程序转移至 S0.1 程序段→[7] SM0.0 常 ON 触点闭合→[7] Q0.2 线圈得电，通过接触器KM2使电动机M2驱动电磁铁下移，与此同时，定时器T50开始2s计时→2s后，[7]两个T50常开触点均闭合，若下限位开关SQ2处于闭合，表明电磁铁接触为小球，[7]I0.2常开触点闭合，[7]I0.2常闭触点断开，执行“SCRT S0.2”指令，程序转移至S0.2程序段，开始抓小球控制程序，若下限位开关SQ2断开，表明电磁铁接触为大球，[7]I0.2常开触点断开，[7]I0.2常闭触点闭合，执行“SCRT S0.5”指令，程序转移至S0.5程序段，开始抓大球控制程序。

① 小球抓取控制（S0.2～S0.4程序段）。程序转移至S0.2程序段后→[10]SM0.0常ON触点闭合→Q0.5线圈被置位，通过KM5使电磁铁通电抓住小球，同时定时器T51开始1s计时→1s后，[10]T51常开触点闭合，执行“SCRT S0.3”指令，程序转移至S0.3程序段→[13]SM0.0常ON触点闭合→Q0.1线圈得电，通过KM1使电动机M2驱动电磁铁上升→当电磁铁上升到位后，上限位开关SQ3闭合，[13]I0.3常开触点闭合，执行“SCRT S0.4”指令，程序转移至S0.4程序段→[16]SM0.0常ON触点闭合→Q0.4线圈得电，通过KM4使电动机M1驱动机械手臂右移→当机械手臂移到小球箱上方时，小球箱定位开关SQ4闭合→[16]I0.4常闭触点断开，Q0.4线圈失电，机械手臂停止移动，同时[16]I0.4常开触点闭合，执行“SCRT S1.0”指令，程序转移至S1.0程序段，开始放球控制。

② 放球并返回控制（S1.0～S1.3程序段）。程序转移至S1.0程序段后→[28]SM0.0常ON触点闭合，Q0.2线圈得电，通过KM2使电动机M2驱动电磁铁下降，当下降到位后，下限位开关SQ2闭合→[28]I0.2常开触点闭合，执行“SCRT S1.1”指令，程序转移至S1.1程序段→[31]SM0.0常ON触点闭合→Q0.5线圈被复位，电磁铁失电，将球放入球箱，与此同时，定时器T52开始1s计时→1s后，[31]T52常开触点闭合，执行“SCRT S1.2”指令，程序转移至S1.2程序段→[34]SM0.0常ON触点闭合，Q0.1线圈得电，通过KM1使电动机M2驱动电磁铁上升→当电磁铁上升到位后，上限位开关SQ3闭合，[34]I0.3常开触点闭合，执行“SCRT S1.3”指令，程序转移至S1.3程序段→[37]SM0.0常ON触点闭合，Q0.3线圈得电，通过KM3使电动机M1驱动机械手臂左移→当机械手臂移到混装球箱上方时，混装球箱定位开关SQ1闭合→[37]I0.1常闭触点断开，Q0.3线圈失电，电动机M1停转，机械手臂停止移动，与此同时，[37]I0.1常开触点闭合，执行“SCRT S0.0”指令，程序转移至S0.0程序段→[4]SM0.0常ON触点闭合，若按下起动按钮SB1，则开始下一次抓球过程。

③ 大球抓取过程（S0.5～S0.7程序段）。程序转移至S0.5程序段后→[19]SM0.0常ON触点闭合，Q0.5线圈被置位，通过KM5使电磁铁通电抓取大球，同时定时器T51开始1s计时→1s后，[19]T51常开触点闭合，执行“SCRT S0.6”指令，程序转移至S0.6程序段→[22]SM0.0常ON触点闭合，Q0.1线圈得电，通过KM1使电动机M2驱动电磁铁上升→当电磁铁上升到位后，上限位开关SQ3闭合，[22]I0.3常开触点闭合，执行“SCRT S0.7”指令，程序转移至S0.7程序段→[25]SM0.0常ON触点闭合，Q0.4线圈得电，通过KM4使电动机M1驱动机械手臂右移→当机械手臂移到大球箱上方时，大球箱定位开关SQ5闭合→[25]I0.5常闭触点断开，Q0.4线圈失电，机械手臂停止移动，同时[25]I0.5常开触点闭合，执行“SCRT S1.0”指令，程序转移至S1.0程序段，开始放球过程。

大球的放球和返回控制过程与小球完全一样，不再叙述。

第5章 功能指令及应用

基本指令和顺序控制指令是 PLC 最常用的指令，为了适应现代工业自动控制需要，PLC 制造商开始逐步为 PLC 增加很多功能指令，**功能指令使 PLC 具有强大的数据运算和特殊处理功能，从而大大扩展了 PLC 的使用范围。**

5.1 功能指令使用基础

5.1.1 数据类型

1. 字长

S7-200 系列 PLC 的存储单元（即编程元件）存储的数据都是二进制数。**数据的长度称为字长，字长可分为位（1 位二进制数，用 bit 表示）、字节（8 位二进制数，用 B 表示）、字（16 位二进制数，用 W 表示）和双字（32 位二进制数，用 D 表示）。**

2. 数据的类型和范围

S7-200 系列 PLC 的存储单元存储的数据类型可分为布尔型、整数型和实数型（浮点数）。

（1）布尔型

布尔型数据只有 1 位，又称位型，用来表示开关量（或称数字量）的两种不同状态。当某编程元件为 1，称该元件为 1 状态，或称该元件处于 ON，该元件对应的线圈“通电”，其常开触点闭合、常闭触点断开；当该元件为 0 时，称该元件为 0 状态，或称该元件处于 OFF，该元件对应的线圈“失电”，其常开触点断开、常闭触点闭合。例如输出继电器 Q0.0 的数据为布尔型。

（2）整数型

整数型数据不带小数点，它分为无符号整数和有符号整数，有符号整数需要占用 1 个最高位表示数据的正负，通常规定最高位为 0 表示数据为正数，为 1 表示数据为负数。表 5-1 列出了不同字长的整数表示的数值范围。

（3）实数型

实数型数据也称为浮点型数据，是一种带小数点的数据，它采用 32 位来表示（即字长为双字），其数据范围很大，正数范围为 +1.175495E-38 ~ +3.402823E+38，负数范围为 −3.402823E+38 ~ −1.175495E-38，E-38 表示 10^{-38}。

表5-1　不同字长的整数表示的数值范围

整数长度	无符号整数表示范围		有符号整数表示范围	
	十进制表示	十六进制表示	十进制表示	十六进制表示
字节B（8位）	0～255	0～FF	-128～127	80～7F
字W（16位）	0～65535	0～FFFF	-32768～32767	8000～7FFF
双字D（32位）	0～4294967295	0～FFFFFFFF	-2147483648～2147483647	80000000～7FFFFFFF

3. 常数的编程书写格式

常数在编程时经常要用到。**常数的长度可为字节、字和双字，**常数在PLC中也是以二进制数形式存储的，但编程时常数可以十进制、十六进制、二进制、ASCII码或浮点数（实数）形式编写，然后由编程软件自动编译成二进制数下载到PLC中。

常数的编程书写格式见表5-2。

表5-2　常数的编程书写格式

常　　数	编程书写格式	举　　例
十进制	十进制值	2105
十六进制	16#十六进制值	16#3F67A
二进制	2#二进制值	2#1010 000111010011
ASC II码	‘ASC II码文本’	‘very good’
浮点数（实数）	按ANSI/IEEE 754—1985标准	+1.038267E-36（正数）
		-1.038267E-36（负数）

5.1.2　寻址方式

在S7-200系列PLC中，数据是存在存储器中的，为了存取方便，需要对存储器的每个存储单元进行编址。在访问数据时，只要找到某单元的地址，就能对该单元的数据进行存取。**S7-200系列PLC的寻址方式主要有两种：直接寻址和间接寻址。**

1. 直接寻址

（1）编址

要了解存储器的寻址方法，须先掌握其编址方法。S7-200系列PLC的存储单元编址有一定的规律，它将存储器按功能不同划分成若干个区，如I区（输入继电器区）、Q区（输出继电器区）、M区、SM区、V区、L区等，由于每个区又有很多存储单元，这些单元需要进行编址。**PLC存储区常采用以下方式编址：**

1）**I、Q、M、SM、S区按位顺序编址，**如I0.0～I15.7、M0.0～31.7。

2）**V、L区按字节顺序编址，**如VB0～VB2047、LB0～LB63。

3）**AI、AQ区按字顺序编址，**如AIW0～AIW30、AQW0～AQW30。

4）**T、C、HC、AC区直接按编号大小编址，**如T0～T255、C0～C255、AC0～AC3。

（2）直接寻址

直接寻址是通过直接指定要访问存储单元的区域、长度和位置来查找到该单元。S7-200系列PLC直接寻址方法主要有：

1）位寻址。**位寻址格式为**

位单元寻址＝存储区名(元件名)＋字节地址．位地址

例如寻址时给出 I2.3，要查找的地址是 I 存储区第 2 字节的第 3 位，如图 5-1 所示。可进行位寻址的存储区有 I、Q、M、SM、L、V、S。

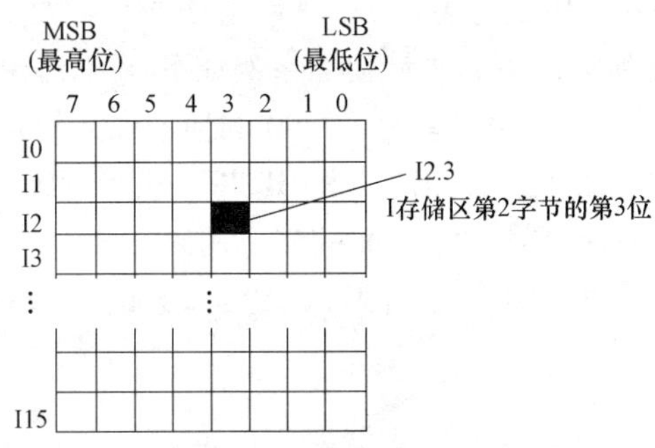

图 5-1　位寻址举例

2）字节/字/双字寻址。字节/字/双字寻址是以字节、字或双字为单位进行的，**字节/字/双字寻址格式为**

字节/字/双字寻址 = 存储区名（元件名）+ 字长（字节、字或双字）+ 首字节地址

例如寻址时给出 VB100，要查找的地址为 V 存储区的第 100 字节，若给出 VW100，要查找的地址则为 V 存储区的第 100、101 两个字节，若给出 VD100，要查找的地址为 V 存储区的第 100 ~ 103 四个字节。VB100、VW100、VD100 之间的关系如图 5-2 所示，VW100 即为 VB100 和 VB101，VD100 即为 VB100 ~ VB103，当 VW100 单元存储 16 位二进制数时，VB100 存高字节（高 8 位），VB101 存低字节（低 8 位），当 VD100 单元存储 32 位二进制数时，VB100 存最高字节，VB103 存最低字节。

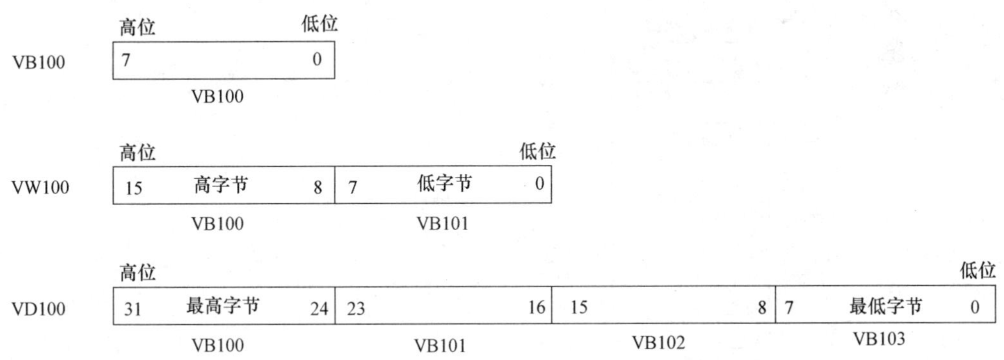

图 5-2　VB100、VW100、VD100 之间的关系

可进行字节寻址的存储区有 I、Q、M、SM、L、V、AC（仅低 8 位）、常数；可进行字寻址的存储区有 I、Q、M、SM、L、V、T、C、AC（仅低 16 位）、常数；可进行双字寻址的存储区有 I、Q、M、SM、L、V、AC（32 位）、常数。

2. 间接寻址

间接寻址是指不直接给出要访问单元的地址，而是将该单元的地址存在某些特殊存储单元中，这个用来存储地址的特殊存储单元称为指针，指针只能由 V、L 或 AC（累加器）来承担。采用间接寻址方式在访问连续地址中的数据时很方便，使编程非常灵活。

间接寻址存取数据一般有 3 个过程：建立指针、用指针存取数据和修改指针。

（1）建立指针

建立指针必须用双字传送指令（MOVD），利用该指令将要访问单元的地址存入指针（用来存储地址的特殊存储单元）中。指针建立举例如下：

MOVD &VB200，AC1 //将存储单元 VB200 的地址存入累加器 AC1 中

指令中操作数前的“&”为地址符号，“&VB200”表示 VB200 的地址（而不是 VB200 中存储的数据），“//”为注释符号，它后面的文字用来对指令注释说明，软件不会对它后面的内容编译。**在建立指针时，指令中的第 2 个操作数的字长必须是双字存储单元，如 AC、VD、LD。**

（2）用指针存取数据

指针建立后，就可以利用指针来存取数据。举例如下：

MOVD &VB200，AC0 //建立指针，将存储单元 VB200 的地址存入累加器 AC0 中

MOVW ＊AC0，AC1 //以 AC0 中的地址（VB200 的地址）作为首地址，将连续两个字节（一个字，即 VB200、VB201）单元中的数据存入 AC1 中

MOVD ＊AC0，AC1 //以 AC0 中的地址（VB200 的地址）作为首地址，将连续四个字节（双字，即 VB200 ~ VB203）单元中的数据存入 AC1 中

指令中操作数前的“＊”表示该操作数是一个指针（存有地址的存储单元）。下面通过图 5-3 来说明上述指令的执行过程。

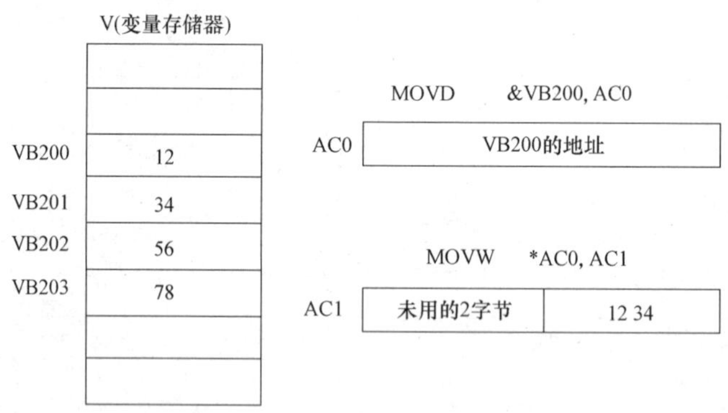

图 5-3 间接寻址说明图

“MOVD &VB200，AC0”指令执行的结果是 AC0 中存入存储单元 VB200 的地址；“MOVW ＊AC0，AC1”指令执行的结果是以 AC0 中的 VB200 地址作为首地址，将连续两个字节单元（VB200、VB201）中的数据存入 AC1 中，如果 VB200、VB201 单元中的数据分别为 12、34，该指令执行后，AC1 的低 16 位就存入了“1234”；“MOVD ＊AC0，AC1”指令执行的结果是以 AC0 中的 VB200 地址作为首地址，将连续四个字节单元（VB200 ~ VB203）中的数据存入 AC1 中，该指令执行后，AC1 中就存入了“12345678”。

（3）修改指针

指针（用来存储地址的特殊存储单元）的字长为双字（32 位），修改指针值需要用双字指令。常用的双字指令有双字加法指令（ADDD）和双字加 1 指令（INCD）。在修改指针值、存取字节时，指针值加 1，存取字时，指针值加 2，存取双字时，指针值加 4。修改指针值举例如下：

```
MOVD   &VB200, AC0        //建立指针
INCD   AC0                //将 AC0 中的值加 1（即地址值增 1）
INCD   AC0                //将 AC0 中的地址值再增 1
MOVW   *AC0, AC1          //读指针，以 AC0 中的新地址作为首地址，将它所对应
                            连续两个字节单元中的数据存入 AC1 中
```

以图 5-3 为例，上述程序执行的结果以 AC0 中的 VB202 单元地址为首地址，将 VB202、VB203 单元中的数据 56、78 被存入 AC1 的低 16 位。

5.2 传送指令

传送指令的功能是在编程元件之间传送数据。传送指令可分为单一数据传送指令、字节立即传送指令和数据块传送指令。

5.2.1 单一数据传送指令

单一数据传送指令用于传送一个数据，根据传送数据的字长不同，可分为字节、字、双字和实数传送指令。单一数据传送指令的功能是在 EN 端有输入（即 EN=1）时，将 IN 端指定单元中的数据送入 OUT 端指定的单元中。

单一数据传送指令说明见表 5-3。

表 5-3　单一数据传送指令说明

指令名称	梯形图与指令格式	功能说明	举例
字节传送	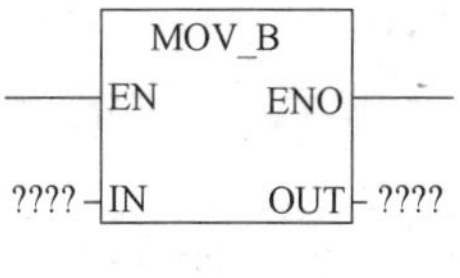 MOVB　IN, OUT	将 IN 端指定字节单元中的数据送入 OUT 端指定的字节单元	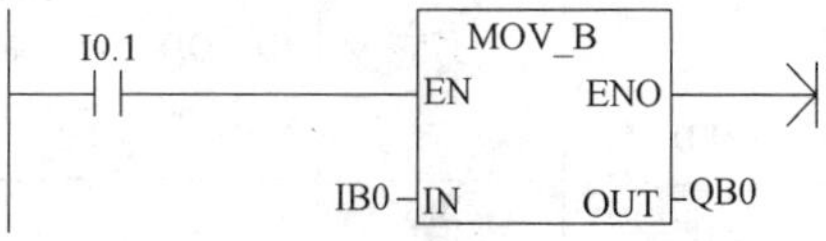 当 I0.1 触点闭合时，将 IB0（I0.0～I0.7）单元中的数据送入 QB0（Q0.0～Q0.7）单元中。IN 端也可以输入常数，如将 IB0 改为“3”，则将“3”送入 QB0
字传送	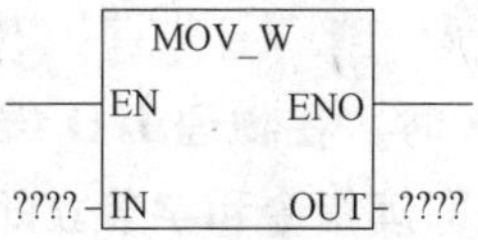 MOVW　IN, OUT	将 IN 端指定字单元中的数据送入 OUT 端指定的字单元	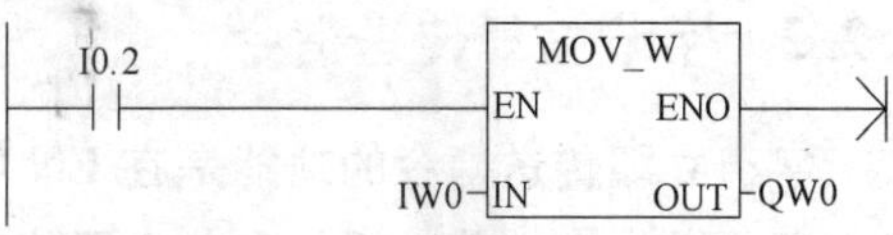 当 I0.2 触点闭合时，将 IW0（I0.0～I1.7）单元中的数据送入 QW0（Q0.0～Q1.7）单元中

（续）

指令名称	梯形图与指令格式	功能说明	举例
双字传送	MOV_DW：EN、ENO；????-IN、OUT-???? MOVD IN, OUT	将IN端指定双字单元中的数据送入OUT端指定的双字单元	I0.3触点；MOV_DW：EN、ENO；ID0-IN、OUT-QD0 当I0.3触点闭合时，将ID0（I0.0～I3.7）单元中的数据送入QD0（Q0.0～Q3.7）单元中
实数传送	MOV_R：EN、ENO；????-IN、OUT-???? MOVR IN, OUT	将IN端指定双字单元中的实数送入OUT端指定的双字单元	I0.4触点；MOV_R：EN、ENO；0.1-IN、OUT-AC0 当I0.4触点闭合时，将实数“0.1”的数据送入AC0（32位）中

字节、字、双字和实数传送指令允许使用的操作数及其数据类型见表5-4。

表5-4 字节、字、双字和实数传送指令允许使用的操作数及其数据类型

块传送指令	输入/输出	允许使用的操作数	数据类型
MOVB	IN	IB、QB、VB、MB、SMB、SB、LB、AC、*VD、*LD、*AC、常数	字节
	OUT	IB、QB、VB、MB、SMB、SB、LB、AC、*VD、*LD、*AC	
MOVW	IN	IW、QW、VW、MW、SMW、SW、T、C、LW、AC、AIW、*VD、*AC、*LD、常数	字、整数型
	OUT	IW、QW、VW、MW、SMW、SW、T、C、LW、AC、AQW	
MOVD	IN	ID、QD、VD、MD、SMD、SD、LD、HC、&VB、&IB、&QB、&MB、&SB、&T、&C、&SMB、&AIW、&AQW、AC、*VD、*LD、*AC、常数	双字、双整数型
	OUT	AC、*VD、*LD、*AC	
MOVR	IN	ID、QD、VD、MD、SMD、SD、LD、AC、*VD、*LD、*AC、常数	实数型
	OUT	ID、QD、VD、MD、SMD、SD、LD、AC、*VD、*LD、*AC	

5.2.2 字节立即传送指令

字节立即传送指令的功能是在EN端（使能端）有输入时，在物理I/O端和存储器之间立即传送一个字节数据。字节立即传送指令可分为字节立即读指令和字节立即写指令，它们不能访问扩展模块。

字节立即传送指令说明见表5-5。

表 5-5 字节立即传送指令说明

指令名称	梯形图与指令格式	功能说明	举例
字节立即读	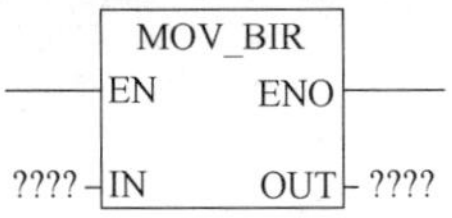 MOV_BIR（EN、ENO；????-IN，OUT-????） BIR IN，OUT	将 IN 端指定的物理输入端子的数据立即送入 OUT 端指定的字节单元，物理输入端子对应的输入寄存器不会被刷新	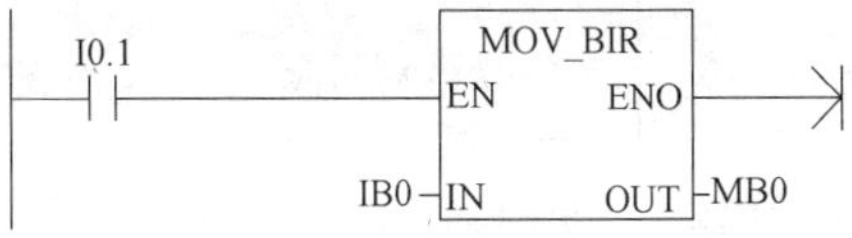 I0.1 常开触点接 MOV_BIR 的 EN 端，IB0-IN，OUT-MB0 当 I0.1 触点闭合时，将 IB0（I0.0 ~ I0.7）端子输入值立即送入 MB0（M0.0 ~ M0.7）单元中，IB0 输入继电器中的数据不会被刷新
字节立即写	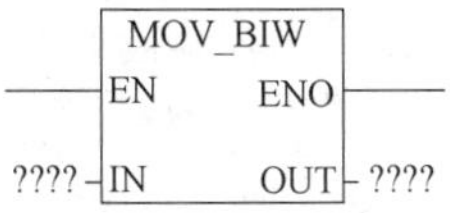 MOV_BIW（EN、ENO；????-IN，OUT-????） BIW IN，OUT	将 IN 端指定字节单元中的数据立即送到 OUT 端指定的物理输出端子，同时刷新输出端子对应的输出寄存器	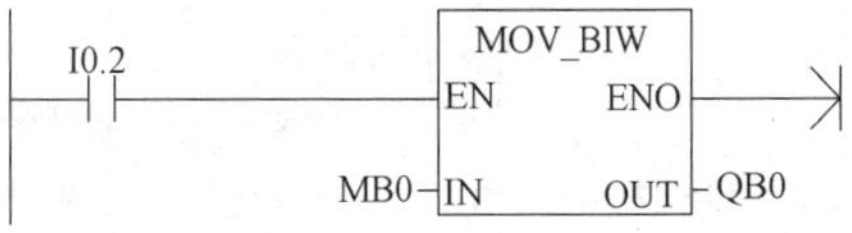 I0.2 常开触点接 MOV_BIW 的 EN 端，MB0-IN，OUT-QB0 当 I0.2 触点闭合时，将 MB0 单元中的数据立即送到 QB0（Q0.0 ~ Q0.7）端子，同时刷新输出继电器 QB0 中的数据

字节立即读写指令允许使用的操作数见表 5-6。

表 5-6 字节立即读写指令允许使用的操作数

立即传送指令	输入/输出	允许使用的操作数	数据类型
BIR	IN	IB、* VD、* LD、* AC	字节型
	OUT	IB、QB、VB、MB、SMB、SB、LB、AC、* VD、* LD、* AC	
BIW	IN	IB、QB、VB、MB、SMB、SB、LB、AC、* VD、* LD、* AC、常数	字节型
	OUT	QB、* VD、* LD、* AC	

5.2.3 数据块传送指令

数据块传送指令的功能是在 EN 端（使能端）有输入时，将 IN 端指定首地址的 N 个单元中的数据送入 OUT 端指定首地址的 N 个单元中。数据块传送指令可分为字节块、字块及双字块传送指令。

数据块传送指令说明见表 5-7。

表 5-7 数据块传送指令说明

指令名称	梯形图与指令格式	功能说明	举例
字节块传送	 BLKMOV_B（EN、ENO；????-IN，OUT-????；????-N） BMB IN，OUT，N	将 IN 端指定首地址的 N 个字节单元中的数据送入 OUT 端指定首地址的 N 个字节单元中	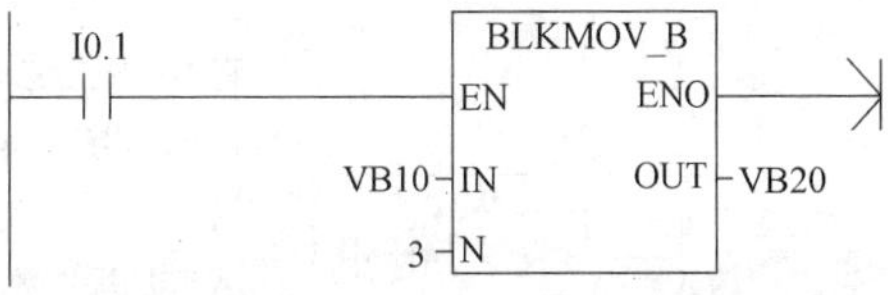 I0.1 常开触点接 BLKMOV_B 的 EN 端，VB10-IN，OUT-VB20，3-N 当 I0.1 触点闭合时，将 VB10 为首地址的 3 个连续字节单元中的数据送入 VB20 为首地址的 3 个连续字节单元中，其中 VB10→VB20、VB11→VB21、VB12→VB22

（续）

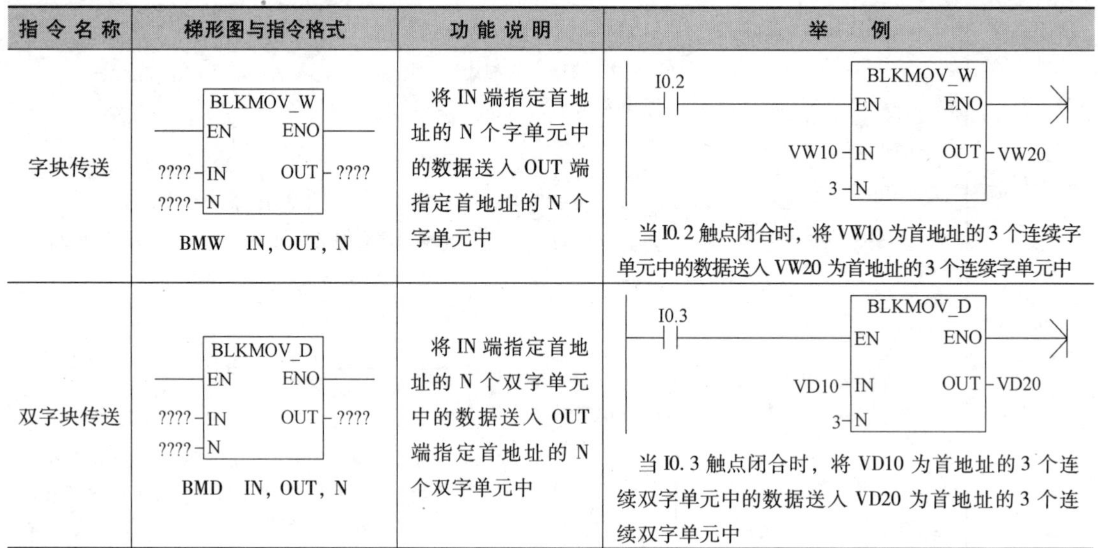

指令名称	梯形图与指令格式	功能说明	举例
字块传送	BLKMOV_W（EN、ENO、????-IN、OUT-????、????-N） BMW　IN，OUT，N	将 IN 端指定首地址的 N 个字单元中的数据送入 OUT 端指定首地址的 N 个字单元中	I0.2 触点 — BLKMOV_W（EN、ENO；VW10-IN、OUT-VW20、3-N） 当 I0.2 触点闭合时，将 VW10 为首地址的 3 个连续字单元中的数据送入 VW20 为首地址的 3 个连续字单元中
双字块传送	BLKMOV_D（EN、ENO、????-IN、OUT-????、????-N） BMD　IN，OUT，N	将 IN 端指定首地址的 N 个双字单元中的数据送入 OUT 端指定首地址的 N 个双字单元中	I0.3 触点 — BLKMOV_D（EN、ENO；VD10-IN、OUT-VD20、3-N） 当 I0.3 触点闭合时，将 VD10 为首地址的 3 个连续双字单元中的数据送入 VD20 为首地址的 3 个连续双字单元中

字节、字、双字块传送指令允许使用的操作数见表 5-8。

表 5-8　字节、字、双字块传送指令允许使用的操作数

块传送指令	输入/输出	允许使用的操作数	数据类型	参数(N)
BMB	IN	IB、QB、VB、MB、SMB、SB、LB、* VD、* LD、* AC	字节	IB，QB，VB，MB，SMB，SB，LB，AC，常数，* VD，* LD，* AC（字节型）
	OUT	IB、QB、VB、MB、SMB、SB、LB、* VD、* LD、* AC		
BMW	IN	IW、QW、VW、SMW、SW、T、C、LW、AIW、* VD、* LD、* AC	字、整数型	
	OUT	IW、QW、VW、MW、SMW、SW、T、C、LW、AQW、* VD、* LD、* AC		
BMD	IN	ID、QD、VD、MD、SMD、SD、LD、* VD、* LD、* AC	双字、双整数型	
	OUT	ID、QD、VD、MD、SMD、SD、LD、* VD、* LD、* AC		

5.2.4　字节交换指令

字节指令的功能是在 EN 端有输入时，将 IN 端指定单元中的数据的高字节与低字节交换。

字节交换指令说明见表 5-9。

表 5-9　字节交换指令说明

指令名称	梯形图与指令格式	功能说明	举例
字节交换	SWAP（EN、ENO、????-IN） SWAP　IN	将 IN 端指定单元中的数据的高字节与低字节交换 IN 端的操作数类型为字型，具体有 IW、QW、VW、MW、SMW、SW、LW、T、C、AC、*VD、*LD、*AC	I0.1 触点 — P 触点 — SWAP（EN、ENO；VW20-IN） 当 I0.1 触点闭合时，P 触点接通一个扫描周期，EN = 1，SWAP 指令将 VW20 单元的高字节与低字节交换，例如交换前 VW20 = 16#1066，交换后变为 VW20 = 16#6610 字节交换 SWAP 指令常用脉冲型触点驱动，采用普通触点会在每次扫描时将字节交换一次，很可能得不到希望的结果

5.3 比较指令

比较指令又称触点比较指令，其功能是将两个数据按指定条件进行比较，条件成立时触点闭合，否则触点断开。根据比较数据类型不同，可分为字节比较、整数比较、双字整数比较、实数比较和字符串比较；根据比较运算关系不同，数值比较可分为 =（等于）、>（大于）、>=（大于或等于）、<（小于）、<=（小于或等于）和 < >（不等于）共 6 种，而字符串比较只有 =（等于）和 < >（不等于）共 2 种。比较指令有与（LD）、串联（A）和并联（O）3 种触点。

5.3.1 字节触点比较指令

字节触点比较指令用于比较两个字节型整数值 IN1 和 IN2 的大小，字节比较的数值是无符号的。

字节触点比较指令说明见表 5-10。

表 5-10　字节触点比较指令说明

梯形图与指令格式	功 能 说 明	举　　例	操作数（IN1/IN2）
???? ─┤==B├─ ???? LDB =　IN1，IN2	当 IN1 = IN2 时，“ = = B”触点闭合	IB0 ┤==B├ MB0 ──(Q0.1) LDB=　IB0，MB0 =　Q0.1 当 IB0 = MB0（即两单元的数据相等）时，“ = = B”触点闭合，Q0.1 线圈得电	IB、QB、VB、MB、SMB、SB、LB、AC、*VD、*LD、*AC、常数（字节型）
???? ─┤<>B├─ ???? LDB < >　IN1，IN2	当 IN1 ≠ IN2 时，“ < > B”触点闭合	QB0 ┤<>B├ MB0 ── IB0 ┤==B├ MB0 ──(Q0.1) LDB<>　QB0，MB0 AB=　IB0，MB0 =　Q0.1 当 QB0 ≠ MB0，且 IB0 = MB0 时，两触点均闭合，Q0.1 线圈得电。注：“串联 = = B”比较指令用“AB =”表示	
???? ─┤>=B├─ ???? LDB > =　IN1，IN2	当 IN1 ≥ IN2 时，“ > = B”触点闭合	IB0 ┤>=B├ MB0 ──(Q0.1) QB0 ┤<>B├ MB0（并联） LDB>=　IB0，MB0 OB<>　QB0，MB0 =　Q0.1 当 IB0 ≥ MB0 时，> = B 触点闭合，或 QB0 ≠ MB0 时，< > B 触点闭合，Q0.1 线圈均会得电。注：“并联 < > B”比较指令用“OB < >”表示	
???? ─┤<=B├─ ???? LDB < =　IN1，IN2	当 IN1 ≤ IN2 时，“ < = B”触点闭合	IB0 ┤<=B├ 8 ──(Q0.1) LDB<=　IB0，8 =　Q0.1 当 IB0 单元中的数据小于或等于 8 时，触点闭合，Q0.1 线圈得电	

（续）

梯形图与指令格式	功能说明	举例	操作数（IN1/IN2）
???? ─┤>B├─ ???? LDB> IN1，IN2	当 IN1 > IN2 时，“>B”触点闭合	IB0 ┤>B├ MB0 ─(Q0.1) LDB> IB0，MB0 = Q0.1 当 IB0 > MB0 时，“>B”触点闭合，Q0.1 线圈得电	IB、QB，VB，MB，SMB，SB，LB，AC，*VD、*LD、*AC、常数（字节型）
???? ─┤<B├─ ???? LDB< IN1，IN2	当 IN1 < IN2 时，“<B”触点闭合	IB0 ┤<B├ MB0 ─(Q0.1) LDB< IB0，MB0 = Q0.1 当 IB0 < MB0 时，“<B”触点闭合，Q0.1 线圈得电	

5.3.2 整数触点比较指令

整数触点比较指令用于比较两个字型整数值 IN1 和 IN2 的大小，整数比较的数值是有符号的，比较的整数范围是 -32768 ~ +32767，用十六进制表示为 16#8000 ~ 16#7FFF。

整数触点比较指令说明见表 5-11。

表 5-11 整数触点比较指令说明

梯形图与指令格式	功能说明	操作数（IN1/IN2）
???? ┤==I├ ???? LDW = IN1，IN2	当 IN1 = IN2 时，“==I”触点闭合	IW，QW，VW，MW，SMW，SW，LW，T，C，AC，AIW *VD、*LD，*AC、常数（整数型）
???? ┤<>I├ ???? LDW <> IN1，IN2	当 IN1 ≠ IN2 时，“<>I”触点闭合	
???? ┤>=I├ ???? LDW >= IN1，IN2	当 IN1 ≥ IN2 时，“>=I”触点闭合	
???? ┤<=I├ ???? LDW <= IN1，IN2	当 IN1 ≤ IN2 时，“<=I”触点闭合	
???? ┤>I├ ???? LDW > IN1，IN2	当 IN1 > IN2 时，“>I”触点闭合	
???? ┤<I├ ???? LDW < IN1，IN2	当 IN1 < IN2 时，“<I”触点闭合	

5.3.3　双字整数触点比较指令

双字整数触点比较指令用于比较两个双字型整数值 IN1 和 IN2 的大小，双字整数比较的数值是有符号的，比较的整数范围是 -2147483648 ~ +2147483647，用十六进制表示为 16#80000000 ~ 16#7FFFFFFF。

双字整数触点比较指令说明见表 5-12。

表 5-12　双字整数触点比较指令说明

梯形图与指令格式	功 能 说 明	操作数（IN1/IN2）
???? ─┤==D├─ ???? LDD =　IN1，IN2	当 IN1 = IN2 时，“ == D” 触点闭合	ID、QD、VD、MD、SMD、SD、LD、AC、HC、* VD、* LD、* AC、常数（双整数型）
???? ─┤<>D├─ ???? LDD < >　IN1，IN2	当 IN1 ≠ IN2 时，“ <> D” 触点闭合	
???? ─┤>=D├─ ???? LDD > =　IN1，IN2	当 IN1 ≥ IN2 时，“ >= D” 触点闭合	
???? ─┤<=D├─ ???? LDD < =　IN1，IN2	当 IN1 ≤ IN2 时，“ <= D” 触点闭合	
???? ─┤>D├─ ???? LDD >　IN1，IN2	当 IN1 > IN2 时，“ > D” 触点闭合	
???? ─┤<D├─ ???? LDD <　IN1，IN2	当 IN1 < IN2 时，“ < D” 触点闭合	

5.3.4　实数触点比较指令

实数触点比较指令用于比较两个双字长实数值 IN1 和 IN2 的大小，实数比较的数值是有符号的，负实数范围是 -3.402823 E+38 ~ -1.175495 E-38，正实数范围是 +1.175495E-38 ~ +3.402823 E+38。

实数触点比较指令说明见表 5-13。

表 5-13　实数触点比较指令

梯形图与指令格式	功 能 说 明	操作数（IN1/IN2）
???? ─┤==R├─ ???? LDR =　IN1，IN2	当 IN1 = IN2 时，“ == R” 触点闭合	ID、QD，VD，MD，SMD，SD，LD，AC，* VD、* LD、* AC、常数 （实数型）
???? ─┤<>R├─ ???? LDR < >　IN1，IN2	当 IN1 ≠ IN2 时，“ <> R” 触点闭合	
???? ─┤>=R├─ ???? LDR > =　IN1，IN2	当 IN1 ≥ IN2 时，“ >= R” 触点闭合	
???? ─┤<=R├─ ???? LDR < =　IN1，IN2	当 IN1 ≤ IN2 时，“ <= R” 触点闭合	
???? ─┤>R├─ ???? LDR >　IN1，IN2	当 IN1 > IN2 时，“ > R” 触点闭合	
???? ─┤<R├─ ???? LDR <　IN1，IN2	当 IN1 < IN2 时，“ < R” 触点闭合	

5.3.5　字符串触点比较指令

字符串触点比较指令用于比较字符串 IN1 和 IN2 的 ASCII 码，满足条件时触点闭合，否则断开。

字符串触点比较指令说明见表 5-14。

表 5-14　字符串触点比较指令说明

梯形图与指令格式	功 能 说 明	操作数（IN1/IN2）
???? ─┤==S├─ ???? LDS =　IN1，IN2	当 IN1 = IN2 时，“ = = S” 触点闭合	VB、LB、* VD、* LD、* AC，常数（IN2 不能为常数） （字符型）
???? ─┤<>S├─ ???? LDS < >　IN1，IN2	当 IN1 ≠ IN2 时，“ < > S” 触点闭合	

5.3.6　比较指令应用举例

有一个 PLC 控制的自动仓库，该自动仓库最多装货数量为 600，在装货数量达到 600 时入仓门自动关闭，在出货时货物数量为 0 自动关闭出仓门，仓库采用一只指示灯来指示是否有货，灯亮表示有货。图 5-4 是自动仓库控制程序。I0.0 用作入仓检测，I0.1 用作出仓检测，I0.2 用作计数清 0，Q0.0 用作有货指示，Q0.1 用来关闭入仓门，Q0.2 用来关闭出仓门。

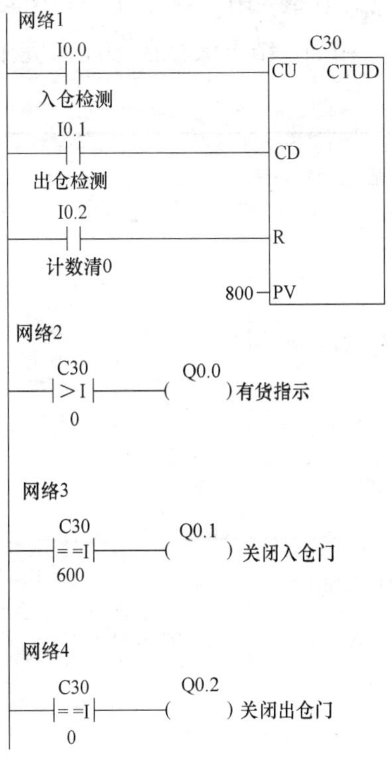

图 5-4　自动仓库控制程序

自动仓库控制程序工作原理：装货物前，让 I0.2 闭合一次，对计数器 C30 进行复位清 0。在装货时，每入仓一个货物，I0.0 闭合一次，计数器 C30 的计数值增 1，当 C30 计数值大于 0 时，[2] “>I” 触点闭合，Q0.0 得电，有货指示灯亮，当 C30 计数值等于 600 时，[3] “==I” 触点闭合，Q0.1 得电，关闭入仓门，禁止再装入货物；在卸货时，每出仓一个货物，I0.1 闭合一次，计数器 C30 的计数值减 1，当 C30 计数值为 0 时，[2] “>I” 触点断开，Q0.0 失电，有货指示灯灭，同时 [4] “==I” 触点闭合，Q0.2 得电，关闭出仓门。

5.4　数学运算指令

数学运算指令可分为加减乘除运算指令和浮点数函数运算指令。加减乘除运算指令包括加法指令、减法指令、乘法指令、除法指令、加 1 指令和减 1 指令；浮点数函数运算指令主要包括正弦指令、余弦指令、正切指令、平方根指令、自然对数指令和自然指数指令。

5.4.1　加减乘除运算指令

加减乘除运算指令包括加法、减法、乘法、除法、加 1 和减 1 指令。

1. 加法指令

加法指令的功能是将两个有符号的数相加后输出，它可分为整数加法指令、双整数加法指令和实数加法指令。

（1）指令说明

加法指令说明见表 5-15。

（2）指令使用举例

加法指令使用如图 5-5 所示。当 I0.0 触点闭合时，P 触点接通一个扫描周期，ADD_I 和 ADD_DI 指令同时执行，ADD_I 指令将 VW10 单元中的整数（16 位）与 +200 相加，结果送入 VW30 单元中，ADD_DI 指令将 MD0、MD10 单元中的双整数（32 位）相加，结果送

入 MD20 单元中；当 I0.1 触点闭合时，ADD_R 指令执行，将 AC0、AC1 单元中的实数（32 位）相加，结果保存在 AC1 单元中。

表 5-15　加法指令说明

加法指令	梯形图	功能说明	操作数	
			IN1、IN2	OUT
整数加法指令	ADD_I EN　ENO ????-IN1　OUT-???? ????-IN2	将 IN1 端指定单元的整数与 IN2 端指定单元的整数相加，结果存入 OUT 端指定的单元中，即 IN1 + IN2 = OUT	IW，QW，VW，MW，SMW，SW，T，C，LW，AC，AIW，*VD，*AC、*LD，常数	IW，QW，VW，MW，SMW，SW，LW，T，C，AC，*VD，*AC，*LD
双整数加法指令	ADD_DI EN　ENO ????-IN1　OUT-???? ????-IN2	将 IN1 端指定单元的双整数与 IN2 端指定单元的双整数相加，结果存入 OUT 端指定的单元中，即 IN1 + IN2 = OUT	ID，QD，VD，MD，SMD，SD，LD，AC，HC，*VD，*LD，*AC，常数	ID，QD，VD，MD，SMD，SD，LD，AC，*VD，*LD，*AC
实数加法指令	ADD_R EN　ENO ????-IN1　OUT-???? ????-IN2	将 IN1 端指定单元的实数与 IN2 端指定单元的实数相加，结果存入 OUT 端指定的单元中，即 IN1 + IN2 = OUT	ID，QD，VD，MD，SMD，SD，LD，AC，*VD，*LD，*AC，常数	

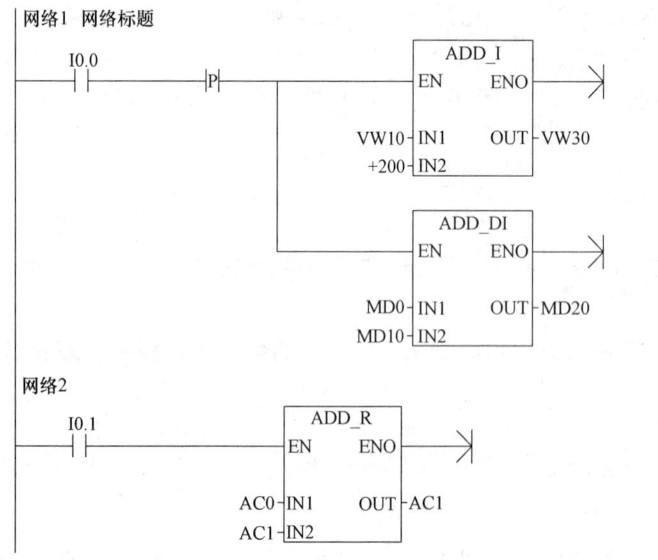


```
网络1
LD      I0.0
EU
MOVW    VW10,VW30
+I      +200,VW30
MOVD    MD0,MD20
+D      MD10,MD20

网络2
LD      I0.1
+R      AC0,AC1
```

图 5-5　加法指令使用举例

2. 减法指令

减法指令的功能是将两个有符号的数相减后输出，它可分为整数减法指令、双整数减法指令和实数减法指令。

减法指令说明见表5-16。

表5-16 减法指令说明

减法指令	梯形图	功能说明	操作数	
			IN1、IN2	OUT
整数减法指令	SUB_I EN ENO ????-IN1 OUT-???? ????-IN2	将IN1端指定单元的整数与IN2端指定单元的整数相减，结果存入OUT端指定的单元中，即 IN1 - IN2 = OUT	IW，QW，VW，MW，SMW，SW，T，C，LW，AC，AIW，*VD，*AC，*LD，常数	IW，QW，VW，MW，SMW，SW，LW，T，C，AC，*VD，*AC，*LD
双整数减法指令	SUB_DI EN ENO ????-IN1 OUT-???? ????-IN2	将IN1端指定单元的双整数与IN2端指定单元的双整数相减，结果存入OUT端指定的单元中，即 IN1 - IN2 = OUT	ID，QD，VD，MD，SMD，SD，LD，AC，HC，*VD，*LD，*AC，常数	ID，QD，VD，MD，SMD，SD，LD，AC，*VD，*LD，*AC
实数减法指令	SUB_R EN ENO ????-IN1 OUT-???? ????-IN2	将IN1端指定单元的实数与IN2端指定单元的实数相减，结果存入OUT端指定的单元中，即 IN1 - IN2 = OUT	ID，QD，VD，MD，SMD，SD，LD，AC，*VD，*LD，*AC，常数	

3. 乘法指令

乘法指令的功能是将两个有符号的数相乘后输出，它可分为整数乘法指令、双整数乘法指令、实数乘法指令和完全乘法指令。

乘法指令说明见表5-17。

表5-17 乘法指令说明

乘法指令	梯形图	功能说明	操作数	
			IN1、IN2	OUT
整数乘法指令	MUL_I EN ENO ????-IN1 OUT-???? ????-IN2	将IN1端指定单元的整数与IN2端指定单元的整数相乘，结果存入OUT端指定的单元中，即 IN1 * IN2 = OUT	IW，QW，VW，MW，SMW，SW，T，C，LW，AC，AIW，*VD，*AC、*LD，常数	IW，QW，VW，MW，SMW，SW，LW，T，C，AC，*VD，*AC，*LD

（续）

乘法指令	梯形图	功能说明	操作数	
			IN1、IN2	OUT
双整数乘法指令	MUL_DI —EN ENO— ????-IN1 OUT-???? ????-IN2	将 IN1 端指定单元的双整数与 IN2 端指定单元的双整数相乘，结果存入 OUT 端指定的单元中，即 IN1 * IN2 = OUT	ID，QD，VD，MD，SMD，SD，LD，AC，HC，*VD，*LD，*AC，常数	ID，QD，VD，MD，SMD，SD，LD，AC，*VD，*LD，*AC
实数乘法指令	MUL_R —EN ENO— ????-IN1 OUT-???? ????-IN2	将 IN1 端指定单元的实数与 IN2 端指定单元的实数相乘，结果存入 OUT 端指定的单元中，即 IN1 * IN2 = OUT	ID，QD，VD，MD，SMD，SD，LD，AC，*VD，*LD，*AC，常数	
完全整数乘法指令	MUL —EN ENO— ????-IN1 OUT-???? ????-IN2	将 IN1 端指定单元的整数与 IN2 端指定单元的整数相乘，结果存入 OUT 端指定的单元中，即 IN1 * IN2 = OUT 完全整数乘法指令是将两个有符号整数（16 位）相乘，产生一个 32 位双整数存入 OUT 单元中，因此 IN 端操作数类型为字型，OUT 端的操作数为双字型	IW，QW，VW，MW，SMW，SW，T，C，LW，AC，AIW，*VD，*AC，*LD，常数	ID，QD，VD，MD，SMD，SD，LD，AC，*VD，*LD，*AC

4. 除法指令

除法指令的功能是将两个有符号的数相除后输出，它可分为整数除法指令、双整数除法指令、实数除法指令和带余数除法指令。

除法指令说明见表 5-18。

表 5-18　除法指令说明

除法指令	梯形图	功能说明	操作数	
			IN1、IN2	OUT
整数除法指令	DIV_I EN　ENO ????-IN1　OUT-???? ????-IN2	将 IN1 端指定单元的整数与 IN2 端指定单元的整数相除，结果存入 OUT 端指定的单元中，即 IN1/IN2 = OUT	IW，QW，VW，MW，SMW，SW，T，C，LW，AC，AIW，* VD，* AC，* LD，常数	IW，QW，VW，MW，SMW，SW，LW，T，C，AC，* VD，* AC，* LD
双整数除法指令	DIV_DI EN　ENO ????-IN1　OUT-???? ????-IN2	将 IN1 端指定单元的双整数与 IN2 端指定单元的双整数相除，结果存入 OUT 端指定的单元中，即 IN1/IN2 = OUT	ID，QD，VD，MD，SMD，SD，LD，AC，HC，* VD，* LD，* AC，常数	ID，QD，VD，MD，SMD，SD，LD，AC，* VD，* LD，* AC
实数除法指令	DIV_R EN　ENO ????-IN1　OUT-???? ????-IN2	将 IN1 端指定单元的实数与 IN2 端指定单元的实数相除，结果存入 OUT 端指定的单元中，即 IN1/IN2 = OUT	ID，QD，VD，MD，SMD，SD，LD，AC，* VD，* LD，* AC，常数	
带余数的整数除法指令	DIV EN　ENO ????-IN1　OUT-???? ????-IN2	将 IN1 端指定单元的整数与 IN2 端指定单元的整数相除，结果存入 OUT 端指定的单元中，即 IN1/IN2 = OUT 该指令是将两个 16 位整数相除，得到一个 32 位结果，其中低 16 位为商，高 16 位为余数。因此 IN 端操作数类型为字型，OUT 端的操作数为双字型	IW，QW，VW，MW，SMW，SW，T，C，LW，AC，AIW，* VD，* AC，* LD，常数	ID，QD，VD，MD，SMD，SD，LD，AC，* VD，* LD，* AC

5. 加 1 指令

加 1 指令的功能是将 IN 端指定单元的数加 1 后存入 OUT 端指定的单元中，它可分为字

节加 1 指令、字加 1 指令和双字加 1 指令。

加 1 指令说明见表 5-19。

表 5-19　加 1 指令说明

加 1 指令	梯形图	功能说明	操作数	
			IN	OUT
字节加 1 指令	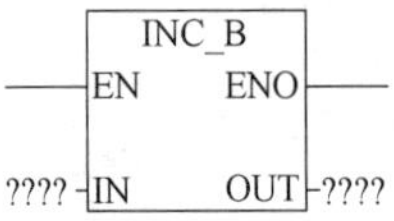 INC_B —EN ENO— ????-IN OUT-????	将 IN 端指定字节单元的数加 1，结果存入 OUT 端指定的单元中，即 IN + 1 = OUT 如果 IN、OUT 操作数相同，则为 IN 增 1	IB，QB，VB，MB，SMB，SB，LB，AC，*VD，*LD，*AC，常数	IB，QB，VB，MB，SMB，SB，LB，AC，*VD，*AC，*LD
字加 1 指令	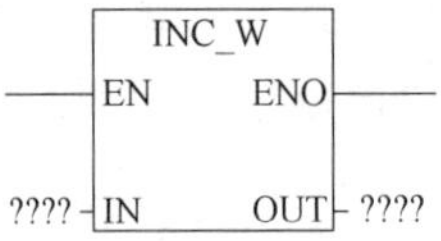 INC_W —EN ENO— ????-IN OUT-????	将 IN 端指定字单元的数加 1，结果存入 OUT 端指定的单元中，即 IN + 1 = OUT	IW，QW，VW，MW，SMW，SW，LW，T，C，AC，AIW，*VD，*LD，*AC，常数	IW，QW，VW，MW，SMW，SW，T，C，LW，AC，*VD，*LD，*AC
双字加 1 指令	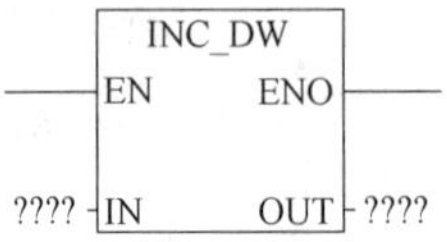 INC_DW —EN ENO— ????-IN OUT-????	将 IN 端指定双字单元的数加 1，结果存入 OUT 端指定的单元中，即 IN + 1 = OUT	ID，QD，VD，MD，SMD，SD，LD，AC，HC，*VD，*LD，*AC，常数	ID，QD，VD，MD，SMD，SD，LD，AC，*VD，*LD，*AC

6. 减 1 指令

减 1 指令的功能是将 IN 端指定单元的数减 1 后存入 OUT 端指定的单元中，它可分为字节减 1 指令、字减 1 指令和双字减 1 指令。

减 1 指令说明见表 5-20。

表 5-20　减 1 指令说明

减 1 指令	梯形图	功能说明	操作数	
			IN	OUT
字节减 1 指令	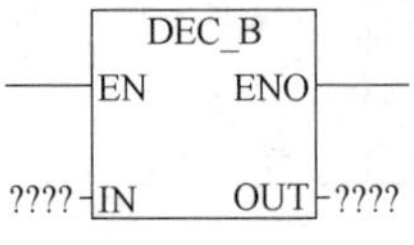 DEC_B —EN ENO— ????-IN OUT-????	将 IN 端指定字节单元的数减 1，结果存入 OUT 端指定的单元中，即 IN - 1 = OUT 如果 IN、OUT 操作数相同，则为 IN 减 1	IB，QB，VB，MB，SMB，SB，LB，AC，*VD，*LD，*AC，常数	IB，QB，VB，MB，SMB，SB，LB，AC，*VD，*AC，*LD

（续）

减 1 指令	梯形图	功能说明	操作数	
			IN	OUT
字减 1 指令	DEC_W EN ENO ????-IN OUT-????	将 IN 端指定字单元的数减 1，结果存入 OUT 端指定的单元中，即 IN - 1 = OUT	IW，QW，VW，MW，SMW，SW，LW，T，C，AC，AIW，*VD，*LD，*AC，常数	IW，QW，VW，MW，SMW，SW，T，C，LW，AC，*VD，*LD，*AC
双字减 1 指令	DEC_DW EN ENO ????-IN OUT-????	将 IN 端指定双字单元的数减 1，结果存入 OUT 端指定的单元中，即 IN - 1 = OUT	ID，QD，VD，MD，SMD，SD，LD，AC，HC，*VD，*LD，*AC，常数	ID，QD，VD，MD，SMD，SD，LD，AC，*VD，*LD，*AC

7. 加减乘除运算指令应用举例

编写实现 $Y = \frac{X+30}{6} \times 2 - 8$ 运算的程序，程序如图 5-6 所示。

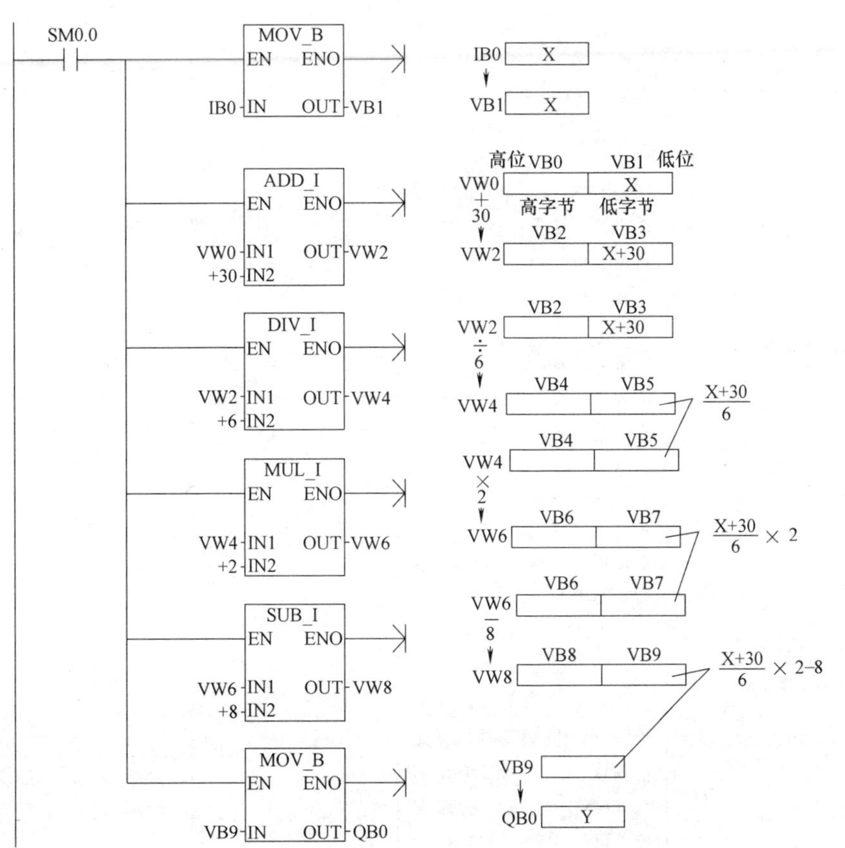


```
LD    SM0.0
MOVB  IB0,VB1
MOVW  VW0,VW2
+I    +30,VW2
MOVW  VW2,VW4
/I    +6,VW4
MOVW  VW4,VW6
*I    +2,VW6
MOVW  VW6,VW8
-I    +8,VW8
MOVB  VB9,QB0
```

图 5-6　实现 $Y = \frac{X+30}{6} \times 2 - 8$ 运算的程序

在 PLC 运行时 SM0.0 触点始终闭合，先执行 MOV_ B 指令，将 IB0 单元的一个字节数据（由 I0.0～I0.7 端子输入）送入 VB1 单元，然后由 ADD_I 指令将 VW0 单元数据（即 VB0、VB1 单元的数据，VB1 为低字节）加 30 后存入 VW2 单元中，再依次执行除、乘和减指令，最后将 VB9 中的运算结果作为 Y 送入 QB0 单元，由 Q0.0～Q0.7 端子外接的显示装置将 Y 值显示出来。

5.4.2　浮点数函数运算指令

浮点数函数运算指令包括实数加、减、乘、除指令和正弦、余弦、正切、平方根、自然对数、自然指数指令及 PID 指令。实数加、减、乘、除指令在前面的加减乘除指令中已介绍过，PID 指令是一条很重要的指令，将在后面详细说明，下面仅介绍正弦、余弦、正切、平方根、自然对数、自然指数指令。

浮点数函数运算指令说明见表 5-21。

表 5-21　浮点数函数运算指令说明

<table>
<tr><th rowspan="2">浮点数函数运算指令</th><th rowspan="2">梯形图</th><th rowspan="2">功能说明</th><th colspan="2">操作数</th></tr>
<tr><th>IN</th><th>OUT</th></tr>
<tr><td>平方根指令</td><td>SQRT
EN ENO
????-IN OUT-????</td><td>将 IN 端指定单元的实数（即浮点数）取平方根，结果存入 OUT 端指定的单元中，即
SQRT(IN) = OUT
也即 $\sqrt{TN}$ = OUT</td><td rowspan="4">ID，QD，VD，MD，SMD，SD，LD，AC，*VD，*LD，*AC，常数</td><td rowspan="4">ID，QD，VD，MD，SMD，SD，LD，AC，*VD，*LD，*AC</td></tr>
<tr><td>正弦指令</td><td>SIN
EN ENO
????-IN OUT-????</td><td>将 IN 端指定单元的实数取正弦，结果存入 OUT 端指定的单元中，即
SIN(IN) = OUT</td></tr>
<tr><td>余弦指令</td><td>COS
EN ENO
????-IN OUT-????</td><td>将 IN 端指定单元的实数取余弦，结果存入 OUT 端指定的单元中，即
COS(IN) = OUT</td></tr>
<tr><td>正切指令</td><td>TAN
EN ENO
????-IN OUT-????</td><td>将 IN 端指定单元的实数取正切，结果存入 OUT 端指定的单元中，即
TAN(IN) = OUT
正切、正弦和余弦的 IN 值要以弧度为单位，在求角度的三角函数时，要先将角度值乘以 π/180（即 0.01745329）转换成弧度值，再存入 IN，然后用指令求 OUT</td></tr>
</table>

（续）

浮点数函数运算指令	梯 形 图	功 能 说 明	操 作 数	
			IN	OUT
自然对数指令	LN EN ENO ???? IN OUT ????	将 IN 端指定单元的实数取自然对数，结果存入 OUT 端指定的单元中，即 LN(IN) = OUT	ID, QD, VD, MD, SMD, SD, LD, AC, *VD, *LD, *AC, 常数	ID, QD, VD, MD, SMD, SD, LD, AC, *VD, *LD, *AC
自然指数指令	EXP EN ENO ???? IN OUT ????	将 IN 端指定单元的实数取自然指数值，结果存入 OUT 端指定的单元中，即 EXP(IN) = OUT		

5.5 逻辑运算指令

逻辑运算指令包括取反指令、与指令、或指令和异或指令，每种指令又分为字节、字和双字指令。

5.5.1 取反指令

取反指令的功能是将 IN 端指定单元的数据逐位取反，结果存入 OUT 端指定的单元中。取反指令可分为字节取反指令、字取反指令和双字取反指令。

1. 指令说明

取反指令说明见表 5-22。

表 5-22　取反指令说明

取 反 指 令	梯 形 图	功 能 说 明	操 作 数	
			IN	OUT
字节取反指令	INV_B EN ENO ???? IN OUT ????	将 IN 端指定字节单元中的数据逐位取反，结果存入 OUT 端指定的单元中	IB, QB, VB, MB, SMB, SB, LB, AC, *VD, *LD, *AC, 常数	IB, QB, VB, MB, SMB, SB, LB, AC, *VD, *AC, *LD
字取反指令	INV_W EN ENO ???? IN OUT ????	将 IN 端指定字单元中的数据逐位取反，结果存入 OUT 端指定的单元中	IW, QW, VW, MW, SMW, SW, LW, T, C, AC, AIW, *VD, *LD, *AC, 常数	IW, QW, VW, MW, SMW, SW, T, C, LW, AIW, AC, *VD, *LD, *AC
双字取反指令	INV_DW EN ENO ???? IN OUT ????	将 IN 端指定双字单元中的数据逐位取反，结果存入 OUT 端指定的单元中	ID, QD, VD, MD, SMD, SD, LD, AC, HC, *VD, *LD, *AC, 常数	ID, QD, VD, MD, SMD, SD, LD, AC, *VD, *LD, *AC

2. 指令使用举例

取反指令使用如图5-7所示，当I1.0触点闭合时，执行INV_W指令，将AC0中的数据逐位取反。

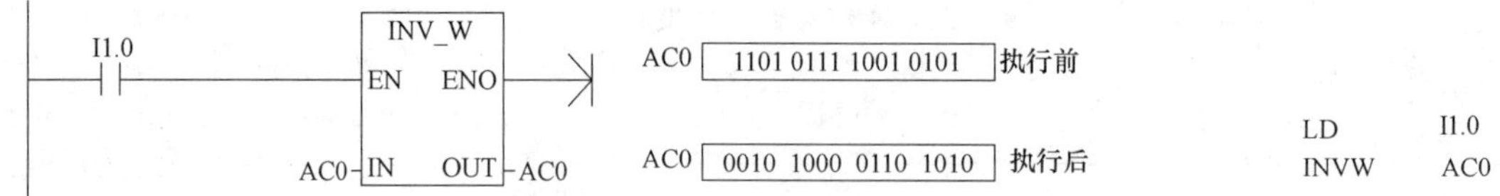

图5-7 取反指令使用举例

5.5.2 与指令

与指令的功能是将IN1、IN2端指定单元的数据按位相与，结果存入OUT端指定的单元中。与指令可分为字节与指令、字与指令和双字与指令。

1. 指令说明

与指令说明见表5-23。

表5-23 与指令说明

与指令	梯形图	功能说明	操作数	
			IN1、IN2	OUT
字节与指令	WAND_B EN ENO ????-IN1 OUT-???? ????-IN2	将IN1、IN2端指定字节单元中的数据按位相与，结果存入OUT端指定的单元中	IB，QB，VB，MB，SMB，SB，LB，AC，*VD，*LD，*AC，常数	IB，QB，VB，MB，SMB，SB，LB，AC，*VD，*AC，*LD
字与指令	WAND_W EN ENO ????-IN1 OUT-???? ????-IN2	将IN1、IN2端指定字单元中的数据按位相与，结果存入OUT端指定的单元中	IW，QW，VW，MW，SMW，SW，LW，T，C，AC，AIW，*VD，*LD，*AC，常数	IW，QW，VW，MW，SMW，SW，T，C，LW，AIW，AC，*VD，*LD，*AC
双字与指令	WAND_DW EN ENO ????-IN1 OUT-???? ????-IN2	将IN1、IN2端指定双字单元中的数据按位相与，结果存入OUT端指定的单元中	ID，QD，VD，MD，SMD，SD，LD，AC，HC，*VD，*LD，*AC，常数	ID，QD，VD，MD，SMD，SD，LD，AC，*VD，*LD，*AC

2. 指令使用举例

与指令使用如图 5-8 所示，当 I1.0 触点闭合时，执行 WAND_W 指令，将 AC1、AC0 中的数据按位相与，结果存入 AC0。

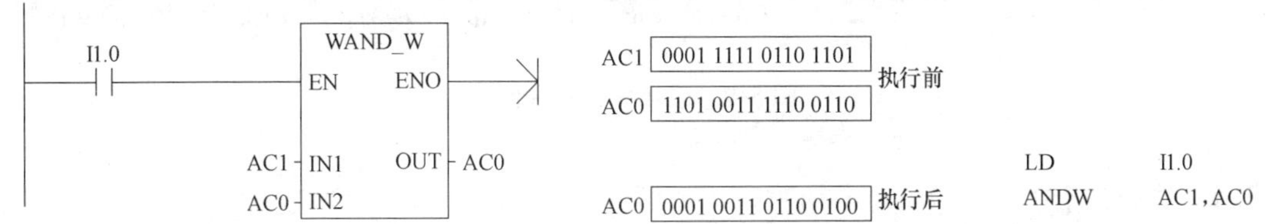

图 5-8　与指令使用举例

5.5.3　或指令

或指令的功能是将 IN1、IN2 端指定单元的数据按位相或，结果存入 OUT 端指定的单元中。或指令可分为字节或指令、字或指令和双字或指令。

1. 指令说明

或指令说明见表 5-24。

表 5-24　或指令说明

或指令	梯形图	功能说明	操作数	
			IN1、IN2	OUT
字节或指令	WOR_B（EN ENO；????-IN1 OUT-????；????-IN2）	将 IN1、IN2 端指定字节单元中的数据按位相或，结果存入 OUT 端指定的单元中	IB, QB, VB, MB, SMB, SB, LB, AC, *VD, *LD, *AC, 常数	IB, QB, VB, MB, SMB, SB, LB, AC, *VD, *AC, *LD
字或指令	WOR_W（EN ENO；????-IN1 OUT-????；????-IN2）	将 IN1、IN2 端指定字单元中的数据按位相或，结果存入 OUT 端指定的单元中	IW, QW, VW, MW, SMW, SW, LW, T, C, AC, AIW, *VD, *LD, *AC, 常数	IW, QW, VW, MW, SMW, SW, T, C, LW, AIW, AC, *VD, *LD, *AC
双字或指令	WOR_DW（EN ENO；????-IN1 OUT-????；????-IN2）	将 IN1、IN2 端指定双字单元中的数据按位相或，结果存入 OUT 端指定的单元中	ID, QD, VD, MD, SMD, SD, LD, AC, HC, *VD, *LD, *AC, 常数	ID, QD, VD, MD, SMD, SD, LD, AC, *VD, *LD, *AC

2. 指令使用举例

或指令使用如图 5-9 所示，当 I1.0 触点闭合时，执行 WOR_ W 指令，将 AC1、VW100 中的数据按位相或，结果存入 VW100。

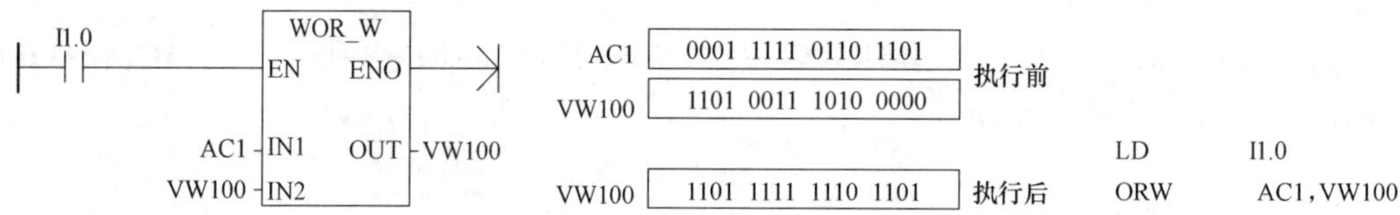

图 5-9　或指令使用举例

5.5.4　异或指令

异或指令的功能是将 IN1、IN2 端指定单元的数据按位进行异或运算，结果存入 OUT 端指定的单元中。异或运算时，两位数相同，异或结果为 0，相反，异或结果为 1。**异或指令可分为字节异或指令、字异或指令和双字异或指令。**

1. 指令说明

异或指令说明见表 5-25。

表 5-25　异或指令说明

异或指令	梯形图	功能说明	操作数	
			IN1、IN2	OUT
字节异或指令	WXOR_B EN ENO ????-IN1 OUT-???? ????-IN2	将 IN1、IN2 端指定字节单元中的数据按位相异或，结果存入 OUT 端指定的单元中	IB，QB，VB，MB，SMB，SB，LB，AC，*VD，*LD，*AC，常数	IB，QB，VB，MB，SMB，SB，LB，AC，*VD，*AC，*LD
字异或指令	WXOR_W EN ENO ????-IN1 OUT-???? ????-IN2	将 IN1、IN2 端指定字单元中的数据按位相异或，结果存入 OUT 端指定的单元中	IW，QW，VW，MW，SMW，SW，LW，T，C，AC，AIW，*VD，*LD，*AC，常数	IW，QW，VW，MW，SMW，SW，T，C，LW，AIW，AC，*VD，*LD，*AC
双字异或指令	WXOR_DW EN ENO ????-IN1 OUT-???? ????-IN2	将 IN1、IN2 端指定双字单元中的数据按位相异或，结果存入 OUT 端指定的单元中	ID，QD，VD，MD，SMD，SD，LD，AC，HC，*VD，*LD，*AC，常数	ID，QD，VD，MD，SMD，SD，LD，AC，*VD，*LD，*AC

2. 指令使用举例

异或指令使用如图 5-10 所示，当 I1.0 触点闭合时，执行 WXOR_W 指令，将 AC1、AC0 中的数据按位相异或，结果存入 AC0。

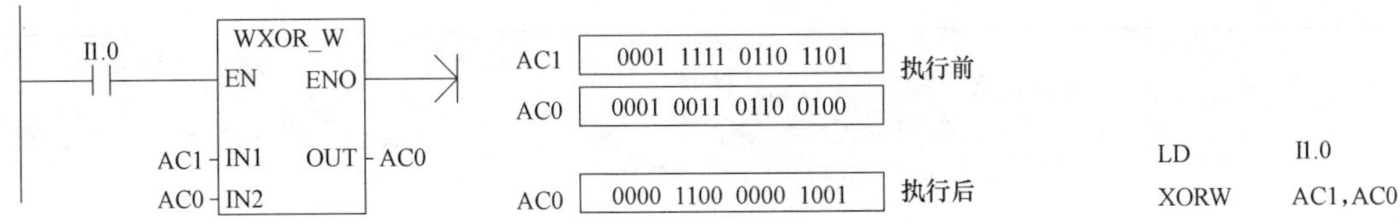

图 5-10　异或指令使用举例

5.6 移位与循环指令

移位与循环指令包括左移位指令、右移位指令、循环左移位指令、循环右移位指令和移位寄存器指令，根据操作数不同，前面四种指令又分为字节、字和双字型指令。

5.6.1　左移位与右移位指令

左移位与右移位指令的功能是将 IN 端指定单元的各位数向左或向右移动 N 位，结果保存在 OUT 端指定的单元中。根据操作数不同，左移位与右移位指令又分为字节、字和双字型指令。

1. 指令说明

左移位与右移位指令说明见表 5-26。

表 5-26　左移位与右移位指令说明

指令名称		梯形图	功能说明	操作数		
				IN	OUT	N
左移位指令	字节左移位指令	SHL_B EN ENO ????-IN OUT-???? ????-N	将 IN 端指定字节单元中的数据向左移动 N 位，结果存入 OUT 端指定的单元中	IB，QB，VB，MB，SMB，SB，LB，AC，*VD，*LD，*AC，常数	IB，QB，VB，MB，SMB，SB，LB，AC，*VD，*AC，*LD	IB，QB，VB，MB，SMB，SB，LB，AC，*VD，*LD，*AC，常数
	字左移位指令	SHL_W EN ENO ????-IN OUT-???? ????-N	将 IN 端指定字单元中的数据向左移动 N 位，结果存入 OUT 端指定的单元中	IW，QW，VW，MW，SMW，SW，LW，T，C，AC，AIW，*VD，*LD，*AC，常数	IW，QW，VW，MW，SMW，SW，T，C，LW，AIW，AC，*VD，*LD，*AC	

（续）

<table>
<tr><th colspan="2" rowspan="2">指令名称</th><th rowspan="2">梯形图</th><th rowspan="2">功能说明</th><th colspan="3">操作数</th></tr>
<tr><th>IN</th><th>OUT</th><th>N</th></tr>
<tr><td>左移位指令</td><td>双字
左移位指令</td><td>SHL_DW
EN ENO
????-IN OUT-????
????-N</td><td>将 IN 端指定双字单元中的数据向左移动 N 位，结果存入 OUT 端指定的单元中</td><td>ID，QD，VD，MD，SMD，SD，LD，AC，HC，*VD，*LD，*AC，常数</td><td>ID，QD，VD，MD，SMD，SD，LD，AC，*VD，*LD，*AC</td><td rowspan="4">IB，QB，VB，MB，SMB，SB，LB，AC，*VD，*LD，*AC，常数</td></tr>
<tr><td rowspan="3">右移位指令</td><td>字节
右移位指令</td><td>SHR_B
EN ENO
????-IN OUT-????
????-N</td><td>将 IN 端指定字节单元中的数据向右移动 N 位，结果存入 OUT 端指定的单元中</td><td>IB，QB，VB，MB，SMB，SB，LB，AC，*VD，*LD，*AC，常数</td><td>IB，QB，VB，MB，SMB，SB，LB，AC，*VD，*AC，*LD</td></tr>
<tr><td>字
右移位指令</td><td>SHR_W
EN ENO
????-IN OUT-????
????-N</td><td>将 IN 端指定字单元中的数据向右移动 N 位，结果存入 OUT 端指定的单元中</td><td>IW，QW，VW，MW，SMW，SW，LW，T，C，AC，AIW，*VD，*LD，*AC，常数</td><td>IW，QW，VW，MW，SMW，SW，T，C，LW，AIW，AC，*VD，*LD，*AC</td></tr>
<tr><td>双字
右移位指令</td><td>SHR_DW
EN ENO
????-IN OUT-????
????-N</td><td>将 IN 端指定双字单元中的数据向左移动 N 位，结果存入 OUT 端指定的单元中</td><td>ID，QD，VD，MD，SMD，SD，LD，AC，HC，*VD，*LD，*AC，常数</td><td>ID，QD，VD，MD，SMD，SD，LD，AC，*VD，*LD，*AC</td></tr>
</table>

2. 指令使用举例

移位指令使用如图 5-11 所示，当 I1.0 触点闭合时，执行 SHL_W 指令，将 VW200 中的数据向左移 3 位，最后一位移出值“1”保存在溢出标志位 SM1.1 中。

移位指令对移走而变空的位自动补 0。如果将移位数 N 设为大于或等于最大允许值（对于字节操作为 8，对于字操作为 16，对于双字操作为 32），移位操作的次数自动为最大允许位。如果移位数 N 大于 0，溢出标志位 SM1.1 保存最后一次移出的位值；如果移位操作的结果为 0，零标志位 SM1.0 置 1。字节操作是无符号的，对于字和双字操作，当使用有符号数据类型时，符号位也被移动。

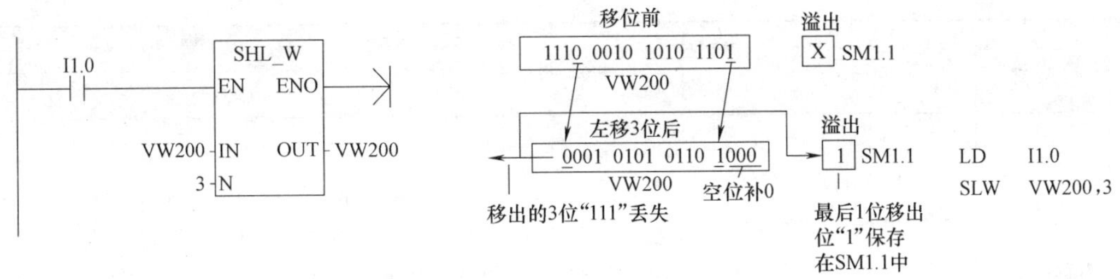

图 5-11　移位指令使用举例

5.6.2　循环左移位与右移位指令

循环左移位与右移位指令的功能是将 IN 端指定单元的各位数向左或向右循环移动 N 位，结果保存在 OUT 端指定的单元中。循环移位是环形的，一端移出的位会从另一端移入。根据操作数不同，循环左移位与右移位指令又分为字节、字和双字型指令。

1. 指令说明

循环左移位与右移位指令说明见表 5-27。

表 5-27　循环左移位与右移位指令说明

指令名称		梯形图	功能说明	操作数		
				IN	OUT	N
循环左移位指令	字节循环左移位指令	ROL_B：EN　ENO；????-IN　OUT-????；????-N	将 IN 端指定字节单元中的数据向左循环移动 N 位，结果存入 OUT 端指定的单元中	IB，QB，VB，MB，SMB，SB，LB，AC，*VD，*LD，*AC，常数	IB，QB，VB，MB，SMB，SB，LB，AC，*VD，*AC，*LD	IB，QB，VB，MB，SMB，SB，LB，AC，*VD，*LD，*AC，常数
	字循环左移位指令	ROL_W：EN　ENO；????-IN　OUT-????；????-N	将 IN 端指定字单元中的数据向左循环移动 N 位，结果存入 OUT 端指定的单元中	IW，QW，VW，MW，SMW，SW，LW，T，C，AIW，*VD，*LD，*AC，常数	IW，QW，VW，MW，SMW，SW，T，C，LW，AIW，AC，*VD，*LD，*AC	
	双字循环左移位指令	ROL_DW：EN　ENO；????-IN　OUT-????；????-N	将 IN 端指定双字单元中的数据向左循环移动 N 位，结果存入 OUT 端指定的单元中	ID，QD，VD，MD，SMD，SD，LD，AC，HC，*VD，*LD，*AC，常数	ID，QD，VD，MD，SMD，SD，LD，AC，*VD，*LD，*AC	

（续）

指令名称		梯形图	功能说明	操作数		
				IN	OUT	N
循环右移位指令	字节循环右移位指令	ROR_B EN ENO ???? IN OUT ???? ???? N	将 IN 端指定字节单元中的数据向右循环移动 N 位，结果存入 OUT 端指定的单元中	IB，QB，VB，MB，SMB，SB，LB，AC，*VD，*LD，*AC，常数	IB，QB，VB，MB，SMB，SB，LB，AC，*VD，*AC，*LD	IB，QB，VB，MB，SMB，SB，LB，AC，*VD，*LD，*AC，常数
	字循环右移位指令	ROR_W EN ENO ???? IN OUT ???? ???? N	将 IN 端指定字单元中的数据向右循环移动 N 位，结果存入 OUT 端指定的单元中	IW，QW，VW，MW，SMW，SW，LW，T，C，AC，AIW，*VD，*LD，*AC，常数	IW，QW，VW，MW，SMW，SW，T，C，LW，AIW，AC，*VD，*LD，*AC	
	双字循环右移位指令	ROR_DW EN ENO ???? IN OUT ???? ???? N	将 IN 端指定双字单元中的数据向右循环移动 N 位，结果存入 OUT 端指定的单元中	ID，QD，VD，MD，SMD，SD，LD，AC，HC，*VD，*LD，*AC，常数	ID，QD，VD，MD，SMD，SD，LD，AC，*VD，*LD，*AC	

2. 指令使用举例

循环移位指令使用如图 5-12 所示，当 I1.0 触点闭合时，执行 ROR_W 指令，将 AC0 中的数据循环右移 2 位，最后一位移出值“0”同时保存在溢出标志位 SM1.1 中。

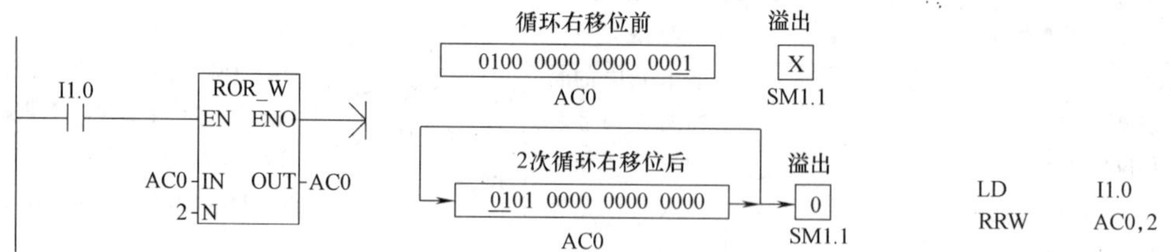

图 5-12　循环移位指令使用

如果移位数 N 大于或者等于最大允许值（字节操作为 8，字操作为 16，双字操作为 32），在执行循环移位之前，会执行取模操作，例如对于字节操作，取模操作过程是将 N 除以 8 取余数作为实际移位数，字节操作实际移位数是 0～7，字操作是 0～15，双字操作是 0～31。如果移位次数为 0，循环移位指令不执行。

执行循环移位指令时，最后一个移位值会同时移入溢出标志位 SM1.1。当循环移位结果是 0 时，零标志位（SM1.0）被置 1。字节操作是无符号的，对于字和双字操作，当使用有符号数据类型时，符号位也被移位。

5.6.3　移位寄存器指令

移位寄存器指令的功能是将一个数值移入移位寄存器中。使用该指令，每个扫描周期，整个移位寄存器的数据移动一位。

1. 指令说明

移位寄存器指令说明见表 5-28。

表 5-28　移位寄存器指令说明

指令名称	梯形图及指令格式	功能说明	操作数	
			DATA、S_BIT	N
移位寄存器指令	SHRB EN　ENO ??.? DATA ??.? S_BIT ???? N SHRB DATA，S_BIT，N	将 S_BIT 端为最低地址的 N 个位单元设为移动寄存器，DATA 端指定数据输入的位单元 N 指定移位寄存器的长度和移位方向。当 N 为正值时正向移动，输入数据从最低位 S_BIT 移入，最高位移出，移出的数据放在溢出标志位 SM1.1 中；当 N 为负值时反向移动，输入数据从最高位移入，最低位 S_BIT 移出，移出的数据放在溢出标志位 SM1.1 移位寄存器的最大长度为 64 位，可正可负	I，Q，V，M，SM，S，T，C，L（位型）	IB，QB，VB，MB，SMB，SB，LB，AC，*VD，*LD，*AC，常数（字节型）

2. 指令使用举例

移位寄存器指令使用如图 5-13 所示，当 I1.0 触点第一次闭合时，P 触点接通一个扫描周期，执行 SHRB 指令，将 V100.0（S_BIT）为最低地址的 4（N）个连续位单元 V100.3 ~ V100.0 定义为一个移位寄存器，并把 I0.3（DATA）位单元送来的数据“1”移入 V100.0 单元中，V100.3 ~ V100.0 原先的数据都会随之移动一位，V100.3 中先前的数据“0”被移到溢出标志位 SM1.1 中；当 I1.0 触点第二次闭合时，P 触点又接通一个扫描周期，又执行 SHRB 指令，将 I0.3 送来的数据“0”移入 V100.0 单元中，V100.3 ~ V100.1 的数据也都会移动一位，V100.3 中的数据“1”被移到溢出标志位 SM1.1 中。

在图 5-13 中，如果 N = −4，I0.3 位单元送来的数据会从移位寄存器的最高位 V100.3 移入，最低位 V100.0 移出的数据会移到溢出标志位 SM1.1 中。

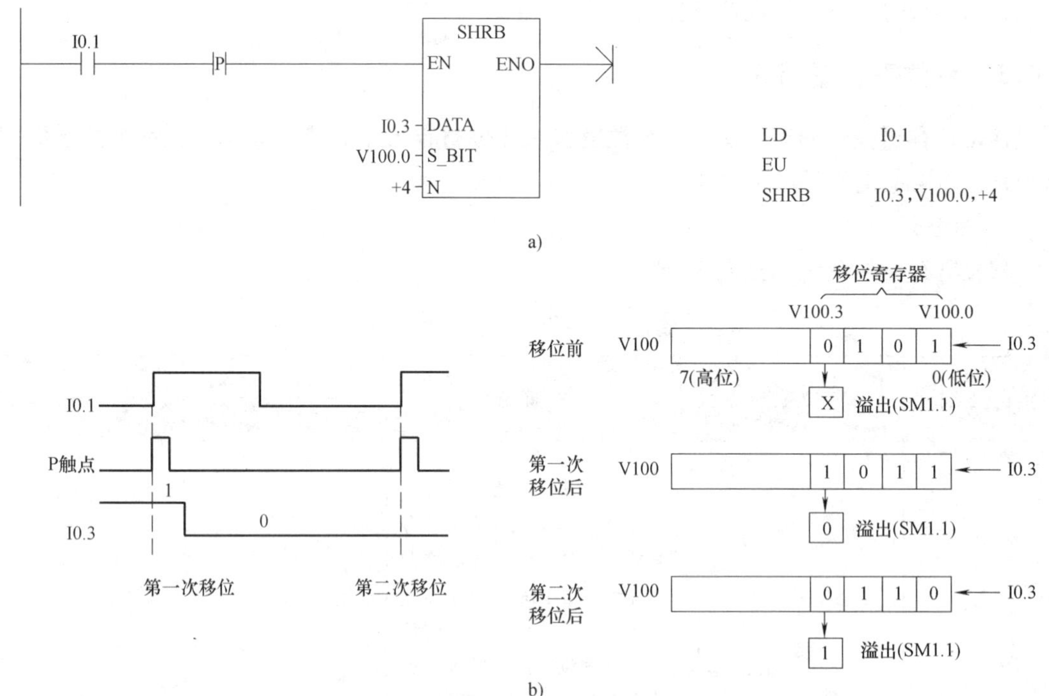

图 5-13　移位寄存器指令使用举例

5.7 转换指令

PLC 的主要数据类型有字节型、整数型、双整数型和实数型，数据的编码类型主要有二进制、十进制、十六进制、BCD 码和 ASCII 码等。在编程时，指令对操作数类型有一定的要求，如字节型与字型数据不能直接进行相加运算。为了让指令能对不同类型数据进行处理，要先对数据的类型是进行转换。

转换指令是一种转换不同类型数据的指令。转换指令可分为标准转换指令、ASCII 转换指令、字符串转换指令和编码、解码指令。

5.7.1 标准转换指令

标准转换指令可分为数字转换指令、四舍五入取整指令和段译码指令。

1. 数字转换指令

数字转换指令有字节与整数间的转换指令、整数与双整数间的转换指令、BCD 码与整数间的转换指令和双整数转实数指令。

BCD 码是一种用 4 位二进制数组合来表示十进制数的编码。BCD 码的 0000～1001 分别对应十进制数的 0～9。一位十进制数的二进制编码和 BCD 码是相同的，例如 6 的二进制编码 0110，BCD 码也为 0110，但多位数十进制数两种编码是不同的，例如 64 的 8 位二进制编码为 0100 0000，BCD 码则为 0110 0100，由于 BCD 码采用 4 位二进制数来表示 1 位十进制数，故 16 位 BCD 码能表示十进制数范围是 0000～9999。

(1) 指令说明

数字转换指令说明见表 5-29。

表 5-29　数字转换指令说明

指令名称	梯形图	功能说明	操作数	
			IN	OUT
字节转整数指令	B_I: EN ENO; ????-IN OUT-????	将 IN 端指定字节单元中的数据（8 位）转换成整数（16 位），结果存入 OUT 端指定的单元中 字节是无符号的，因而没有符号位扩展	IB，QB，VB，MB，SMB，SB，LB，AC，*VD，*LD，*AC，常数（字节型）	IW，QW，VW，MW，SMW，SW，T，C，LW，AIW，AC，*VD，*LD，*AC（整数型）
整数转字节指令	I_B: EN ENO; ????-IN OUT-????	将 IN 端指定单元的整数（16 位）转换成字节数据（8 位），结果存入 OUT 端指定的单元中 IN 中只有 0~255 范围内的数值能被转换，其他值不会转换，但会使溢出位 SM1.1 置 1	IW，QW，VW，MW，SMW，SW，LW，T，C，AC，AIW，*VD，*LD，*AC，常数（整数型）	IB，QB，VB，MB，SMB，SB，LB，AC，*VD，*LD，*AC（字节型）
整数转双整数指令	I_DI: EN ENO; ????-IN OUT-????	将 IN 端指定单元的整数（16 位）转换成双整数（32 位），结果存入 OUT 端指定的单元中。符号位扩展到高字节中	IW，QW，VW，MW，SMW，SW，LW，T，C，AC，AIW，*VD，*LD，*AC，常数（整数型）	ID，QD，VD，MD，SMD，SD，LD，AC，*VD，*LD，*AC（双整数型）
双整数转整数指令	DI_I: EN ENO; ????-IN OUT-????	将 IN 端指定单元的双整数转换成整数，结果存入 OUT 端指定的单元中 若需转换的数值太大无法在输出中表示，则不会转换，但会使溢出标志位 SM1.1 置 1	ID，QD，VD，MD，SMD，SD，LD，AC，HC，*VD，*LD，*AC，常数（双整数型）	IW，QW，VW，MW，SMW，SW，T，C，LW，AIW，AC，*VD，*LD，*AC（整数型）
双整数转实数指令	DI_R: EN ENO; ????-IN OUT-????	将 IN 端指定单元的双整数（32 位）转换成实数（32 位），结果存入 OUT 端指定的单元中	ID，QD，VD，MD，SMD，SD，LD，AC，HC，*VD，*LD，*AC，常数（双整数型）	ID，QD，VD，MD，SMD，SD，LD，AC，*VD，*LD，*AC（实数型）

（续）

指令名称	梯形图	功能说明	操作数	
			IN	OUT
整数转BCD码指令	I_BCD EN ENO ????-IN OUT-????	将IN端指定单元的整数（16位）转换成BCD码（16位），结果存入OUT端指定的单元中 IN是0～9999范围的整数，如果超出该范围，会使SM1.6置1	IW，QW，VW，MW，SMW，SW，LW，T，C，AC，AIW，*VD，*LD、*AC，常数（整数型）	IW，QW，VW，MW，SMW，SW，T，C，LW，AIW，AC，*VD，*LD，*AC（整数型）
BCD码转整数指令	BCD_I EN ENO ????-IN OUT-????	将IN端指定单元的BCD码转换成整数，结果存入OUT端指定的单元中 IN是0～9999范围的BCD码		

（2）指令使用举例

数字转换指令使用如图5-14所示，当I0.0触点闭合时，执行I_DI指令，将C10中的整数转换成双整数，然后存入AC1中。当I0.1触点闭合时，执行BCD_I指令，将AC0中的BCD码转换成整数，例如指令执行前AC0中的BCD码为0000 0001 0010 0110（即126），BCD_I指令执行后，AC0中的BCD码被转换成整数0000000001111110。

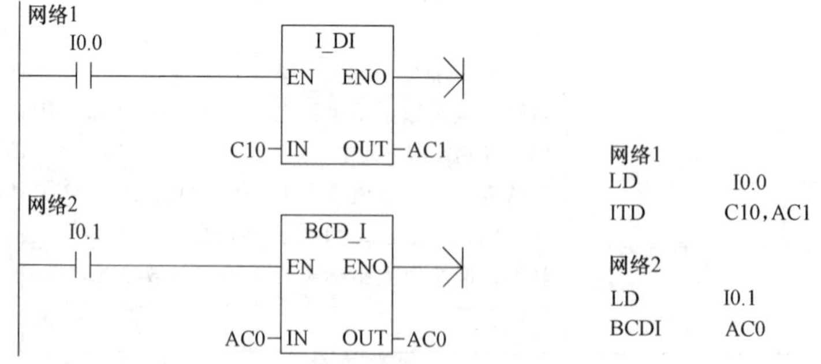

图5-14 数字转换指令使用举例

2. 四舍五入取整指令

（1）指令说明

四舍五入取整指令说明见表5-30。

表 5-30　四舍五入取整指令说明

指令名称	梯形图	功能说明	操作数 IN	操作数 OUT
四舍五入取整指令	ROUND EN　ENO ????-IN　OUT-????	将 IN 端指定单元的实数换成双整数，结果存入 OUT 端指定的单元中 在转换时，如果实数的小数部分大于 0.5，则整数部分加 1，再将加 1 后的整数送入 OUT 单元中，如果实数的小数部分小于 0.5，则将小数部分舍去，只将整数部分送入 OUT 单元 如果要转换的不是一个有效的或者数值太大的实数，转换不会进行，但会使溢出标志位 SM1.1 置 1	ID，QD，VD，MD，SMD，SD，LD，AC，*VD，*LD，*AC，常数 （实数型）	ID，QD，VD，MD，SMD，SD，LD，AC，*VD，*LD，*AC （双整数型）
舍小数点取整指令	TRUNC EN　ENO ????-IN　OUT-????	将 IN 端指定单元的实数换成双整数，结果存入 OUT 端指定的单元中 在转换时，将实数的小数部分舍去，仅将整数部分送入 OUT 单元中		

（2）指令使用举例

四舍五入取整指令使用如图 5-15 所示，当 I0.0 触点闭合时，执行 ROUND 指令，将 VD8 中的实数采用四舍五入取整的方式转换成双整数，然后存入 VD12 中。

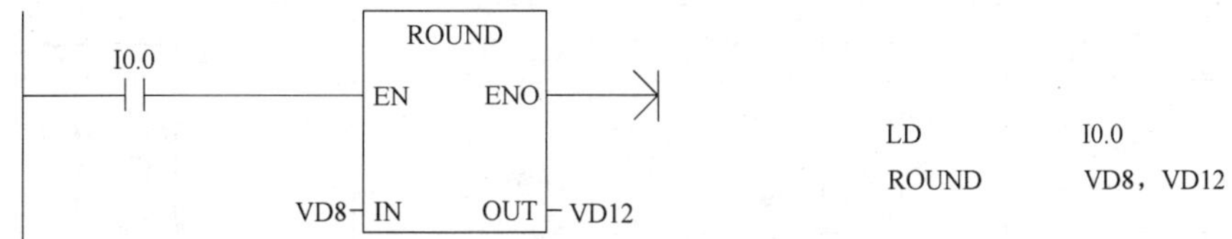

图 5-15　四舍五入取整指令使用举例

3. 段译码指令

段译码指令的功能是将 IN 端指定单元中的低 4 位数转换成能驱动七段数码显示器显示相应字符的七段码。

（1）七段数码显示器与七段码

七段数码显示器一种采用七段发光体来显示十进制数 0 ~ 9 的显示装置，其结构和外形如图 5-16 所示，当某段加有高电平“1”时，该段发光，例如要显示十进制数“5”，可让 gfedcba = 1101101，这里的 1101101 为七段码，七段码只有 7 位，通常在最高位补 0 组成 8

位（一个字节）。段译码指令 IN 端指定单元中的低 4 位实际上是十进制数的二进制编码值，经指令转换后变成七段码存入 OUT 端指定的单元中。十进制数、二进制数、七段码及显示的字符对应关系见表 5-31。

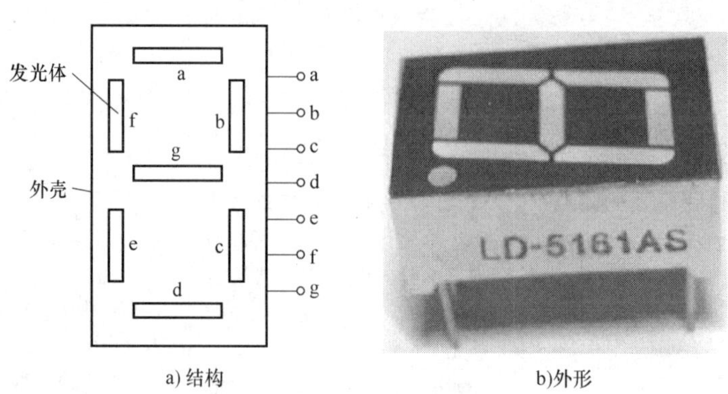

a) 结构　　b)外形

图 5-16　七段数码显示器

表 5-31　十进制数、二进制数、七段码及显示字符的对应关系

十进制数	二进制数（IN 低 4 位）	七段码（OUT）-gfe dcba	显示字符	七段码显示器
0	0000	0011 1111	0	
1	0001	0000 0110	1	
2	0010	0101 1011	2	
3	0011	0100 1111	3	
4	0100	0110 0110	4	
5	0101	0110 1101	5	
6	0110	0111 1101	6	
7	0111	0000 0111	7	
8	1000	0111 1111	8	
9	1001	0110 0111	9	
A	1010	0111 0111	A	
B	1011	0111 1100	b	
C	1100	0011 1001	C	
D	1101	0101 1110	d	
E	1110	0111 1001	E	
F	1111	0111 0001	F	

（2）指令说明

段译码指令说明见表 5-32。

表 5-32　段译码指令说明

指令名称	梯形图	功能说明	操作数	
			IN	OUT
段译码指令	ROUND EN　ENO ????-IN　OUT-????	将 IN 端指定单元的低 4 位数换成七段码，结果存入 OUT 端指定的单元中	IB，QB，VB，MB，SMB，SB，LB，AC，*VD，*LD，*AC，常数 （字节型）	IB，QB，VB，MB，SMB，SB，LB，AC，*VD，*LD，*AC （字节型）

（3）指令使用举例

段译码指令使用如图 5-17 所示，当 I0.0 触点闭合时，执行 SEG 指令，将 VB40 中的低 4 位数转换成七段码，然后存入 AC0 中，例如 VB0 中的数据为 00000110（即 6），执行 SEG 指令后，低 4 位 0110 转换成七段码 01111101，存入 AC0 中。

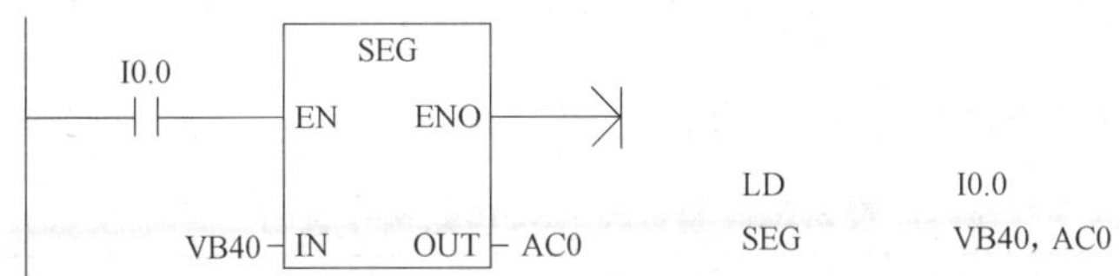

图 5-17　段译码指令使用举例

5.7.2　ASCII 码转换指令

ASCII 码转换指令包括整数、双整数、实数转 ASCII 码指令和十六进制数与 ASCII 码转换指令。

1. 关于 ASCII 码

ASCII 码意为美国标准信息交换码，是一种使用 7 位或 8 位二进制数编码的方案，最多可以对 256 个字符（包括字母、数字、标点符号、控制字符及其他符号）进行编码。ASCII 编码表见表 5-33。计算机等很多数字设备的字符采用 ASCII 编码方式，例如当按下键盘上的“8”键时，键盘内的编码电路就将该键编码成 011 1000，再送入计算机处理，如果在 7 位 ASCII 码最高位加 0 就是 8 位 ASCII 码。

表 5-33　ASCII 编码表

$b_7\ b_6\ b_5$ / $b_4\ b_3\ b_2\ b_1$	000	001	010	011	100	101	110	111
0000	nul	dle	sp	0	@	P	、	p
0001	soh	dc1	!	1	A	Q	a	q
0010	stx	dc2	″	2	B	R	b	r
0011	etx	dc3	#	3	C	S	c	s

（续）

$b_7\ b_6\ b_5$ / $b_4\ b_3\ b_2\ b_1$	000	001	010	011	100	101	110	111
0100	eot	dc4	$	4	D	T	d	t
0101	enq	nak	%	5	E	U	e	u
0110	ack	svn	&	6	F	V	f	v
0111	bel	etb	’	7	G	W	g	w
1000	bs	can	(	8	H	X	h	x
1001	ht	em	)	9	I	Y	i	y
1010	lf	sub	*	:	J	Z	j	z
1011	vt	esc	+	;	K	[	k	{
1100	ff	fs	,	<	L	\	l	|
1101	cr	gs	–	=	M	]	m	}
1110	so	rs	.	>	N	^	n	~
1111	si	us	/	?	O	_	o	del

2. 整数转 ASCII 码指令

(1) 指令说明

整数转 ASCII 码指令说明见表 5-34。

表 5-34　整数转 ASCII 码指令说明

指令名称	梯形图	功能说明	操作数	
			IN	FMT、OUT
整数转 ASCII 码指令	ITA EN　ENO ????-IN　OUT-???? ????-FMT	将 IN 端指定单元中的整数转换成 ASCII 码字符串，存入 OUT 端指定首地址的 8 个连续字节单元中 FMT 端指定单元中的数据用来定义 ASCII 码字符串在 OUT 存储区的存放形式	IW，QW，VW，MW，SMW，SW，LW，T，C，AC，AIW，*VD，*LD，*AC，常数 （整数型）	IB，QB，VB，MB，SMB，SB，LB，AC，*VD，*LD，*AC，常数 OUT 禁用 AC 和常数 （字节型）

在 ITA 指令中，IN 端为整数型操作数，FMT 端指定字节单元中的数据用来定义 ASCII 码字符串在 OUT 存储区的存放格式，OUT 存储区是指 OUT 端指定首地址的 8 个连续字节单元，又称输出存储区。FMT 端单元中的数据定义如下：

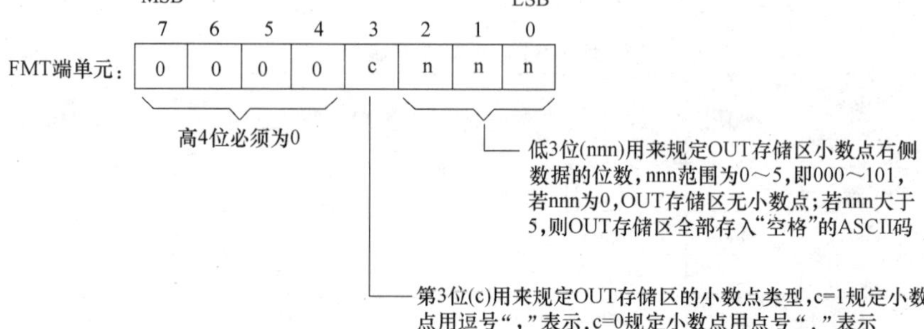

（2）指令使用举例

整数转 ASCII 码指令使用如图 5-18 所示，当 I0.0 触点闭合时，执行 ITA 指令，将 IN 端 VW10 中的整数转换成 ASCII 码字符串，保存在 OUT 端指定首地址的 8 个连续单元（VB12 ~ VB19）构成的存储区中，ASCII 码字符串在存储区的存放形式由 FMT 端 VB0 单元中的数据低 4 位规定。

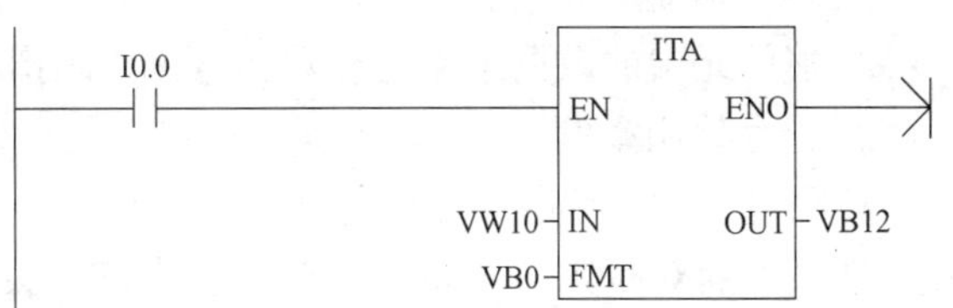

图 5-18　整数转 ASCII 码指令使用举例

例如，VW10 中整数为 12，VB0 中的数据为 3（即 00000011），执行 ITA 指令后，VB12 ~ VB19 单元中存储的 ASCII 码字符串为“0.012”，各单元具体存储的 ASCII 码见表 5-35，其中 VB19 单元存储的为“2”的 ASCII 码“00110010”。

表 5-35　FMT 单元取不同值时存储区中 ASCII 码的存储形式

FMT	IN	OUT							
VB0	VW10	VB12	VB13	VB14	VB15	VB16	VB17	VB18	VB19
3(00000011)	12				0	.	0	1	2
	1234				1	.	2	3	4
11(0001011)	-12345		—	1	2	,	3	4	5
0(00000000)	-12345			—	1	2	3	4	5
7(00000111)	-12345	空格 ASCII 码	空格 ASCII 码	空格 ASCII 码	空格 ASCII 码	空格 ASCII 码	空格 ASCII 码	空格 ASCII 码	空格 ASCII 码

输出存储区的 ASCII 码字符串格式有以下规律：

1）正数值写入输出存储区时没有符号位。

2）负数值写入输出存储区时以负号（-）开头。

3）除小数点左侧最靠近的 0 外，其他左侧 0 去掉。

4）输出存储区中的数值是右对齐的。

3. 双整数转 ASCII 码指令

（1）指令说明

双整数转 ASCII 码指令说明见表 5-36。

表 5-36　双整数转 ASCII 码指令说明

指令名称	梯形图	功能说明	操作数	
			IN	FMT、OUT
双整数转 ASCII 码指令	DTA EN　ENO ????-IN　OUT-???? ????-FMT	将 IN 端指定单元中的双整数转换成 ASCII 码字符串，存入 OUT 端指定首地址的 12 个连续字节单元中 FMT 端指定单元中的数据用来定义 ASCII 码字符串在 OUT 存储区的存放形式	ID，QD，VD，MD，SMD，SD，LD，AC，HC，*VD，*LD，*AC，常数 （双整数型）	IB，QB，VB，MB，SMB，SB，LB，AC，*VD，*LD，*AC，常数 OUT 禁用 AC 和常数 （字节型）

在 DTA 指令中，IN 端为双整数型操作数，FMT 端字节单元中的数据用来指定 ASCII 码字符串在 OUT 存储区的存放格式，OUT 存储区是指 OUT 端指定首地址的 12 个连续字节单元。FMT 端单元中的数据定义与整数转 ASCII 码指令相同。

（2）指令使用举例

双整数转 ASCII 码指令使用如图 5-19 所示，当 I0.0 触点闭合时，执行 DTA 指令，将 IN 端 VD10 中的双整数转换成 ASCII 码字符串，保存在 OUT 端指定首地址的 8 个连续单元（VB14 ~ VB21）构成的存储区中，ASCII 码字符串在存储区的存放形式由 VB0 单元（FMT 端指定）中的低 4 位数据规定。

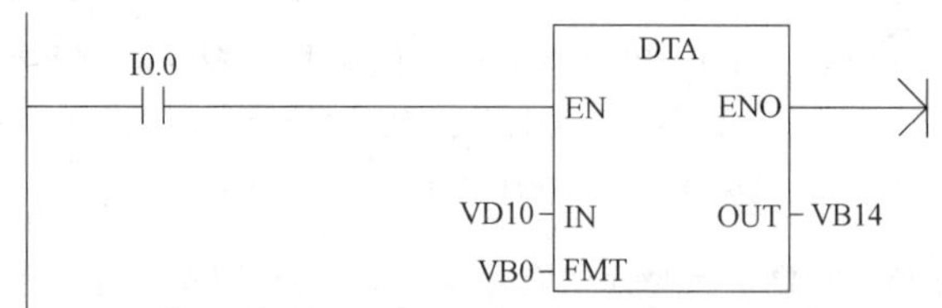

图 5-19　双整数转 ASCII 码指令使用举例

例如，VD10 中双整数为 3456789，VB0 中的数据为 3（即 00000011），执行 DTA 指令后，VB14 ~ VB25 中存储的 ASCII 码字符串为“3456.789”。

输出存储区的 ASCII 码字符串格式有以下规律：

1）正数值写入输出存储区时没有符号位。

2）负数值写入输出存储区时以负号（-）开头。

3）除小数点左侧最靠近的 0 外，其他左侧 0 去掉。

4）输出存储区中的数值是右对齐的。

4. 实数转 ASCII 码指令

（1）指令说明

实数转 ASCII 码指令说明见表 5-37。

表 5-37　实数转 ASCII 码指令说明

指令名称	梯形图	功能说明	操作数	
			IN	FMT、OUT
实数转 ASCII 码指令	RTA EN　ENO ????- IN　OUT -???? ????- FMT	将 IN 端指定单元中的实数转换成 ASCII 码字符串，存入 OUT 端指定首地址的 3 ~ 15 个连续字节单元中 FMT 端指定单元中的数据用来定义 OUT 存储区的长度和 ASCII 码字符串在 OUT 存储区的存放形式	ID，QD，VD，MD，SMD，SD，LD，AC，HC，*VD，*LD，*AC，常数 （实数型）	IB，QB，VB，MB，SMB，SB，LB，AC，*VD，*LD，*AC，常数 OUT 禁用 AC 和常数 （字节型）

在 RTA 指令中，IN 端为实数型操作数，FMT 端指定单元中的数据用来定义 OUT 存储区的长度和 ASCII 码字符串在 OUT 存储区的存放形式。FMT 端单元中的数据定义如下：

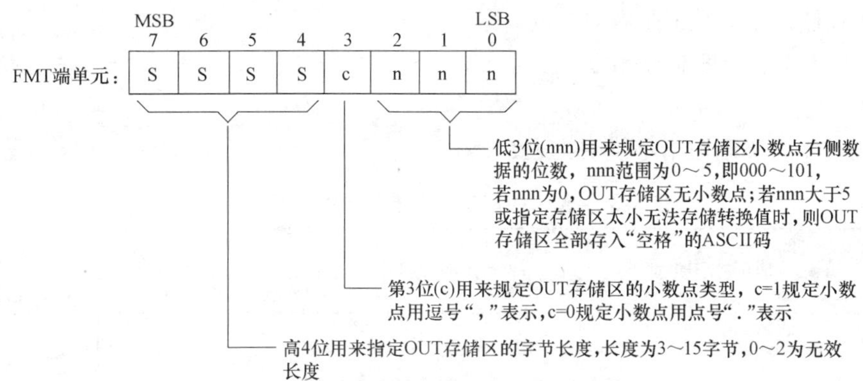

（2）指令使用举例

实数转 ASCII 码指令使用如图 5-20 所示，当 I0.0 触点闭合时，执行 RTA 指令，将 IN 端 VD10 中的实数转换成 ASCII 码字符串，保存在 OUT 端指定首地址的存储区中，存储区的长度由 FMT 端 VB0 单元中的数据高 4 位规定，ASCII 码字符串在存储区的存放形式由 FMT 端 VB0 单元中的低 4 位数据规定。

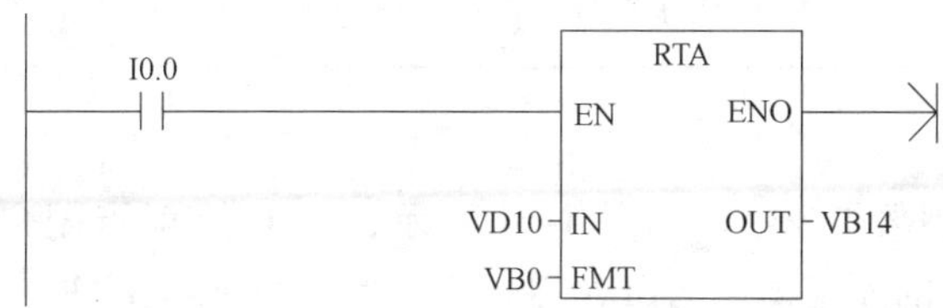

图 5-20　实数转 ASCII 码指令使用举例

例如，VD10 中实数为 1234.5，VB0 中的数据为 97（即 01100001），执行 RTA 指令后，VB14 ~ VB19 中存储的 ASCII 码字符串为“1234.5”。FMT 单元取不同值时存储区中 ASCII 码的存储格式见表 5-38。

表 5-38　FMT 单元取不同值时存储区中 ASCII 码的存储格式

FMT	IN	OUT					
VB0	VD10	VB14	VB15	VB16	VB17	VB18	VB19
97（0110 0001）	1234.5	1	2	3	4	.	5
	-0.0004				0	.	0
	-3.67526				3	.	7
	1.95				2	.	0

输出存储区的 ASCII 码字符串格式有以下规律：

1）正数值写入输出存储区时没有符号位。

2）负数值写入输出存储区时以负号（-）开头。

3）除小数点左侧最靠近的 0 外，其他左侧 0 去掉。

4）若小数点右侧数据超过规定位数，会按四舍五入去掉低位以满足位数要求。

5）输出存储区的大小应至少比小数点右侧的数字位数多 3 个字节。

6）输出存储区中的数值是右对齐的。

5. ASCII 码转十六进制数指令

（1）指令说明

ASCII 码转十六进制数指令说明见表 5-39。

表 5-39　ASCII 码转十六进制数指令说明

指令名称	梯形图	功能说明	操作数	
			IN、OUT	LEN
ASCII 码转十六进制数指令	ATH EN ENO ????-IN OUT-???? ????-LEN	将 IN 端指定首地址、LEN 端指定长度的连续字节单元中的 ASCII 码字符串转换成十六进制数，存入 OUT 端指定首地址的连续字节单元中 IN 端用来指定待转换字节单元的首地址，LEN 端用来指定待转换连续字节单元的个数，OUT 端用来指定转换后数据存放单元的首地址	IB，QB，VB，MB，SMB，SB，LB，*VD，*LD，*AC （字节型）	IB，QB，VB，MB，SMB，SB，LB，AC，*VD，*LD，*AC，常数 （字节型）

（2）指令使用举例

ASCII 码转十六进制数指令使用如图 5-21 所示，当 I1.0 触点闭合时，执行 ATH 指令，将 IN 端 VB30 为首地址的连续 3 个（LEN 端指定）字节单元（VB30 ~ VB32）中的 ASCII 码字符串转换成十六进制数，保存在 OUT 端 VB40 为首地址的连续字节单元中。

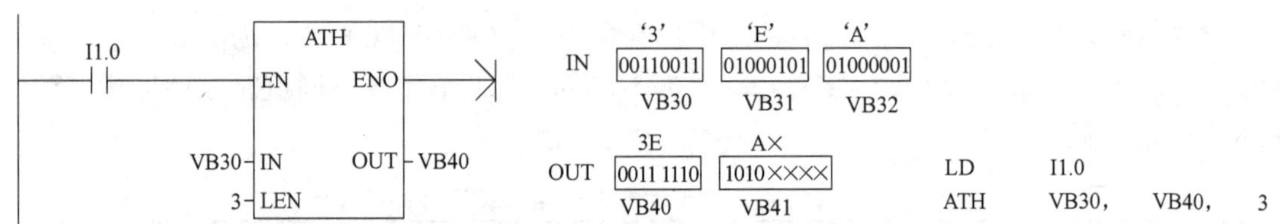

图 5-21　ASCII 码转十六进制数指令使用

例如，VB30、VB31、VB32 单元中的 ASCII 码字符分别是 3（00110011）、E（01000101）、A（01000001），执行 ATH 指令后，VB30 ~ VB32 中的 ASCII 码转换成十六进制数，并存入 VB40、VB41 单元，其中 VB40 存放十六进制数 3E（即 0011 1110）、VB41 存放 A×（即 1010××××），×表示 VB41 原先的数值不变。

在 ATH、HTA 指令中，有效的 ASCII 码字符为 0 ~ 9、A ~ F，用二进制数表示为 00110011 ~ 00111001、01000001 ~ 01000110，用十六进制数表示为 33 ~ 39、41 ~ 46。另外，ATH、HTA 指令可转换的 ASCII 码和十六进制数字的最大个数为 255 个。

6. 十六进制转 ASCII 码数指令

（1）指令说明

十六进制数转 ASCII 码指令说明见表 5-40。

表 5-40　十六进制数转 ASCII 码指令说明

指令名称	梯形图	功能说明	操作数	
			IN、OUT	LEN
十六进制数转 ASCII 码指令	ITA EN ENO ????-IN OUT-???? ????-LEN	将 IN 端指定首地址、LEN 端指定长度的连续字节单元中的十六进制数转换成 ASCII 码字符，存入 OUT 端指定首地址的连续字节单元中 IN 端用来指定待转换字节单元的首地址，LEN 端用来指定待转换连续字节单元的个数，OUT 端用来指定转换后数据存放单元的首地址	IB，QB，VB，MB，SMB，SB，LB，*VD，*LD，*AC（字节型）	IB，QB，VB，MB，SMB，SB，LB，AC，*VD，*LD，*AC，常数（字节型）

（2）指令使用举例

十六进制数转 ASCII 码指令使用如图 5-22 所示，当 I1.0 触点闭合时，执行 HTA 指令，将 IN 端 VB30 为首地址的连续 2 个（LEN 端指定）字节单元（VB30、VB31）中的十六进制数转换成 ACII 码字符，保存在 OUT 端 VB40 为首地址的连续字节单元中。

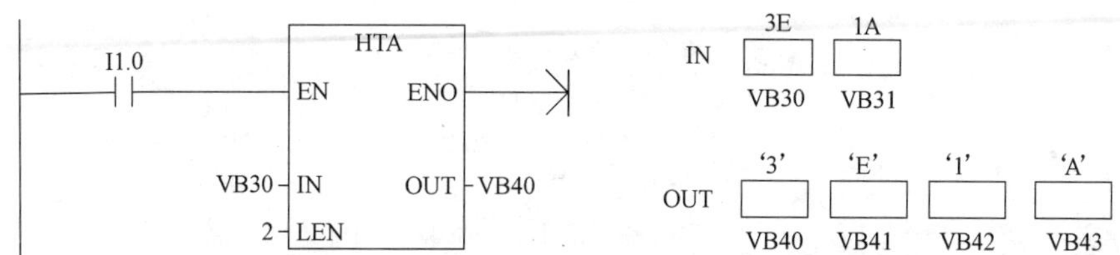

图 5-22　十六进制数转 ASCII 码指令使用举例

例如，VB30、VB31 单元中的十六进制数分别是 3E（0011 1110）、1A（00011010），执行 HTA 指令后，VB30、VB31 中的十六进制数转换成 ASCII 码，并存入 VB40 ~ VB43 单元中，其中 VB40 存放 3 的 ASCII 码（00110011）、VB41 存放 E 的 ASCII 码、VB42 存放 1 的 ASCII 码、VB43 存放 A 的 ASCII 码。

5.7.3　字符串转换指令

字符串转换指令包括整数、双整数、实数转字符串指令和子字符串转整数、双整数、实数指令。

1. 整数、双整数、实数转字符串指令

（1）指令说明

整数、双整数、实数转字符串指令说明见表 5-41。

表 5-41　整数、双整数、实数转字符串指令说明

指令名称	梯形图	功能说明	操作数		
			IN	FMT	OUT
整数转字符串指令	I_S EN　ENO ????-IN　OUT-???? ????-FMT	将 IN 端指定单元中的整数转换成 ASCII 码字符串，存入 OUT 端指定首地址的 9 个连续字节单元中 FMT 端指定单元中的数据用来定义 ASCII 码字符串在 OUT 存储区的存放形式	IW，QW，VW，MW，SMW，SW，T，C，LW，AIW，*VD，*LD，*AC，常数 （整数型）		
双整数转字符串指令	DI_S EN　ENO ????-IN　OUT-???? ????-FMT	将 IN 端指定单元中的双整数转换成 ASCII 码字符串，存入 OUT 端指定首地址的 13 个连续字节单元中 FMT 端指定单元中的数据用来定义 ASCII 码字符串在 OUT 存储区的存放形式	ID，QD，VD，MD，SMD，SD，LD，AC，HC，*VD，*LD，*AC，常数 （双整数型）	IB，QB，VB，MB，SMB，SB，LB，AC，*VD，*LD，*AC，常数 （字节型）	VB，LB，*VD，*LD，*AC （字符型）
实数转字符串指令	R_S EN　ENO ????-IN　OUT-???? ????-FMT	将 IN 端指定单元中的实数转换成 ASCII 码字符串，存入 OUT 端指定首地址的 3～15 个连续字节单元中 FMT 端指定单元中的数据用来定义 OUT 存储区的长度和 ASCII 码字符串在 OUT 存储区的存放形式	ID，QD，VD，MD，SMD，SD，LD，AC，*VD，*LD，*AC，常数 （实数型）		

整数、双整数、实数转字符串指令中 FMT 的定义与整数、双整数、实数转 ASCII 码指令基本相同，两者的区别在于：字符串转换指令中 OUT 端指定的首地址单元用来存放字符串的长度，其后单元才存入转换后的字符串，对于整数、双整数转字符串指令，OUT 首地址单元的字符串长度值分别固定为 8、12，对于实数转字符串指令，OUT 首地址单元的字符串长度值由 FMT 的高 4 位来决定。

（2）指令使用举例

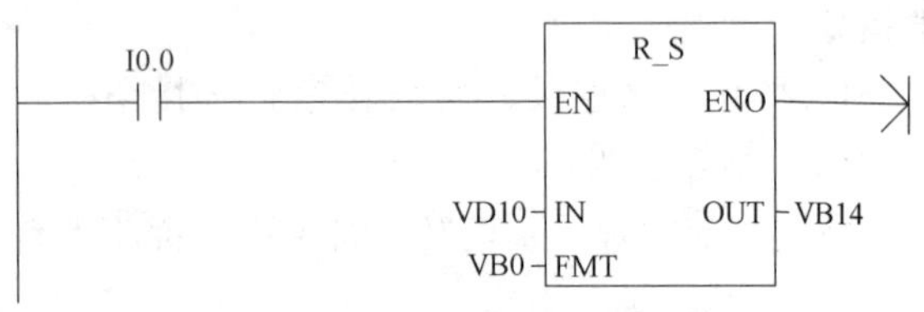

图 5-23　实数转字符串指令使用举例

图 5-23 为实数转字符串指令的使用，当 I0.0 触点闭合时，执行 R_S 指令，将 IN 端 VD10 中的实数转换成 ASCII 码字符串，保存在 OUT 端指定首地址的存储区中，存储区的长度由 FMT 端 VB0 单元中的数据高 4 位规定，

ASCII 码字符串在存储区的存放形式由 FMT 端 VB0 单元中的低 4 位数据规定。

例如，VD10 中实数为 1234.5，VB0 中的数据为 97（即 01100001），执行 R_S 指令后，VB14～VB20 中存储的 ASCII 码字符串为“61234.5”。FMT 单元取不同值时存储区中 ASCII 码字符串的存储形式见表 5-42。

表 5-42　FMT 单元取不同值时存储区中 ASCII 码字符串的存储形式

<table>
<tr><th>FMT</th><th>IN</th><th colspan="7">OUT</th></tr>
<tr><td>VB0</td><td>VD10</td><td>VB14</td><td>VB15</td><td>VB16</td><td>VB17</td><td>VB18</td><td>VB19</td><td>VB20</td></tr>
<tr><td rowspan="4">97(0110 0001)</td><td>1234.5</td><td>6</td><td>1</td><td>2</td><td>3</td><td>4</td><td>.</td><td>5</td></tr>
<tr><td>-0.0004</td><td>6</td><td></td><td></td><td></td><td>0</td><td>.</td><td>0</td></tr>
<tr><td>-3.67526</td><td>6</td><td></td><td></td><td>-</td><td>3</td><td>.</td><td>7</td></tr>
<tr><td>1.95</td><td>6</td><td></td><td></td><td></td><td>2</td><td>.</td><td>0</td></tr>
</table>

整数、双整数、实数转字符串指令中的输出存储区存放 ASCII 码字符串格式与整数、双整数、实数转 ASCII 码指令基本相同，主要区别在于前者的输出存储区首地址单元存放字符串长度，其后才存入字符串。

2. 字符串转整数、双整数、实数指令

(1) 指令说明

字符串转整数、双整数、实数指令说明见表 5-43。

表 5-43　字符串转整数、双整数、实数指令说明

<table>
<tr><th rowspan="2">指令名称</th><th rowspan="2">梯形图</th><th rowspan="2">功能说明</th><th colspan="3">操作数</th></tr>
<tr><th>IN</th><th>INDX</th><th>OUT</th></tr>
<tr><td>字符串转整数指令</td><td>S_I
EN ENO
????-IN OUT-????
????-INDX</td><td>将 IN 端指定首地址的第 INDX 个及后续单元中的字符串转换成整数，存入 OUT 端指定的单元中</td><td rowspan="3">IB，QB，VB，MB，SMB，SB，LB，*VD，*LD，*AC，常数（字符型）</td><td rowspan="3">VB，IB，QB，MB，SMB，SB，LB，AC，*VD，*LD，*AC，常数（字节型）</td><td>VW，IW，QW，MW，SMW，SW，T，C，LW，AC，AQW，*VD，*LD，*AC（整数型）</td></tr>
<tr><td>字符串转双整数指令</td><td>S_DI
EN ENO
????-IN OUT-????
????-INDX</td><td>将 IN 端指定首地址的第 INDX 个及后续单元中的字符串转换成双整数，存入 OUT 端指定的单元中</td><td rowspan="2">VD，ID，QD，MD，SMD，SD，LD，AC，*VD，*LD，*AC（双整数型和实数型）</td></tr>
<tr><td>字符串转实数指令</td><td>S_R
EN ENO
????-IN OUT-????
????-INDX</td><td>将 IN 端指定首地址的第 INDX 个及后续单元中的字符串转换成实数，存入 OUT 端指定的单元中</td></tr>
</table>

在字符串转整数、双整数、实数指令中，INDX端用于设置开始转换单元相对首地址的偏移量，通常设置为1，即从首地址单元中的字符串开始转换。INDX也可以被设置为其他值，可以用于避开转换非法字符（非0～9的字符），例如IN端指定首地址为VB10，VB10～VB17单元存储的字符串为“Key：1236”，如果将INDX设为5，则转换从VB14单元开始，VB10～VB13单元中的字符串“Key：”不会被转换。

字符串转实数指令不能用于转换以科学计数法或者指数形式表示实数的字符串，强行转换时，指令不会产生溢出错误（SM1.1=1），但会转换指数之前的字符串，然后停止转换，例如转换字符串“1.234E6”时，转换后的实数值为1.234，并且没有错误提示。

指令在转换时，当到达字符串的结尾或者遇到第一个非法字符时，转换指令结束。当转换产生的整数值过大以致输出值无法表示时，溢出标志（SM1.1）会置位。

（2）指令使用举例

字符串转整数、双整数、实数指令使用如图5-24所示，当I0.0触点闭合时，依次执行S_I、S_DI、S_R指令。S_I指令将相对VB0偏移量为7的VB6及后续单元中的字符串转换成整数，并保存在VW100单元中；S_DI指令将相对VB0偏移量为7的VB7及后续单元中的字符串转换成双整数，并保存在VD200单元中；S_R指令将相对VB0偏移量为7的VB7及后续单元中的字符串转换成实数，并保存在VD300单元中。

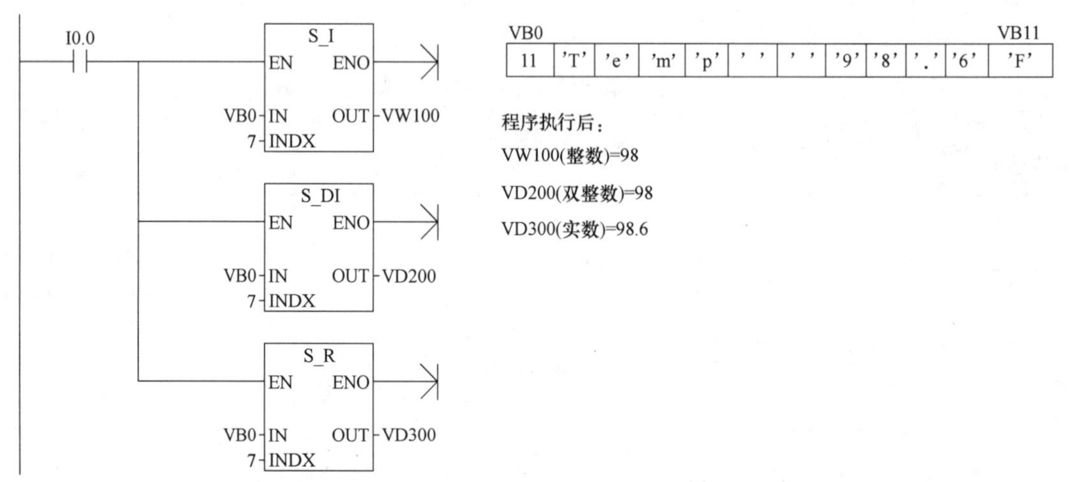

图5-24 字符串转整数、双整数、实数指令使用举例

如果VB0～VB11单元中存储的ASCII码字符串为“11、T、3、m、p、空格、空格、9、8、.、6、F”，执行S_I、S_DI、S_R指令后，在VW100单元中得到整数98，在VD200单元中得到双整数98，在VD300单元中得到实数98.6。

5.7.4 编码与解码指令

1. 指令说明

编码与解码指令说明见表5-44。

表 5-44　编码与解码指令说明

编码与解码指令	梯形图	功能说明	操作数	
			IN	OUT
编码指令	ENCO EN　ENO ????-IN　OUT-????	将 IN 字单元中最低有效位（即最低位中的 1）的位号写入 OUT 字节单元的低半字节中	IW，QW，VW，MW，SMW，SW，LW，T，C，AC，AIW，*VD，*LD，*AC，常数（整数型）	IB，QB，VB，MB，SMB，SB，LB，AC，*VD，*LD，*AC（字节型）
解码指令	DECO EN　ENO ????-IN　OUT-????	根据 IN 字节单元中低半字节表示的位号，将 OUT 字单元相应的位值置 1，字单元其他的位值全部清 0	IB，QB，VB，MB，SMB，SB，LB，AC，*VD，*LD，*AC，常数（字节型）	IW，QW，VW，MW，SMW，SW，T，C，LW，AC，AQW，*VD，*LD，*AC（整数型）

2. 指令使用举例

编码与解码指令使用如图 5-25 所示，当 I0.0 触点闭合时，执行 DECO 和 ENCO 指令，在执行 ENCO（编码）指令时，将 AC3 中最低有效位 1 的位号“9”写入 VB50 单元的低 4 位，在执行 DECO 指令时，根据将 AC2 中低半字节表示的位号“3”将 VW40 中的第 3 位置 1，其他位全部清 0。

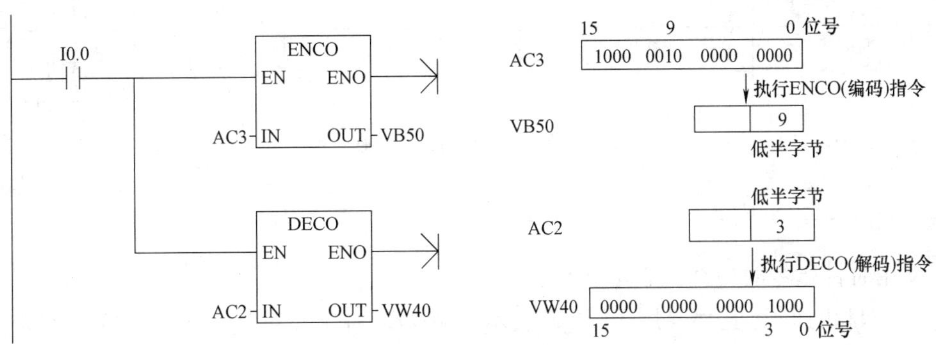

图 5-25　编码与解码指令使用举例

5.8 时钟指令

时钟指令的功能是调取系统的实时时钟和设置系统的实时时钟，它包括读取实时时钟指令和设置实时时钟指令（又称写实时时钟指令）。这里的系统实时时钟是指 PLC 内部时钟，其时间值会随实际时间变化而变化，在 PLC 切断外接电源时依靠内部电容或电池供电。

5.8.1 时钟指令说明

时钟指令说明见表5-45。

表5-45 时钟指令说明

指令名称	梯形图	功能说明	操作数
			T
设置实时时钟指令（TODW）	SET_RTC EN ENO ????-T	将T端指定首地址的8个连续字节单元中的日期和时间值写入系统的硬件时钟	IB，QB，VB，MB，SMB，SB，LB，*VD，*LD，*AC（字节型）
读取实时时钟指令（TODR）	READ_RTC EN ENO ????-T	将系统的硬件时钟的日期和时间值读入T端指定首地址的8个连续字节单元中	

时钟指令T端指定首地址的8个连续字节单元（T～T+7）存放不同的日期时间值，其格式为

T	T+1	T+2	T+3	T+4	T+5	T+6	T+7
年 00～99	月 01～12	日 01～31	小时 00～23	分钟 00～59	秒 00～59	0	星期几 0～7 1=星期日，7=星期六， 0=禁止星期

在使用时钟指令时应注意以下要点：

1）日期和时间的值都要用BCD码表示。例如，对于年，16#10（即00010000）表示2010年；对于小时16#22表示晚上10点；对于星期16#07表示星期六。

2）在设置实时时钟时，系统不会检查时钟值是否正确，例如2月31日虽是无效日期，但系统仍可接受，因此要保证设置时输入时钟数据正确。

3）在编程时，不能在主程序和中断程序中同时使用读写时钟指令，否则会产生错误，中断程序中的实时时钟指令不能执行。

4）只有CPU224型以上的PLC才有硬件时钟，低端型号的PLC要使用实时时钟，须外插带电池的实时时钟卡。

5）对于没有使用过时钟指令的PLC，在使用指令前需要设置实时时钟，既可使用TODW指令来设置，也可以在编程软件中执行菜单命令“PLC→实时时钟”来设置和启动实

时时钟。

5.8.2　时钟指令使用举例

时钟指令使用如图 5-26 所示，其实现的控制功能是，在 12：00 ~ 20：00 让 Q0.0 线圈得电，在 7：30 ~ 22：30 让 Q0.1 线圈得电。

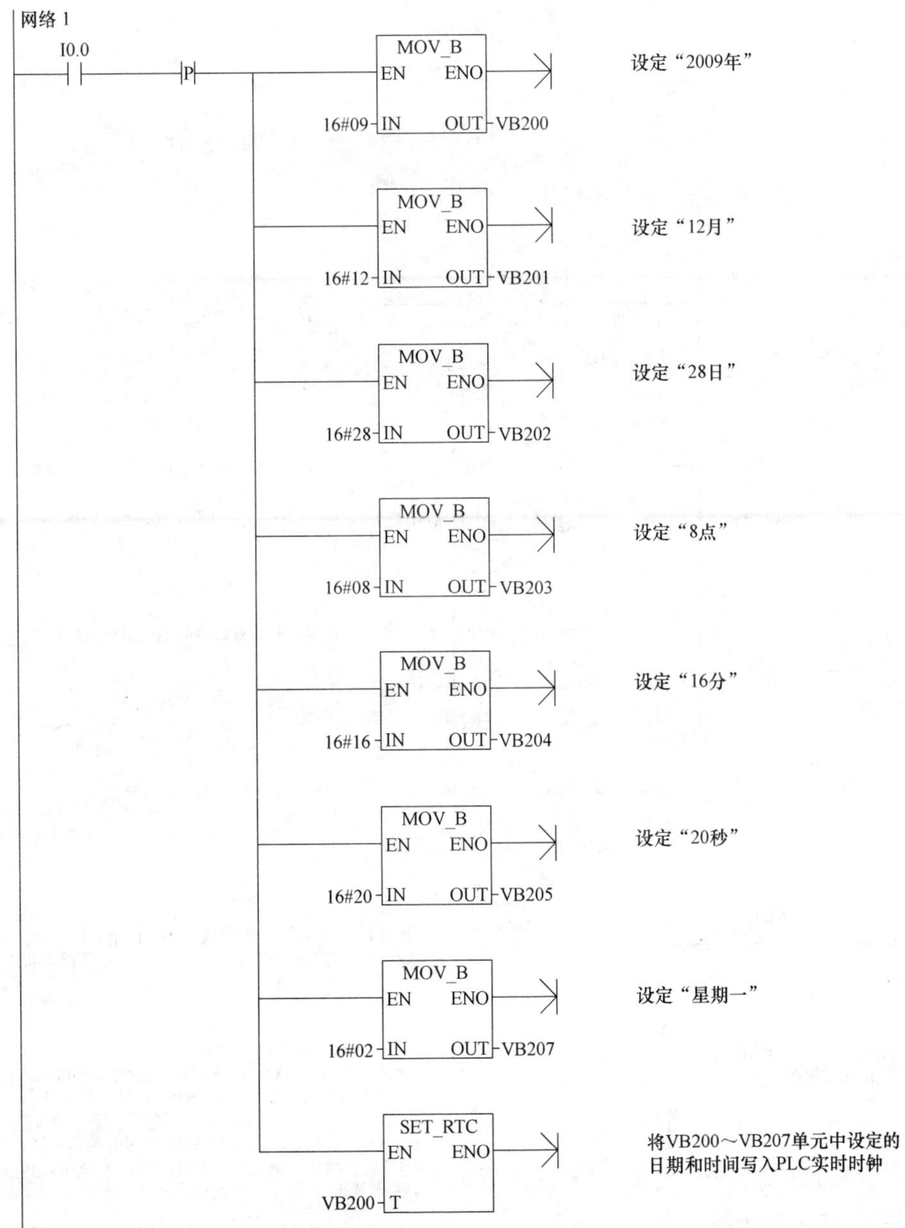

图 5-26　时钟指令使用举例

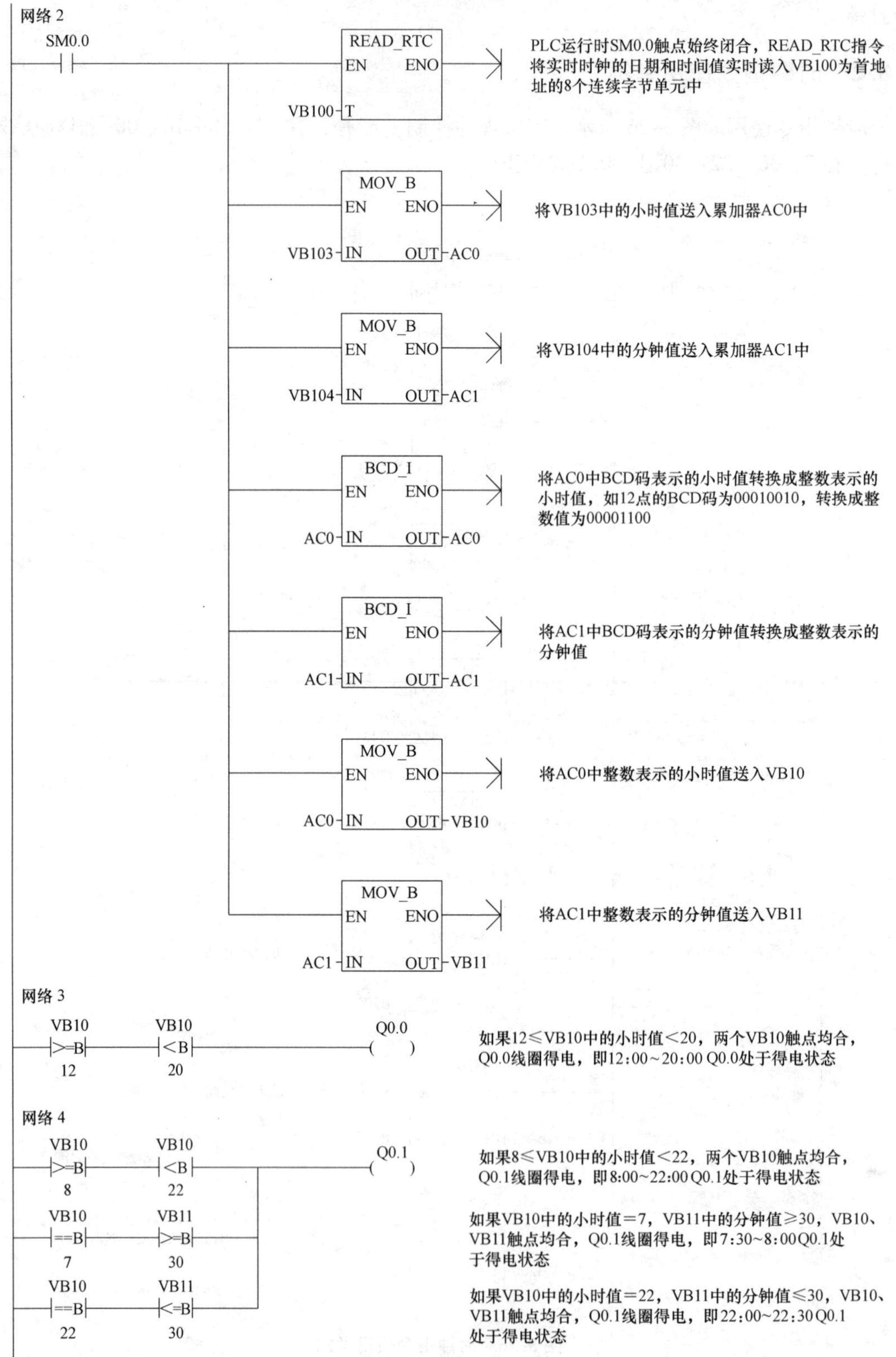

图 5-26　时钟指令使用举例（续）

网络 1 程序用于设置 PLC 的实时时钟：当 I0.0 触点闭合时，上升沿 P 触点接通一个扫描周期，开始由上往下执行 MOV_B 和 SET_RTC 指令，指令执行的结果是将 PLC 的实时时钟设置为“2009 年 12 月 28 日 8 点 16 分 20 秒星期一”。网络 2 程序用于读取实时时钟，并将实时读取的 BCD 码小时、分钟值转换成整数表示的小时、分钟值。网络 3 程序的功能是让 Q0.0 线圈在 12：00 ~ 20：00 时间内得电。网络 4 程序的功能是让 Q0.1 线圈在 7：30 ~ 22：30 时间内得电，它将整个时间分成 8：00 ~ 22：00、7：30 ~ 8：00 和 22：00 ~ 22：30 三段来控制。

5.9 程序控制指令

5.9.1 跳转与标签指令

1. 指令说明

跳转与标签指令说明见表 5-46。

表 5-46　跳转与标签指令说明

指令名称	梯形图	功能说明	操作数
			N
跳转指令（JMP）	???? ——(JMP)	让程序跳转并执行标签为 N（????）的程序段	常数（0 ~ 255）（字型）
标签指令（LBL）	???? LBL	用来对某程序段进行标号，为跳转指令设定跳转目标	

跳转与标签指令可用在主程序、子程序或者中断程序中，但跳转和与之相应的标号指令必须位于同性质程序段中，即不能从主程序跳到子程序或中断程序，也不能从子程序或中断程序跳出。**在顺序控制 SCR 程序段中也可使用跳转指令，但相应的标号指令必须也在同一个 SCR 段中。**

2. 指令说明

跳转与标签指令使用如图 5-27 所示，当 I0.2 触点闭合时，JMP 4 指令执行，程序马上跳转到网络 10 处的 LBL 4 标签，开始执行该标签后面的程序段，如果 I0.2 触点未闭合，程序则从网络 2 依次往下执行。

5.9.2 循环指令

循环指令包括 FOR、NEXT 两条指令，这两条指令必须成对使用，当需要某个程序段反复执行多次时，可以使用循环指令。

1. 指令说明

循环指令说明见表 5-47。

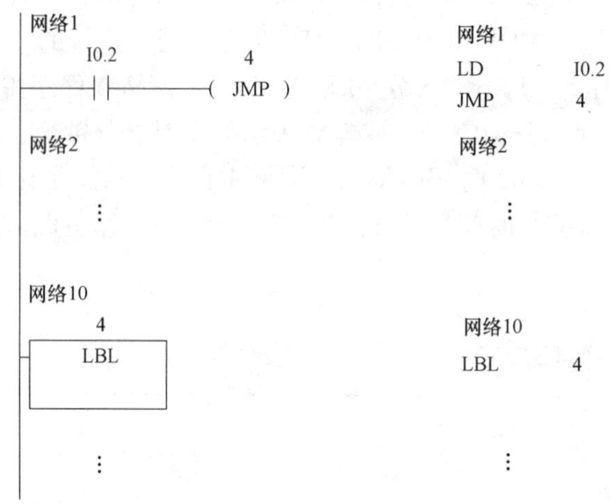

图 5-27 跳转与标签指令使用举例

表 5-47 循环指令说明

指令名称	梯形图	功能说明	操作数	
			INDX	INIT、FINAL
循环开始指令（FOR）	FOR: EN, ENO; ????-INDX; ????-INIT; ????-FINAL	循环程序段开始，INDX 端指定单元用作对循环次数进行计数，INIT 端为循环起始值，FINAL 端为循环结束值	IW，QW，VW，MW，SMW，SW，T，C，LW，AIW，AC，*VD，*LD，*AC（整数型）	VW，IW，QW，MW，SMW，SW，T，C，LW，AC，AIW，*VD，*AC，常数（整数型）
循环结束指令（NEXT）	——(NEXT)	循环程序段结束		

2. 指令说明

循环指令使用如图 5-28 所示，该程序有两个循环程序段（循环体），循环程序段 2（网络 2 ~ 网络 3）处于循环程序段 1（网络 1 ~ 网络 4）内部，这种一个程序段包含另一个程序段的形式称为嵌套，一个 FOR、NEXT 循环体内部最多可嵌套 8 个 FOR、NEXT 循环体。

在图 5-28 中，当 I0.0 触点闭合时，循环程序段 1 开始执行，如果在 I0.0 触点闭合期间 I0.1 触点也闭合，那么在循环程序段 1 执行一次时，内部嵌套的循环程序段 2 需要反复执行 3 次，循环程序段 2 每执行完一次后，INDX 端指定单元 VW22 中的值会自动增 1（在第一次执行 FOR 指令时，INIT 值会传送给 INDX），循环程序段 2 执行 3 次后，VW22 中的值由 1 增到 3，然后程序执行网络 4 的 NEXT 指令，该指令使程序又回到网络 1，开始下一次循环。

使用循环指令的要点：①FOR、NEXT 指令必须成对使用；②循环允许嵌套，但不能超过 8 层；③每次使循环指令重新有效时，指令会自动将 INIT 值传送给 INDX；④当 INDX 值大于 FINAL 值时，循环不被执行；⑤在循环程序执行过程中，可以改变循环参数。

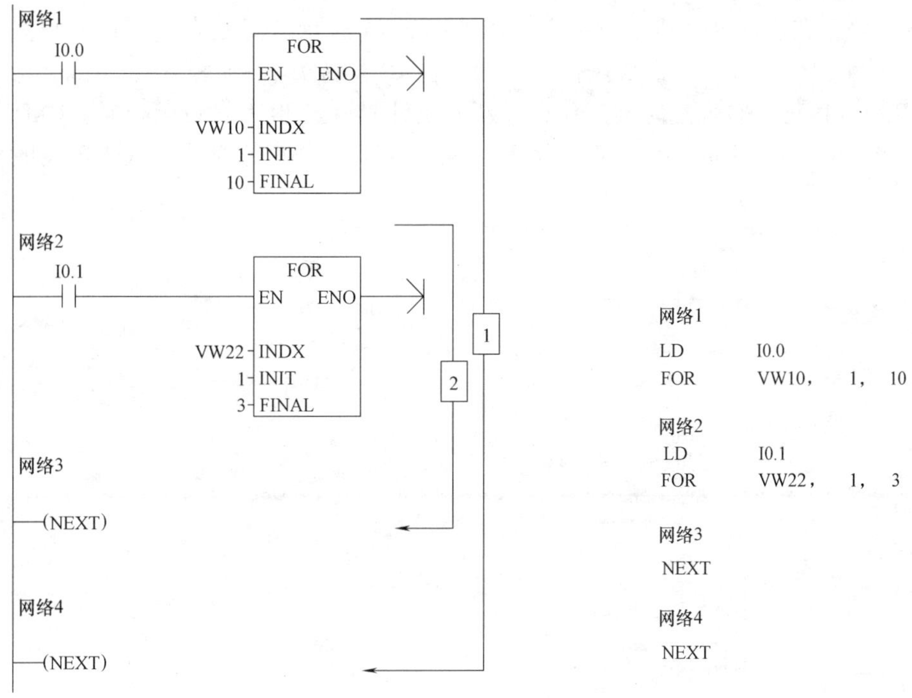

图 5-28　循环指令使用举例

5.9.3　结束、停止和监视定时器复位指令

1. 指令说明

循环指令说明见表 5-48。

表 5-48　循环指令说明

指令名称	梯形图	功能说明
条件结束指令（END）	—(END)	该指令的功能是根据前面的逻辑条件终止当前扫描周期。它可以用在主程序中，不能用在子程序或中断程序中
停止指令（STOP）	—(STOP)	该指令的功能是让 PLC 从 RUN（运行）模式到 STOP（停止）模式，从而可以立即终止程序的执行 如果在中断程序中使用 STOP 指令，可使该中断立即终止，并且忽略所有等待的中断，继续扫描执行主程序的剩余部分，然后在主程序的结束处完成从 RUN 到 STOP 模式的转变
监视定时器复位指令（WDR）	—(WDR)	监视定时器又称看门狗，其定时时间为 500ms，每次扫描会自动复位，然后开始对扫描时间进行计时，若程序执行时间超过 500ms，监视定时器会使程序停止执行，一般情况下程序执行周期小于 500ms，监视定时器不起作用 在程序适当位置插入 WDR 指令对监视定时器进行复位，可以延长程序执行时间

2. 指令说明

结束、停止和监视定时器复位指令使用如图 5-29 所示。当 PLC 的 I/O 端口发生错误时，SM5.0 触点闭合，STOP 指令执行，让 PLC 由 RUN 转为 STOP 模式；当 I0.0 触点闭合时，WDR 指令执行，监视定时器复位，重新开始计时；当 I0.1 触点闭合时，END 指令执行，结束当前的扫描周期，后面的程序不会执行，即 I0.2 触点闭合时 Q0.0 线圈也不会得电。

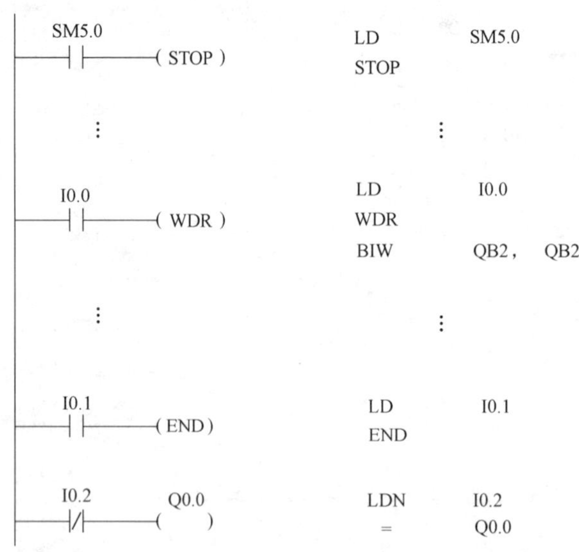

图 5-29 结束、停止和监视定时器复位指令使用举例

在使用 WDR 指令时，如果用循环指令去阻止扫描完成或过度延迟扫描时间，下列程序只有在扫描周期完成后才能执行：

1）通信（自由端口方式除外）。

2）I/O 更新（立即 I/O 除外）。

3）强制更新。

4）SM 位更新（不能更新 SM0、SM5 ~ SM29）。

5）运行时间诊断。

6）如果扫描时间超过 25s，10ms 和 100ms 定时器将不会正确累计时间。

7）在中断程序中的 STOP 指令。

5.10 子程序指令

5.10.1 子程序

在编程时经常会遇到相同的程序段需要多次执行的情况，如图 5-30 所示，程序段 A 要执行两次，编程时要写两段相同的程序段，这样比较麻烦，解决这个问题的方法是将需要多次执行的程序段从主程序中分离出来，单独写成一个程序，这个程序称为子程序，然后在主程序相应的位置进行子程序调用即可。

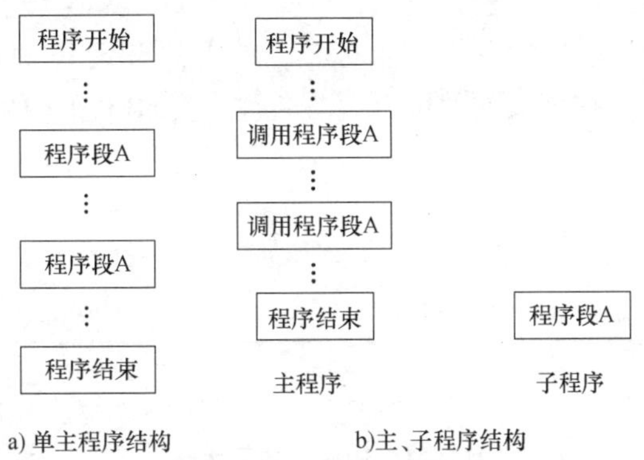

图 5-30　两种程序结构

在编写复杂的 PLC 程序时，可以将全部的控制功能划分为几个功能块，每个功能块的控制功能可用子程序来实现，这样会使整个程序结构清晰简单、易于调试、查找错误和维护。

5.10.2　子程序指令

子程序指令有两条：子程序调用指令（CALL）和子程序条件返回指令（CRET）。

1. 指令说明

子程序指令说明见表 5-49。

表 5-49　子程序指令说明

指令名称	梯形图	功能说明
子程序调用指令（CALL）	SBR_N EN	用于调用并执行名称为 SBR_N 的子程序。调用子程序时可以带参数也可以不带参数。子程序执行完成后，返回到调用程序的子程序调用指令的下一条指令 N 为常数，对于 CPU 221、CPU 222 和 CPU 224，N = 0 ~ 63；对于 CPU 224XP 和 CPU 226，N = 0 ~ 127
子程序条件返回指令（CRET）	——(RET)	根据该指令前面的条件决定是否终止当前子程序而返回调用程序

子程序指令使用要点如下：

1）CRET 指令多用于子程序内部，该指令是否执行取决于它前面的条件，该指令执行的结果是结束当前的子程序返回调用程序。

2）子程序允许嵌套使用，即在一个子程序内部可以调用另一个子程序，但子程序的嵌套深度最多为 9 级。

3）当子程序在一个扫描周期内被多次调用时，在子程序中不能使用上升沿、下降沿、定时器和计数器指令。

4）在子程序中不能使用 END（结束）指令。

2. 子程序的建立

编写子程序要在编程软件中进行，打开 STEP 7-Micro/WIN 编程软件，在程序编辑区下方有“主程序”、“SBR_0”、“INT_0”三个标签，单击“SBR_0”标签即可切换到子程序编辑页面，如图 5-31 所示，在该页面就可以编写名称为“SBR_0”的子程序。

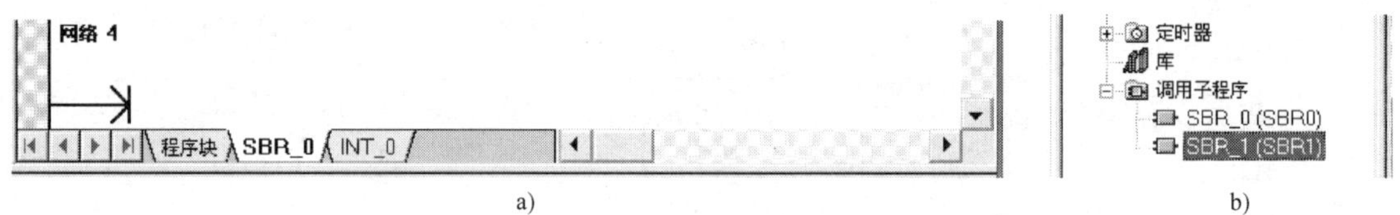

a)　　b)

图 5-31　切换与建立子程序

如果需要编写第 2 个或更多的子程序，可执行菜单命令“编辑→插入→子程序”，即在程序编辑区下方增加一个子程序名为“SBR_1”的标签，同时在指令树的“调用子程序”下方也多出一个“SBR_1”指令。在程序编辑区下方子程序名标签上单击鼠标右键，在弹出的菜单中选择重命名，标签名变成可编辑状态，输入新子程序名即可。

3. 子程序指令使用举例

子程序指令使用如图 5-32 所示，其中图 5-32a 为主程序的梯形图和指令语句表，图 5-32b为子程序 0 的梯形图，图 5-32c 为子程序 1 的梯形图。

主、子程序执行的过程是，当 I0.0 触点闭合时，调用子程序 0 指令执行，转入执行子程序 0，在子程序 0 中，如果 I0.1 触点闭合，则将 Q0.0 线圈置位，然后又返回到主程序，开始执行调用子程序 0 指令的下一条指令（即网络 2），当程序运行到网络 3 时，如果 I0.3 触点闭合，调用子程序 1 指令执行，转入执行子程序 1，如果 I0.3 触点断开，则执行网络 4 指令，不会执行子程序 1。若 I0.3 触点闭合，转入执行子程序 1 后，如果 I0.5 触点处于闭合状态，条件返回指令执行，提前从子程序 1 返回到主程序，子程序 1 中的网络 2 指令无法执行。

5.10.3　带参数的子程序调用指令

子程序调用指令可以带参数，使用带参数的子程序调用指令可以扩大子程序的使用范围。在子程序调用时，如果存在数据传递，通常要求子程序调用指令带有相应的参数。

1. 参数的输入

子程序调用指令默认是不带参数的，也无法在指令梯形图符号上直接输入参数，使用子程序编辑页面上方的局部变量表可给子程序调用指令设置参数。

子程序调用指令参数的设置方法是，打开 STEP 7-Micro/WIN 编程软件，单击程序编辑区下方的 SBR_0 标签，切换到 SBR_0 子程序编辑页面，在页面上方的局部变量表内按图 5-33a所示进行输入设置，然后切换到主程序编辑页面，在该页面输入子程序调用指令，即可得到带参数的子程序调用指令梯形图，如图 5-33b 所示。在局部变量表某项参数上单击鼠标右键，会弹出菜单，利用该菜单可对参数进行增删等操作。局部变量表中参数的地址编号 LB0、LB1…是自动生成的。

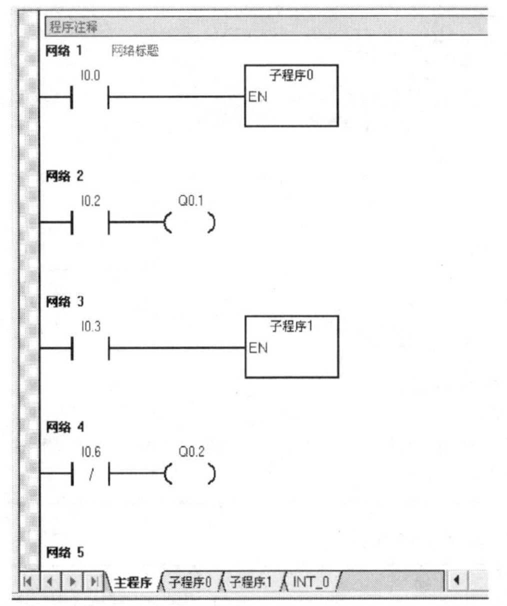

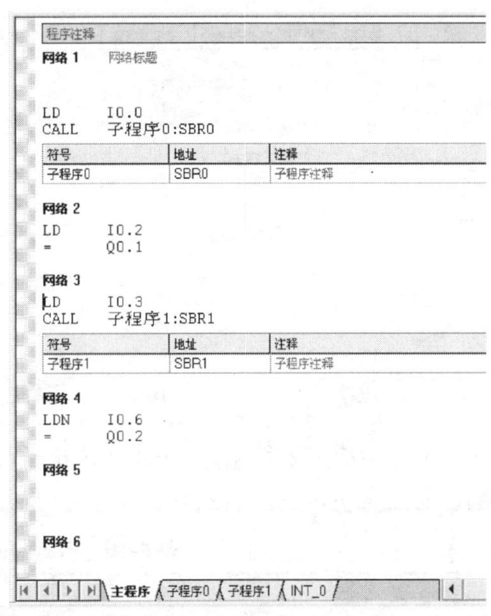

a) 主程序的梯形图和指令语句表

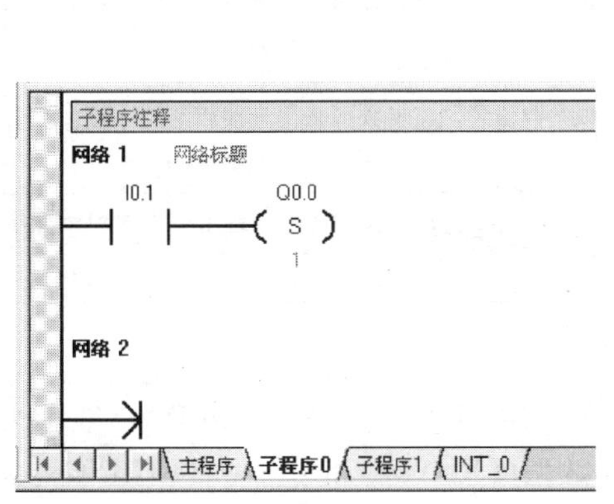

b) 子程序0

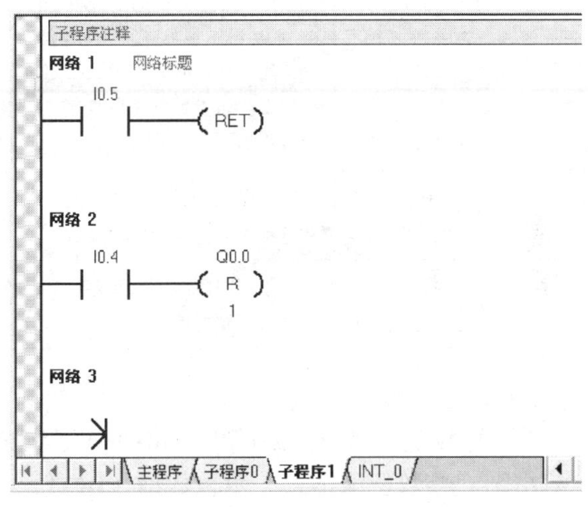

c) 子程序1

图 5-32　子程序指令使用举例

2. 指令参数说明

子程序调用指令最多可以设置 16 个参数，每个参数包括变量名（又称符号）、变量类型、数据类型和注释四部分，注释部分不是必需的。

(1) 变量名

变量名在局部变量表中称作符号，它需要直接输入，变量名最多可用 23 个字符表示，并且第一个字符不能为数字。

(2) 变量类型

变量类型是根据参数传递方向来划分的，它可分为四种类型：IN（传入子程序）、IN_

	符号	变量类型	数据类型	注释
	EN	IN	BOOL	
LB0	输入1	IN	BYTE	
LB1	输入2	IN	BYTE	
		IN		
		IN_OUT		
LB2	输出	OUT	BYTE	
		OUT		
		TEMP		

a)

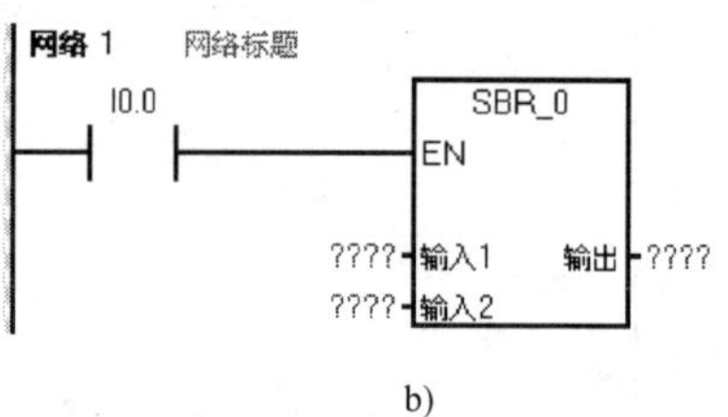

b)

图 5-33　子程序调用指令参数的设置

OUT（传入和传出子程序）、OUT（传出子程序）和 TEMP（暂变量）。参数的四种变量类型详细说明见表 5-50。

表 5-50　参数的四种变量类型详细说明

变量类型	说　　明
IN	将参数传入子程序。该参数可以是直接寻址（如 VB10）、间接寻址（如 * AC1）、常数（如 16#1234），也可以是一个地址（如 &VB100）
IN_OUT	调用子程序时，该参数指定位置的值被传入子程序，子程序执行的结果值被返回到同样位置。该参数可采用直接或间接寻址，常数（如 16#1234）和地址（如 &VB100）不允许作为输入/输出参数
OUT	子程序执行得到的结果值被返回到该参数位置。该参数可采用直接或间接寻址，常数和地址不允许作为输出参数
TEMP	在子程序内部用来暂存数据，任何不用于传递数据的局部存储器都可以在子程序中作为临时存储器使用

（3）数据类型

参数的数据类型有布尔型（BOOL）、字节型（BYTE）、字型（WORD）、双字型（DWORD）、整数型（INT）、双整数型（DINT）、实数型（REAL）和字符型（STRING）。

3. 指令使用的注意事项

在使用带参数子程序调用指令时，要注意以下事项：

1）常数参数必须指明数据类型。例如，输入一个无符号双字常数 12345 时，该常数必须指定为 DW#12345，如果遗漏常数的数据类型，该常数可能会当作不同的类型使用。

2）输入或输出参数没有自动数据类型转换功能。例如，局部变量表明一个参数为实数型，而在调用时使用一个双字，子程序中的值就是双字。

3）在带参数调用的子程序指令中，参数必须按照一定顺序排列，参数排列顺序依次是，输入、输入/输出、输出和暂变量。如果用语句表编程，CALL 指令的格式是

CALL 子程序号，参数 1，参数 2，…，参数 *n*

4. 指令使用举例

带参数的子程序调用指令使用如图 5-34 所示，图 a 为主程序，图 b 为子程序及局部变

量表，主、子程序可以实现 Y =（X +20）×3 ÷8 运算。

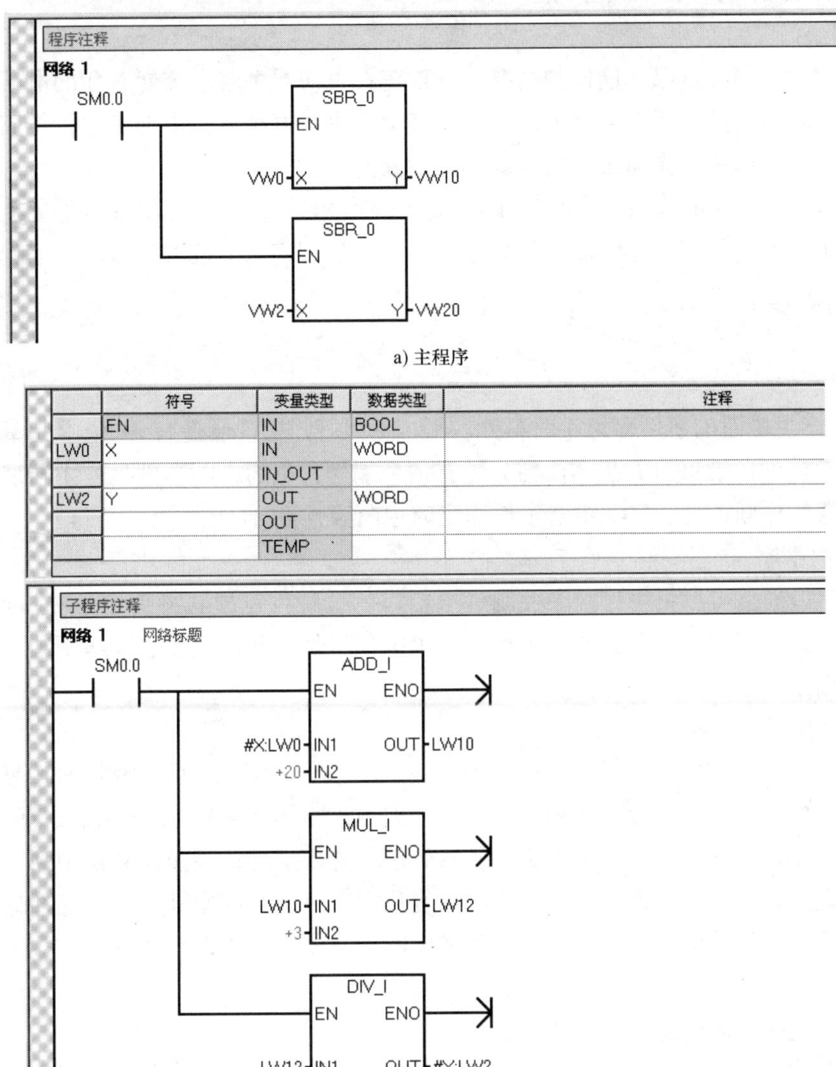

b) 子程序

图 5-34　带参数的子程序调用指令使用举例

程序执行过程：在主程序中，常 ON 触点 SM0.0 处于闭合状态，首先执行第一个带参数子程序调用指令，转入执行子程序，同时将 VW0 单元中的数据作为 X 值传入子程序的 LW0 单元（局部变量存储器），在子程序中，ADD_I 指令先将 LW0 中的值 +20，结果存入 LW10 中，然后 MUL_I 指令将 LW10 中的值 ×3，结果存入 LW12 中，DIV_I 指令再将 LW12 中的值 ÷8，结果存入 LW2 中，最后子程序结束返回到主程序，同时子程序 LW2 中的数据作为 Y 值被传入主程序的 VW10 单元中。子程序返回到主程序后，接着执行主程序中的第二个带参数子程序调用指令，又将 VW2 中的数据作为 X 值传入子程序进行（X +20）×3 ÷8 运算，运算结果作为 Y 值返回到 VW20 单元中。

5.11 中断与中断指令

在生活中，人们经常遇到这样的情况：当你正在书房看书时，突然客厅的电话响了，你会停止看书，转而去接电话，接完电话后又继续去看书。**这种停止当前工作，转而去做其他工作，做完后又返回来做先前工作的现象称为中断。**

PLC也有类似的中断现象，当系统正在执行某程序时，如果突然出现意外事情，它就需要停止当前正在执行的程序，转而去处理意外事情，处理完后又接着执行原来的程序。

5.11.1 中断事件与中断优先级

1. 中断事件

让PLC产生中断的事件称为中断事件。S7-200系列PLC最多有34个中断事件，为了识别这些中断事件，给每个中断事件都分配有一个编号，称为中断事件号。**中断事件主要可分为三类：通信中断事件、I/O中断事件和定时中断事件。**

（1）通信中断

PLC的串口通信可以由用户程序控制，通信口的这种控制模式称为自由端口通信模式。在该模式下，接收完成、发送完成均可产生一个中断事件，利用接收、发送中断可以简化程序对通信的控制。

（2）I/O中断

I/O中断包括外部输入上升沿或下降沿中断、高速计数器（HSC）中断和高速脉冲输出（PTO）中断。外部输入中断是利用I0.0～I0.3端口的上升沿或下降沿产生中断请求，这些输入端口可用作连接某些一旦发生就必须及时处理的外部事件；高速计数器中断可以响应当前值等于预设值、计数方向改变、计数器外部复位等事件引起的中断；高速脉冲输出中断可以用来响应给定数量的脉冲输出完成后产生的中断，常用作步进电动机的控制。

（3）定时中断

定时中断包括定时中断和定时器中断。

定时中断可以用来支持一个周期性的活动，以1ms为计量单位，周期时间可以是1～255ms。对于定时中断0，必须把周期时间值写入SMB34；对定时中断1，必须把周期时间值写入SMB35。每当到达定时值时，相关定时器溢出，执行中断程序。定时中断可以用固定的时间间隔去控制模拟量输入的采样或者执行一个PID回路。如果某个中断程序已连接到一个定时中断事件上，为改变定时中断的时间间隔，首先必须修改SM3.4或SM3.5的值，然后重新把中断程序连接到定时中断事件上。当重新连接时，定时中断功能清除前一次连接时的定时值，并用新值重新开始计时。

定时中断一旦允许，中断就连续地运行，每当定时时间到时就会执行被连接的中断程序。如果退出RUN模式或分离定时中断，则定时中断被禁止。如果执行了全局中断禁止指令，定时中断事件仍会继续出现，每个出现的定时中断事件将进入中断队列，直到中断允许或队列满。

定时器中断可以利用定时器来对一个指定的时间段产生中断，这类中断只能使用分辨率为1ms的定时器T32和T96来实现。当所用定时器的当前值等于预设值时，在CPU的1ms定时刷新中，执行被连接的中断程序。

2. 中断优先级

PLC 可以接受的中断事件很多，但如果这些中断事件同时发出中断请求，要同时处理这些请求是不可能的，正确的方法是对这些中断事件进行优先级别排队，优先级别高的中断事件请求先响应，然后再响应优先级别低的中断事件请求。

S7-200 系列 PLC 的中断事件优先级别从高到低的类别依次是，通信中断事件、I/O 中断事件、定时中断事件。由于每类中断事件中又有多种中断事件，所以每类中断事件内部也要进行优先级别排队。所有中断事件的优先级别顺序见表 5-51。

表 5-51　中断事件的优先级别顺序

中断优先级	中断事件编号	中断事件说明		组内优先级
通信中断（最高）	8	端口 0：	接收字符	0
	9	端口 0：	发送完成	0
	23	端口 0：	接收消息完成	0
	24	端口 1：	接收消息完成	1
	25	端口 1：	接收字符	1
	26	端口 1：	发送完成	1
I/O 中断（中等）	19	PTO	0 完成中断	0
	20	PTO	1 完成中断	1
	0	上升沿，	I0.0	2
	2	上升沿，	I0.1	3
	4	上升沿，	I0.2	4
	6	上升沿，	I0.3	5
	1	下降沿，	I0.0	6
	3	下降沿，	I0.1	7
	5	下降沿，	I0.2	8
	7	下降沿，	I0.3	9
	12	HSC0	CV = PV（当前值 = 预设值）	10
	27	HSC0	输入方向改变	11
	28	HSC0	外部复位	12
	13	HSC1	CV = PV（当前值 = 预设值）	13
	14	HSC1	输入方向改变	14
	15	HSC1	外部复位	15
	16	HSC2	CV = PV（当前值 = 预设值）	16
	17	HSC2	输入方向改变	17
	18	HSC2	外部复位	18
	32	HSC3	CV = PV（当前值 = 预设值）	19
	29	HSC4	CV = PV（当前值 = 预设值）	20
	30	HSC4	输入方向改变	21
	31	HSC4	外部复位	22
	33	HSC5	CV = PV（当前值 = 预设值）	23

（续）

中断优先级	中断事件编号	中断事件说明		组内优先级
定时中断（最低）	10	定时中断 0	SMB34	0
	11	定时中断 1	SMB35	1
	21	定时器 T32	CT = PT 中断	2
	22	定时器 T96	CT = PT 中断	3

PLC 的中断处理规律主要有：①当多个中断事件发生时，按事件的优先级顺序依次响应，对于同级别的事件，则按先发生先响应的原则；②在执行一个中断程序时，不会响应更高级别的中断请求，直到当前中断程序执行完成；③在执行某个中断程序时，若有多个中断事件发生请求，这些中断事件则按优先级顺序排成中断队列等候，中断队列能保存的中断事件个数有限，如果超出了队列的容量，则会产生溢出，将某些特殊标志继电器置位，S7-200 系列 PLC 的中断队列容量及溢出置位继电器见表 5-52。

表 5-52　S7-200 系列 PLC 的中断队列容量及溢出置位继电器

中断队列	CUP211、CPU222、CPU224	CPU224XP 和 CPU226	溢出置位
通信中断队列	4	8	SM4.0
I/O 中断队列	16	16	SM4.1
定时中断队列	8	8	SM4.2

5.11.2　中断指令

中断指令有 6 条：中断允许指令、中断禁止指令、中断连接指令、中断分离指令、清除中断事件指令和中断条件返回指令。

1. 指令说明

中断指令说明见表 5-53。

2. 中断程序的建立

中断程序是为处理中断事件而事先写好的程序，它不像子程序要用指令调用，而是当中断事件发生后系统会自动执行中断程序，如果中断事件未发生，中断程序就不会执行。在编写中断程序时，要求程序越短越好，并且在中断程序中不能使用 DISI、ENI、HDEF、LSCR 和 END 指令。

编写中断程序要在编程软件中进行，打开 STEP 7-Micro/WIN 编程软件，在程序编辑区下方有“主程序”、“SBR_0”、“INT_0”三个标签，单击“INT_0”标签即可切换到中断程序编辑页面，在该页面就可以编写名称为“INT_0”的中断程序。

如果需要编写第 2 个或更多的中断程序，可执行菜单命令“编辑→插入→中断程序”，即在程序编辑区下方增加一个中断程序名称为“INT_1”的标签，在标签上单击鼠标右键，在弹出的菜单中可进行更多操作，如图 5-35 所示。

表 5-53　中断指令说明

<table>
<tr><th rowspan="2">指令名称</th><th rowspan="2">梯形图</th><th rowspan="2">功能说明</th><th colspan="2">操作数</th></tr>
<tr><th>INT</th><th>EVNT</th></tr>
<tr><td>中断允许指令
(ENI)</td><td>—(ENI)</td><td>允许所有中断事件发出的请求</td><td rowspan="6">常数
(0~127)
(字节型)</td><td rowspan="6">常数
CPU221、CPU222：
0~12、19~23、27~33；
CPU 224：
0~23、27~33；
CPU 224XP、CPU 226：
0~33
(字节型)</td></tr>
<tr><td>中断
禁止指令
(DISI)</td><td>—(DISI)</td><td>禁止所有中断事件发出的请求</td></tr>
<tr><td>中断
连接指令
(ATCH)</td><td>ATCH
EN　ENO
????-INT
????-EVNT</td><td>将 EVNT 端指定的中断事件与 INT 端指定的中断程序关联起来，并允许该中断事件</td></tr>
<tr><td>中断
分离指令
(DTCH)</td><td>DTCH
EN　ENO
????-EVNT</td><td>将 EVNT 端指定的中断事件断开，并禁止该中断事件</td></tr>
<tr><td>清除中断
事件指令
(CEVNT)</td><td>CLR_EVNT
EN　ENO
????-EVNT</td><td>清除 EVNT 端指定的中断事件</td></tr>
<tr><td>中断条件
返回指令
(CRETI)</td><td>—(RETI)</td><td>若前面的条件使该指令执行，可让中断程序返回</td></tr>
</table>

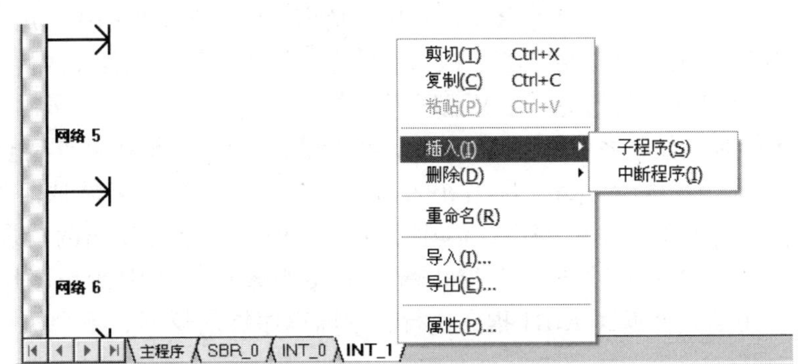

图 5-35　新增中断程序的操作方式

3. 指令使用举例

(1) 使用举例一

中断指令使用如图 5-36 所示，图 a 为主程序，图 b 为名称为 INT_0 的中断程序。

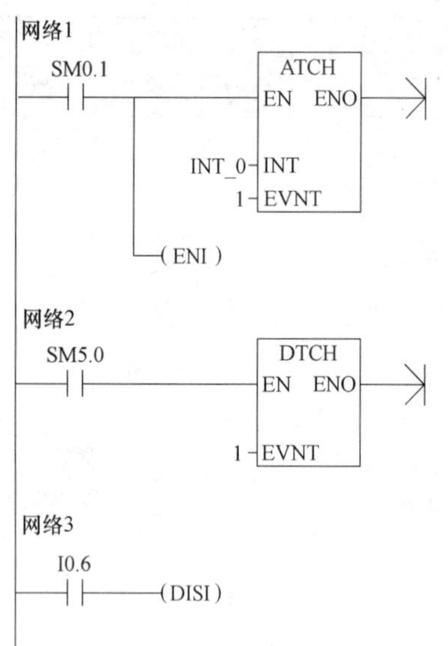

PLC第一次扫描时SM0.1触点闭合，中断连接ATCH指令首先执行，将中断事件1与INT_0中断程序连接起来，然后中断允许ENI指令执行，允许系统接受所有的中断事件

当检测到I/O发生错误时，SM5.0置位，该触点闭合，中断分离DTCH指令执行，分离中断事件1，即不接受中断事件1发出的中断请求

如果I0.6触点处于闭合状态，中断禁止DISI指令执行，禁止所有的中断事件，即不接受任何的中断请求

a) 主程序

网络1

I0.5 (RETI)

如果I0.5触点处于闭合状态，中断条件返回RETI指令执行，中断程序提前返回，即中断程序后续内容不会执行

网络2

M0.1 Q0.0

如果M0.1触点闭合，Q0.0线圈得电

b) 中断程序(INT_0)

图5-36　中断指令使用举例一

在主程序运行时，若I0.0端口输入一个脉冲下降沿（如I0.0端口外接开关突然断开），马上会产生一个中断请求，即中断事件1产生中断请求，由于在主程序中已用ATCH指令将中断事件1与INT_0中断程序连接起来，故系统响应此请求，停止主程序的运行，转而执行INT_0中断程序，中断程序执行完成后又返回主程序。

在主程序运行时，如果系统检测到I/O发生错误，会使SM5.0触点闭合，中断分离DTCH指令执行，禁用中断事件1，即当I0.0端口输入一个脉冲下降沿时，系统不理会该中断，也就不会执行INT_0中断程序，但还会接受其他中断事件发出的请求；如果I0.6触点闭合，中断禁止DISI指令执行，禁止所有的中断事件。在中断程序运行时，如果I0.5触点闭合，中断条件返回RETI指令执行，中断程序提前返回，不会执行该指令后面的内容。

（2）使用举例二

图5-37所示程序的功能是对模拟量输入信号每10ms采样一次。

在主程序运行时，PLC第一次扫描时SM0.1触点接通一个扫描周期，MOV_B指令首先执行，将常数10送入定时中断时间存储器SMB34中，将定时中断时间间隔设为10ms，然后中断连接 ATCH 指令执行，将中断事件 10（即定时器中断 0）与 INT_0 中断程序连接起来，再执行中断允许 ENI 指令，允许所有的中断事件。当定时中断存储器 SMB34 10ms 定时时间间隔到，会向系统发出中断请求，由于该中断事件对应 INT_0 中断程序，所以 PLC 马上执行 INT_0 中断程序，将模拟量输入 AIW0 单元中的数据传送到 VW100 单元中，当 SMB34 下一个 10ms 定时时间间隔到，又会发出中断请求，从而又执行一次中断程序，这样程序就可以每隔 10ms 时间对模拟输入 AIW0 单元数据采样一次。

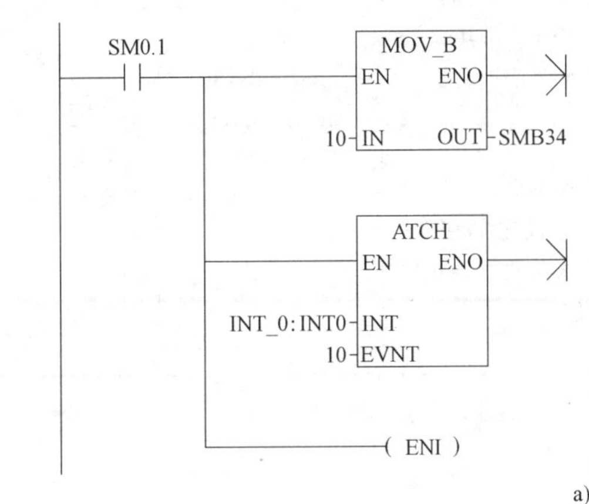

PLC第一次扫描时 SM0.1 触点闭合，首先MOV_B指令执行，将10传送至SMB34(定时中断的时间间隔存储器)，设置定时中断时间间隔为10ms，然后中断连接ATCH指令执行，将中断事件10与INT_0中断程序连接起来，再执行中断允许ENI指令，允许系统接受所有的中断事件

a) 主程序

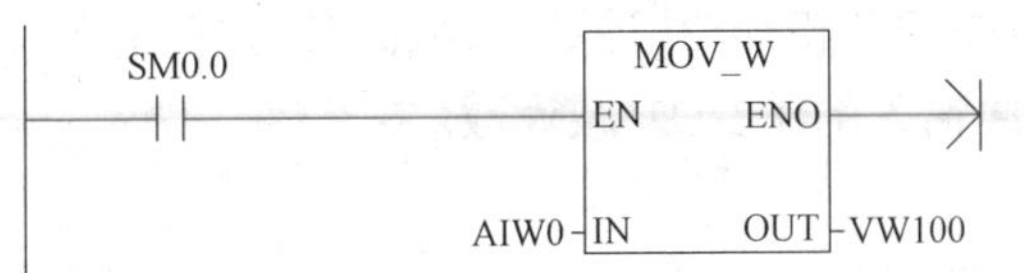

在PLC运行时 SM0.0 触点始终闭合，MOV_W指令执行，将AIW0单元的数据(PLC模拟量输入端口的模拟信号经内部模–数转换得到的数据)传送到VW100单元中

b) 中断程序(INT_0)

图 5-37　中断指令使用举例二

5.12　高速计数器指令

普通计数器的计数速度与 PLC 的扫描周期有关，扫描周期越长，计数速度越慢，即计数频率越低，一般仅几十赫兹，**普通计数器适用于计数速度要求不高的场合。为了满足高速计数要求，S7-200 系列 PLC 专门设计了高速计数器，其计数速度很快，**CPU22X 系列 PLC 计数频率最高为 30kHz，CPU224XP CN 最高计数频率达 230kHz，并且不受 PLC 扫描周期影响。

在 S7-200 系列 PLC 中，CPU224、CPU224XP 和 CPU226 支持 HSC0 ~ HSC5 六个高速计数器；而 CPU221 和 CPU222 支持 HSC0、HSC3、HSC4 和 HSC5 四个高速计数器，不支持 HSC1 和 HSC2。高速计数器有 0 ~ 12 种（即 13 种）工作模式。

5.12.1　指令说明

高速计数器指令包括高速计数器定义指令（HDEF）和高速计数器指令（HSC）。

高速计数器指令说明见表 5-54。

表 5-54　高速计数器指令说明

指令名称	梯形图	功能说明	操作数	
			HSC、MODE	N
高速计数器定义指令（HDEF）	HDEF EN　ENO ????-HSC ????-MODE	让 HSC 端指定的高速计数器工作在 MODE 端指定的模式下 HSC 端用来指定高速计数器的编号，MODE 端用来指定高速计数器的工作模式	常数 HSC：0～5 MODE：0～12 （字节型）	常数 N：0～5 （字型）
高速计数器指令（HSC）	HSC EN　ENO ????-N	让编号为 N 的高速计数器按 HDEF 指令设定的模式，并按有关特殊存储器某些位的设置和控制工作		

5.12.2　高速计数器的计数模式

高速计数器有 4 种计数模式：内部控制方向的单相加/减计数、外部控制方向的单相加/减计数、双相脉冲输入的加/减计数和双相脉冲输入的正交加/减计数。

1. 内部控制方向的单相加/减计数

在该计数模式下，只有一路脉冲输入，计数器的计数方向（即加计数或减计数）由特殊存储器某位值来决定，该位值为 1 为加计数，该位值为 0 为减计数。内部控制方向的单相加/减计数说明如图 5-38 所示，以高速计数器 HSC0 为例，它采用 I0.0 端子为计数脉冲输入端，SM37.3 的位值决定计数方向，SMD42 用于写入计数预置值。当高速计速器的计数值达到预置值时会产生中断请求，触发中断程序的执行。

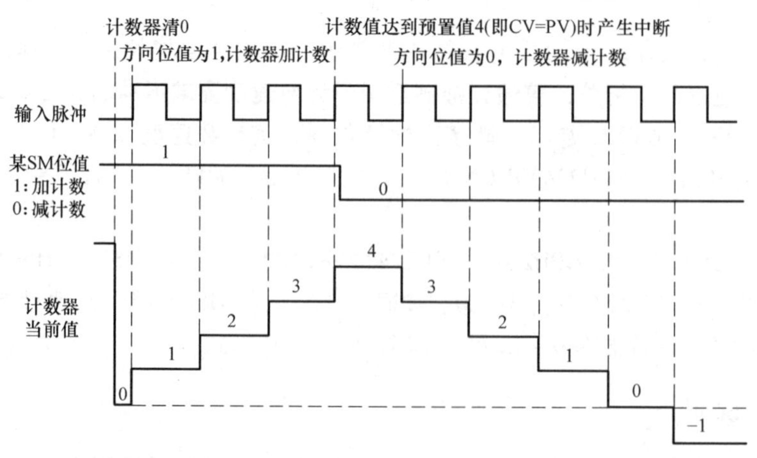

图 5-38　内部控制方向的单相加/减计数说明

2. 外部控制方向的单相加/减计数

在该计数模式下，只有一路脉冲输入，计数器的计数方向由某端子输入值来决定，该位值为 1 为加计数，该位值为 0 为减计数。外部控制方向的单相加/减计数说明如图 5-39 所示，以高速计数器 HSC4 为例，它采用 I0.3 端子作为计数脉冲输入端，I0.4 端子输入值决定计数方向，SMD152 用于写入计数预置值。

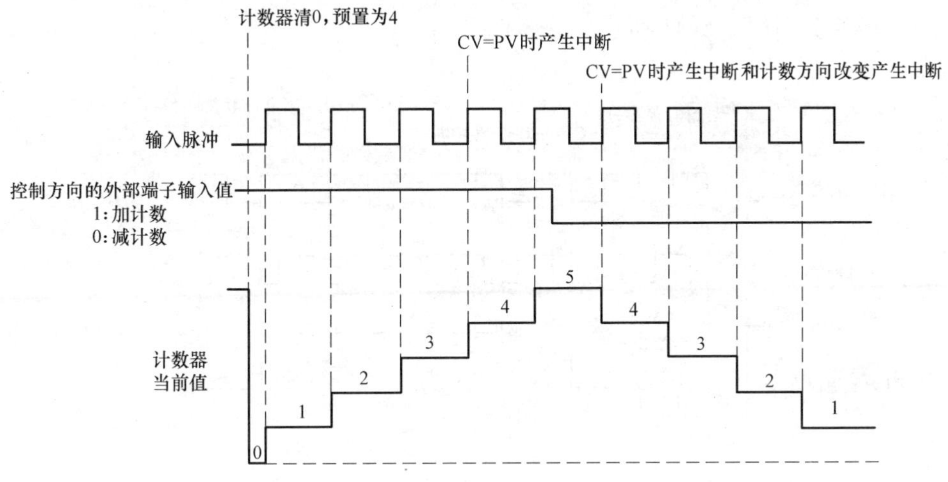

图 5-39　外部控制方向的单相加/减计数说明

3. 双相脉冲输入的加/减计数

在该计数模式下，有两路脉冲输入端，一路为加计数输入端，另一路为减计数输入端。双相脉冲输入的加/减计数说明如图 5-40 所示，以高速计数器 HSC0 为例，当其工作模式为 6 时，它采用 I0.0 端子作为加计数脉冲输入端，I0.1 为减计数脉冲输入端，SMD42 用于写入计数预置值。

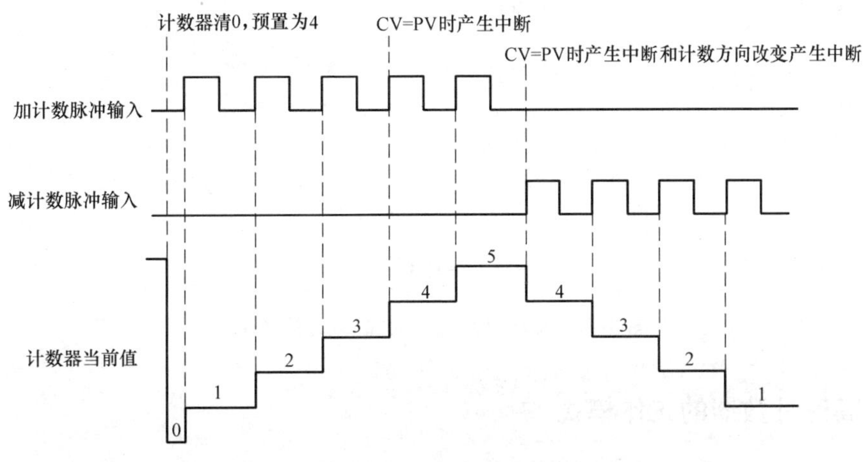

图 5-40　双相脉冲输入的加/减计数说明

4. 双相脉冲输入的正交加/减计数

在该计数模式下，有两路脉冲输入端，一路为 A 脉冲输入端，另一路为 B 脉冲输入端，A、B 脉冲相位相差 90°（即正交），即 A、B 两脉冲相差 1/4 周期。若 A 脉冲超前 B 脉冲 90°，为加计数；若 A 脉冲滞后 B 脉冲 90°，为减计数。**在这种计数模式下，可选择 1X 模式或 4X 模式，**1X 模式又称单倍频模式，当输入一个脉冲时计数器值增 1 或减 1，4X 模式又称四倍频模式，当输入一个脉冲时计数器值增 4 或减 4。1X 模式和 4X 模式的双相脉冲输入的加/减计数说明分别如图 5-41 所示。

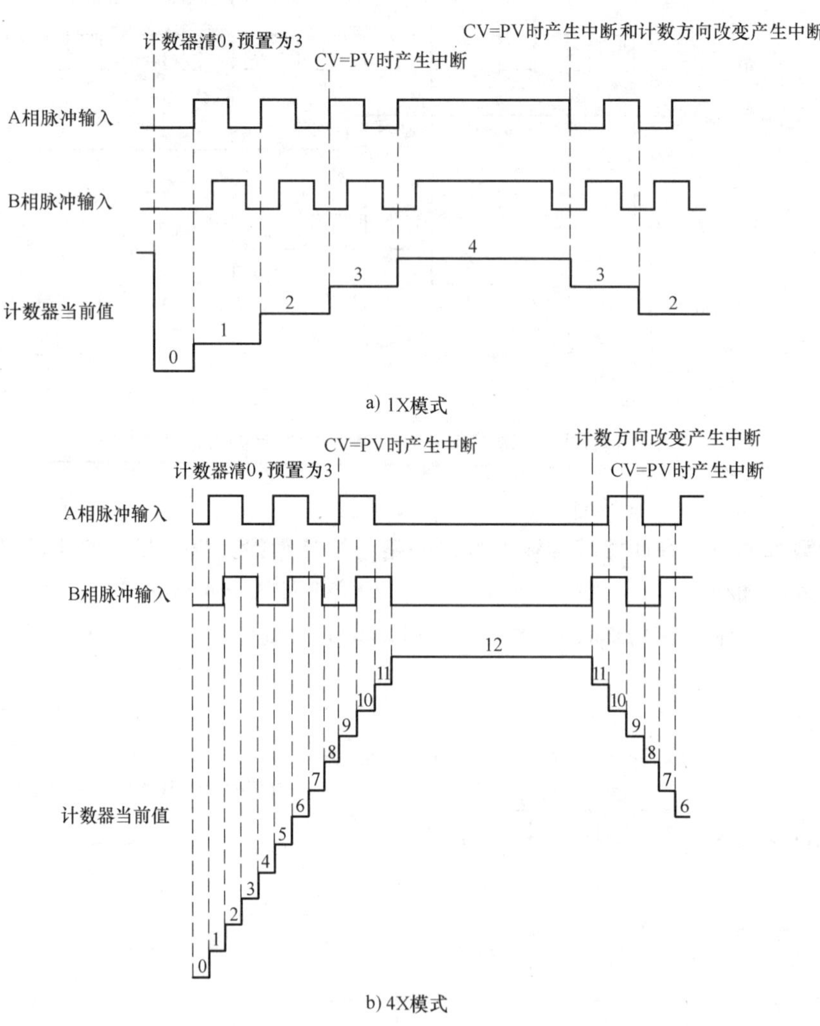

图 5-41 双相脉冲输入的加/减计数说明

5.12.3 高速计数器的工作模式

高速计数器有 0 ~ 12 共 13 种工作模式。0 ~ 2 模式采用内部控制方向的单相加/减计数；3 ~ 5 模式采用外部控制方向的单相加/减计数；6 ~ 8 模式采用双相脉冲输入的加/减计数；9 ~ 11 模式采用双相脉冲输入的正交加/减计数；模式 12 只有 HSC0 和 HSC3 支持，HSC0 用于 Q0.0 输出脉冲的计数，HSC3 用于 Q0.1 输出脉冲的计数。

S7-200 系列 PLC 有 HSC0 ~ HSC5 六个高速计数器，每个高速计数器都可选择不同的工作模式。HSC0、HSC4 可选择的工作模式有 0、1、3、4、6、7、8、9、10；HSC1、HSC2 可选择的工作模式有 0 ~ 11；HSC3、HSC5 只能选择工作模式 0。

高速计数器的工作模式及占用的输入端子见表 5-55，表中列出了与高速计数器相关的脉冲输入、方向控制、复位和启动输入端。同一个输入端不能用于两种不同的功能，但是任何一个没有被高速计数器当前模式使用的输入端，均可以被用作其他用途，例如若 HSC0 工作在模式 1，会占用 I0.0 和 I0.2，则 I0.1 可以被 HSC3 占用。HSC0 的所有模式（模式 12 除外）总是使用 I0.0，HSC4 的所有模式总是使用 I0.3，因此在使用这些计数器时，相应的输入端不能用于其他功能。

表 5-55　高速计数器的工作模式及占用的输入端子

高速计数器与工作模式编号		说　明	占用的输入端子及其功能			
高速计数器	HSC0		I0.0	I0.1	I0.2	
	HSC4		I0.3	I0.4	I0.5	
	HSC1		I0.6	I0.7	I1.0	I1.1
	HSC2		I1.2	I1.3	I1.4	I1.5
	HSC3		I0.1			
	HSC5		I0.4			
工作模式	0	单路脉冲输入的内部方向控制加/减计数。控制字 SM37.3 = 0，减计数；SM37.3 = 1，加计数	脉冲输入			
	1				复位	
	2				复位	启动
	3	单路脉冲输入的外部方向控制加/减计数。方向控制端 = 0，减计数；方向控制端 = 1，加计数	脉冲输入	方向控制		
	4				复位	
	5				复位	启动
	6	两路脉冲输入的单相加/减计数。加计数端有脉冲输入，加计数；减计数端有脉冲输入，减计数	加计数脉冲输入	减计数脉冲输入		
	7				复位	
	8				复位	启动
	9	两路脉冲输入的双相正交计数。A 相脉冲超前 B 相脉冲，加计数；A 相脉冲滞后 B 相脉冲，减计数	A 相脉冲输入	B 相脉冲输入		
	10				复位	
	11				复位	启动
	12	只有 HSC0 和 HSC3 支持模式 12，HSC0 用于计数 Q0.0 输出的脉冲数，HSC3 用于计数 Q0.1 输出的脉冲数				

5.12.4　高速计数器的控制字节

高速计数器定义 HDEF 指令只能让某编号的高速计数器工作在某种模式，无法设置计数器的方向和复位、启动电平等内容。为此，每个高速计数器都备有一个专用的控制字节来对计数器进行各种控制设置。

1. 控制字节功能说明

高速计数器控制字节的各位功能说明见表 5-56。例如高速计数器 HSC0 的控制字节是 SMB37，其中 SM37.0 位用来设置复位有效电平，当该位为 0 时高电平复位有效，该位为 1 时低电平复位有效。

表 5-56　高速计数器控制字节的各位功能说明

HSC0（SMB37）	HSC1（SMB47）	HSC2（SMB57）	HSC3（SMB137）	HSC4（SMB147）	HSC5（SMB157）	说　明
SM37.0	SM47.0	SM57.0		SM147.0		复位有效电平控制（0：复位信号高电平有效；1：低电平有效）
	SM47.1	SM57.1				启动有效电平控制（0：启动信号高电平有效；1：低电平有效）
SM37.2	SM47.2	SM57.2		SM147.2		正交计数器计数速率选择（0：4X 计数速率；1：1X 计数速率）
SM37.3	SM47.3	SM57.3	SM137.3	SM147.3	SM157.3	计数方向控制位（0：减计数；1：加计数）
SM37.4	SM47.4	SM57.4	SM137.4	SM147.4	SM157.4	将计数方向写入 HSC（0：无更新；1：更新计数方向）
SM37.5	SM47.5	SM57.5	SM137.5	SM147.5	SM157.5	将新预设值写入 HSC（0：无更新；1：更新预置值）
SM37.6	SM47.6	SM57.6	SM137.6	SM147.6	SM157.6	将新的当前值写入 HSC（0：无更新；1：更新初始值）
SM37.7	SM47.7	SM57.7	SM137.7	SM147.7	SM157.7	HSC 指令执行允许控制（0：禁用 HSC；1：启用 HSC）

2. 控制字节的设置举例

控制字节的设置如图 5-42 所示。PLC 第一次扫描时 SM0.1 触点接通一个扫描周期，首先 MOV_B 指令执行，将十六进制数 F8（即 11111000）送入 SMB47 单元，则 SM47.7 ~ SM47.0 为 11111000，这样就将高速计数器 HSC1 的复位、启动设为高电平，正交计数设为 4X 模式，然后 HDEF 指令执行，将高 HSC1 工作模式设为模式 11（正交计数）。

5.12.5　高速计数器计数值的读取与预设

1. 计数值的读取

高速计数器的当前计数值都保存在 HC 存储单元中，高速计数器 HSC0 ~ HSC5 的当前值分别保存在 HC0 ~ HC5 单元中，这些单元中的数据为只读类型，即不能向这些单元写入数据。

高速计数器计数值的读取如图 5-43 所示。当 I0.0 触点由断开转为闭合时，上升沿 P 触点接通一个扫描周期，MOV_DW 指令执行，将高速计数器 HSC0 当前的计数值（保存在 HC0 单元中）读入并保存在 VD200 单元。

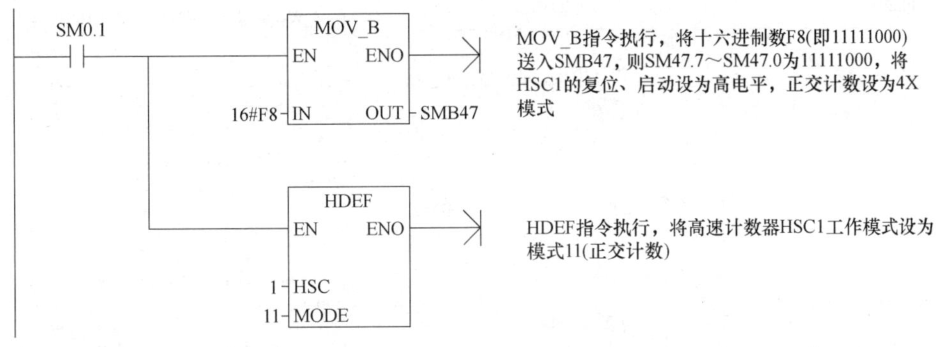

图 5-42 控制字节的设置举例

图 5-43 高速计数器计数值的读取

2. 计数值的设置

每个高速计数器都用两个单元分别存放当前计数值（CV）和预设计数值（PV），这两个值都是 32 位。在高速计数器工作时，当 CV = PV 时会触发一个中断。当前计数值可从 HC 单元中读取，预设值则无法直接读取。要将新的 CV 值或 PV 值载入高速计数器，必须先设置相应的控制字节和特殊存储双字单元，再执行 HSC 指令以将新值传送到高速计数器。

各高速计数器存放 CV 值和 PV 值的存储单元见表 5-57，例如，高速计数器 HSC0 采用 SMD38 双字单元存放 CV 值，采用 SMD42 双字单元存放 PV 值。

表 5-57 各高速计数器存放 CV 值和 PV 值的存储单元

计 数 值	HSC0	HSC1	HSC2	HSC3	HSC4	HSC5
当前计数值(CV 值)	SMD38	SMD48	SMD58	SMD138	SMD148	SMD158
预设计数值(PV 值)	SMD42	SMD52	SMD62	SMD142	SMD152	SMD162

高速计数器计数值的设置如图 5-44 所示。当 I0.2 触点由断开转为闭合时，上升沿 P 触点接通一个扫描周期，首先第 1 个 MOV_DW 指令执行，将新 CV 值（当前计数值）“100”送入 SMD38 单元，然后第 2 个 MOV_DW 指令执行，将新 PV 值（预设计数值）“200”送入 SMD42 单元，接着高速计数器 HSC0 的控制字节中的 SM37.5、SM37.6 两位得电为 1，允许 HSC0 更新 CV 值和 PV 值，最后 HSC 指令执行，将新 CV 值和 PV 值载入高速计数器 HSC0。

在执行 HSC 指令前，设置控制字节和修改 SMD 单元中的新 CV 值、PV 值不影响高速计数器的运行，执行 HSC 指令后，高速计数器才按设置的值工作。

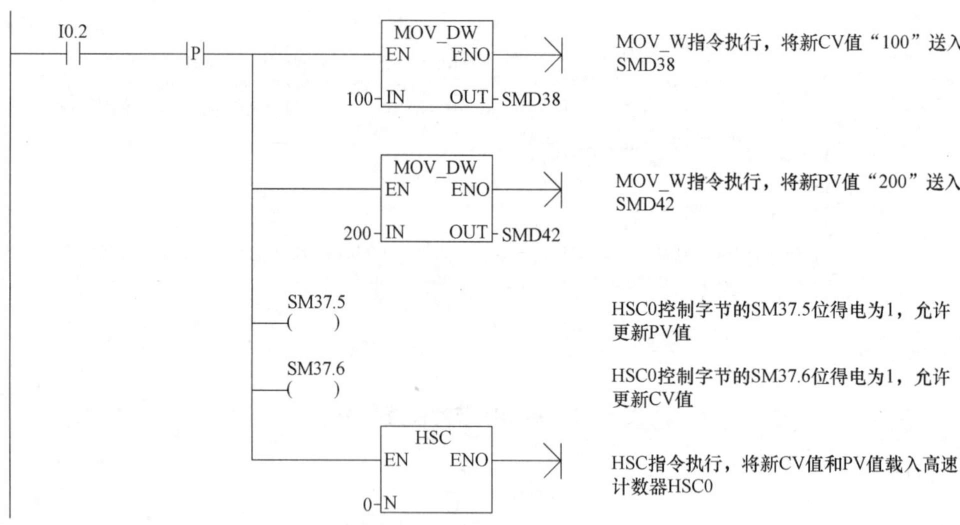

图 5-44　高速计数器计数值的设置程序

5.12.6　高速计数器的状态字节

每个高速计数器都有一个状态字节，该字节用来指示当前计数值与预置计数值的关系和当前计数方向。高速计数器的状态字节见表 5-58，其中每个状态字节的 0～4 位不用。监视高速计数器状态的目的是使其他事件能够产生中断以完成更重要的操作。

表 5-58　高速计数器的状态字节

HSC0	HSC1	HSC2	HSC3	HSC4	HSC5	说　明
SM36.5	SM46.5	SM56.5	SM136.5	SM146.5	SM156.5	当前计数方向状态位： 0 = 减计数，1 = 加计数
SM36.6	SM46.6	SM56.6	SM136.6	SM146.6	SM156.6	当前值等于预设值状态位： 0 = 不等，1 = 相等
SM36.7	SM46.7	SM56.7	SM136.7	SM146.7	SM156.7	当前值大于预设值状态位： 0 = 小于或等于，1 = 大于

5.12.7　高速计数器指令的使用

1. 指令使用步骤

高速计数器指令的使用较为复杂，一般使用步骤如下：

1）根据计数要求设置高速计数器的控制字节。例如，让 HSC1 的控制字节 SMB47 = 16#F8，则将 HSC1 设为允许计数、允许写入计数初始值、允许写入计数预置值、更新计数方向为加计数、正交计数为 4X 模式、高电平复位、高电平启动。

2）执行 HDEF 指令，将某编号的高速计数器设为某种工作模式。

3）将计数初始值写入当前值存储器。当前值存储器是指 SMD38、SMD48、SMD58、SMD138、SMD148 和 SMD158。

4）将计数预置值写入预置值存储器。预置值存储器是指 SMD42、SMD52、SMD62、SMD142、SMD152 和 SMD162。如果往预置值存储器写入 16#00，则高速计数器不工作。

5）为了捕捉当前值（CV）等于预置值（PV），可用中断连接 ATCH 指令将条件CV = PV 中断事件（如中断事件 13）与某中断程序连接起来。

6）为了捕捉计数方向改变，可用中断连接 ATCH 指令将方向改变中断事件（如中断事件 14）与某中断程序连接起来。

7）为了捕捉计数器外部复位，可用中断连接 ATCH 指令将外部复位中断事件（如中断事件 15）与某中断程序连接起来。

8）执行中断允许 ENI 指令，允许系统接受高速计数器（HSC）产生的中断请求。

9）执行 HSC 指令，启动某高速计数器按前面的设置工作。

10）编写相关的中断程序。

2. 指令的应用举例

高速计数器（HDEF、HSC）指令的应用如图 5-45 所示。在主程序中，PLC 第一次扫描时 SM0.1 触点接通一个扫描周期，由上往下执行指令，依次进行高速计数器 HSC1 控制字节的设置、工作模式的设置、写入初始值、写入预置值、中断事件与中断程序连接、允许中断、启动 HSC1 工作。

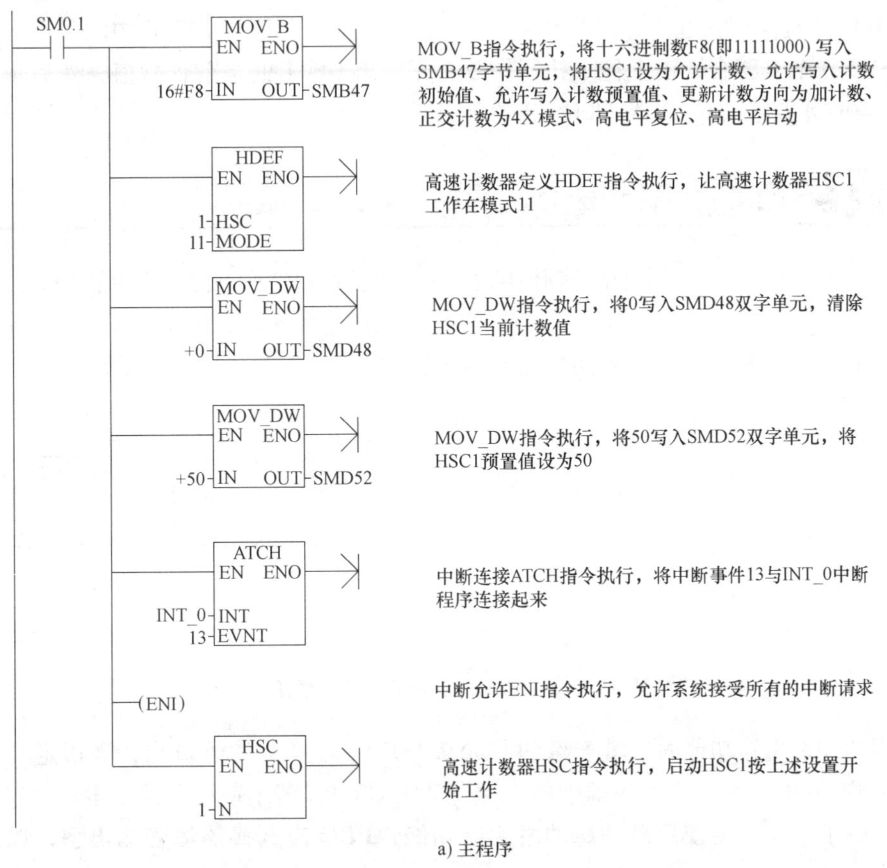

a) 主程序

图 5-45　高速计数器（HDEF、HSC）指令的应用举例

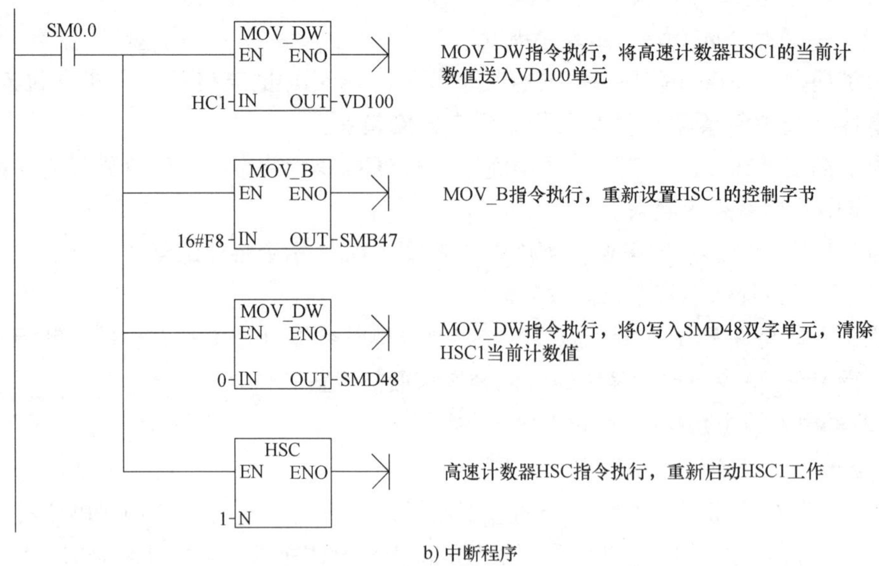

b) 中断程序

图 5-45　高速计数器（HDEF、HSC）指令的应用举例（续）

HSC1 开始计数后，如果当前计数值等于预置值，此为中断事件 13，由于已将中断事件 13 与 INT_0 中断程序连接起来，产生中断事件 13 后系统马上执行 INT_0 中断程序。在中断程序中，SM0.0 触点闭合，由上往下执行指令，先读出 HSC1 的当前计数值，然后重新设置 HSC1 并对当前计数值清 0，再启动 HSC1 重新开始工作。

5.13 高速脉冲输出指令

S7-200 系列 PLC 内部有两个高速脉冲发生器，通过设置可让它们产生占空比为 50%、周期可调的方波脉冲（即 PTO 脉冲），或者产生占空比及周期均可调节的脉宽调制脉冲（即 PWM 脉冲）。占空比是指高电平时间与周期的比值。PTO 脉冲和 PWM 脉冲如图 5-46 所示。

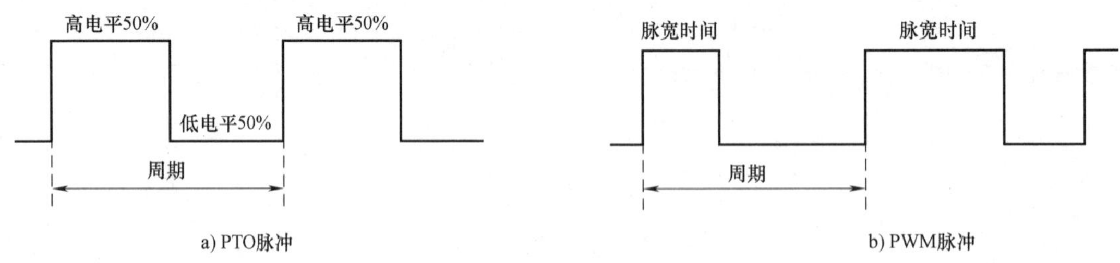

图 5-46　PTO 脉冲和 PWM 脉冲说明

在使用脉冲发生器功能时，其产生的脉冲从 Q0.0 和 Q0.1 端子输出，当指定一个发生器输出端为 Q0.0 时，另一个发生器的输出端自动为 Q0.1，若不使用脉冲发生器，这两个端子恢复普通端子功能。**要使用高速脉冲发生器功能，PLC 应选择晶体管输出型，以满足高速输出要求。**

5.13.1　指令说明

高速脉冲输出指令说明见表 5-59。

表 5-59　高速脉冲输出指令说明

指令名称	梯形图	功能说明	操作数
			Q0. X
高速脉冲输出指令（PLS）	PLS: EN, ENO, ????-Q0.X	根据相关特殊存储器（SM）的控制和参数设置要求，启动高速脉冲发生器从 Q0. X 指定的端子输出相应的 PTO 或 PWM 脉冲。	常数 0：Q0. 0 1：Q0. 1 （字型）

5.13.2　高速脉冲输出的控制字节、参数设置和状态位

要让高速脉冲发生器产生符合要求的脉冲，须对其进行有关控制及参数设置，另外，通过读取其工作状态可触发需要的操作。

1. 控制字节

高速脉冲发生器的控制采用一个 SM 控制字节（8 位），用来设置脉冲输出类型（PTO 或 PWM）、脉冲时间单位等内容。高速脉冲发生器的控制字节说明见表 5-60，例如，当 SM67. 6 =0 时，让 Q0. 0 端子输出 PTO 脉冲；当 SM77. 3 =1 时，让 Q0. 1 端子输出时间单位为 ms 的脉冲。

表 5-60　高速脉冲发生器的控制字节

控制字节		说　明		
Q0. 0	Q0. 1			
SM67. 0	SM77. 0	PTO/PWM 更新周期：	0 = 无更新	1 = 更新周期
SM67. 1	SM77. 1	PWM 更新脉宽时间：	0 = 无更新	1 = 更新脉宽
SM67. 2	SM77. 2	PTO 更新脉冲计数值：	0 = 无更新	1 = 更新脉冲计数
SM67. 3	SM77. 3	PTO/PWM 时间基准：	0 = 1μs/刻度	1 = 1ms/刻度
SM67. 4	SM77. 4	PWM 更新方法：	0 = 异步	1 = 同步
SM67. 5	SM77. 5	PTO 单个/多个段操作：	0 = 单个	1 = 多个
SM67. 6	SM77. 6	PTO/PWM 模式选择：	0 = PTO	1 = PWM
SM67. 7	SM77. 7	PTO/PWM 启用：	0 = 禁止	1 = 启用

2. 参数设置

高速脉冲发生器采用 SM 存储器来设置脉冲的有关参数。脉冲参数设置存储器说明见表 5-61，例如，SM67. 3 =1，SMW68 =25，则将脉冲周期设为 25ms。

3. 状态位

高速脉冲发生器的状态采用 SM 位来显示，通过读取状态位信息可触发需要的操作。高速脉冲发生器的状态位说明见表 5-62，例如，SM66. 7 =1 表示 Q0. 0 端子脉冲输出完成。

表 5-61　脉冲参数设置存储器

脉冲参数设置存储器		说　明	
Q0.0	Q0.1		
SMW68	SMW78	PTO/PWM 周期数值范围：	2 ~ 65535
SMW70	SMW80	PWM 脉宽数值范围：	0 ~ 65535
SMD72	SMD82	PTO 脉冲计数数值范围：	1 ~ 4294967295

表 5-62　高速脉冲发生器的状态位

状　态　位		说　明		
Q0.0	Q0.1			
SM66.4	SM76.4	PTO 包络被中止(增量计算错误)：	0 = 无错	1 = 中止
SM66.5	SM76.5	由于用户中止了 PTO 包络：	0 = 不中止	1 = 中止
SM66.6	SM76.6	PTO/PWM 管线上溢/下溢：	0 = 无上溢	1 = 溢出/下溢
SM66.7	SM76.7	PTO 空闲：	0 = 在进程中	1 = PTO 空闲

5.13.3　PTO 脉冲的产生与使用

PTO 脉冲是一种占空比为 50%、周期可调节的方波脉冲。PTO 脉冲的周期范围为 10 ~ 65535μs 或 2 ~ 65535ms，为 16 位无符号数；PTO 脉冲数范围为 1 ~ 4294967295，为 32 位无符号数。

在设置脉冲个数时，若将脉冲个数设为 0，系统会默认为个数为 1；在设置脉冲周期时，如果周期小于两个时间单位，系统会默认周期值为两个时间单位，如时间单位为 ms，周期设为 1.3ms，系统会默认周期为 2ms，另外，如果将周期值设为奇数值（如 75ms），产生的脉冲波形会失真。

PTO 脉冲可分为单段脉冲串和多段脉冲串，多段脉冲串由多个单段脉冲串组成。

1. 单段脉冲串的产生

要让 Q0.0 或 Q0.1 端子输出单段脉冲串，须先对相关的控制字节和参数进行设置，再执行高速脉冲输出 PLS 指令。

图 5-47 是一段用来产生单段脉冲串的程序。在 PLC 首次扫描时，SM0.1 触点闭合一个扫描周期，复位指令将 Q0.0 输出映像寄存器（即 Q0.0 线圈）置 0，以便将 Q0.0 端子用作高速脉冲输出；当 I0.1 触点闭合时，上升沿 P 触点接通一个扫描周期，MOV_B、MOV_W 和 MOV_DW 依次执行，对高速脉冲发生器的控制字节和参数进行设置，然后执行高速脉冲输出 PLS 指令，让高速脉冲发生器按设置产生单段 PTO 脉冲串，并从 Q0.0 端子输出。在 PTO 脉冲串输出期间，如果 I0.2 触点闭合，MOV_B、MOV_DW 依次执行，将控制字节设为禁止脉冲输出、脉冲个数设为 0，然后执行 PLS 指令，高速脉冲发生器马上按新的设置工作，即停止从 Q0.0 端子输出脉冲。单段 PTO 脉冲串输出完成后，状态位 SM66.7 会置 1，表示 PTO 脉冲输出结束。

若网络 2 中不使用边沿 P 触点，那么在单段 PTO 脉冲串输出完成后如果 I0.1 触点仍处于闭合，则会在前一段脉冲串后面继续输出相同的下一段脉冲串。

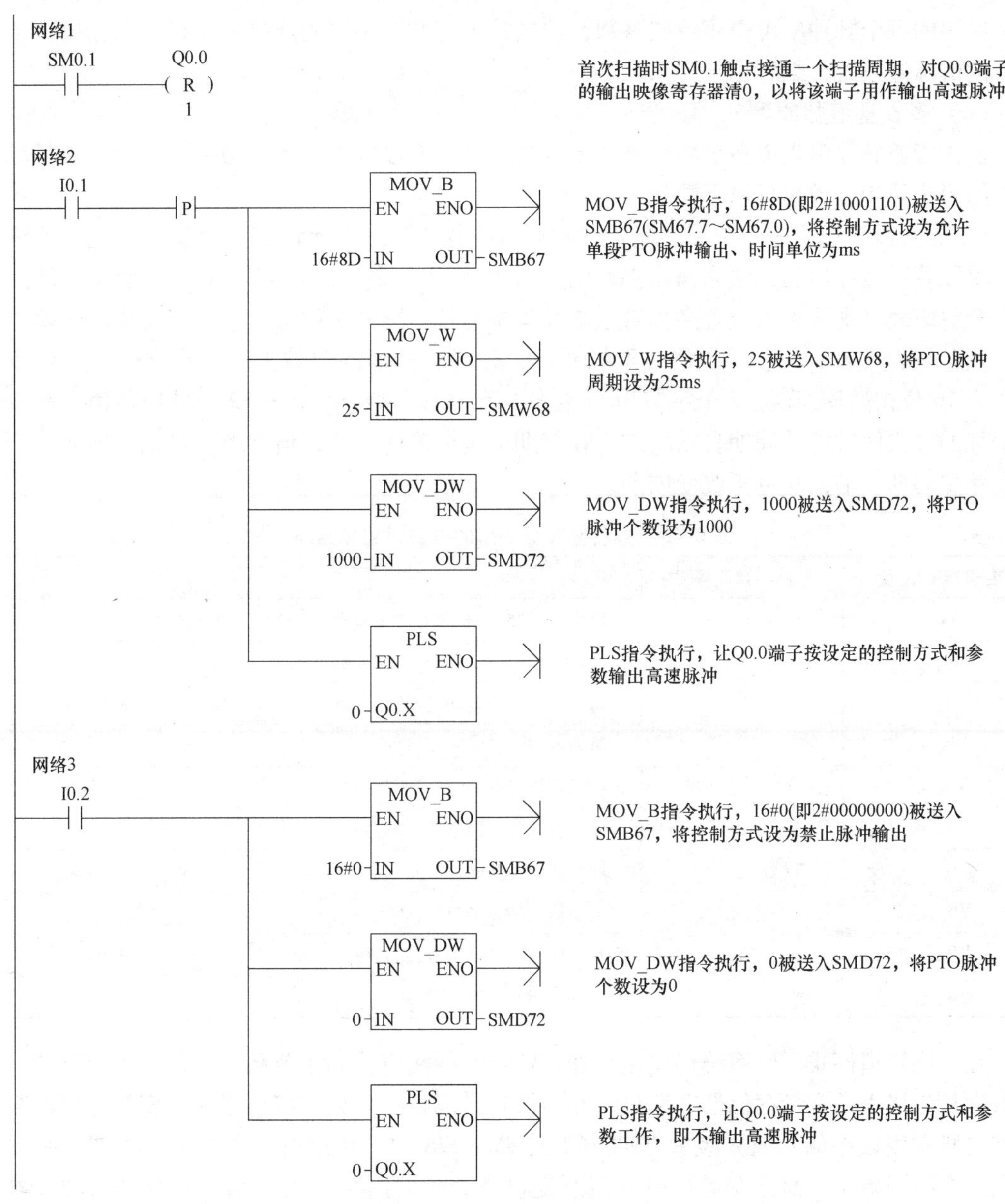

图 5-47　一段产生单段脉冲串的程序

2. 多段脉冲串的产生

多段脉冲串有两种类型：单段管道脉冲串和多段管道脉冲串。

（1）单段管道脉冲串

单段管道脉冲串是由多个单段脉冲串组成，每个单段脉冲串的参数可以不同，但单段脉冲串中的每个脉冲参数要相同。

由于控制单元参数只能对单段脉冲串产生作用，因此在输出单段管道脉冲串时，要求执行 PLS 指令产生首段脉冲串后，马上按第二段脉冲串要求刷新控制参数单元，并再次执行

PLS 指令，这样首段脉冲串输出完成后，会接着按新的控制参数输出第二段脉冲串。单段管道脉冲串的每个脉冲串可采用不同参数，这样易出现脉冲串之间连接不平稳，在输出多个参数不同的脉冲串时，编程也很复杂。

（2）多段管道脉冲串

多段管道脉冲串也由多个单段脉冲串组成，每个单段脉冲串的参数可以不同，单段脉冲串中的每个脉冲参数也可以不同。

1）参数设置包络表。由于多段管道脉冲串的各个脉冲串允许有较复杂的变化，无法用产生单段管道脉冲串的方法来输出多段管道脉冲串，S7-200 系列 PLC 采用在变量存储区建立一个包络表，由该表来设置多段管道脉冲串中的各个脉冲串的参数。多段管道脉冲串的参数设置包络表见表 5-63。从包络表可以看出，每段脉冲串的参数占用 8 个字节，其中 2 个字节为 16 位初始周期值，2 个字节为 16 位周期增量值，4 个字节为 32 位脉冲数值，可以通过编程的方式使脉冲的周期自动增减，在周期增量处输入一个正值会增加周期，输入一个负值会减少周期，输入 0 将不改变周期。

表 5-63　多段管道脉冲串的参数设置包络表

变量存储单元	脉冲串段号	说　明
VB_n		段数(1～255)；数值 0 产生非致命错误，无 PTO 输出
VB_{n+1}	1	初始周期(2～65535 个时基单位)
VB_{n+3}		每个脉冲的周期增量(符号整数：-32768～32767 个时基单位)
VB_{n+5}		脉冲数(1～4294967295)
VB_{n+9}	2	初始周期(2～65535 个时基单位)
VB_{n+11}		每个脉冲的周期增量(符号整数：-32768～32767 个时基单位)
VB_{n+13}		脉冲数(1～4294967295)
VB_{n+17}	3	初始周期(2～65535 个时基单位)
VB_{n+19}		每个脉冲的周期增量(符号整数：-32768～32767 个时基单位)
VB_{n+21}		脉冲数(1～4294967295)

在多段管道模式下，系统仍使用特殊存储器区的相应控制字节和状态位，每个脉冲串的参数则从包络表的变量存储器区读出。在多段管道编程时，必须将包络表的变量存储器起始地址（即包络表中的 n 值）装入 SMW168 或 SMW178 中，在包络表中的所有周期值必须使用同一个时间单位，而且在运行时不能改变包络表中的内容，执行 PLS 指令来启动多段管道操作。

2）多段管道脉冲串的应用举例。多段管道脉冲串常用于步进电动机的控制。图 5-48 是一个步进电动机的控制包络线，包络线分 3 段：第 1 段（AB 段）为加速运行，电动机的起始频率为 2kHz（周期为 500μs），终止频率为 10kHz（周期为 100μs），要求运行脉冲数目为 200 个；第 2 段（BC 段）为恒速运行，电动机的起始和终止频率均为 10kHz（周期为 100μs），要求运行脉冲数目为 3600 个；第 3 段（CD 段）为减速运行，电动机的起始频率为 10kHz（周期为 100μs），终止频率为 2kHz（500μs），要求运行脉冲数目为 200 个。

列包络表除了要知道段脉冲的起始周期和脉冲数目外，还须知道每个脉冲的周期增量，周期增量可用下面公式计算获得：

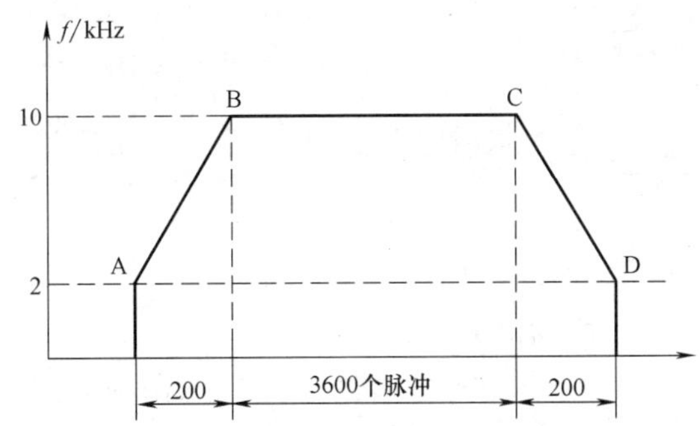

图 5-48　一个步进电动机的控制包络线

周期增量值 =（段终止脉冲周期值 - 段起始脉冲周期值）/该段脉冲数

例如，AB 段周期增量值 =（100μs - 500μs）/200 = -2μs。

根据步进电动机的控制包络线可列出相应的包络表，包络表见表 5-64。

表 5-64　根据步进电动机的控制包络线列出的包络表

变量存储器地址	段　号	参 数 值	说　明
VB200	段 1	3	段数
VB201		500μs	初始周期
VB203		-2μs	每个脉冲的周期增量
VB205		200	脉冲数
VB209	段 2	100μs	初始周期
VB211		0	每个脉冲的周期增量
VB213		3600	脉冲数
VB217	段 3	100μs	初始周期
VB219		2μs	每个脉冲的周期增量
VB221		200	脉冲数

根据包络表可编写出步进电动机的控制程序，程序如图 5-49 所示，该程序由主程序、SBR_0 子程序和 INT_0 中断程序组成。

在主程序中，PLC 首次扫描时 SM0.1 触点闭合一个扫描周期，先将 Q0.0 端子输出映像寄存器置 0，以便将该端子用作高速脉冲输出，然后执行子程序调用指令转入 SBR_0 子程序。在 SBR_0 子程序中，网络 1 用于设置多段管道脉冲串的参数包络表（段数、第 1 段参数、第 2 段参数和第 3 段参数），网络 2 先设置脉冲输出的控制字节，并将包络表起始单元地址号送入 SMW168 单元，然后用中断连接指令将 INT_0 中断程序与中断事件 19（PTO 0 脉冲串输出完成产生中断）连接起来，再用 ENI 指令允许所有的中断，最后执行 PLS 指令，让高速脉冲发生器按设定的控制方式和参数（由包络表设置）工作，即从 Q0.0 端子输出多段管道脉冲串，去驱动步进电动机按加速、恒速和减速顺序运行。当 Q0.0 端子的多管道 PTO 脉冲输出完成后，马上会向系统发出中断请求，系统则执行 INT_0 中断程序，Q1.0 线圈得电。

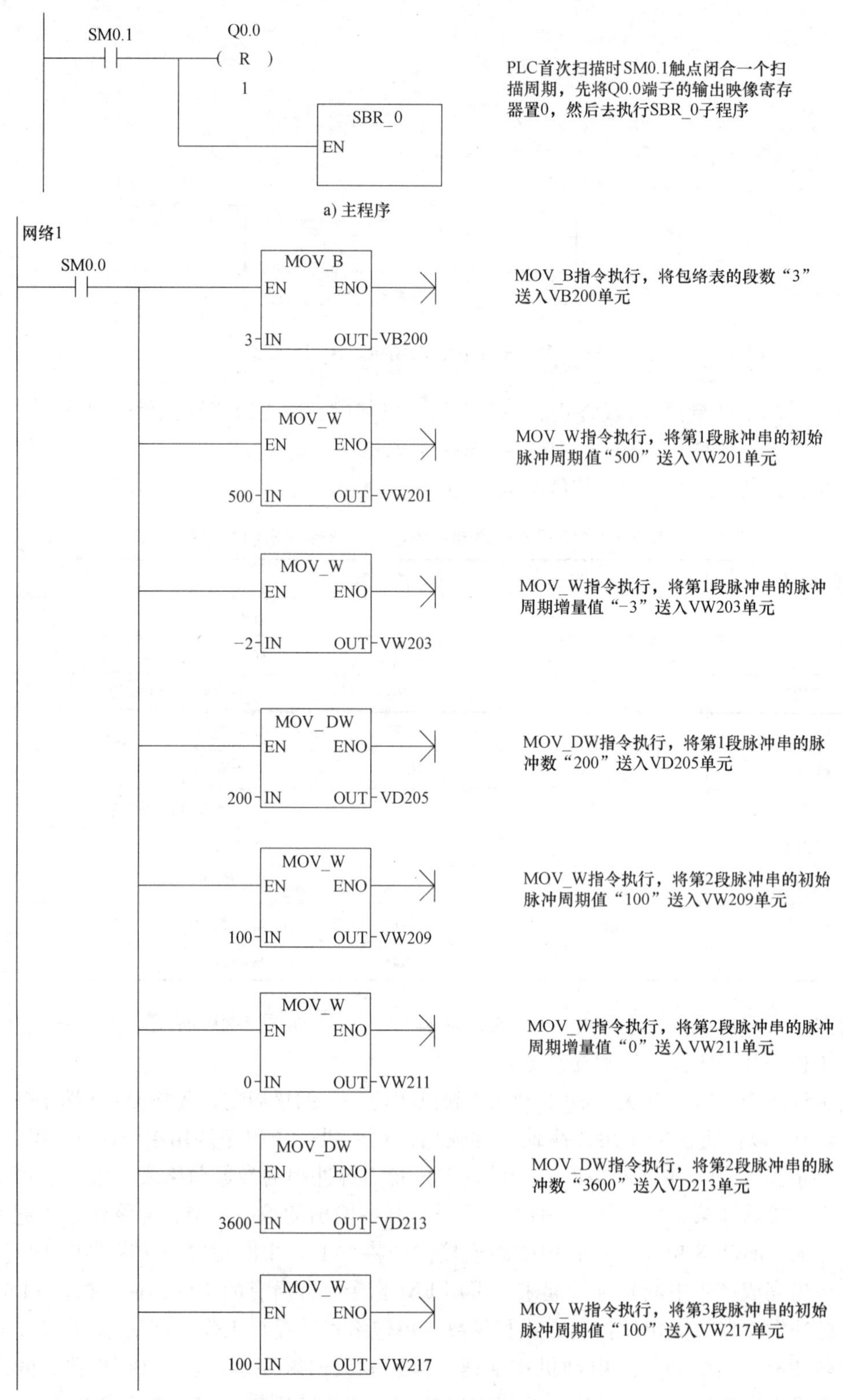

a) 主程序

b) SBR_0子程序

图 5-49　步进电动机控制程序

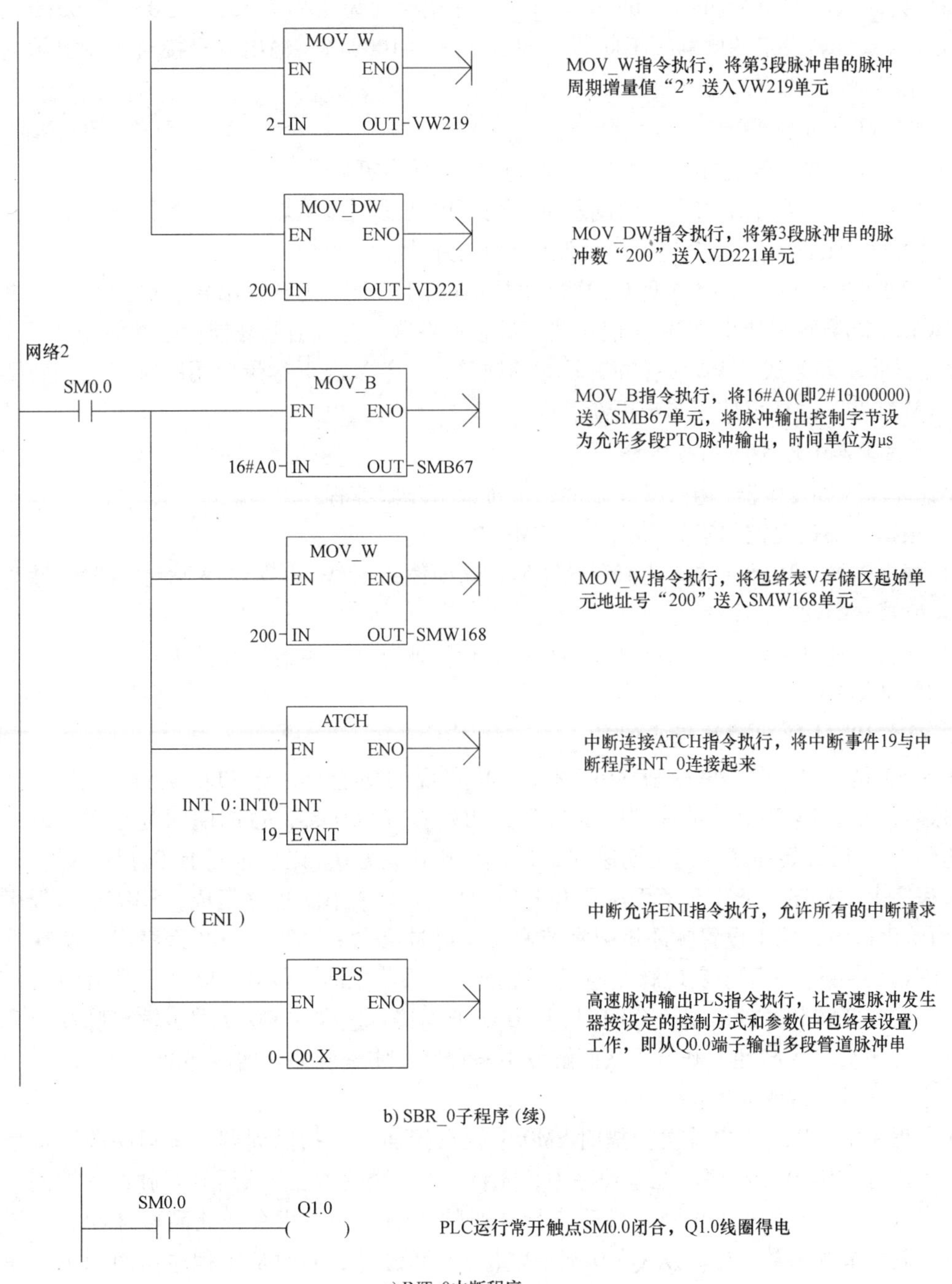

b) SBR_0子程序 (续)

c) INT_0中断程序

图 5-49　步进电动机控制程序（续）

5.13.4　PWM 脉冲的产生与使用

PWM 脉冲是一种占空比和周期都可调节的脉冲。PWM 脉冲的周期范围为 10 ~ 65535μs 或 2 ~ 65535ms，为 16 位无符号数，在设置脉冲周期时，如果周期小于两个时间单位，系统会默认周期值为两个时间单位；PWM 脉宽时间为 0～65535μs 或 0～65535ms，为 16 位无符号数，若设定的脉宽等于周期（即占空比为 100%），输出一直接通，设定脉宽等于 0（即占空比为 0%），输出断开。

1. 波形改变方式

PWM 脉冲的波形改变方式有两种：同步更新和异步更新。

1）同步更新。如果不需改变时间基准，则可以使用同步更新方式，利用同步更新，信号波形特性的变化发生在周期边沿，使波形能平滑转换。

2）异步更新。如果需要改变 PWM 发生器的时间基准，就要使用异步更新，异步更新会使 PWM 功能被瞬时禁止，PWM 信号波形过渡不平滑，这会引起被控设备的振动。

由于异步更新生成的 PWM 脉冲有较大的缺陷，一般情况下尽量使用脉宽变化、周期不变的 PWM 脉冲，这样可使用同步更新。

2. 产生 PWM 脉冲的编程方法

要让高速脉冲发生器产生 PWM 脉冲，可按以下步骤编程：

1）根据需要设置控制字节 SMB67 或 SMB68。

2）根据需要设置脉冲的周期值和脉宽值。周期值在 SMW68 或 SMW78 中设置，脉宽值在 SMW70 或 SMW80 中设置。

3）执行高速脉冲输出 PLS 指令，系统则会让高速脉冲发生器按设置从 Q0.0 或 Q0.1 端子输出 PWM 脉冲。

3. 产生 PWM 脉冲的编程实例

图 5-50 是一个产生 PWM 脉冲的程序，其实现的功能是，让 PLC 从 Q0.0 端子输出 PWM 脉冲，要求 PWM 脉冲的周期固定为 5s，初始脉宽为 0.5s，每周期脉宽递增 0.5s，当脉宽达到 4.5s 后开始递减，每周期递减 0.5s，直到脉宽为 0。以后重复上述过程。

该程序由主程序、SBR_0 子程序和 INT_0、INT_1 两个中断程序组成，SBR_0 子程序为 PWM 初始化程序，用来设置脉冲控制字节和初始脉冲参数，INT_0 中断程序用于实现脉宽递增，INT_1 中断程序用于实现脉宽递减。由于程序采用中断事件 0（I0.0 上升沿中断）产生中断，因此要将脉冲输出端子 Q0.0 与 I0.0 端子连接，这样在 Q0.0 端子输出脉冲上升沿时，I0.0 端子会输入脉冲上升沿，从而触发中断程序，实现脉冲递增或递减。

程序工作过程说明如下：

在主程序中，PLC 上电首次扫描时 SM0.1 触点接通一个扫描周期，子程序调用指令执行，转入执行 SBR_0 子程序。在子程序中，先将 M0.0 线圈置 1，然后设置脉冲的控制字节和初始参数，再允许所有的中断，最后执行高速脉冲输出 PLS 指令，让高速脉冲发生器按设定的控制字节和参数产生并从 Q0.0 端子输出 PWM 脉冲，同时从子程序返回到主程序网络 2，由于网络 2、3 指令条件不满足，程序执行网络 4，M0.0 常开触点闭合（在子程序中 M0.0 线圈被置 1），中断连接 ATCH 指令执行，将 INT_0 中断程序与中断事件 0（I0.0 上升沿中断）连接起来。当 Q0.0 端子输出脉冲上升沿时，I0.0 端子输入脉冲上升沿，中断事件 0 马上发出中断请求，系统响应该中断而执行 INT_0 中断程序。

在 INT_0 中断程序中，ADD_I 指令将脉冲宽度值增加 0.5s，再执行 PLS 指令，让 Q0.0 端子输出完前一个 PWM 脉冲后按新设置的宽度输出下一个脉冲，接着执行中断分离 DTCH 指令，将中断事件 0 与 INT_0 中断程序分离，然后从中断程序返回主程序。在主程序中，又

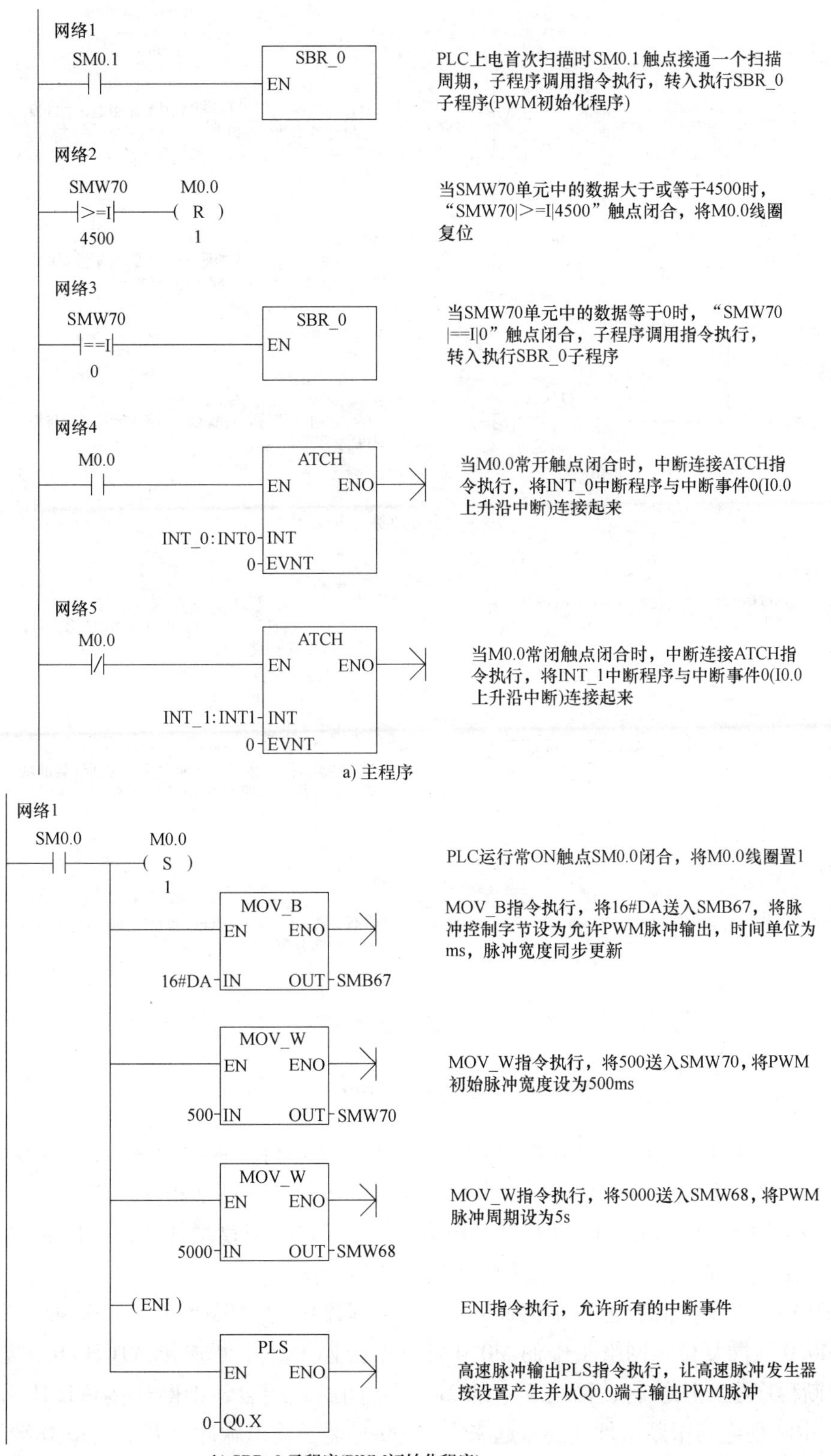

图 5-50　产生 PWM 脉冲的程序

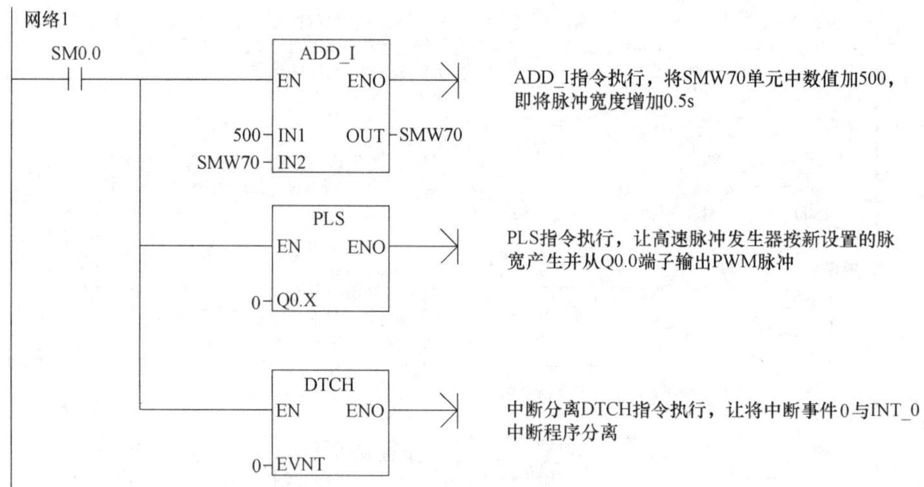

c) INT_0中断程序(实现脉宽递增)

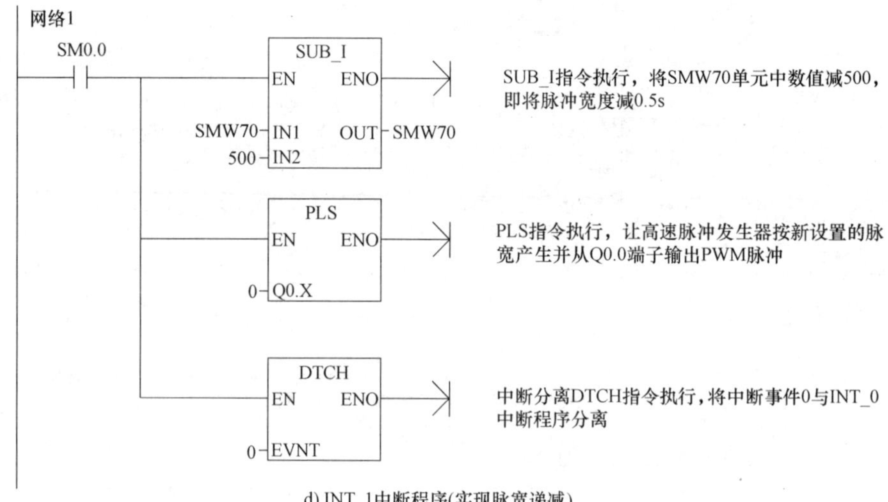

d) INT_1中断程序(实现脉宽递减)

图 5-50　产生 PWM 脉冲的程序（续）

执行中断连接 ATCH 指令，又将 INT_0 中断程序与中断事件 0 连接起来，在 Q0. 0 端子输出第二个 PWM 脉冲上升沿时，又会产生中断而再次执行 INT_0 中断程序，将脉冲宽度值再增加 0. 5s，然后执行 PLS 指令让 Q0. 0 端子输出的第三个脉冲宽度增加 0. 5s。以后 INT_0 中断程序会重复执行，直到 SMW70 单元中的数值增加到 4500。

当 SMW70 单元中的数值增加到 4500 时，主程序中的“SMW70｜> = I｜4500”触点闭合，将 M0. 0 线圈复位，网络 4 中的 M0. 0 常开触点断开，中断连接 ATCH 指令无法执行，INT_0 中断程序也无法执行，网络 5 中的 M0. 0 常闭触点闭合，中断连接 ATCH 指令执行，将 INT_1 中断程序与中断事件 0 连接起来。当 Q0. 0 端子输出脉冲上升沿（I0. 0 端子输入脉冲上升沿）时，中断事件 0 马上发出中断请求，系统响应该中断而执行 INT_1 中断程序。

在 INT_1 中断程序中，将脉冲宽度值减 0. 5s，再执行 PLS 指令，让 Q0. 0 端子输出

PWM 脉冲宽度减 0.5s，接着执行中断分离 DTCH 指令，分离中断，然后从中断程序返回主程序。在主程序中，又执行网络 5 中的中断连接 ATCH 指令，又将 INT_1 中断程序与中断事件 0 连接起来，在 Q0.0 端子输出 PWM 脉冲上升沿时，又会产生中断而再次执行 INT_1 中断程序，将脉冲宽度值再减 0.5s。以后 INT_1 中断程序会重复执行，直到 SMW70 单元中的数值减少到 0。

当 SMW70 单元中的数值减少到 0 时，主程序中的“SMW70 | ==I |0”触点闭合，子程序调用指令执行，转入执行 SBR_0 子程序，又进行 PWM 初始化操作。

以后程序重复上述工作过程，从而使 Q0.0 端子输出先递增 0.5s、后递减 0.5s、周期为 5s 连续的 PWM 脉冲。

5.14 PID 指令及使用

5.14.1 PID 控制

PID 英文全称为 Proportion Integration Differentiation，PID 控制又称比例积分微分控制，是一种闭环控制。下面以图 5-51 所示的恒压供水系统来说明 PID 控制原理。

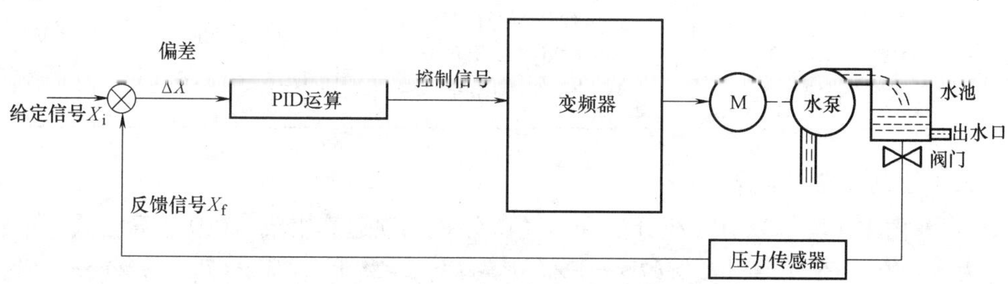

图 5-51　恒压供水的 PID 控制

电动机驱动水泵将水抽入水池，水池中的水除了经出水口提供用水外，还经阀门送到压力传感器，传感器将水压大小转换成相应的电信号 X_f，X_f 反馈到比较器与给定信号 X_i 进行比较，得到偏差信号 $\Delta X(\Delta X = X_i - X_f)$。

若 $\Delta X > 0$，表明水压小于给定值，偏差信号经 PID 运算得到控制信号，控制变频器，使之输出频率上升，电动机转速加快，水泵抽水量增多，水压增大。

若 $\Delta X < 0$，表明水压大于给定值，偏差信号经 PID 运算得到控制信号，控制变频器，使之输出频率下降，电动机转速变慢，水泵抽水量减少，水压下降。

若 $\Delta X = 0$，表明水压等于给定值，偏差信号经 PID 运算得到控制信号，控制变频器，使之输出频率不变，电动机转速不变，水泵抽水量不变，水压不变。

由于控制回路的滞后性，会使水压值总与给定值有偏差。例如，当用水量增多、水压下降时，$\Delta X > 0$，控制电动机转速变快，提高水泵抽水量，从压力传感器检测到水压下降到控制电动机转速加快，提高抽水量，恢复水压需要一定时间。通过提高电动机转速恢复水压后，系统又要将电动机转速调回正常值，这也要一定时间，在这段回调时间内水泵抽水量会偏多，导致水压又增大，又需进行反调。这样的结果是水池水压会在给定值上下波动（振荡），即水压不稳定。

采用了 PID 运算可以有效减小控制环路滞后和过调问题（无法彻底消除）。**PID 运算包括 P 运算、I 运算和 D 运算。P（比例）运算是将偏差信号 ΔX 按比例放大，提高控制的灵敏度；I（积分）运算是对偏差信号进行积分运算，消除 P 运算比例引起的误差和提高控制精度，但积分运算使控制具有滞后性；D（微分）运算是对偏差信号进行微分运算，使控制具有超前性和预测性。**

5.14.2 PID 指令介绍

1. 指令说明

PID 指令说明见表 5-65。

表 5-65 PID 指令说明

指令名称	梯形图	功能说明	操作数	
			TBL	LOOP
PID 指令（PID）	PID EN ENO ???? TBL ???? LOOP	从 TBL 指定首地址的参数表中取出有关值对 LOOP 回路进行 PID 运算 TBL：PID 参数表的起始地址 LOOP：PID 回路号	VB（字节型）	常数 0～7（字节型）

2. PID 控制回路参数表

PID 运算由 P（比例）、I（积分）和 D（微分）三项运算组成，PID 运算公式如下：

$$M_n=[K_c\times(SP_n-PV_n)]+[K_c\times(T_s/T_i)\times(SP_n-PV_n)+M_x]+[K_c\times(T_d/T_s)\times(SP_n-PV_n)]$$

在上式中，M_n 为 PID 运算输出值，$[K_c\times(SP_n-PV_n)]$ 为比例运算项，$[K_c\times(T_s/T_i)\times(SP_n-PV_n)+M_x]$ 为积分运算项，$[K_c\times(T_d/T_s)\times(SP_n-PV_n)]$ 为微分运算项。

要进行 PID 运算，须先在 PID 控制回路参数表中设置运算公式中的变量值。PID 控制回路参数表见表 5-66。在表中，过程变量（PV_n）相当于图 5-51 中的反馈信号，设定值（SP_n）相当于图 5-51 中的给定信号，输出值（M_n）为 PID 运算结果值，相当于图 5-51 中的控制信号，如果将过程变量（PV_n）值存放在 VD200 双字单元，那么设定值（SP_n）、输出值（M_n）则要分别存放在 VD204、VD208 单元。

表 5-66 PID 控制回路参数表

地址偏移量	变量名	格式	类型	说明
0	过程变量（PV_n）	实型	输入	过程变量，必须在 0.0～1.0 之间
4	设定值（SP_n）	实型	输入	设定值必须标定在 0.0～1.0 之间
8	输出值（M_n）	实型	输入/输出	输出值必须在 0.0～1.0 之间
12	增益（K_c）	实型	输入	增益是比例常数，可正可负
16	采样时间（T_s）	实型	输入	采样时间单位为 s，必须是正数
20	积分时间（T_i）	实型	输入	积分时间单位为 min，必须是正数

（续）

地址偏移量	变　量　名	格式	类型	说　　明
24	微分时间(T_d)	实型	输入	微分时间单位为 min，必须是正数
28	上一次的积分值(M_x)	实型	输入/输出	积分项前项，必须在 0.0 ~ 1.0 之间
32	上一次过程变量值(PV_{n-1})	实型	输入/输出	最近一次运算的过程变量值

3. PID 运算项的选择

PID 运算由 P（比例）、I（积分）和 D（微分）三项运算组成，可以根据需要选择其中的一项或两项运算。

1）如果不需要积分运算，应在参数表中将积分时间（T_i）设为无限大，这样（T_s/T_i）值接近 0，虽然没有积分运算，但由于有上一次的积分值 M_x，积分项的值也不为 0。

2）如果不需要微分运算，应将微分时间（T_d）设为 0.0。

3）如果不需要比例运算，但需要积分或微分回路，可以把增益（K_c）设为 0.0，系统会在计算积分项和微分项时，把增益（K_c）当作 1.0 看待。

4. PID 输入量的转换与标准化

PID 控制电路有两个输入量：设定值和过程变量。设定值通常是人为设定的参照值，如设置的水压值；过程变量值来自受控对象，如压力传感器检测到的水压值。**由于现实中的设定值和过程变量值的大小、范围和工程单位可能不一样，在执行 PID 指令进行 PID 运算前，必须先把输入量转换成标准的浮点型数值。**

PID 输入量的转换与标准化过程如下：

1）将输入量从 16 位整数值转换成 32 位实数（浮点数）。该转换程序如图 5-52 所示。

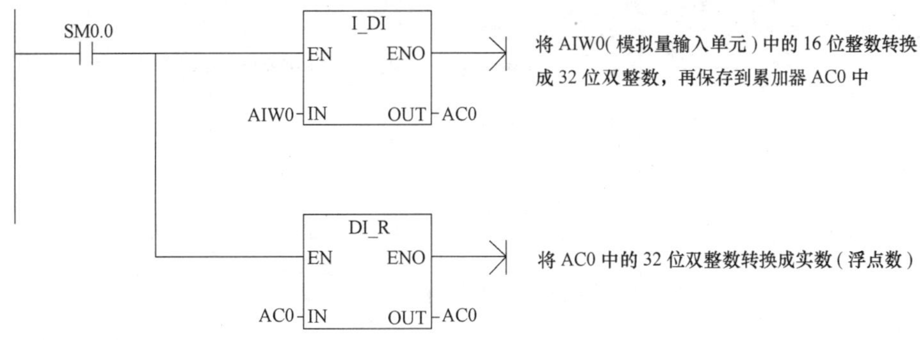

图 5-52　16 位整数值转换成 32 位实数

2）将实数转换成 0.0 ~ 1.0 之间的标准化数值。转换表达式为输入量的标准化值 = 输入量的实数值/跨度 + 偏移量。跨度值通常取 32000（针对 0 ~ 32000 单极性数值）或 64000（针对 -32000 ~ +32000 双极性数值）；偏移量取 0.0（单极性数值）或 0.5（双极性数值）。该转换程序如图 5-53 所示。

5. PID 输出量的转换

在 PID 运算前，需要将实际输入量转换成 0.0 ~ 1.0 之间的标准值，然后进行 PID 运算，PID 运算后得到的输出量也是 0.0 ~ 1.0 之间的标准值，这样的数值无法直接驱动 PID 的控

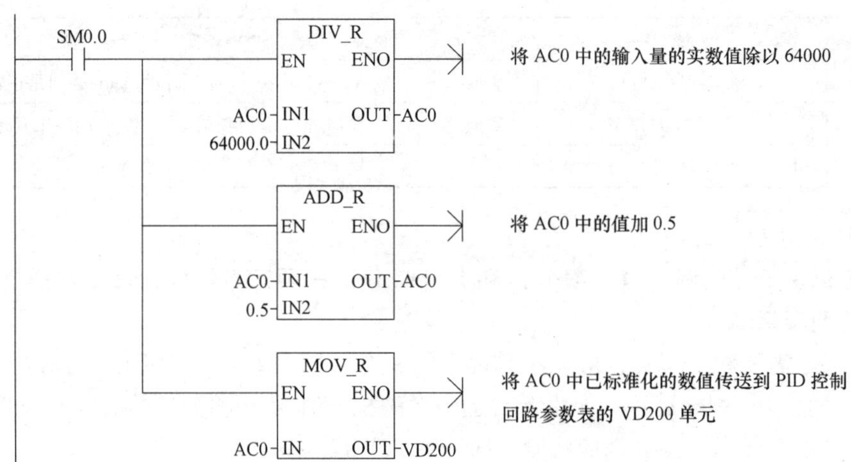

图 5-53　实数转换成 0.0～1.0 之间的标准化数值

制对象，因此需要将 PID 运算输出的 0.0～1.0 标准值按比例转换成 16 位整数，再送到模拟量输出单元，通过模拟量输出端子输出。

PID 输出量的转换表达式为 PID 输出量整数值 =（PID 运算输出量标准值 − 偏移量）× 跨度

PID 输出量的转换程序如图 5-54 所示。

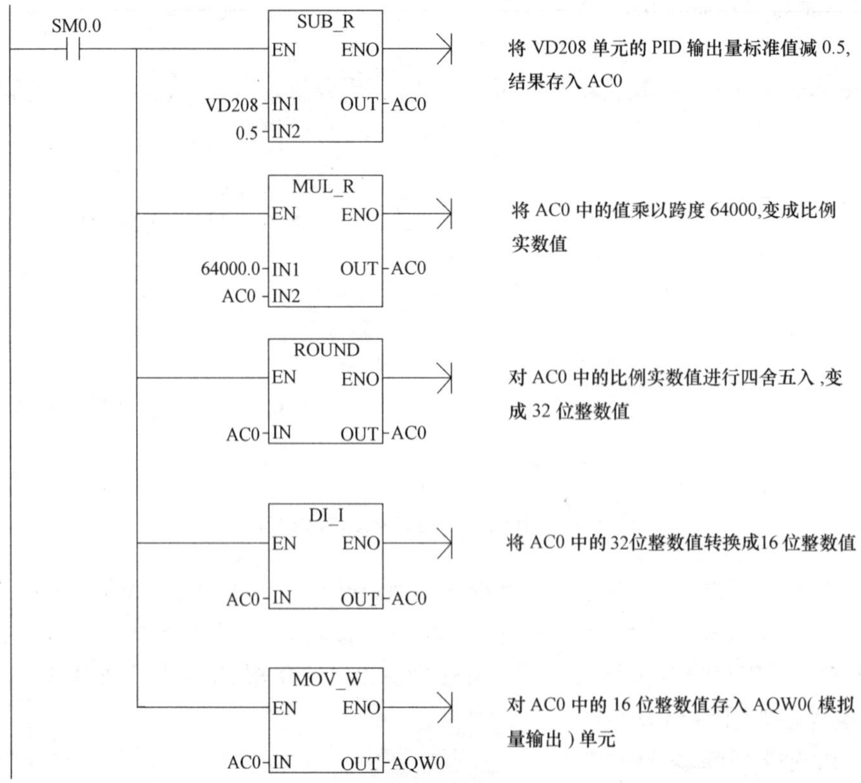

图 5-54　PID 输出量的转换程序

5.14.3 PID指令的应用举例

下面以图5-51所示的恒压供水控制为例来说明PID指令的应用。

1. 确定PID控制回路参数表的内容

在编写PID控制程序前，首先要确定PID控制回路参数表的内容，参数表中的给定值SP_n、增益值K_c、采样时间T_s、积分时间T_i、微分时间T_d需要在PID指令执行前输入，来自压力传感器的过程变量值需要在PID指令执行前转换成标准化数值并存入过程变量单元。参数表中的变量值要根据具体情况来确定，还要在实际控制时反复调试以达到最佳控制效果。本例中的PID控制回路参数表的值见表5-67，因为希望水箱水压维持在满水压的70%，故将给定值SP_n设为0.7，不需要微分运算，将微分时间设为0。

表5-67 PID控制回路参数表的值

变量存储地址	变 量 名	数 值
VB100	过程变量当前值PV_n	来自压力传感器，并经A-D转换和标准化处理得到的标准化数值
VB104	给定值SP_n	0.7
VB108	输出值M_n	PID回路的输出值(标准化数值)
VB112	增益K_c	0.3
VB116	采样时间T_s	0.1
VB120	积分时间T_i	30
VB124	微分时间T_d	0(关闭微分作用)
VB128	上一次积分值M_x	根据PID运算结果更新
VB132	上一次过程变量PV_{n-1}	最近一次PID的变量值

2. PID控制程序

恒压供水PID控制程序如图5-55所示。

在程序中，网络1用于设置PID控制回路的参数表，包括设置给定值SP_n、增益值K_c、采样时间T_s、积分时间T_i和微分时间T_d；网络2用于将模拟量输入AIW0单元中的整数值转换成0.0～1.0之间的标准化数值，再作为过程变量值PV_n存入参数表的VD100单元，AIW0单元中的整数值由压力传感器产生的模拟信号经PLC的A-D（模-数）转换模块转换而来；网络3用于启动系统从参数表取变量值进行PID运算，运算输出值M_n存入参数表的VD108单元；网络4用于将VD108中的标准化输出值（0.0～1.0）按比例转换成相应的整数值（0～32000），再存入模拟量输出AQW0单元，AQW0单元的整数经D-A（数-模）转换模块转换成模拟信号，去控制变频器工作频率，进而控制水泵电动机的转速来调节水压。

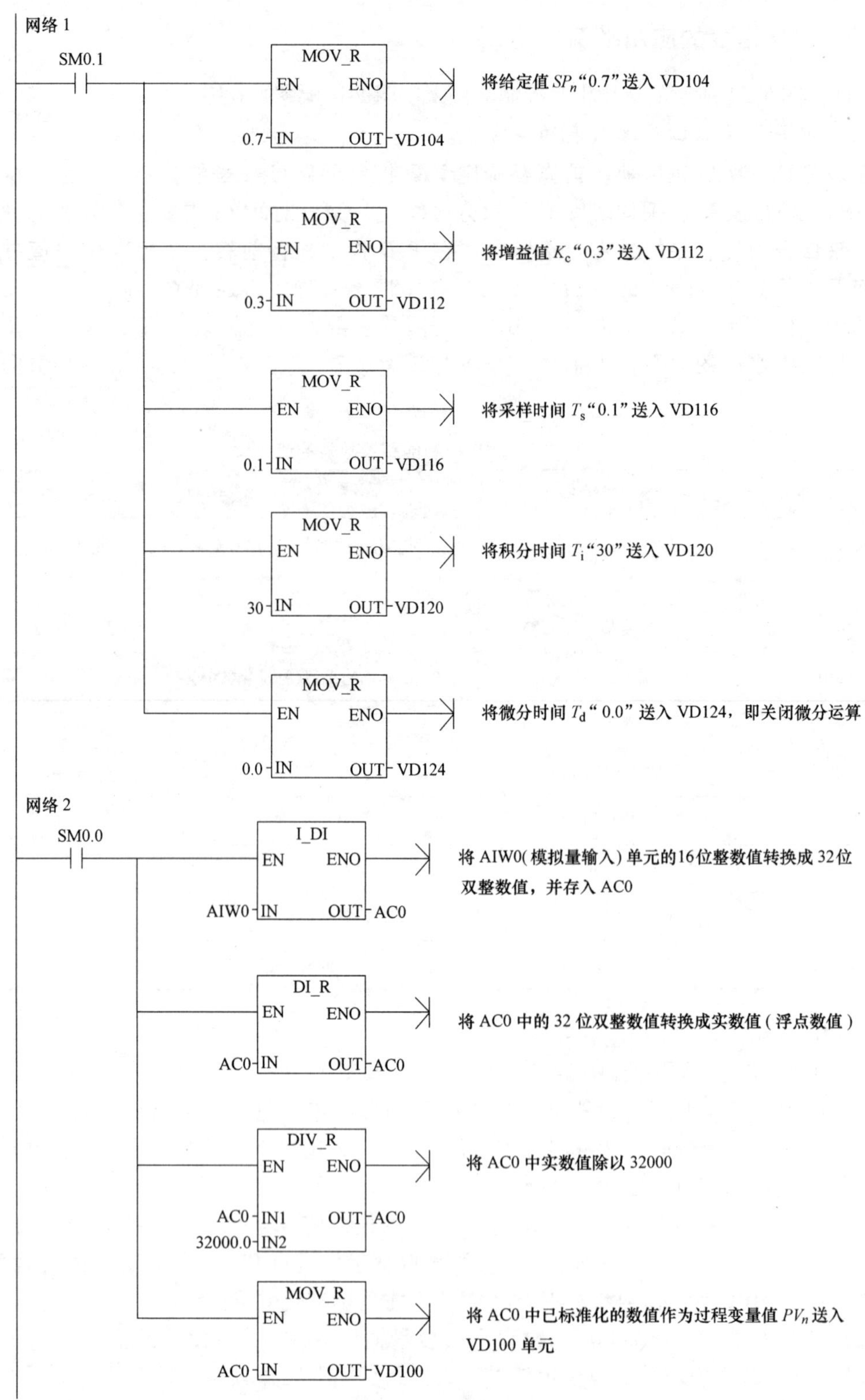

图 5-55　恒压供水的 PID 控制程序

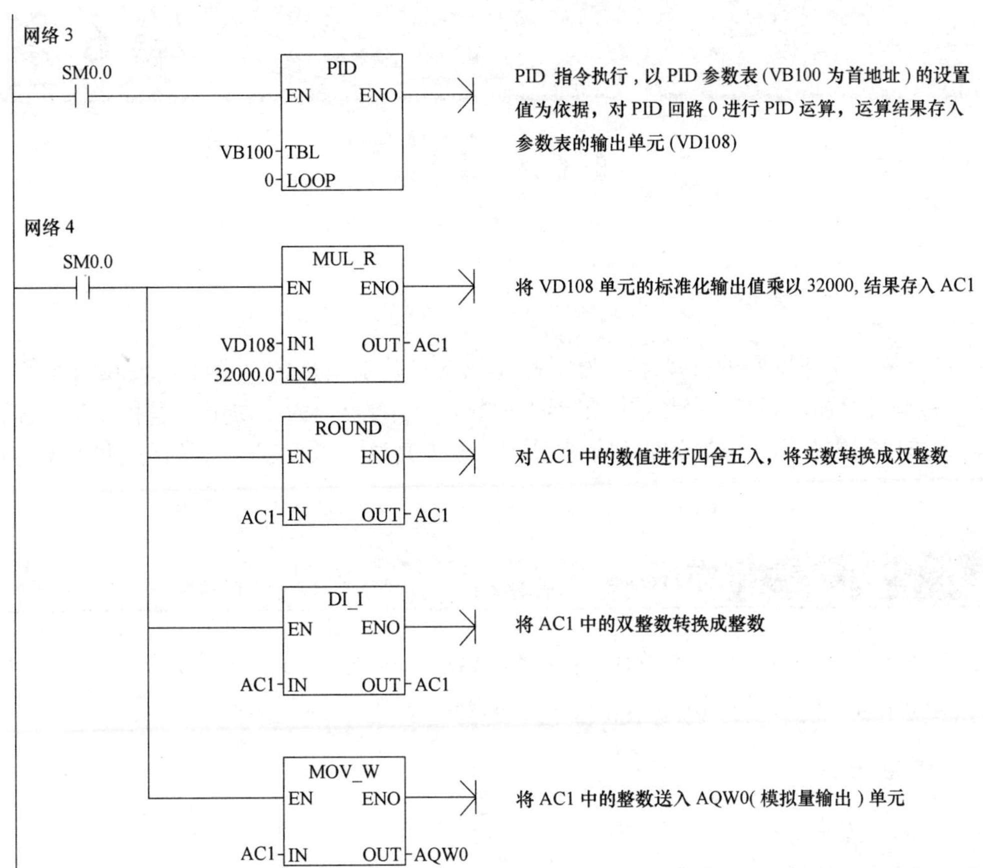

图 5-55　恒压供水的 PID 控制程序（续）

第6章

PLC通信

在科学技术迅速发展的推动下，为了提高效率，越来越多的企业工厂使用可编程设备（如工业控制计算机、PLC、变频器、机器人和数控机床等），为了便于管理和控制，需要将这些设备连接起来，实现分散控制和集中管理，要实现这一点，就必须掌握这些设备的通信技术。

6.1 通信基础知识

通信是指一地与另一地之间的信息传递。PLC 通信是指 PLC 与计算机、PLC 与 PLC、PLC 与人机界面（触摸屏）和 PLC 与其他智能设备之间的数据传递。

6.1.1 通信方式

1. 有线通信和无线通信

有线通信是指以导线、电缆、光缆、纳米材料等看得见的材料为传输媒质的通信。无线通信是指以看不见的材料（如电磁波）为传输媒质的通信， 常见的无线通信有微波通信、短波通信、移动通信和卫星通信等。

2. 并行通信和串行通信

（1）并行通信

同时传输多位数据的通信方式称为并行通信。 并行通信如图 6-1 所示，计算机中的 8 位数据 10011101 通过 8 条数据线同时送到外部设备中。并行通信的特点是数据传输速度快，它由于需要的传输线多，故成本高，只适合近距离的数据通信。PLC 主机与扩展模块之间通常采用并行通信。

（2）串行通信

逐位依次传输数据的通信方式称为串行通信。 串行通信如图 6-2 所示，计算机中的 8 位数据 10011101 通过一条数据线逐位传送到外部设备中。串行通信的特点是数据传输速度慢，但由于只需要一条传输线，故成本低，适合远距离的数据通信。PLC 与计算机、PLC 与 PLC、PLC 与人机界面之间通常采用串行通信。

3. 异步通信和同步通信

串行通信又可分为异步通信和同步通信。PLC 与其他设备通信常采用串行异步通信方式。

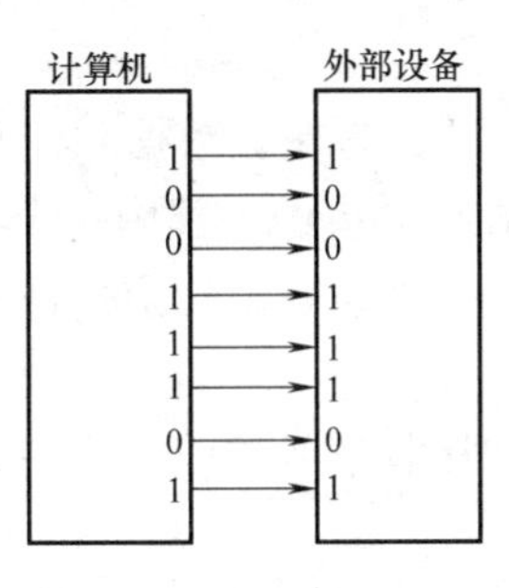

图 6-1　并行通信

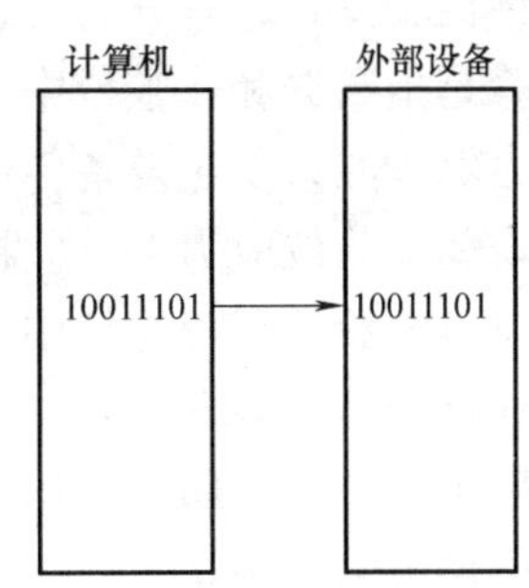

图 6-2　串行通信

（1）异步通信

在异步通信中，数据是一帧一帧地传送的。异步通信如图 6-3 所示，**这种通信是以帧为单位进行数据传输，一帧数据传送完成后，可以接着传送下一帧数据，也可以等待，等待期间为空闲位（高电平）。**

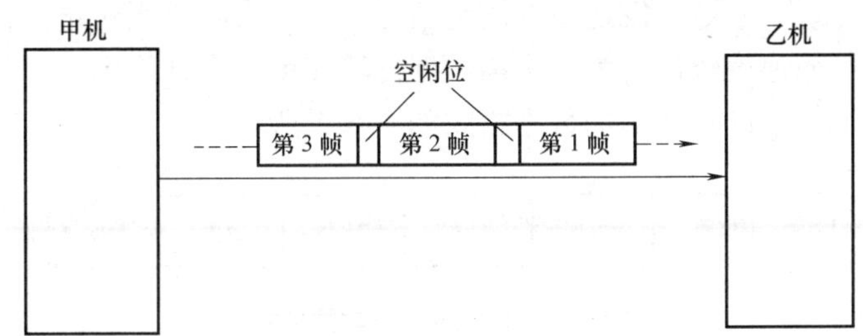

图 6-3　异步通信

串行通信时，数据是以帧为单位传送的，帧数据有一定的格式。帧数据格式如图 6-4 所示，从图中可以看出，**一帧数据由起始位、数据位、奇偶校验位和停止位组成。**

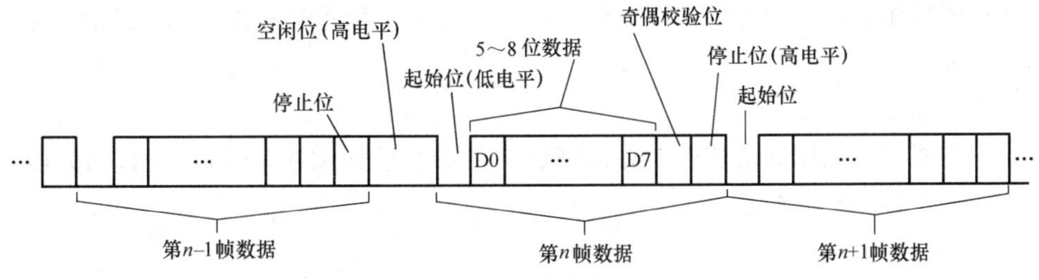

图 6-4　异步通信帧数据格式

起始位：表示一帧数据的开始，起始位一定为低电平。当甲机要发送数据时，先送一个低电平（起始位）到乙机，乙机接收到起始信号后，马上开始接收数据。

数据位：它是要传送的数据，紧跟在起始位后面。数据位的数据为 5～8 位，传送数据时是从低位到高位逐位进行的。

奇偶校验位：该位用于检验传送的数据有无错误。奇偶校验是检查数据传送过程中有无发生错误的一种校验方式，它分为奇校验和偶校验。奇校验是指数据和校验位中1的总个数为奇数，偶校验是指数据和校验位中1的总个数为偶数。

以奇校验为例，如果发送设备传送的数据中有偶数个1，为保证数据和校验位中1的总个数为奇数，奇偶校验位应为1，如果在传送过程中数据产生错误，其中一个1变为0，那么传送到接收设备的数据和校验位中1的总个数为偶数，外部设备就知道传送过来的数据发生错误，会要求重新传送数据。

数据传送采用奇校验或偶校验均可，但要求发送端和接收端的校验方式一致。在帧数据中，奇偶校验位也可以不用。

停止位：它表示一帧数据的结束。停止位可以是1位、1.5位或2位，但一定为高电平。

一帧数据传送结束后，可以接着传送第二帧数据，也可以等待，等待期间数据线为高电平（空闲位）。如果要传送下一帧，只要让数据线由高电平变为低电平（下一帧起始位开始），接收器就开始接收下一帧数据。

（2）同步通信

在异步通信中，每一帧数据发送前要用起始位，在结束时要用停止位，这样会占用一定的时间，导致数据传输速度较慢。为了提高数据传输速度，在计算机与一些高速设备数据通信时，常采用同步通信。同步通信的数据格式如图6-5所示。

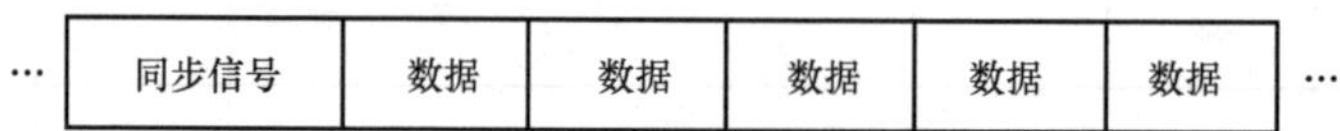

图6-5　同步通信的数据格式

从图中可以看出，同步通信的数据后面取消了停止位，前面的起始位用同步信号代替，在同步信号后面可以跟很多数据，所以同步通信传输速度快，但由于同步通信要求发送端和接收端严格保持同步，这需要用复杂的电路来保证，所以PLC不采用这种通信方式。

4. 单工通信和双工通信

在串行通信中，根据数据的传输方向不同，可分为3种通信方式：单工通信、半双工通信和全双工通信。

（1）单工通信

在这种方式下，数据只能往一个方向传送。单工通信如图6-6a所示，数据只能由发送端（T）传输给接收端（R）。

（2）半双工通信

半双工通信：在这种方式下，数据可以双向传送，但同一时间内，只能往一个方向传送，只有一个方向的数据传送完成后，才能往另一个方向传送数据。半双工通信如图6-6b所示，通信的双方都有发送器和接收器，一方发送时，另一方接收，由于只有一条数据线，所以双方不能在发送时同时进行接收。

（3）全双工通信

在这种方式下，数据可以双向传送，通信的双方都有发送器和接收器，由于有两条数据线，所以双方在发送数据的同时可以接收数据。全双工通信如图6-6c所示。

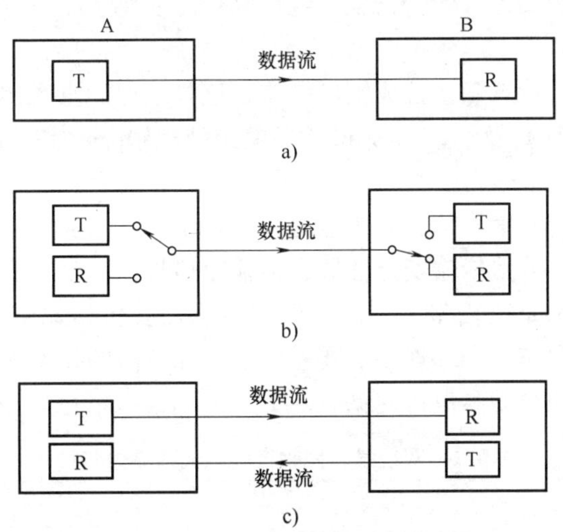

图 6-6　3 种通信方式

6.1.2　通信传输介质

有线通信的传输介质主要有双绞线、同轴电缆和光缆。这三种通信传输介质如图 6-7 所示。

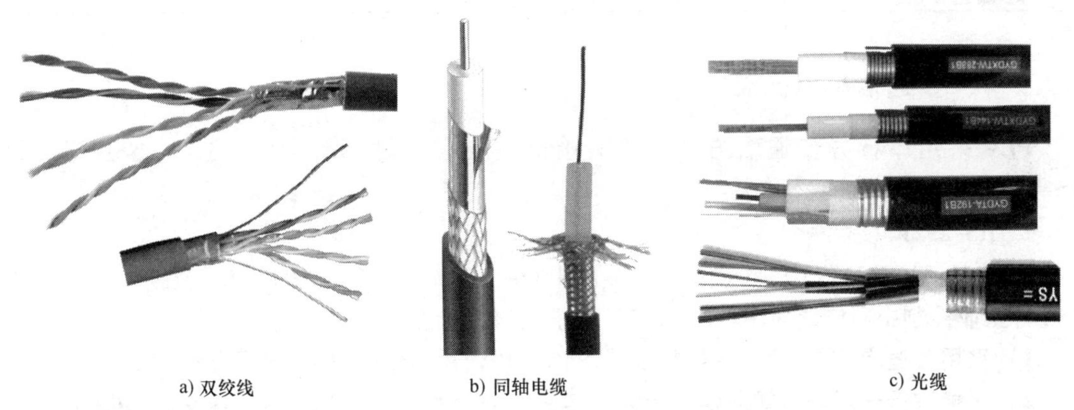

a) 双绞线　　b) 同轴电缆　　c) 光缆

图 6-7　三种通信传输介质

（1）双绞线

双绞线是将两根导线扭绞在一起，以减少电磁波的干扰，如果再加上屏蔽套层，则抗干扰能力更好。双绞线的成本低、安装简单，RS-232C、RS-422A 和 RS-485 等接口多用双绞线电缆进行通信连接。

（2）同轴电缆

同轴电缆的结构是从内到外依次为内导体（芯线）、绝缘线、屏蔽层及外保护层。由于从截面看这四层构成了 4 个同心圆，故称为同轴电缆。根据通频带不同，同轴电缆可分为基带（5052）和宽带（7552）两种，其中基带同轴电缆常用于 Ethernet（以太网）中。同轴电缆的传送速率高、传输距离远，但价格较双绞线高。

（3）光缆

光缆是由石英玻璃经特殊工艺拉成细丝结构，这种细丝的直径比头发丝还要细，一般直径在 8 ~ 10μm（单模光纤）及 50/62. 5μm（多模光纤，50μm 为欧洲标准，62. 5μm 为美国标准），但它能传输的数据量却是巨大的。

光纤是以光的形式传输信号的，其优点是传输的为数字光脉冲信号，不会受电磁干扰，不怕雷击，不易被窃听，数据传输安全性好，传输距离长，且带宽宽、传输速度快。但由于通信双方发送和接收的都是电信号，因此通信双方都需要价格昂贵的光纤设备进行光电转换，另外光纤连接头的制作与光纤连接需要专门工具和专门的技术人员。

双绞线、同轴电缆和光缆参数特性见表 6-1。

表 6-1　双绞线、同轴电缆和光缆参数特性

特　　性	双 绞 线	同 轴 电 缆		光　　缆
		基带(50Ω)	宽带(75Ω)	
传输速率	1 ~ 4Mbit/s	1 ~ 10Mbit/s	1 ~ 450Mbit/s	10 ~ 500Mbit/s
网络段最大长度	1. 5km	1 ~ 3km	10km	50km
抗电磁干扰能力	弱	中	中	强

6. 2　S7-200 系列 PLC 通信硬件

6. 2. 1　PLC 通信接口标准

PLC 采用串行异步通信方式，通信接口主要有三种标准：RS-232C、RS-422A 和 RS-485。

1. RS-232C 接口

RS-232C 接口又称 COM 接口，是美国 1969 年公布的串行通信接口，至今在计算机和 PLC 等工业控制中还广泛使用。**RS-232C 标准有以下特点：**

1）采用负逻辑，用 +5 ~ +15V 表示逻辑“0”，用 −5 ~ −15V 表示逻辑“1”。

2）只能进行一对一方式通信，最大通信距离为 15m，最高数据传输速率为 20kbit/s。

3）该标准有 9 针和 25 针两种类型的接口，9 针接口使用更广泛，PLC 采用 9 针接口。

4）该标准的接口采用单端发送、单端接收电路，如图 6-8 所示，这种电路的抗干扰性较差。

2. RS-422A 接口

RS-422A 接口采用平衡驱动差分接收电路，如图 6-9 所示，该电路采用极性相反的两根导线传送信号，这两根线都不接地，当 B 线电压较 A 线电压高时，规定传送的为“1”电平，当 A 线电压较 B 线电压高时，规定传送的为“0”电平，A、B 线的电压差可从零点几伏到近 10 伏。采用平衡驱动差分接收电路作接口电路，可使 RS-422A 接口有较强的抗干扰性。

RS-422A 接口采用发送和接收分开处理，数据传送采用 4 根导线，如图 6-10 所示，由

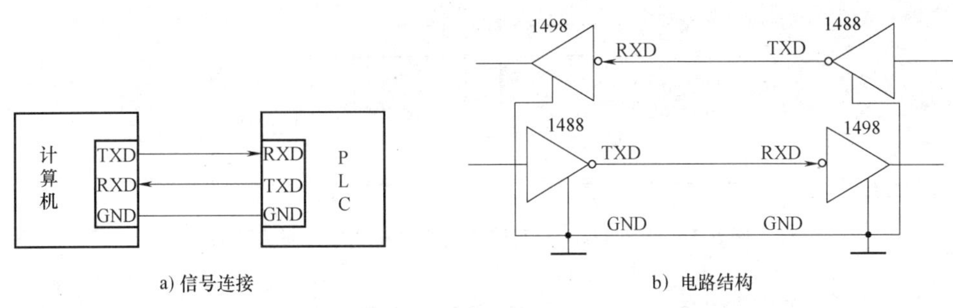

a) 信号连接　　b) 电路结构

图 6-8　RS-232C 接口

于发送和接收独立，两者可同时进行，故 RS-422A 通信是全双工方式。与 RS-232C 接口相比，RS-422A 的通信速率和传输距离有了很大的提高，在最高通信速率为 10Mbit/s 时最大通信距离为 12m，在通信速率为 100kbit/s 时最大通信距离可达 1200m，一个发送端可接 12 个接收端。

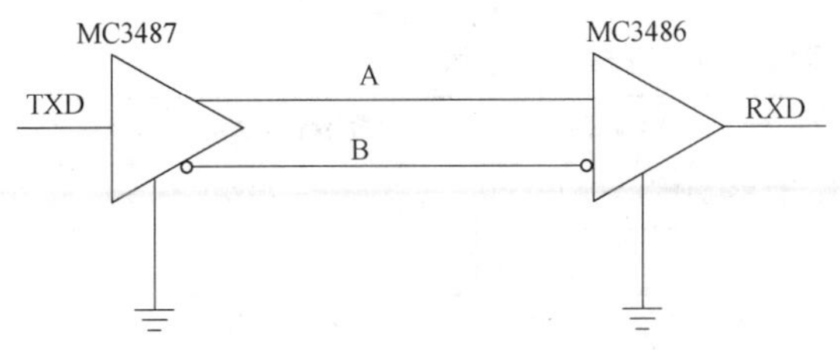

图 6-9　平衡驱动差分接收电路

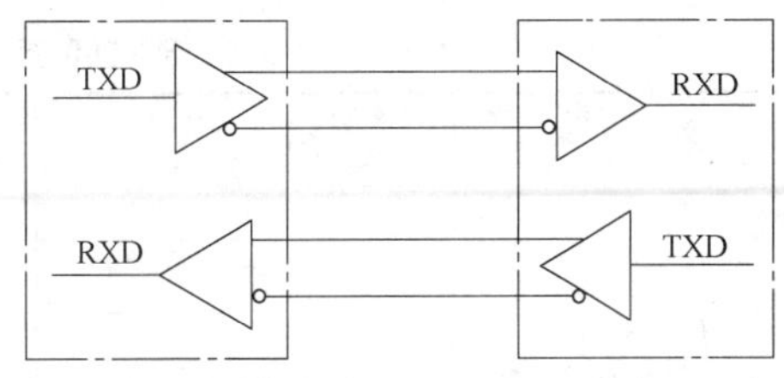

图 6-10　RS-422A 接口的电路结构

3. RS-485 接口

RS-485 是 RS-422A 的变形，RS-485 接口只有一对平衡驱动差分信号线，如图 6-11 所示，**发送和接收不能同时进行，属于半双工通信方式。**使用 RS-485 接口与双绞线可以组成分布式串行通信网络，如图 6-12 所示，网络中最多可接 32 个站。

RS-485、RS-422A、RS-232C 接口通常采用相同的 9 针 D 形连接器，但连接器中的 9 针功能定义有所不同，故不能混用。当需要将 RS-232C 接口与 RS-422A 接口连接通信时，两接口之间须有 RS-232C/RS-422A 转换器，转换器结构如图 6-13 所示。

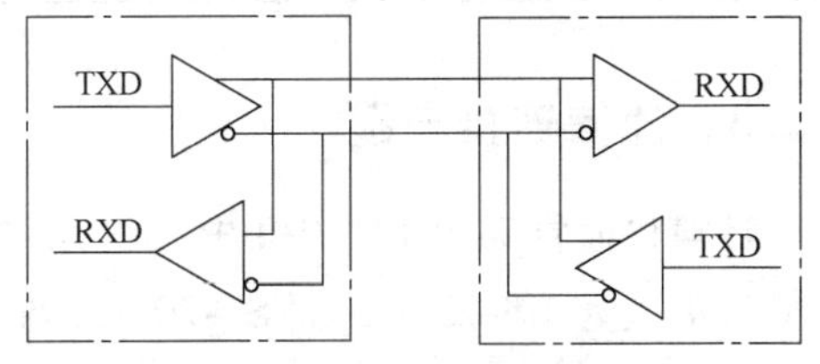

图 6-11　RS-422A 接口的电路结构

6.2.2　通信端口

每个 S7-200 系列 PLC 都有与 RS-485 标准兼容的 9 针 D 形通信端口，该端口也符合欧洲标准 EN50170 中的 PROFIBUS 标准。S7-200 系列 PLC 通信端口外形与功能名称见表 6-2。

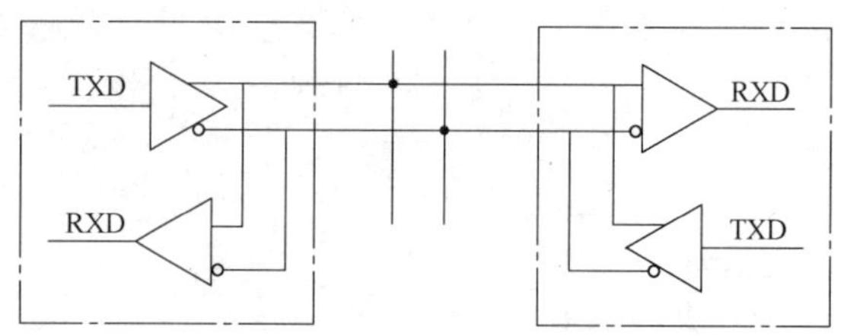

图 6-12　RS-422A 与双绞线组成分布式串行通信网络

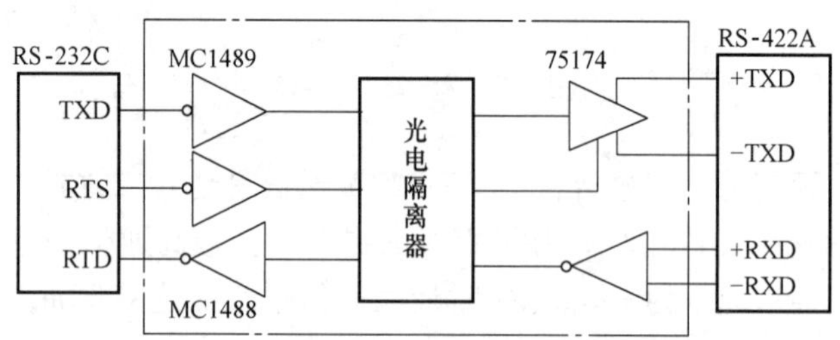

图 6-13　RS-232C/RS-422A 转换器结构

表 6-2　S7-200 系列 PLC 通信端口外形与功能名称

外　形	针　号	端口 0/端口 1	PROFIBUS 标准名称
针1 针6 针9 针5	1	机壳接地	屏蔽
	2	逻辑地	24V 返回
	3	RS-485 信号 B	RS-485 信号 B
	4	RTS(TTL)	请求-发送
	5	逻辑地	5V 返回
	6	+5V、100Ω 串联电阻器	+5V
	7	+24V	+24V
	8	RS-485 信号 A	RS-485 信号 A
	9	10 位协议选择(输入)	不适用
	连接器外壳	机壳接地	屏蔽

6.2.3　通信连接电缆

计算机通常采用 PC/PPI 电缆与 S7-200 系列 PLC 进行串行通信，由于计算机通信端口的信号类型为 RS-232C，而 S7-200 系列 PLC 通信端口的信号类型为 RS-485 型，因此 PC/PPI 电缆在连接两者同时还要进行信号转换。

PC/PPI 电缆如图 6-14 所示，电缆一端为 RS-232C 端口，用于接计算机，另一端为 RS-485 端口，用于接 PLC，电缆中间为转换器及 8 个设置开关，开关上置为 1，下置为 0，1、2、3 开关用来设置通信的波特率（速率），4～8 开关用作其他设置，各开关对应的功能如图 6-15 所示。一般情况下将 2、4 开关设为“1”，其他开关均设为“0”，这样就将计算机与 PLC 的通信设为 9.6kbit/s、PPI 通信。

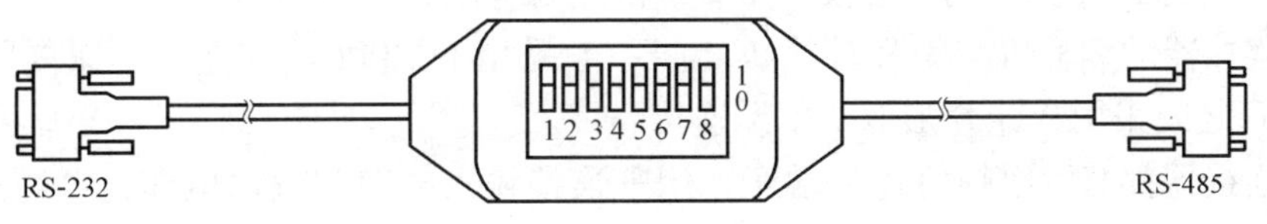

图 6-14　PC/PPI 电缆

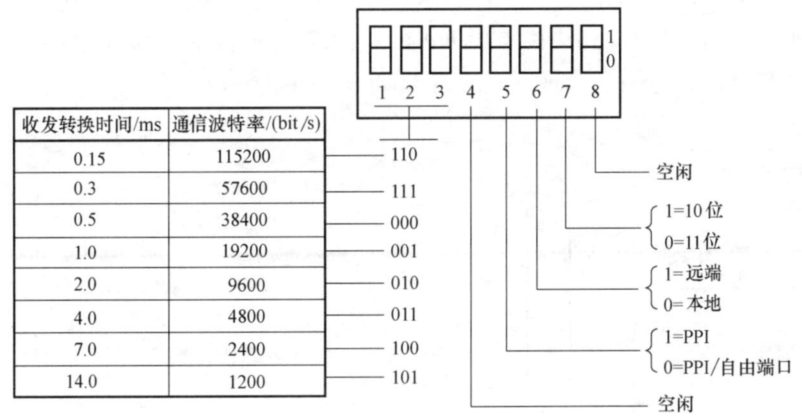

收发转换时间/ms	通信波特率/(bit/s)
0.15	115200
0.3	57600
0.5	38400
1.0	19200
2.0	9600
4.0	4800
7.0	2400
14.0	1200

图 6-15　PC/PPI 电缆各开关的功能

在通信时，如果数据由 RS-232C 往 RS-485 端口传送，电缆为发送状态，反之为接收状态，发送和接收转换需要一定的时间，称为电缆收发转换时间，通信波特率越高，需要的转换时间越短。

6.2.4　网络连接器

一条 PC/PPI 电缆仅能连接两台设备通信，如果将多台设备连接起来通信就要使用网络连接器。西门子公司提供两种类型的网络连接器，如图 6-16 所示，一种连接器仅有一个与 PLC 连接的端口（图中第 2、3 个连接器属于该类型），另一种连接器还增加一个编程端口（图中第 1 个连接器属于该类型）。带编程接口的连接器可将编程站（如计算机）或 HMI（人机界面）设备连接至网络，而不会干扰现有的网络连接，这种连接器不但能连接 PLC、编程站或 HMI，还能将来自 PLC 端口的所有信号（包括电源）传到编程端口，这对于那些

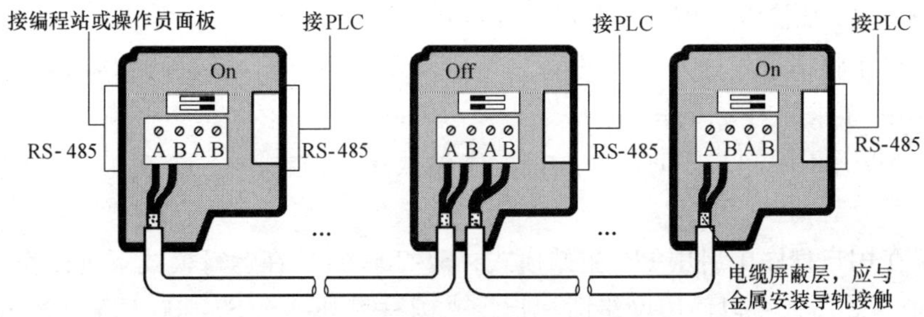

图 6-16　西门子公司提供两种类型的网络连接器

需从 PLC 取电源的设备（例如触摸屏 TD200）尤为有用。

网络连接器的编程口与编程计算机之间一般采用 PC/PPI 电缆连接，连接器的 RS-485 端口与 PLC 之间采用 9 针 D 形双头电缆连接。

两种连接器都有两组螺钉连接端子，用来连接输入电缆和输出电缆，电缆连接方式如图 6-16所示。两种连接器上还有网络偏置和终端匹配的选择开关，当连接器处于网络的始端或终端时，一组螺钉连接端子会处于悬空状态，为了吸收网络上的信号反射和增强信号强度，需要将连接器上的选择开关置于 ON，这样就会给连接器接上网络偏置和终端匹配电阻，如图 6-17a 所示，当连接器处于网络的中间时，两组螺钉连接端子都接有电缆，连接器无需接网络偏置和终端匹配电阻，选择开关应置于 OFF，如图 6-17b 所示。

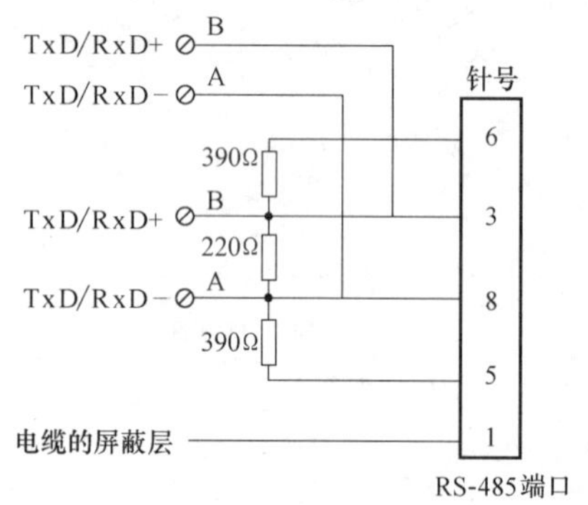

a) 开关置于ON时接有网络偏置和终端匹配电阻

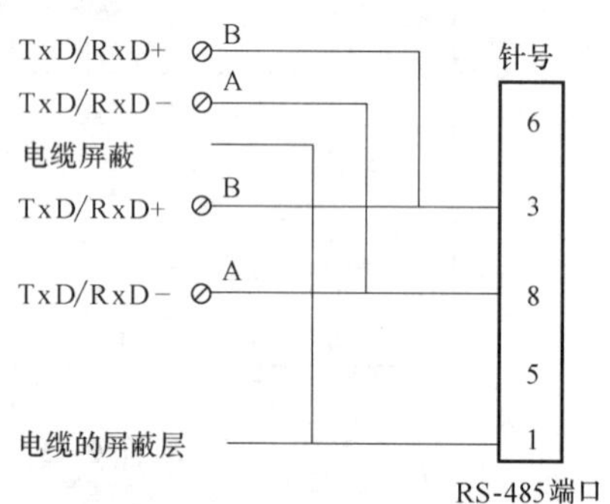

b) 开关置于OFF时无网络偏置和终端匹配电阻

图 6-17　网络连接器的开关处于不同位置时的电路结构

6.3　S7-200 网络通信协议

通信协议是指通信双方为网络数据交换而建立的规则或标准，通信时如果没有统一的通信协议，通信各方之间传递的信息就无法识别。S7-200 系列 PLC 支持的通信协议类型较多，下面介绍较常用的通信协议。

6.3.1　PPI 协议（点对点接口协议）

PPI 协议是主/从协议，该协议有以下要点：

1）主站设备将请求发送至从站设备，然后从站设备进行响应，从站设备不发送消息，只是等待主站的要求并对要求作出响应。

2）PPI 协议并不限制与任何从站通信的主站数量，但在一个网络中，主站数量不能超过 32 个。

3）如果在用户程序中启用 PPI 主站模式，S7-200 CPU 在运行模式下可以作主站。在启动 PPI 主站模式之后，可以使用网络读写指令来读写另外一个 S7-200 CPU。当 S7-200 CPU 作 PPI 主站时，它仍然可以作为从站响应其他主站的请求。

4）PPI 高级协议允许建立设备之间的连接。所有的 S7-200 CPU 都支持 PPI 和 PPI 高级协议，S7-200 CPU 每个通信端口支持 4 个连接，而 EM277 通信模块仅仅支持 PPI 高级协议，每个模块支持 6 个连接。

典型的 PPI 网络如图 6-18 所示，安装有编程软件的计算机和操作员面板（或称人机界面（HMI））均为主站，S7-200 CPU 为从站。

6.3.2　MPI 协议（多点接口协议）

MPI 协议允许主-主通信和主-从通信。在 MPI 网络中，S7-200 CPU 只能作从站，S7-300/400 CPU 作网络中的主站，可以用 XGET/XPUT 指令读写 S7-200 CPU 的 V 存储区，通信数据包最大为 64B，而 S7-200 CPU 无需编写通信程序，它通过指定的 V 存储区与 S7-300/400 CPU 交换数据。

典型的 MPI 网络如图 6-19 所示。

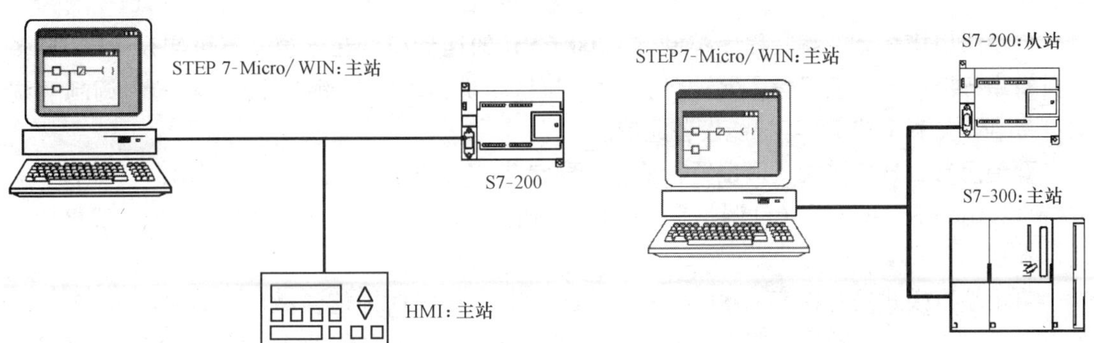

图 6-18　典型的 PPI 网络　　图 6-19　典型的 MPI 网络

6.3.3　PROFIBUS 协议

PROFIBUS 协议是世界上第一个开放式的现场总线标准协议，是用于车间级和现场级的国际标准，通常用于分布式 I/O（远程 I/O）的高速通信。PROFIBUS-DP 协议可以使用不同厂商的 PROFIBUS 设备，如简单的输入或输出模块、电动机控制器和 PLC。

PROFIBUS 协议支持传输速率为 12Mbit/s，连接使用屏蔽双绞线（最长 9.6km）或者光缆（最长 90km），最多可接 127 个从站，其应用覆盖电力、交通、机械加工、过程控制和楼宇自动化等领域。S7-200 CPU 可以通过增加扩展模块 EM277 来支持 PROFIBUS-DP 协议。

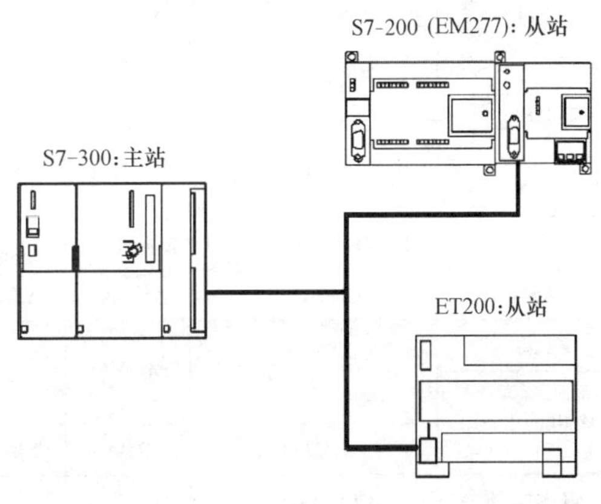

图 6-20　典型的 PROFIBUS 网络

PROFIBUS 网络通常有一个主站和若干个 I/O 从站，如图 6-20 所示。主站设备通过配置可以知道 I/O 从站的类型和站号。主站初始化网络使网络上的从站设备与配置相匹配。主站不断地读写从站的数据。当一个主站成功配置了一个从站之后，它就拥有了这个从站设备。如果在网络上有第二个主站设备，那么它对第一个主站的从站的访问将会受到限制。

6.3.4　TCP/IP 协议

TCP/IP 协议意为传输控制协议/因特网互联协议，是由网络层的 IP 协议和传输层的 TCP 协议组成的。当 S7-200 系列 PLC 配备了以太网模块（CP243-1）或互联网模块（CP-243-1 IT）后，就支持 TCP/IP 协议，计算机要安装以太网网卡才能与 S7-200 系列 PLC 以 TCP/IP 协议通信。

计算机在安装 STEP 7-Micro/WIN 编程软件时，会自动安装 S7-200 Explorer 浏览器，使用它可以访问 CP243-1 IT 模块的主页。

6.3.5　用户定义的协议（自由端口模式）

自由端口模式允许编写程序控制 S7-200 CPU 的通信口，在该模式下可实现 PLC 与多种具有串行接口的外设通信，例如可让 PLC 与打印机、条形码阅读器、变频器、调制解调器（Modem）和上位 PC 等智能设备通信。

要使用自由端口模式，须设置特殊存储器字节 SMB30（端口 0）和 SMB130（端口 1）。波特率最高为 38.4kbit/s（可调整）。因此使可通信的范围大大增加，使控制系统配置更加灵活、方便。

自由端口模式只有在 S7-200 系列 PLC 处于 RUN 模式时才能被激活。如果将 S7-200 系列 PLC 设置为 STOP 模式，那么所有的自由端口通信都将中断，而且通信口会按照 S7-200 系列 PLC 系统块中的配置转换到 PPI 协议。

除了前面介绍的几种通信协议外，S7-200 系列 PLC 还支持其他一些协议。S7-200 系列 PLC 支持的通信协议见表 6-3，从表中可以看出，PPI、MPI 协议都可使用 CPU 的 0/1 通信端口，PROFIBUS-DP 协议只能使用通信扩展模块 EM277 上的通信端口。

表 6-3　S7-200 系列 PLC 支持的通信协议

<table>
<tr><th>协议类型</th><th>端口位置</th><th>接口类型</th><th>传输介质</th><th>通信速率/(kbit/s)</th><th>备注</th></tr>
<tr><td rowspan="2">PPI</td><td>EM 241 模块</td><td>RJ11</td><td>模拟电话线</td><td>33.6</td><td></td></tr>
<tr><td rowspan="2">CPU 口 0/1</td><td rowspan="2">DB-9 针</td><td rowspan="2">RS-485</td><td>9.6,19.2,187.51</td><td>主、从站</td></tr>
<tr><td rowspan="2">MPI</td><td>19.2,187.5</td><td>仅作从站</td></tr>
<tr><td rowspan="2">EM277</td><td rowspan="2">DB-9 针</td><td rowspan="2">RS-485</td><td>19.2~12000</td><td rowspan="2">通信速率自适应
仅作从站</td></tr>
<tr><td>PROFIBUS-DP</td><td>9.6~12000</td></tr>
<tr><td>S7</td><td>CP 243-1/CP 243-1IT</td><td>RJ45</td><td>以太网</td><td>10000 或 100000</td><td>通信速率自适应</td></tr>
<tr><td>AS-i</td><td>CP 243-2</td><td>接线端子</td><td>AS-i 网络</td><td>循环周期 5/10ms</td><td>主站</td></tr>
<tr><td>USS</td><td rowspan="2">CPU 口 0</td><td rowspan="2">DB-9 针</td><td rowspan="2">RS-485</td><td rowspan="2">1.2~115.2</td><td>主站,自由端口库指令</td></tr>
<tr><td rowspan="2">Modbus RTU</td><td>主站/从站,自由端口库指令</td></tr>
<tr><td>EM241</td><td>RJ11</td><td>模拟电话线</td><td>33.6</td><td></td></tr>
<tr><td>自由端口</td><td>CPU 口 0/1</td><td>DB-9 针</td><td>RS-485</td><td>1.2~115.2</td><td></td></tr>
</table>

6.4 通信指令及应用

S7-200 系列 PLC 通信指令包括网络读写指令、发送与接收指令和获取与设置端口地址指令。

6.4.1　网络读写指令

1. 指令说明

网络读写指令说明见表 6-4。

表 6-4　网络读写指令说明

<table>
<tr><th rowspan="2">指令名称</th><th rowspan="2">梯形图</th><th rowspan="2">功能说明</th><th colspan="2">操作数</th></tr>
<tr><th>TBL</th><th>PORT</th></tr>
<tr><td>网络读指令
（NETR）</td><td>NETR
EN　ENO
????-TBL
????-PORT</td><td>根据 TBL 表的定义，通过 PORT 端口从远程设备读取数据
TBL 端指定表的首地址，PORT 端指定读取数据的端口</td><td rowspan="2">VB、MB、
*VD、*LD、*AC
（字节型）</td><td rowspan="2">常数
0
（CPU 221/222/224）
0 或 1
（CPU 224XP/226）</td></tr>
<tr><td>网络写指令
（NETW）</td><td>NETW
EN　ENO
????-TBL
????-PORT</td><td>根据 TBL 表的定义，通过 PORT 端口往远程设备写入数据
TBL 端指定表的首地址，PORT 端指定写数据的端口</td></tr>
</table>

网络读 NETR 指令允许从远程站点读取最多 16 个字节的信息，网络写 NETW 指令允许往远程站点写最多 16 个字节的信息。在程序中，可以使用任意条网络读写指令，但是在任意时刻最多只允许有 8 条网络读写指令（如 4 条网络读指令和 4 条网络写指令，或者 2 条网络读指令和 6 条网络写指令）同时被激活。

2. TBL 表

网络读写需要按 TBL 表定义来操作，TBL 参数说明见表 6-5。

表 6-5　网络读写 TBL 参数说明

<table>
<tr><th>字节偏移量</th><th colspan="5">说　明</th></tr>
<tr><td>0</td><td>D</td><td>A</td><td>E</td><td>0</td><td>错误码（4 位）</td></tr>
<tr><td>1</td><td colspan="5">远程站地址（要读写的远程 PLC 的地址）</td></tr>
<tr><td>2</td><td colspan="5" rowspan="4">指向远程站数据区的指针（I，Q，M，V）</td></tr>
<tr><td>3</td></tr>
<tr><td>4</td></tr>
<tr><td>5</td></tr>
</table>

（续）

字节偏移量	说明	
6	数据长度（1～16 字节）	
7	数据字节 0	接收（读）和发送（写）数据的存储区，执行网络读 NETR 指令后，从远程站读来的数据存在该区域，执行网络写 NETW 指令后，该区域的数据会发送到远程站
8	数据字节 1	
…	…	
22	数据字节 15	

TBL 表首字节标志位定义说明见表 6-6。

表 6-6　网络读写 TBL 表首字节标志位说明

标志位		定义	说明
D		操作已完成	0 = 未完成，1 = 功能完成
A		激活（操作已排队）	0 = 未激活，1 = 激活
E		错误	0 = 无错误，1 = 有错误
4 位错误代码	0（0000）	无错误	
	1	超时错误	远程站点无响应
	2	接收错误	有奇偶错误，帧或校验和出错
	3	离线错误	重复的站地址或无效的硬件引起冲突
	4	排队溢出错误	多于 8 条的 NETR/NETW 指令被激活
	5	违反通信协议	没有在 SMB30 中允许 PPI，就试图使用 NETR/NETW 指令
	6	非法参数	NETR/NETW 表中包含非法或无效的参数值
	7	没有资源	远程站点忙（正在进行上传或下载操作）
	8	第七层错误	违反应用协议
	9	信息错误	错误的数据地址或错误的数据长度

3. 通信模式控制

S7-200 系列 PLC 通信模式由特殊存储器 SMB30（端口 0）和 SMB130（端口 1）来设置。SMB30、SMB130 各位功能说明见表 6-7。

表 6-7　SMB30、SMB130 各位功能说明

位号	位定义	说明
7	校验位	00 = 不校验；01 = 偶校验；10 = 不校验；11 = 奇校验
6		
5	每个字符的数据位	0 = 8 位/字节；1 = 7 位/字符
4	自由口波特率选择/(kbit/s)	000 = 38.4；001 = 19.2；010 = 9.6；011 = 4.8；100 = 2.4；101 = 1.2；110 = 115.2；111 = 57.6
3		
2		
1	协议选择	00 = PPI 从站模式；01 = 自由口协议；10 = PPI 主站模式；11 = 保留
0		

6.4.2　两台 PLC 的 PPI 通信

PPI 通信是 S7-200 CPU 默认的通信方式。两台 PLC 的 PPI 通信配置如图 6-21所示，甲机为主站，地址为 2，乙机为从站，地址为 6，编程计算机的地址为 0。两台 PLC 的 PPI 通信要实现的功能是，将甲机 I0.0 ~ I0.7 端子的输入值传送到乙机的 Q0.0 ~ Q0.7 端子输出，将乙机 I0.0 ~ I0.7 端子的输入值传送到甲机的 Q0.0 ~ Q0.7 端子输出。

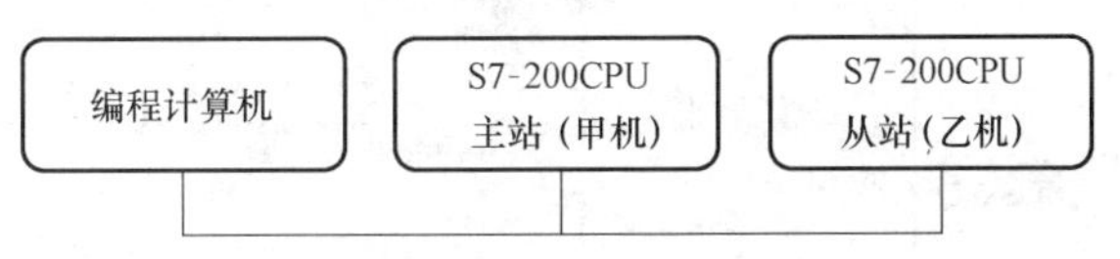

图 6-21　两台 PLC 的 PPI 通信配置

1. 通信各方地址和波特率的设置

在 PPI 通信前，需要设置网络中通信各方的通信端口、地址和波特率（通信速率），通信各方的波特率要相同，但地址不能相同，否则通信时无法区分各站。

（1）编程计算机的通信端口、地址和波特率的设置

设置编程计算机的通信端口、地址和波特率如图 6-22 所示，具体过程如下：

打开 STEP 7-Micro/WIN 编程软件，在软件窗口的指令树区域单击“通信”项前的“+”，展开通信项，如图 6-22a 所示，双击“设置 PG/PC 接口”选项，弹出“设置 PG/PC 接口”对话框，如图 6-22b 所示，在对话框中选中“PC/PPI”项，再单击“属性”按钮，弹出属性对话框，如图 6-22c 所示，在该对话框的“本地连接”选项卡中选择计算机的通信端口为 COM1，然后切换到“PPI”选项卡，如图 6-22d 所示，将计算机的地址设为 0，通信波特率设为 9.6kbps（即 9.6kbit/s），设置好后单击“确定”按钮返回到图 6-22b 所示的“设置 PG/PC 接口”对话框，在该对话框单击“确定”按钮退出设置。

（2）S7-200 CPU 的通信端口、地址和波特率的设置

本例中有两台 S7-200 CPU，先设置其中一台，再用同样的方法设置另一台。甲机的通信端口、地址和波特率的设置如图 6-23 所示，具体过程如下：

1）用 PC/PPI 电缆将编程计算机与甲机连接好。

2）打开 STEP 7-Micro/WIN 编程软件，在软件窗口的指令树区域单击通信项下的“通信”，弹出“通信”对话框，如图 6-23a 所示，双击对话框右方的“双击刷新”，测试计算机与甲机能否通信，如果连接成功，在对话框右方会出现甲机 CPU 的型号、地址和通信波特率。

3）如果需要重新设置甲机的通信端口、地址和波特率，可单击指令树区域系统块项下的“通信端口”，弹出“系统块”对话框，如图 6-23b 所示，在该对话框中选择“通信端口”项，设置端口 0 的 PLC 地址为 2、波特率为 9.6kbps，再单击“确认”按钮退出设置。

4）单击工具栏上的▲（下载）工具，也可执行菜单命令“文件→下载”，设置好的系统块参数就下载到甲机中，系统块中包含有新设置的甲机通信使用的端口、地址和波特率。

甲机设置好后，再用同样的方法将乙机通信端口设为 0、地址设为 6、波特率设为 9.6kbps。

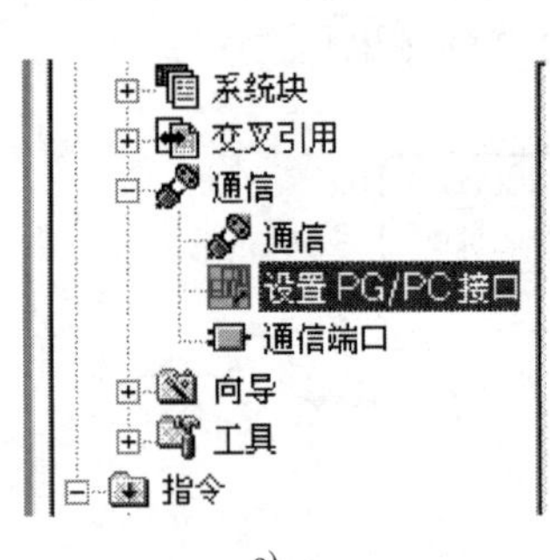

a)

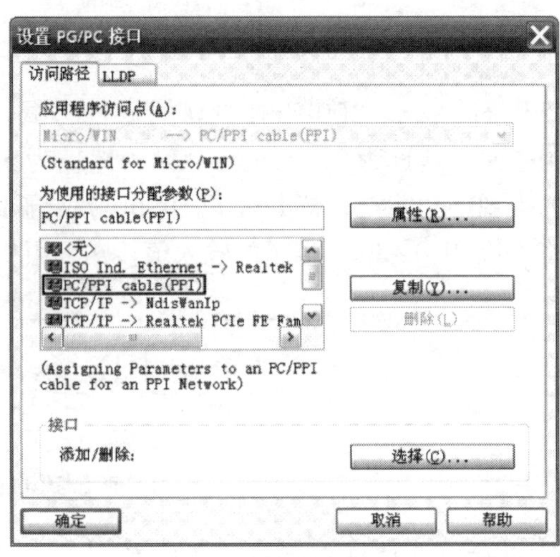

b)

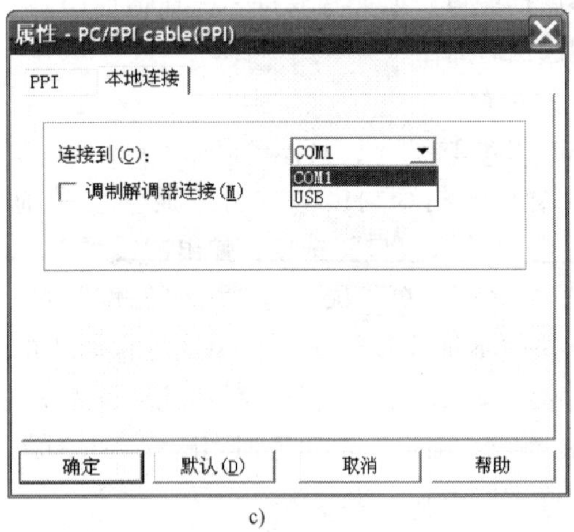

c)

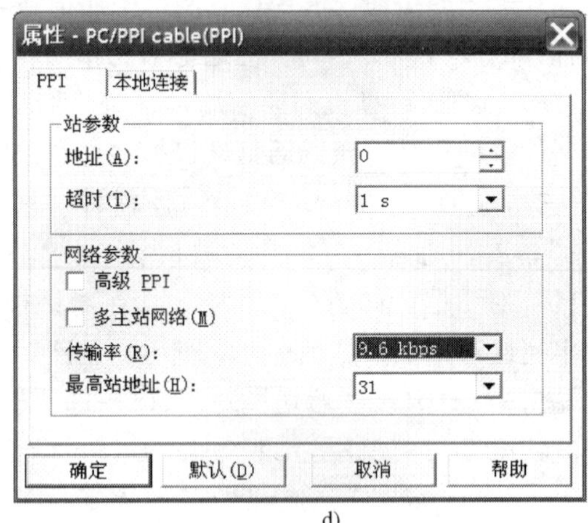

d)

图 6-22　编程计算机的通信端口、地址和波特率的设置

2. 硬件连接

编程计算机和两台 PLC 的通信端口、地址和波特率设置结束后，再将三者连接起来。编程计算机和两台 PLC 连接如图 6-24 所示，连接需要一条 PC/PPI 电缆、两台网络连接器（一台需带编程口）和两条 9 针 D 形双头电缆。在具体连接时，PC/PPI 电缆的 RS-232C 端连接计算机，RS-485 端连接网络连接器的编程口，两台连接器间的连接方法如图 6-16 所示，两条 9 针 D 形双头电缆分别将两台网络连接器与两台 PLC 连接起来。

编程计算机和两台 PLC 连接好后，打开 STEP 7-Micro/WIN 编程软件，在软件窗口的指令树区域单击“通信”项下的“通信”，弹出“通信”对话框，如图 6-23a 所示，双击对话框右方的“双击刷新”，会搜索出与计算机连接的两台 PLC。

3. 通信程序

实现 PPI 通信有两种方式：一是直接使用 NETR、NETW 指令编写程序；二是在 STEP 7-Micro/WIN编程软件中执行菜单命令“工具→指令向导”，选择向导中的 NETR/NETW，利用向导实现网络读写通信。

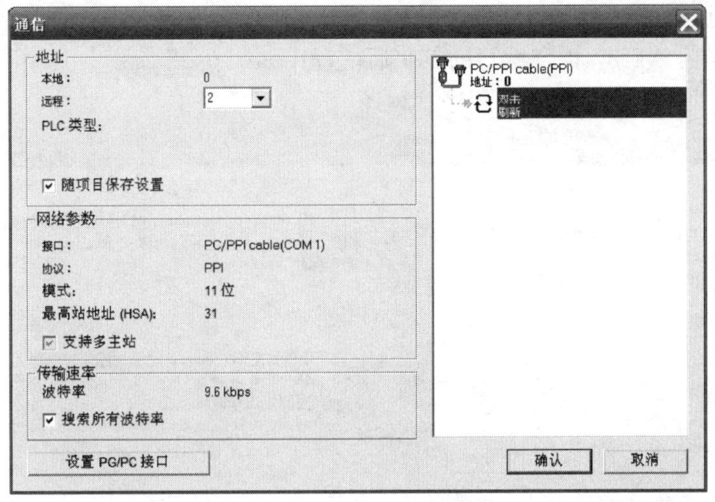

a)

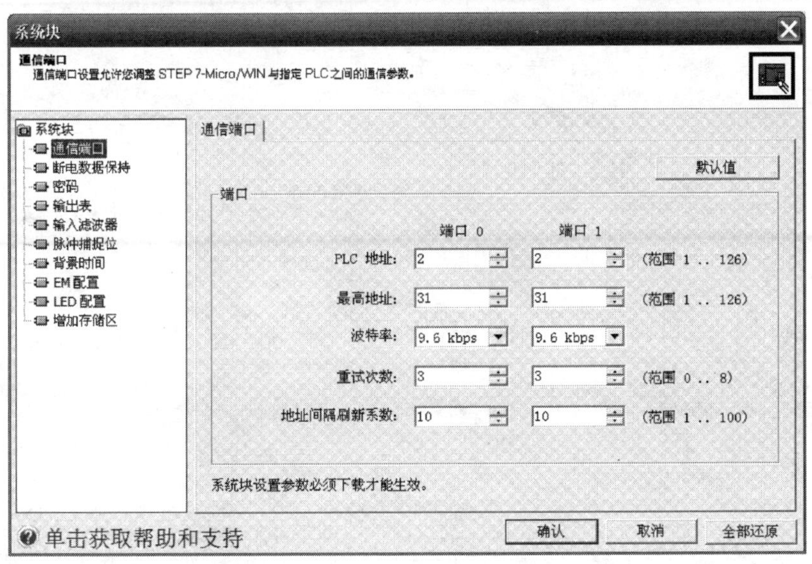

b)

图 6-23　甲机的通信端口、地址和波特率的设置

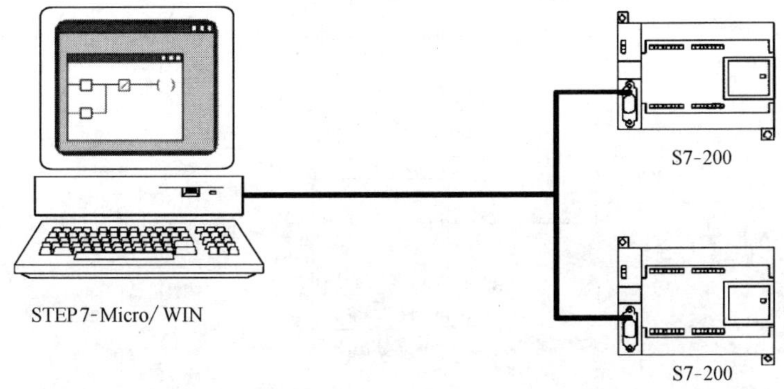

图 6-24　编程计算机和两台 PLC 的连接

（1）直接用 NETR、NETW 指令编写 PPI 通信程序

直接用 NETR、NETW 指令编写的 PPI 通信程序如图 6-25 所示，其中图 a 为主站程序，编译后下载到甲机中，图 b 为从站程序，编译后下载到乙机中。

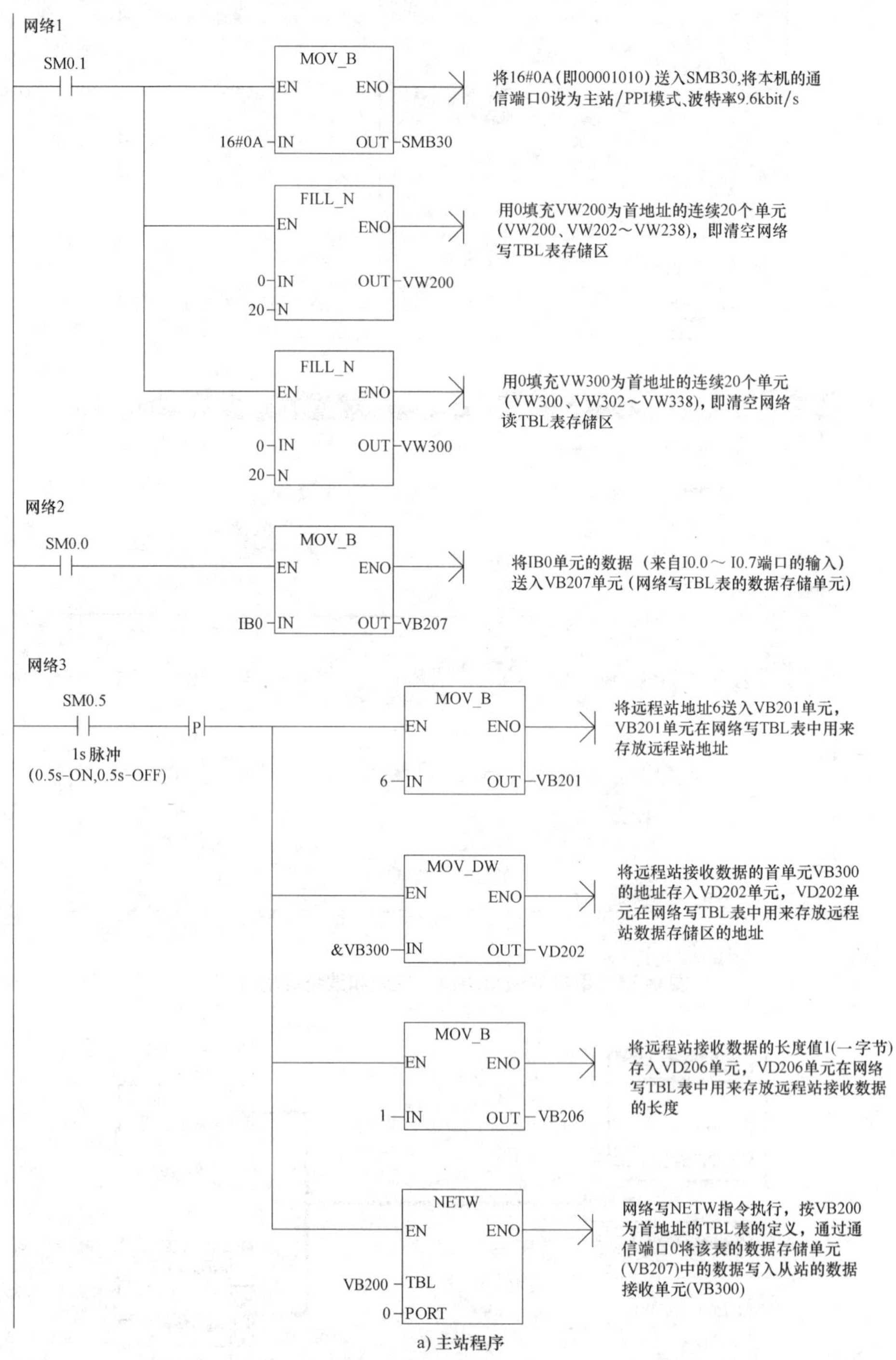

a) 主站程序

图 6-25　直接用 NETR、NETW 指令编写的 PPI 通信程序

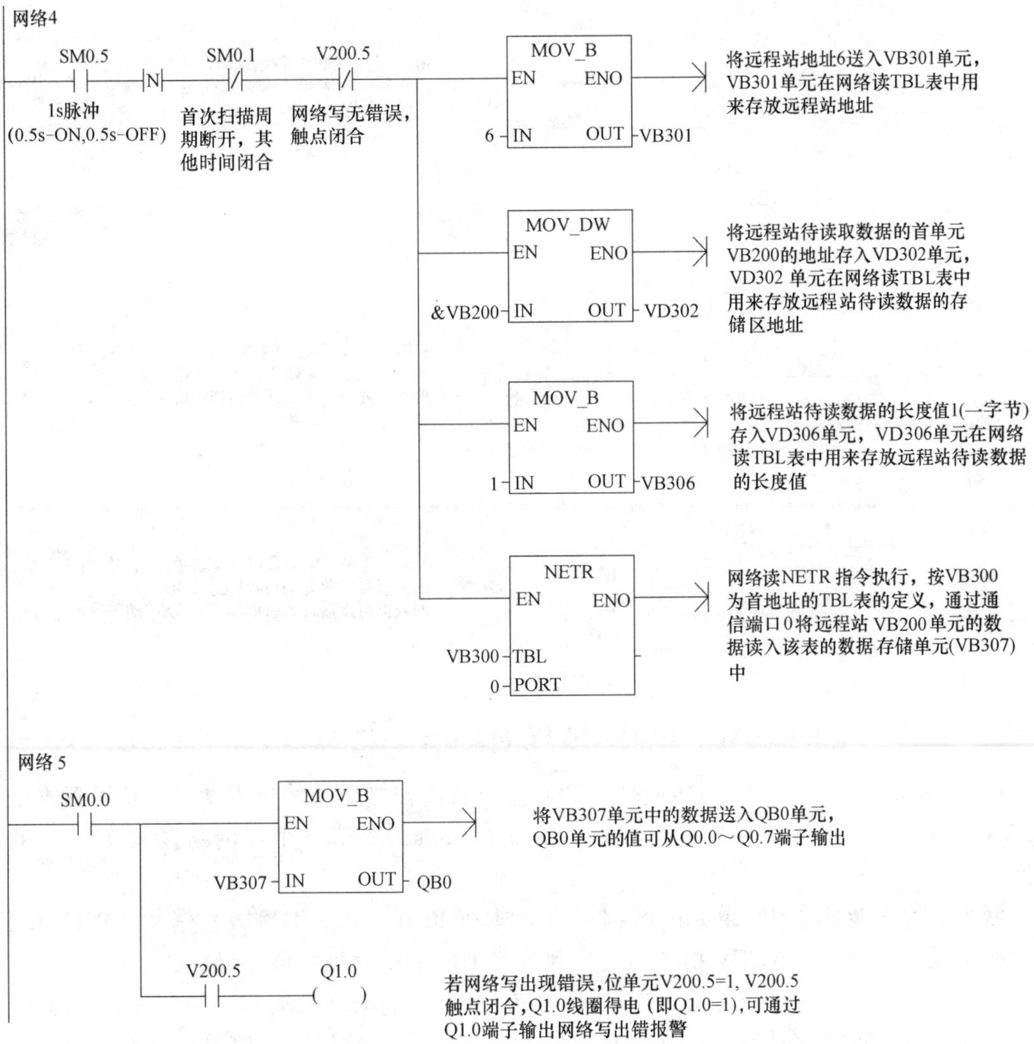

网络4
SM0.5
SM0.1
V200.5
1s脉冲
(0.5s-ON,0.5s-OFF)
首次扫描周期断开，其他时间闭合
网络写无错误，触点闭合
MOV_B
EN ENO
6 IN OUT VB301
将远程站地址6送入VB301单元，VB301单元在网络读TBL表中用来存放远程站地址
MOV_DW
EN ENO
&VB200 IN OUT VD302
将远程站待读取数据的首单元VB200的地址存入VD302单元，VD302 单元在网络读TBL表中用来存放远程站待读数据的存储区地址
MOV_B
EN ENO
1 IN OUT VB306
将远程站待读数据的长度值1(一字节)存入VD306单元，VD306单元在网络读TBL表中用来存放远程站待读数据的长度值
NETR
EN ENO
VB300 TBL
0 PORT
网络读NETR 指令执行，按VB300为首地址的TBL表的定义，通过通信端口0将远程站 VB200单元的数据读入该表的数据存储单元(VB307)中
网络 5
SM0.0
MOV_B
EN ENO
VB307 IN OUT QB0
将VB307单元中的数据送入QB0单元，QB0单元的值可从Q0.0～Q0.7端子输出
V200.5
Q1.0
若网络写出现错误，位单元V200.5=1, V200.5触点闭合，Q1.0线圈得电（即Q1.0=1），可通过Q1.0端子输出网络写出错报警

a) 主站程序(续)

网络1
SM0.1
MOV_B
EN ENO
16#08 IN OUT SMB30
将16#08（即00001000）送入SMB30,将本机的通信端口0设为从站/PPI模式、波特率9.6kbit/s
FILL_N
EN ENO
0 IN OUT VW200
20 N
用0填充VW200为首地址的连续20个单元(VW200、VW202～VW238)，即清空接收数据存储区

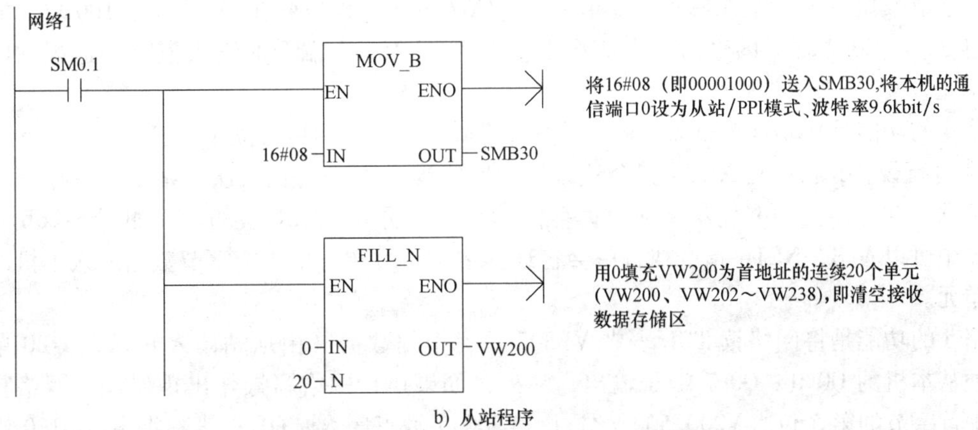

b) 从站程序

图 6-25　直接用 NETR、NETW 指令编写的 PPI 通信程序（续）

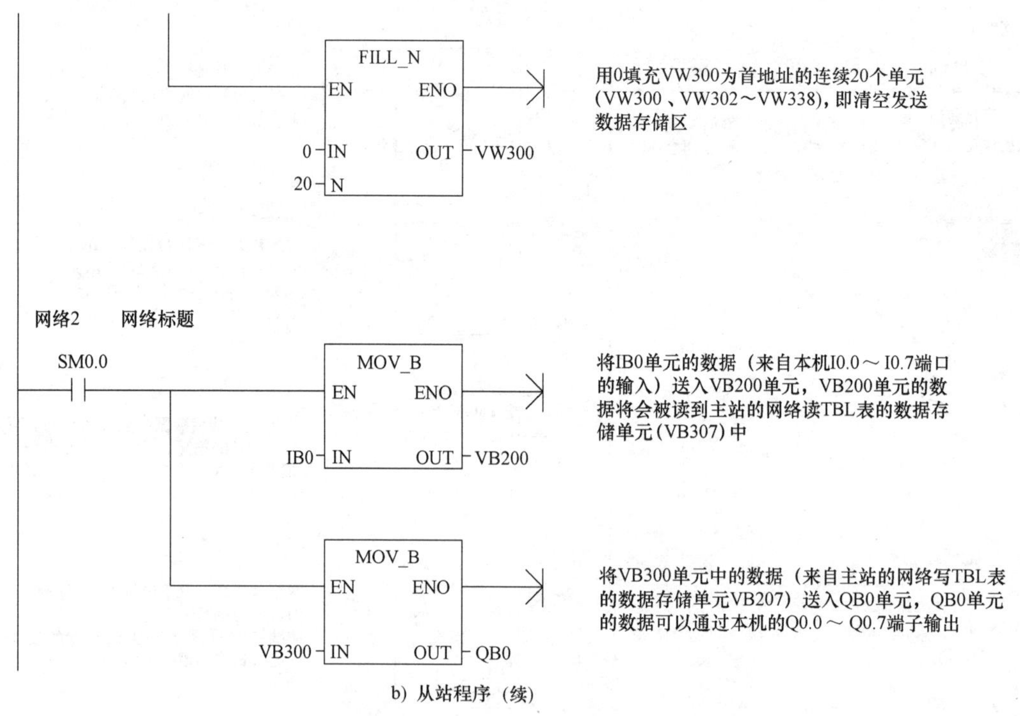

b）从站程序（续）

图 6-25　直接用 NETR、NETW 指令编写的 PPI 通信程序（续）

1）主程序说明。网络 1 的功能是在 PLC 上电首次扫描时初始化主站，包括设置本机为主站/PPI 模式，设置端口 0 的通信波特率为 9.6kbit/s，还清空用作网络读写 TBL 表的存储区。

网络 2 的功能是将 IB0 单元的数据（来自本机 I0.0～I0.7 端输入）送入 VB207 单元，VB207 单元在后面会被 NETW 指令定义为网络写 TBL 表的数据存储单元。

网络 3 的功能是在秒脉冲（0.5s-ON，0.5s-OFF）的上升沿时对网络写 TBL 表进行设置，并执行 NETW 指令让系统按网络写 TBL 表的定义往从站指定存储单元发送数据。网络写 TBL 表的定义如图 6-26a 所示，从图中可以看出，NETW 指令执行后会将本机 VB207 单元的 1 个字节数据写入远程站的 VB300 单元，VB207 单元的数据来自 IB0 单元，IB0 单元的值则来自 I0.0～I0.7 端子的输入，也即将本机 IB0.0～IB0.7 端子的输入值写入远程站的 VB300 单元。

网络 4 的功能是在非首次扫描、每个秒脉冲下降沿到来且网络写操作未出错时，对网络读 TBL 表进行设置，再执行 NETR 指令让系统按网络读 TBL 表的定义从从站指定的存储单元读取数据，并保存在 TBL 表定义的数据存储单元中。网络读 TBL 表的定义如图 6-26b 所示，从图中可以看出，NETR 指令执行后会将远程站 VB200 单元的 1 个字节数据读入本机的 VB307 单元。

网络 5 的功能是将网络读 TBL 表中 VB307 单元中的数据（由从站读入）送入 QB0 单元，以便从本机的 Q0.0～Q0.7 端子输出，另外，如果执行网络写操作出现错误，网络写 TBL 表中首字节的第 5 位（V200.5）会置 1，V200.5 触点闭合，Q1.0 线圈得电，Q1.0 端子会输出网络写出错报警。

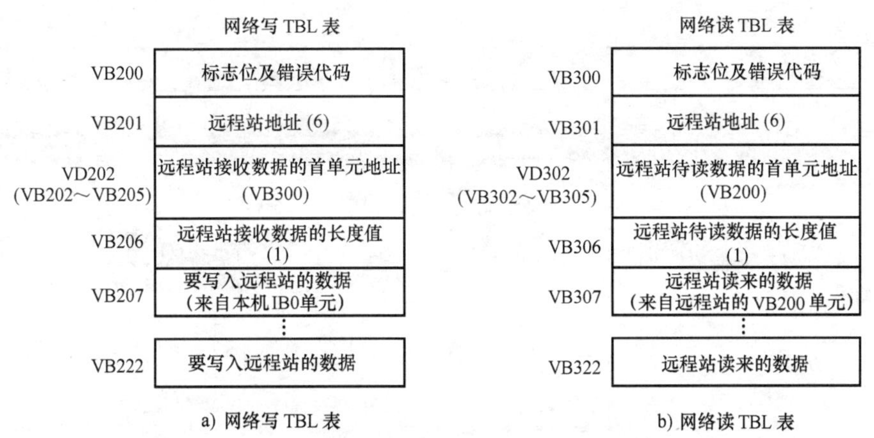

a) 网络写 TBL 表　　b) 网络读 TBL 表

图 6-26　网络读写 TBL 表

2）从站程序说明。网络 1 的功能是在 PLC 上电首次扫描时初始化从站，包括设置本机为从站/PPI 模式，设置端口 0 的通信波特率为 9.6kbit/s，还清空用作接收和发送数据的存储区。

网络 2 的功能是将 IB0 单元的数据（来自本机 I0.0 ~ I0.7 端输入值）送入 VB200 单元，让主站读取，另外将 VB300 单元的数据（由主站 VB207 单元写来的数据）传送到 QB0 单元，即从本机的 Q0.0 ~ Q0.7 端子输出。

3）主、从站数据传递说明。通过执行主、从站程序，可以将主站 I0.0 ~ I0.7 端子的输入值传送到从站的 Q0.0 ~ Q0.7 端子输出，也能将从站 I0.0 ~ I0.7 端子的输入值传送到主站的 Q0.0 ~ Q0.7 端子输出。

主站往从站传递数据的途径是，主站 I0.0 ~ I0.7 端子→主站 IB0 单元→主站 VB207 单元→从站 VB300 单元→从站 QB0 单元→从站 Q0.0 ~ Q0.7 端子。

从站往主站传递数据的途径是，从站 I0.0 ~ I0.7 端子→从站 IB0 单元→从站 VB200 单元→主站 VB307 单元→主站 QB0 单元→主站 Q0.0 ~ Q0.7 端子。

（2）利用指令向导编写 PPI 通信程序

PPI 通信程序除了可以直接编写外，还可以利用编程软件的指令向导来生成。利用指令向导生成 PPI 通信程序过程见表 6-8。

表 6-8　利用指令向导生成 PPI 通信程序过程

序号	操作步骤	操作图
1	打开 STEP 7-Micro/WIN 编程软件，执行菜单命令“工具→指令向导”，弹出右图所示的“指令向导”对话框，选择其中的 NETR/NETW，单击“下一步”按钮	指令向导 S7-200 指令向导可以快速简单地配置复杂的指令操作。此向导将为所需的功能提供一系列选项。一但完成，向导将为所选配置生成程序代码。 以下是向导支持的指令列表。您要配置哪一个指令功能？ PID NETR/NETW HSC 配置多项网络读写指令的操作。 要开始配置选择的指令功能，请单击“下一步”。 下一步　取消

（续）

序号	操 作 步 骤	操 作 图
2	弹出右图所示的“NETR/NETW 指令向导”对话框，将网络读/写操作项设为 2，单击“下一步”按钮	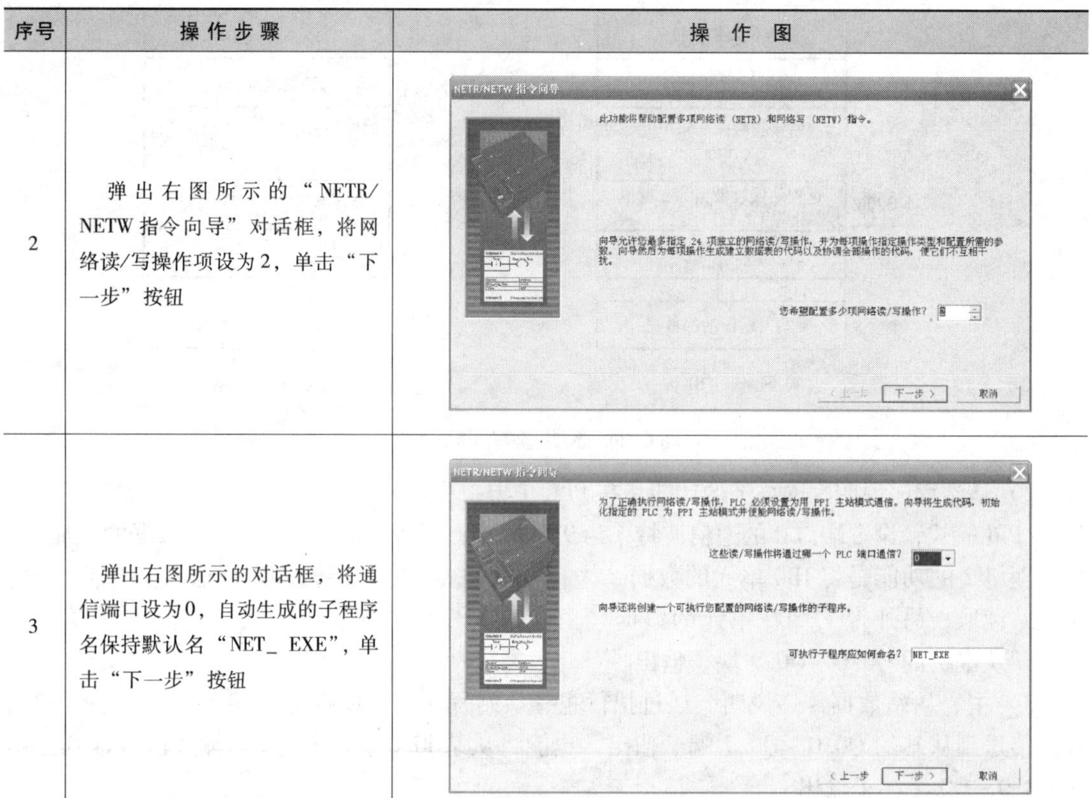
3	弹出右图所示的对话框，将通信端口设为 0，自动生成的子程序名保持默认名“NET_ EXE”，单击“下一步”按钮	
4	弹出右图所示的对话框，选择操作为“NETW”；将写入远程数据设为 1 个字节；将远程 PLC 地址设为 6；将本地 PLC 要发送数据的存储单元设为 VB207 ~ VB207；将远程 PLC 要接收数据的存储单元设为 VB300 ~ VB300。设置好后，单击“下一项操作”按钮	
5	弹出右图所示的对话框，在该对话框中，选择操作为“NETR”；将读取远程数据设为 1 个字节；将远程 PLC 地址设为 6；将本地 PLC 存放远程 PLC 数据的存储单元设为 VB307 ~ VB307；将要读取数据的远程 PLC 的存储单元设为 VB200 ~ VB200。设置好后，单击“下一步”按钮	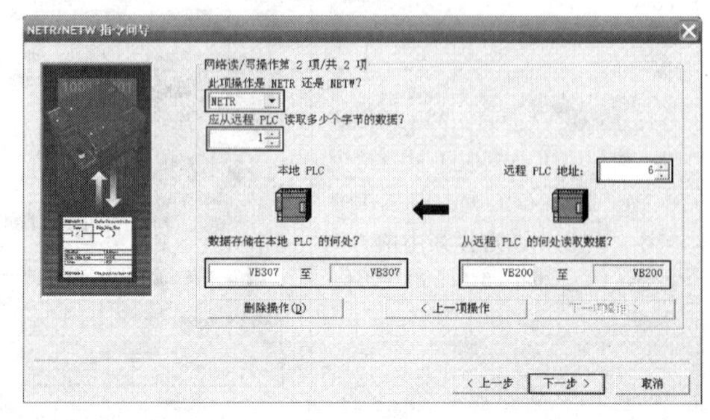

（续）

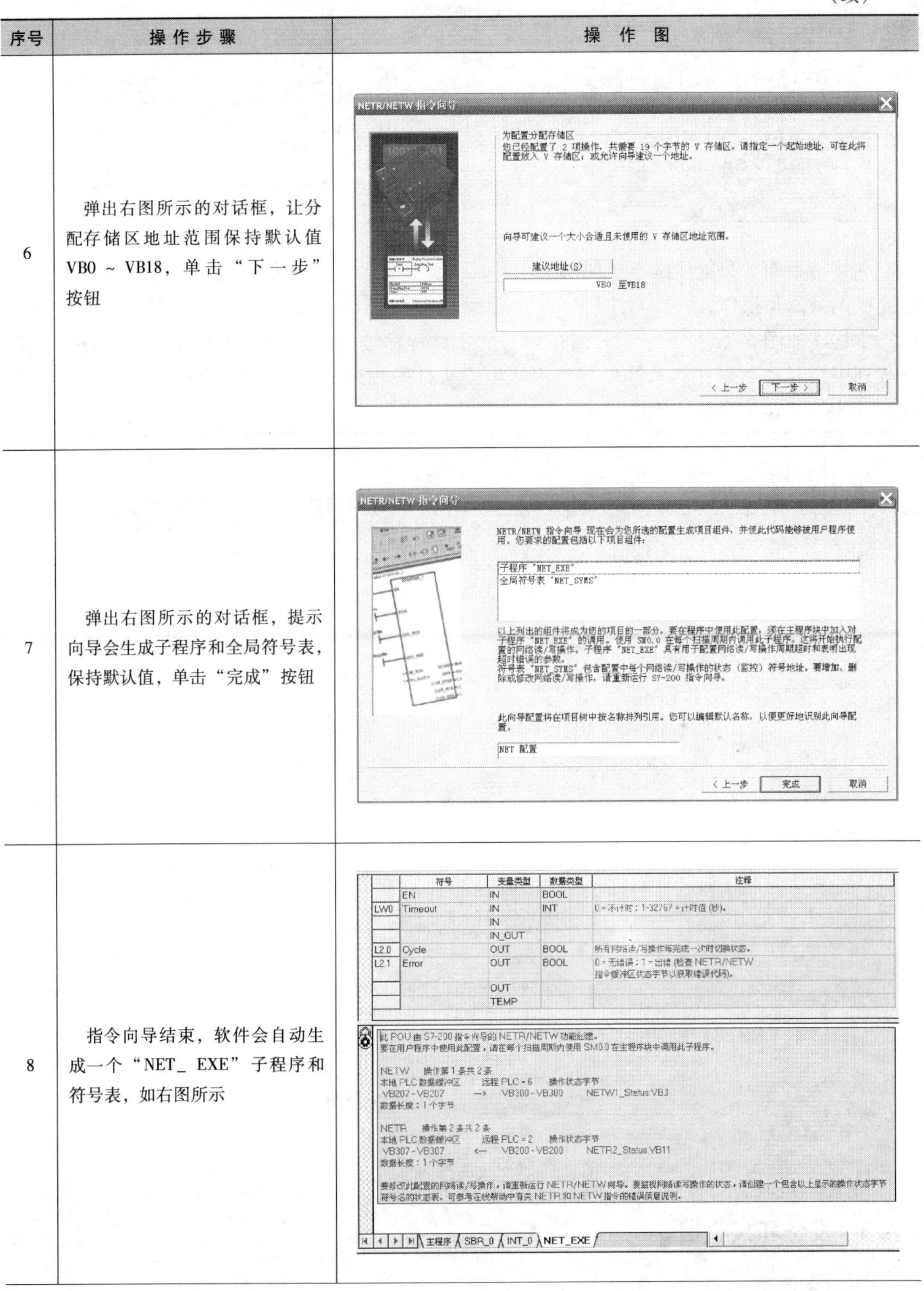

序号	操作步骤	操作图
6	弹出右图所示的对话框，让分配存储区地址范围保持默认值 VB0 ~ VB18，单击“下一步”按钮	
7	弹出右图所示的对话框，提示向导会生成子程序和全局符号表，保持默认值，单击“完成”按钮	
8	指令向导结束，软件会自动生成一个“NET_ EXE”子程序和符号表，如右图所示	

（续）

序号	操作步骤	操作图
9	同时在指令树区域的调用子程序下出现“NET_ EXE（SBR1）”指令，如右图所示，便于在主程序使用该指令调用“NET_ EXE”子程序	字符串 表 定时器 库 调用子程序 SBR_0 (SBR0) NET_EXE (SBR1)

利用指令向导只能生成 PPI 通信子程序，因此还需要用普通的方式编写主程序。子程序能完成网络读写操作，在编写主程序时，要用“NET_EXE（SBR1）”指令对子程序进行调用。主程序如图 6-27 所示，它较直接编写的主站程序要简单很多，主程序和子程序编译后下载到甲机（主机）中。指令向导也不能生成从站的程序，因此从站程序也需要直接编写，从站程序与图 6-25b 从站程序相同。

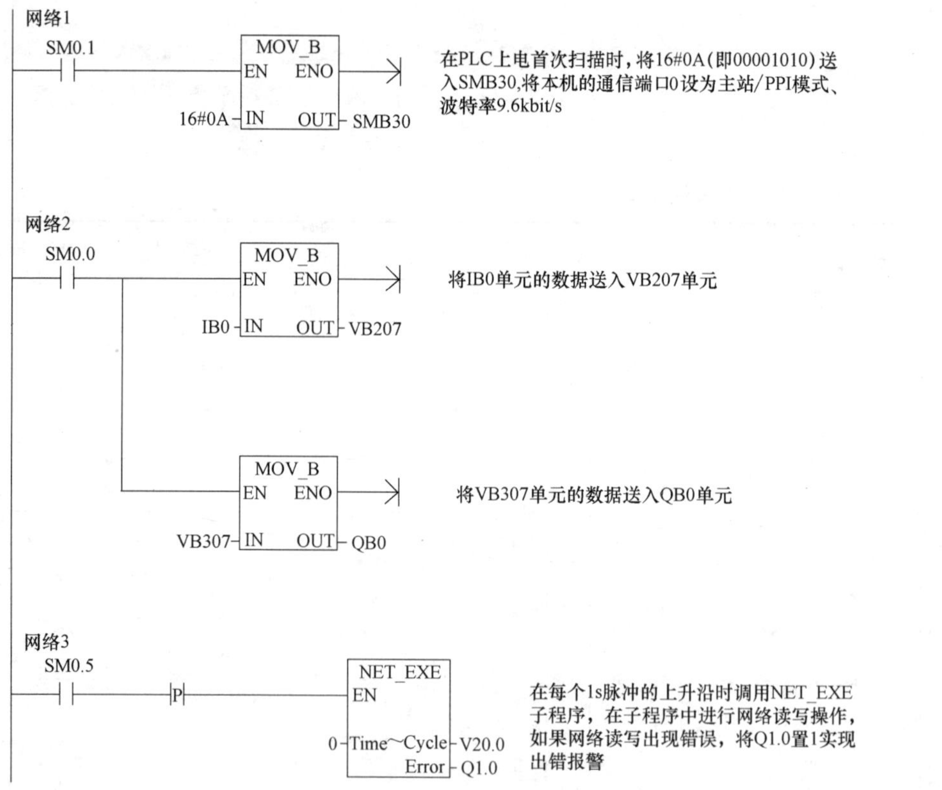

图 6-27　主站主程序

6.4.3　发送和接收指令

1. 指令说明

发送和接收指令说明见表 6-9。

表 6-9　发送和接收指令说明

指令名称	梯形图	功能说明	操作数	
			TBL	PORT
发送指令 （XMT）	XMT EN　ENO ????-TBL ????-PORT	将 TBL 表数据存储区的数据通过 PORT 端口发送出去 TBL 端指定 TBL 表的首地址，PORT 端指定发送数据的通信端口	IB、QB、VB、MB、SMB、SB、*VD、*LD、*AC （字节型）	常数 0： （CPU 221/222/224） 0 或 1： （CPU 224XP/226） （字节型）
接收指令 （RCV）	RCV EN　ENO ????-TBL ????-PORT	将 PORT 通信端口接收来的数据保存在 TBL 表的数据存储区中 TBL 端指定 TBL 表的首地址，PORT 端指定接收数据的通信端口		

发送和接收指令用于自由模式下通信，通过设置 SMB30（端口 0）和 SMB130（端口 1）可将 PLC 设为自由通信模式，SMB30、SMB130 各位功能说明见表 6-6。**PLC 只有处于 RUN 状态时才能进行自由模式通信，处于自由通信模式时，PLC 无法与编程设备通信，在 STOP 状态时自由通信模式被禁止，PLC 可与编程设备通信。**

2. 发送指令使用说明

发送指令可发送一个字节或多个字节（最多为 255B），要发送的字节存放在 TBL 表中，TBL 表（发送存储区）的格式如图 6-25 所示，**TBL 表中的首字节单元用于存放要发送字节的个数，该单元后面为要发送的字节，发送的字节不能超过 255 个。**

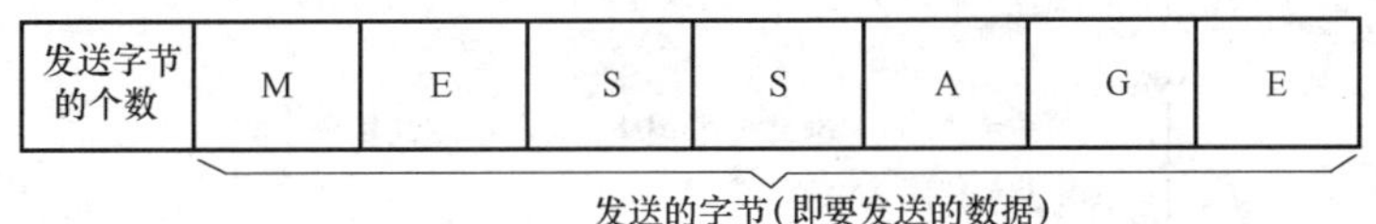

图 6-28　TBL 表（发送存储区）的格式

如果将一个中断程序连接到发送结束事件上，在发送完存储区中的最后一个字符时，则会产生一个中断，端口 0 对应中断事件 9，端口 1 对应中断事件 26。如果不使用中断来执行发送指令，可以通过监视 SM4.5 或 SM4.6 位值来判断发送是否完成。

如果将发送存储区的发送字节数设为 0 并执行 XMT 指令，会发送一个间断语（BREAK），发送间断语和发送其他任何消息的操作是一样的。当间断语发送完成后，会产生一个发送中断，SM4.5 或者 SM4.6 的位值反映该发送操作状态。

3. 接收指令使用说明

接收指令可以接收一个字节或多个字节（最多为 255 个），接收的字节存放在 TBL 表中，TBL 表（接收存储区）的格式如图 6-29 所示，TBL 表中的首字节单元用于存放要接收

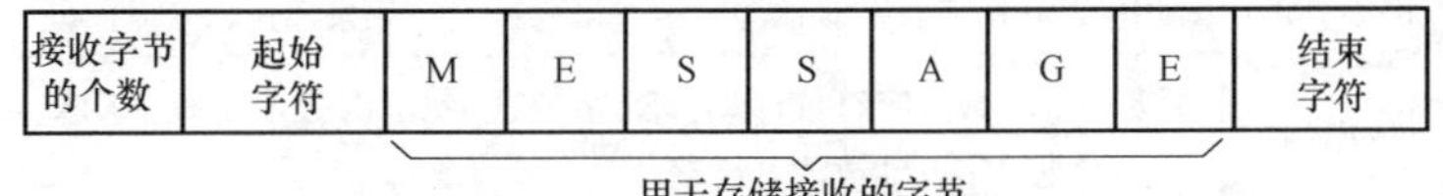

图 6-29　TBL 表（接收存储区）的格式

字节的个数值，该单元后面依次是起始字符、数据存储区和结束字符，起始字符和结束字符为可选项。

如果将一个中断程序连接到接收完成事件上，在接收完存储区中的最后一个字符时，会产生一个中断，端口 0 对应中断事件 23，端口 1 对应中断事件 24。如果不使用中断，也可通过监视 SMB86（端口 0）或者 SMB186（端口 1）来接收信息。

接收指令允许设置接收信息的起始和结束条件，端口 0 由 SMB86 ~ SMB94 设置，端口 1 由 SMB186 ~ SMB194 设置。接收信息端口的状态与控制字节见表 6-10。

表 6-10　接收信息端口的状态与控制字节

端　口　0	端　口　1	说　　明
SMB86	SMB186	接收消息状态字节（位 7~0）：n r e 0 0 t c p n：1 = 接收消息功能被终止（用户发送禁止命令） r：1 = 接收消息功能被终止（输入参数错误或丢失启动或结束条件） e：1 = 接收到结束字符。 t：1 = 接收消息功能被终止（定时器时间已用完） c：1 = 接收消息功能被终止（实现最大字符计数） p：1 = 接收消息功能被终止（奇偶校验错误）
SMB87	SMB187	接收消息控制字节（位 7~0）：en sc ec il c/m tmr bk 0 en：0 = 接收消息功能被禁止。 1 = 允许接收消息功能。 每次执行 RCV 指令时检查允许/禁止接收消息位。 sc：0 = 忽略 SMB88 或 SMB188。 1 = 使用 SMB88 或 SMB188 的值检测起始消息。 ec：0 = 忽略 SMB89 或 SMB189。 1 = 使用 SMB89 或 SMB189 的值检测结束消息。 il：0 = 忽略 SMW90 或 SMW190。 1 = 使用 SMW90 或 SMW190 的值检测空闲状态。 c/m：0 = 定时器是字符间定时器。 1 = 定时器是消息定时器。 tmr：0 = 忽略 SMW92 或 SMW192。 1 = 当 SMW92 或 SMW192 中的定时时间超出时终止接收。 bk：0 = 忽略断开条件。 1 = 用中断条件作为消息检测的开始。
SMB88	SMB188	消息字符的开始
SMB89	SMB189	消息字符的结束
SMW90	SMW190	空闲线时间段按毫秒设定。空闲线时间用完后接收的第一个字符是新消息的开始
SMW92	SMW192	中间字符/消息定时器溢出值按毫秒设定。如果超过这个时间段，则终止接收消息
SMB94	SMB194	要接收的最大字符数（1 ~ 255 字节）。此范围必须设置为期望的最大缓冲区大小，即使不使用字符计数消息终端

6.4.4　获取和设置端口地址指令

获取和设置端口地址指令说明见表 6-11。

表 6-11　获取和设置端口地址指令说明

指令名称	梯形图	功能说明	操作数	
			ADDR	PORT
获取端口地址指令（GPA）	GET_ADDR —EN　ENO— ????—ADDR ????—PORT	读取 PORT 端口所接 CPU 的站地址（站号），并将站地址存入 ADDR 指定的单元中	IB、QB、VB、MB、SMB、SB、LB、AC、*VD、*LD、*AC、常数（常数值仅用于 SPA 指令）（字节型）	常数 0：（CPU 221/222/224） 0 或 1：（CPU 224XP/226）（字节型）
设置端口地址指令（SPA）	SET_ADDR —EN　ENO— ????—ADDR ????—PORT	将 PORT 端口所接 CPU 的站地址设为 ADDR 指定数值 新站地址不能永久保存，重新上电后，站地址将返回到原来的地址值（用系统块下载的地址）		

6.4.5　PLC 与打印机之间的通信（自由端口模式）

自由端口模式是指用户编程来控制通信端口，以实现自定义通信协议的通信方式。在该模式下，通信功能完全由用户程序控制，所有的通信任务和信息均由用户编程来定义。PLC 与打印机之间通常采用自由端口模式进行通信。

1. 硬件连接

PLC 与打印机通信的硬件连接如图 6-30 所示，由于 PLC 的通信端口为 RS-485 接口，而打印机的通信端口为并行口，因此两者连接时需要使用串/并转换器。

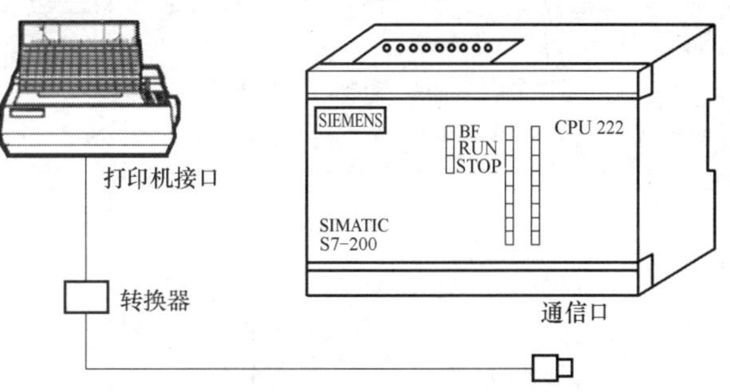

图 6-30　PLC 与打印机通信的硬件连接

2. 通信程序

在 PLC 与打印机通信前，需要用计算机编程软件编写相应的通信程序，再将通信程序编译并下载到 PLC 中。图 6-31 为 PLC 与打印机通信程序，其实现的功能是，当 PLC 的 I0.0 端子输入 1（如按下 I0.0 端子外接按钮）时，PLC 将有关数据发送给打印机，打印机会打印文字"SIMATIC S7-200"；当 I0.1、I0.2 ~ I0.7 端子依次输入 1 时，打印机会依次打印出"INPUT 0.1 IS SET!"、"INPUT 0.2 IS SET!" ~ "INPUT 0.7 IS SET!"

图 6-31 所示的 PLC 与打印机通信程序由主程序和 SBR_0 子程序组成。在主程序中，PLC 首次上电扫描时，SM0.1 触点接通一个扫描周期，调用并执行 SBR_0 子程序。在子程序中，网络 1 的功能是先设置通信控制 SMB30，将通信设为 9.6kbit/s、无奇偶校验、每字

符 8 位，然后往首地址为 VB80 的 TBL 表中送入字符“SIMATIC S7-200”的 ASCII 码；网络 2 的功能是往首地址为 VB100 的 TBL 表中送入字符“INPUT 0. x IS SET!”的 ASCII 码，其中 x 的 ASCII 码由主程序送入。子程序执行完后，转到主程序的网络 2，当 PLC 处于 RUN 状态时，SM0. 7 触点闭合，SM30. 0 位变为 1，通信模式设为自由端口模式；在网络 3 中，当 I0. 0 触点闭合，执行 XMT 指令，将 TBL 表（VB80 ~ VB95 单元）中“INPUT 0. 0 IS SET!”发送给打印机；在网络 4 中，当 I0. 1 触点闭合，先执行 MOV_ B 指令，将字符“1”的 ASCII 码送入 VB109 单元，再执行 XMT 指令，将 TBL 表中“INPUT 0. 1 IS SET!”发送给打印机，I0. 2 ~ I0. 7 触点闭合时的工作过程与 I0. 1 触点闭合相同，程序会将字符“INPUT 0. 2 IS SET!”~“INPUT 0. 7 IS SET!”的 ASCII 码发送给打印机。

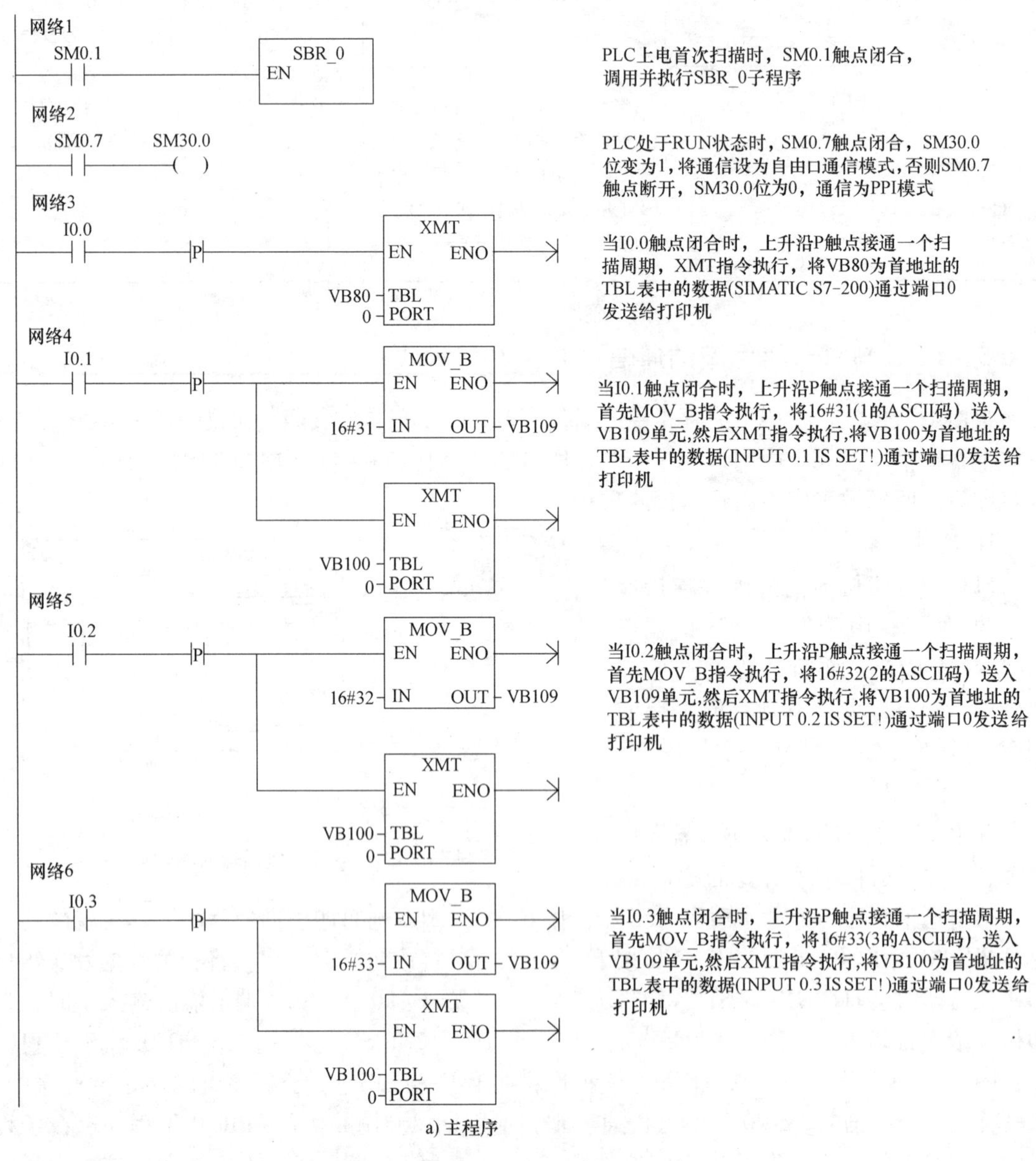

a) 主程序

图 6-31　PLC 与打印机通信程序

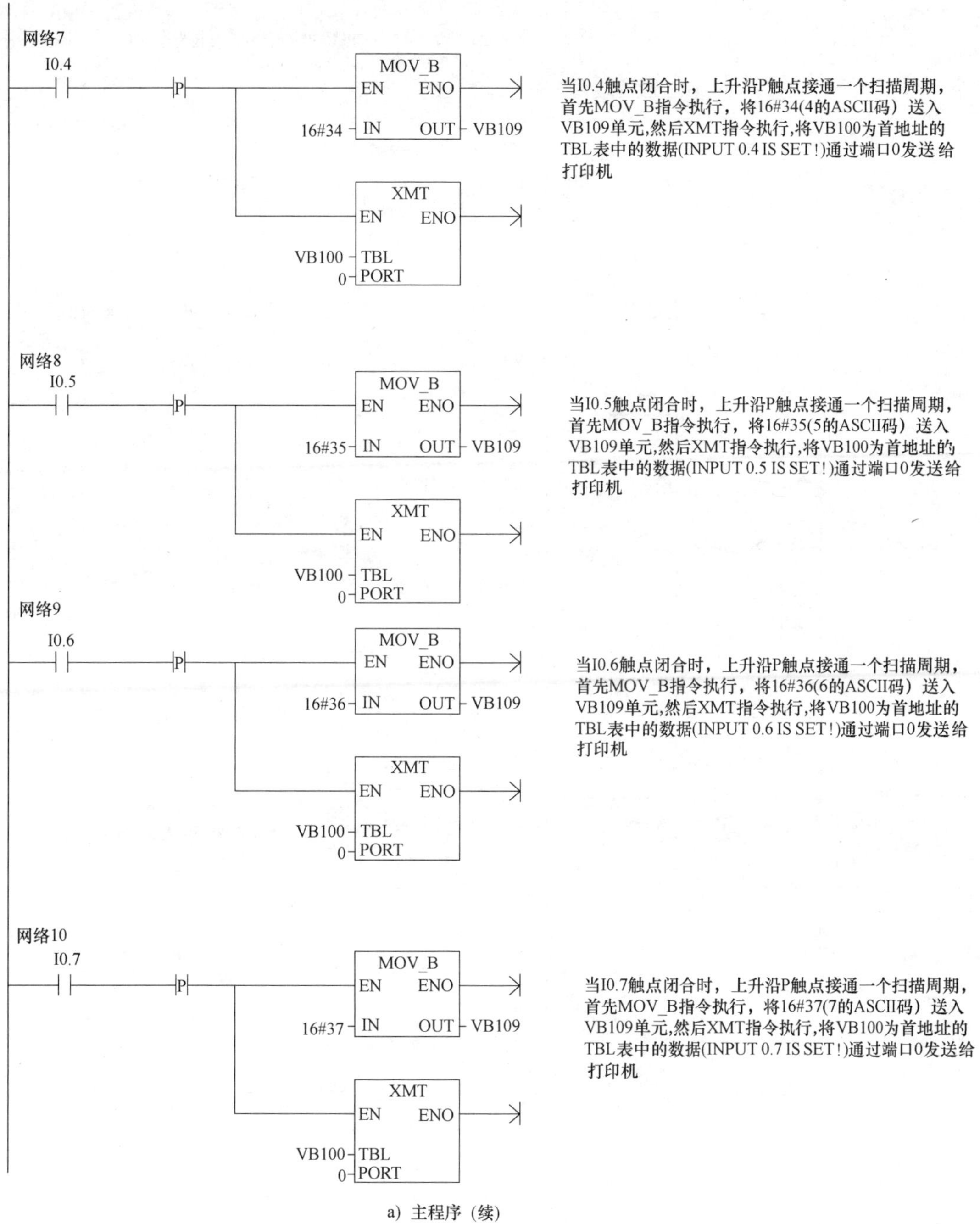

a）主程序（续）

图 6-31　PLC 与打印机通信程序（续）

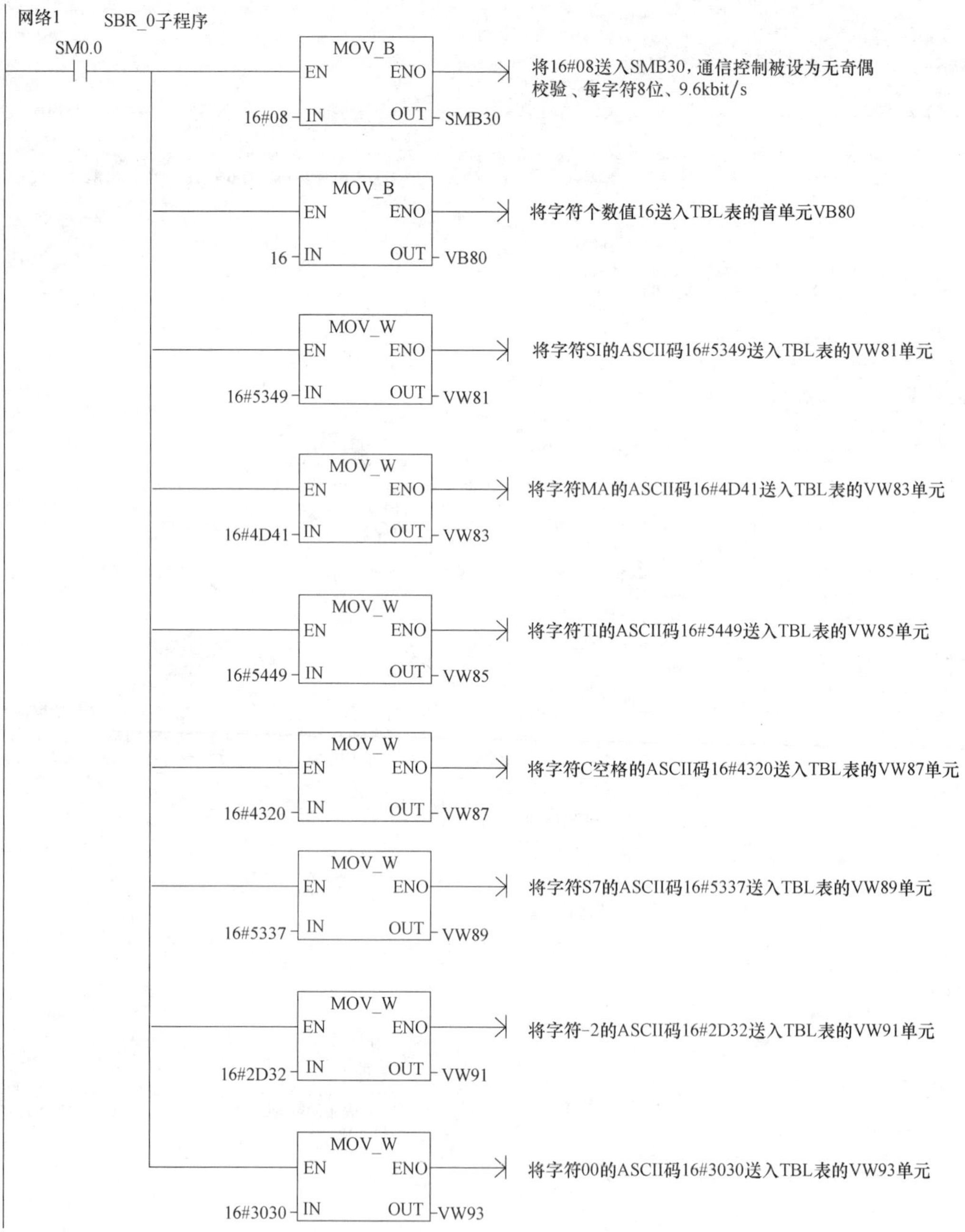
网络1
SBR_0子程序
SM0.0
MOV_B
EN
ENO
16#08
IN
OUT
SMB30
将16#08送入SMB30，通信控制被设为无奇偶校验、每字符8位、9.6kbit/s
MOV_B
EN
ENO
16
IN
OUT
VB80
将字符个数值16送入TBL表的首单元VB80
MOV_W
EN
ENO
16#5349
IN
OUT
VW81
将字符SI的ASCII码16#5349送入TBL表的VW81单元
MOV_W
EN
ENO
16#4D41
IN
OUT
VW83
将字符MA的ASCII码16#4D41送入TBL表的VW83单元
MOV_W
EN
ENO
16#5449
IN
OUT
VW85
将字符TI的ASCII码16#5449送入TBL表的VW85单元
MOV_W
EN
ENO
16#4320
IN
OUT
VW87
将字符C空格的ASCII码16#4320送入TBL表的VW87单元
MOV_W
EN
ENO
16#5337
IN
OUT
VW89
将字符S7的ASCII码16#5337送入TBL表的VW89单元
MOV_W
EN
ENO
16#2D32
IN
OUT
VW91
将字符-2的ASCII码16#2D32送入TBL表的VW91单元
MOV_W
EN
ENO
16#3030
IN
OUT
VW93
将字符00的ASCII码16#3030送入TBL表的VW93单元

图 6-31　PLC 与

b) SBR_0 子程序

打印机通信程序（续）

第 7 章

S7-300系列PLC的硬件系统

7.1 S7-300 系列 PLC 的硬件组成、安装与地址分配

7.1.1 S7-300 系列 PLC 硬件组成

S7-200、S7-1200 为整体式 PLC，即它们将电源部分、CPU 和输入输出部分封装在一个箱体内，可以独立使用，**S7-300 属于模块式 PLC，它们由 CPU 模块、电源模块、I/O 模块和其他模块组成，各模块之间通过电缆和插件连接起来。**

图 7-1 列出了 S7-300 系列 PLC 硬件实物图，图 a 为 CPU 模块（CPU317-2 PN/DP），图（b）是由 CPU 模块与其他模块组成的 S7-300 系列 PLC 硬件系统，该硬件系统由电源模块（PS307）、CPU 模块（CPU317-2 PN/DP）、数字量输入模块（SM321）、数字量输出模块

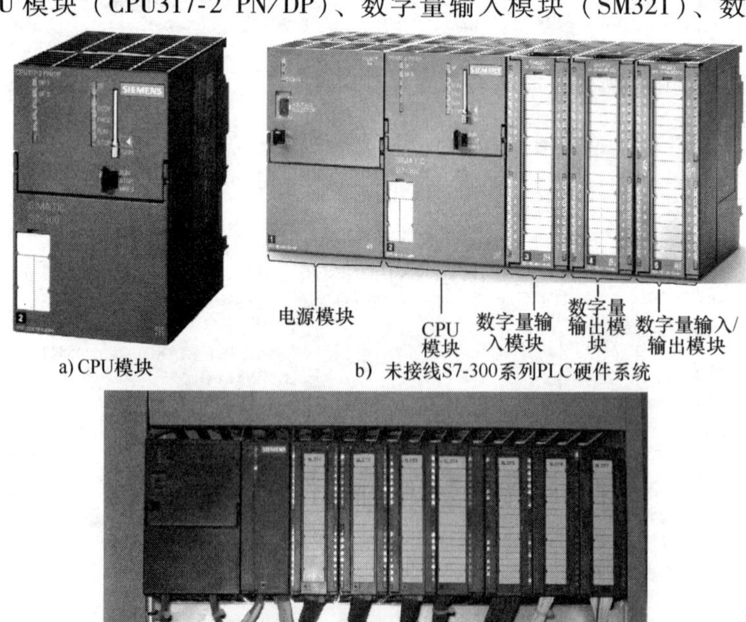

a) CPU模块

b）未接线S7-300系列PLC硬件系统

c）已接线的S7-300系列PLC硬件系统

图 7-1　S7-300 系列 PLC 硬件实物图

（SM322）和数字量输入/输出模块（SM323）组成，图 c 是一种已接线可使用的 S7-300 系列 PLC 硬件系统，该系统采用了另一种型号的 CPU 模块。

7.1.2　S7-300 系列 PLC 硬件安装与接线

1. 安装模块

S7-300 系列 PLC 硬件由多个模块组成，这些模块通常安装在导轨上，模块之间的连接

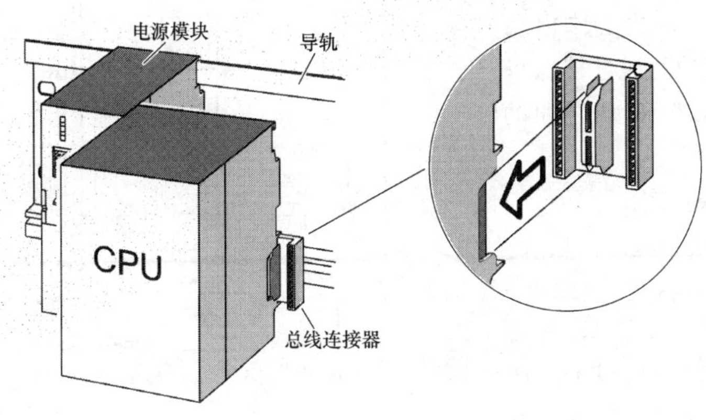

a）给CPU模块安装总线连接器

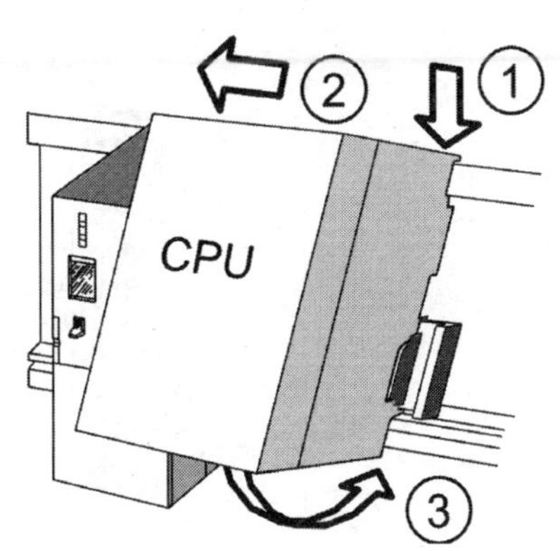

b）将CPU模块安装在导轨上并靠近电源模块

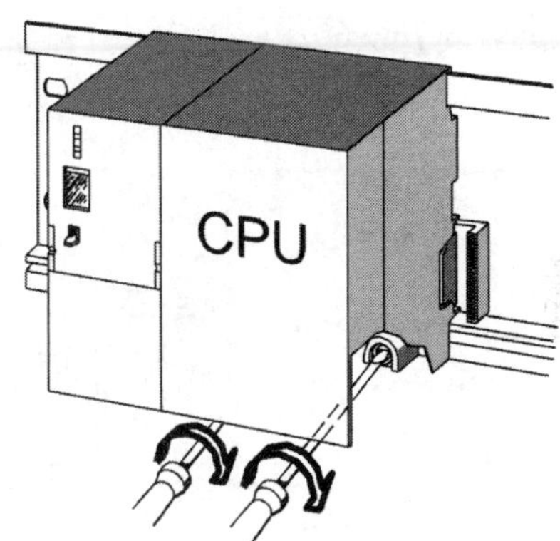

c）用螺钉将模块固定在导轨上

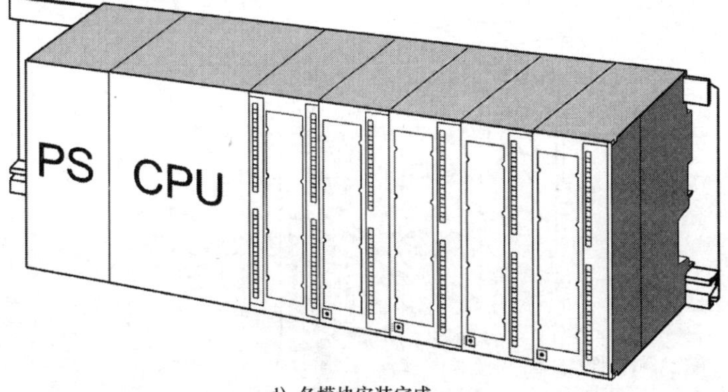

d）各模块安装完成

图 7-2　S7-300 系列 PLC 硬件模块的安装过程

使用总线连接器。S7-300 系列 PLC 硬件模块的安装过程如图 7-2 所示，除 CPU 模块和电源模块以外，其他模块都带有一个总线连接器，在安装时，将最后一个模块的总线连接器拆下，将它安装在 CPU 模块上，一个总线连接器可以将两个模块连接起来。

2. 接线

(1) 电源模块与 CPU 模块之间的接线

CPU 的 24V 工作电源由电源模块提供，其他模块的工作电源由 CPU 模块后面的总线连接器提供。电源模块与 CPU 模块之间的接线如图 7-3 所示。

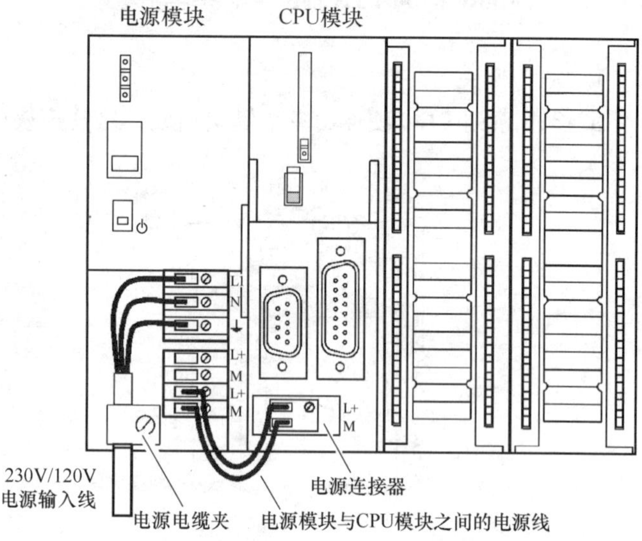

图 7-3　电源模块与 CPU 模块之间的接线

(2) I/O 模块接线

除了 CPU 模块和电源模块外，S7-300 系列 PLC 硬件还会使用一些 I/O 模块（又称信号模块（SM），如数字量或模拟量 I/O 模块），外部输入输出部件要通过导线接到这些模块的接线端子上。S7-300 系列 PLC 的 I/O 模块接线过程如图 7-4 所示。

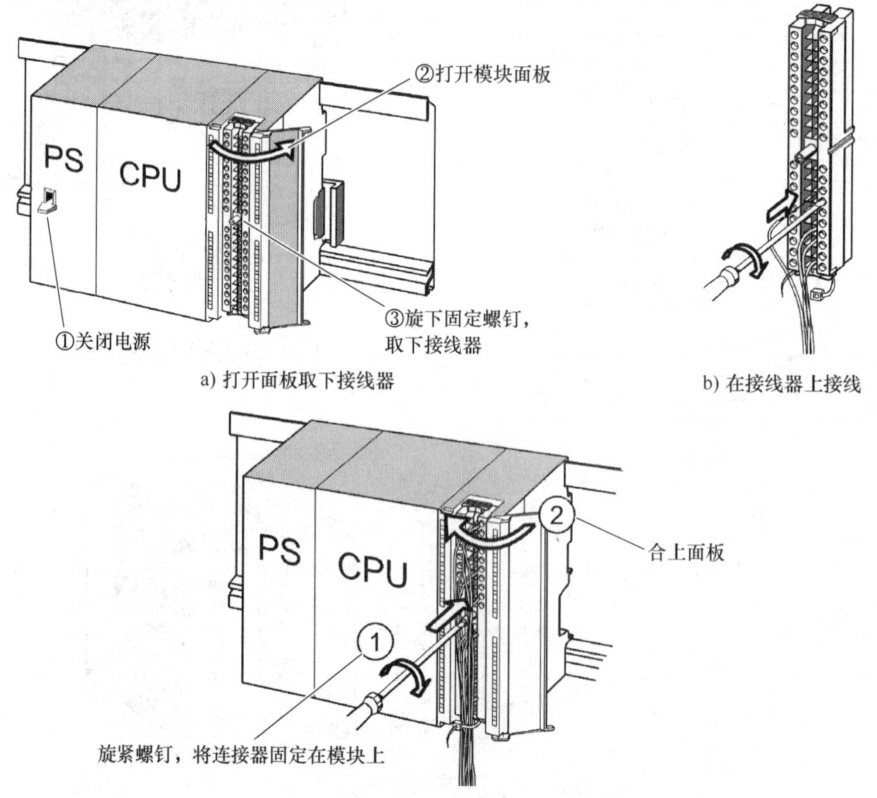

图 7-4　S7-300 系列 PLC 的 I/O 模块接线

7.1.3　单机架与多机架 S7-300 系列 PLC 硬件系统

1. 单机架 S7-300 系列 PLC 硬件系统

将 S7-300 系列 PLC 的模块安装在一条导轨上，称为单机架 S7-300 系列 PLC。单机架 S7-300 系列 PLC 如图 7-5 所示，一条导轨上只能安装 11 个模块，槽位号为 1～11，在 1、2 号槽位分别用来安装 PS 模块（电源模块）和 CPU 模块，如果组建多机架系统，3 号槽位一定要安装 IM（通信模块），单机架系统可不用安装 IM，4～11 号槽位用来安装其他模块，如 SM（信号模块）、FM（功能模块）和 CP 模块（通信模块），SM 可以是数字量输出模块 DO、数字输入模块 DI、模拟量输出模块 AO 或模拟量输入模块 AI，FM 可以是高速计数模块、定位模块、闭环控制模块或占位模块等，CP 模块在网络通信时需要用到。

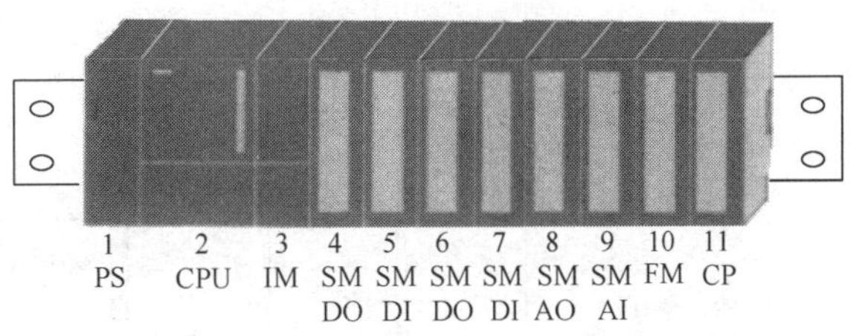

图 7-5　单机架 S7-300 系列 PLC

2. 多机架 S7-300 系列 PLC 硬件系统

单机架 S7-300 系列 PLC 系统只能在 4～11 号槽位上安装信号模块，如果需要给系统配置更多的信号模块，可组建多机架系统。多机架 S7-300 系列 PLC 硬件系统如图 7-6 所示，该系统由四个机架组成，机架编号为#0～#3，**CPU 所在的#0 机架又称为主机架，其他机架称为扩展机架，**一些低档 CPU 模块无扩展功能，只能使用单机架，目前具有扩展功能的 S7-300 系列 CPU 模块最多能扩展 32 个模块（四个机架）。

在构建多机架系统时，主机架要使用接口模块 IM360，扩展机架使用接口模块 IM361，两接口模块之间用电缆连接起来。IM360、IM361 接口模块面板如图 7-7 所示。

IM360、IM361 模块的区别主要有：①IM360 模块只有一个输出接口 X1，而 IM361 有一个输入接口 X1 和一个输出接口 X2；②IM361 模块有 DC 24V 电源输入接线端，可将 DC 24V 电源转换成 DC 5V，除了供本身使用外，还通过背面的总线连接器为本机架的其他模块供电，IM360 模块无 DC 24V 输入，其 5V 工作电源取自

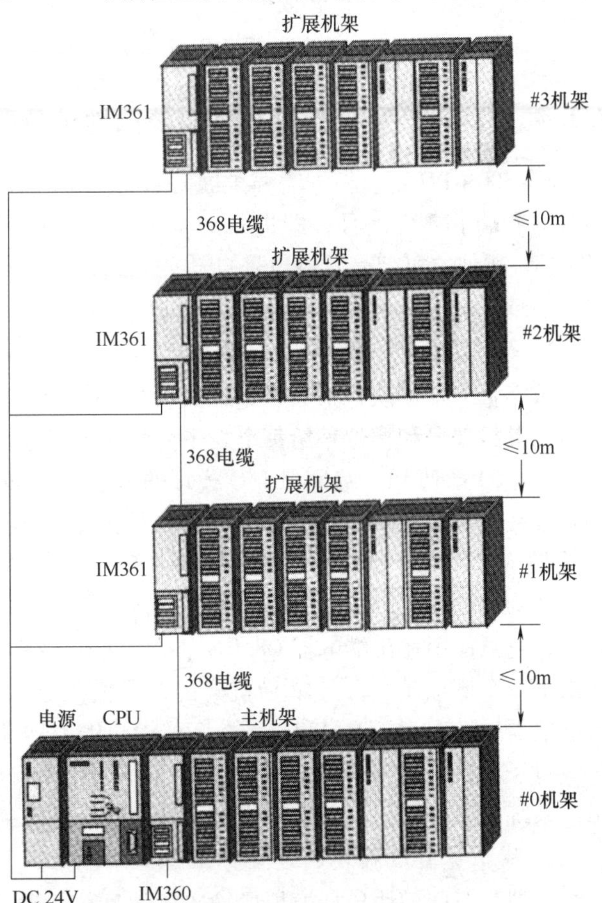

图 7-6　多机架 S7-300 系列 PLC 硬件系统

CPU模块的总线连接器，除本身使用外，IM360模块还会通过总线连接器将5V电源供往右边的模块。

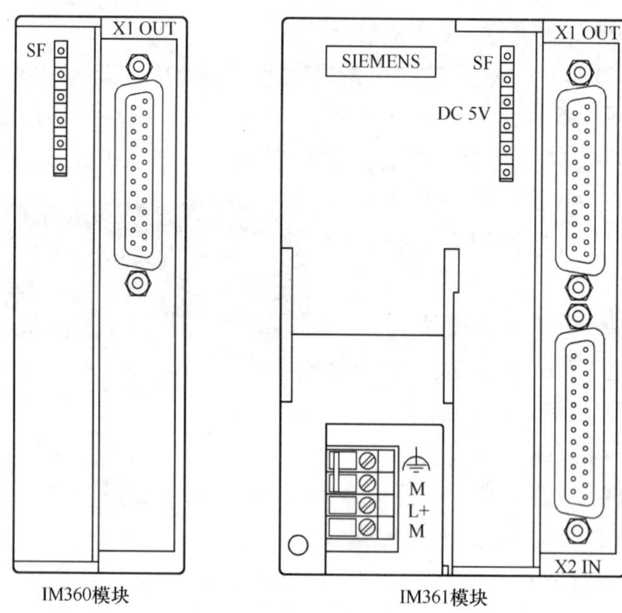

图7-7　IM360、IM361接口模块面板

7.1.4　S7-300系列PLC I/O模块的地址分配

S7-300 CPU可以根据需要扩展安装很多I/O模块，为了识别不同模块的不同端子，需要对这些端子进行编号，即进行地址分配。在扩展I/O模块时，S7-300系列PLC会根据I/O模块所处的机架号及槽位号自动分配地址，当然也可以通过编程软件来更改地址分配，但一般情况下尽量使用默认分配的地址。

1. 数字量I/O模块的地址分配

数字量I/O模块包括数字量输入模块和数字量输出模块。**对于数字量模块，CPU模块会根据其机架号和槽位号给每个端子分配一个继电器（1位存储单元）。**

S7-300系列PLC数字量I/O模块的地址分配如图7-8所示。例如，某个数字量输入模块安装在#1机架的5号槽位，其分配的输入继电器地址为I36.0～I39.7，该模块最多允许有32个输入接线端子；又如某数字量输出模块安装在#0机架的6号槽位，其分配的输出继电器地址为Q8.0～Q11.7，该模块最多允许有32个输出接线端子，如果该模块只有16个输出端子，它只使用输出继电器Q8.0～Q9.7，Q10.0～Q11.7输出继电器不会被使用，也不会分配给下一个槽位模块；再如1#机架的5号槽位是一个数字量输入及输出的模块，其分配输入继电器地址为I36.0～I39.7，分配的输出继电器地址为Q36.0～Q39.7。

对于单机架S7-300系列PLC，由于不使用接口模块，扩展模块槽位号由4～11变为3～10，系统自动会将3～10号槽位上的模块当成是4～11号槽位上的模块分配地址。

2. 模拟量I/O模块的地址分配

模拟量I/O模块包括模拟量输入模块和模拟量输出模块。**对于模块量模块，CPU模块会根据其机架号和槽位号给每个通道分配1个字单元（即2个字节单元，32bit存储单元）。**

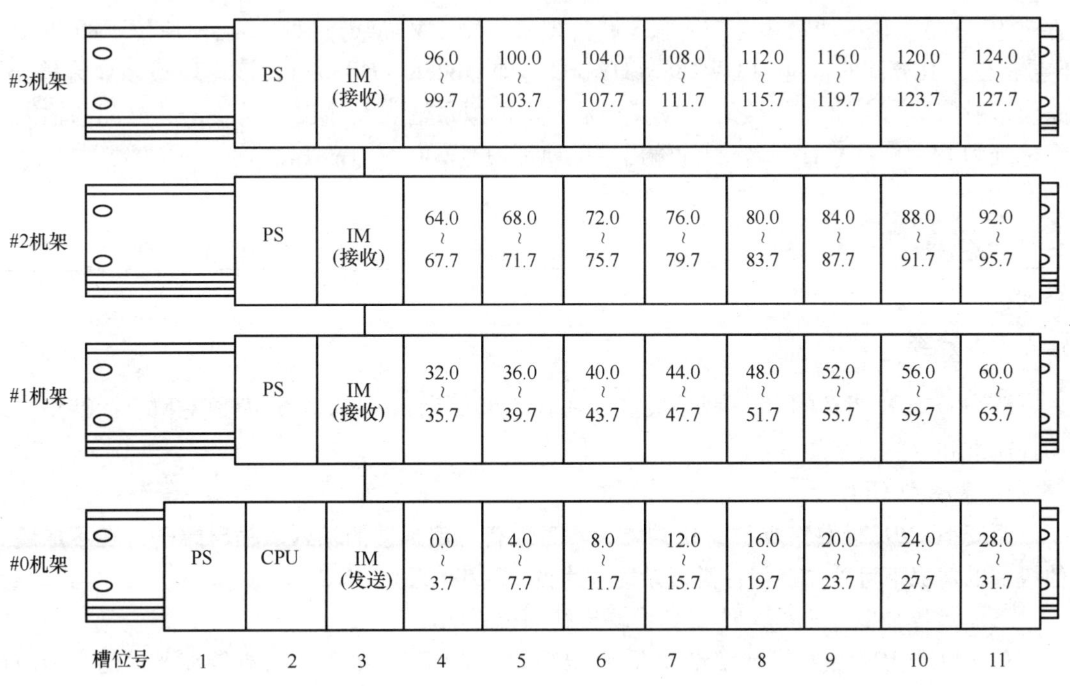

图 7-8　S7-300 系列 PLC 数字量 I/O 模块的地址分配

S7-300 系列 PLC 模拟量 I/O 模块的地址分配如图 7-9 所示。例如，某个模拟量输入模块位于#1 机架的 5 号槽位，CPU 会给它分配 8 个字单元，地址为 IW400 ~ IW414（一个字单元占用两个字节单元，其编号为偶数值，IW400 与 IB400 + IB401 指的是相同单元，仅表示

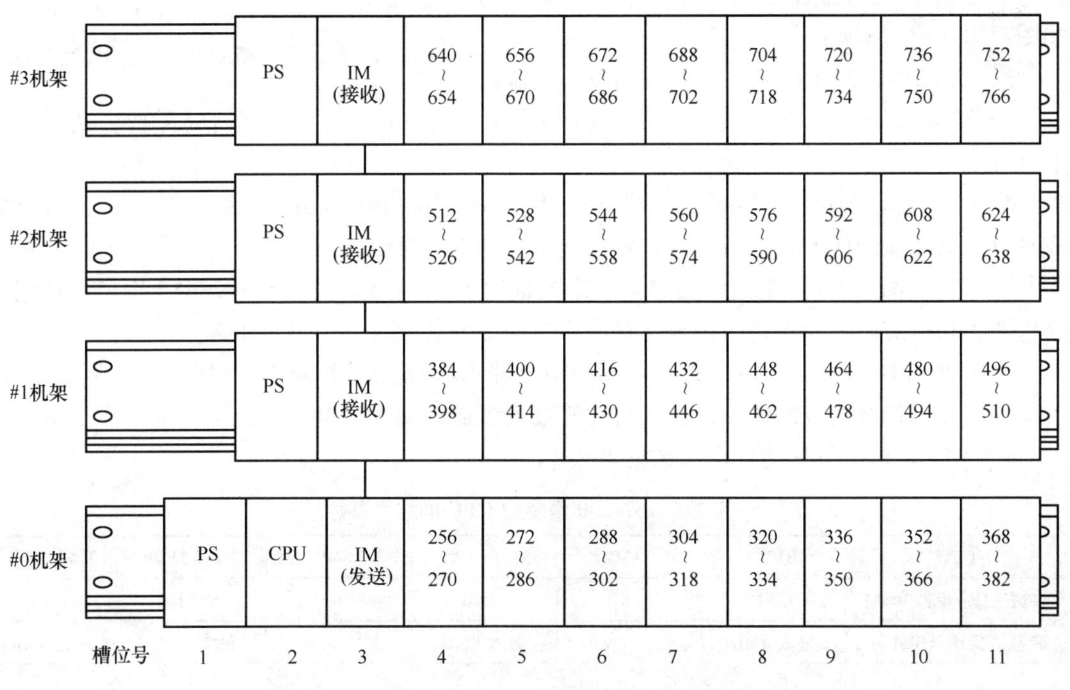

图 7-9　S7-300 系列 PLC 模拟量 I/O 模块的地址分配

方式不一样），该模块最多允许输入 8 路模拟量信号；又如某模拟量输出模块位于#0 机架的 6 号槽位，其分配的地址为 QW288 ~ QW302（即 QB288 ~ QB303），该模块最多允许输出 8 路模拟量信号；再如#1 机架的 5 号槽位是一个模拟量输入及输出的模块，其分配的输入单元地址为 IW400 ~ IW414，分配的输出单元地址为 QW400 ~ QW414。

7.2 CPU 模块

7.2.1 分类

S7-300 系列 PLC 的 CPU 型号很多（还在不断扩充），主要可分为紧凑型、标准型、运动控制型和故障安全型等。

1. 紧凑型 CPU

紧凑型 CPU 模块集成了 I/O 功能，本身带有一定数量的输入、输出端子，在不加装其他模块的情况下可独立使用，类似功能强大的 S7-200 系列 PLC。

下面对各种型号的紧凑型 CPU 模块进行简要说明。

1）CPU312C：集成了数字量输入/输出功能，适用于对处理能力有较高要求的小型应用系统，在运行时需要安装微存储卡（MMC），CPU312C 外形如图 7-10a 所示。

2）CPU313C：不但集成了数字量输入/输出功能，还集成了模拟量输入/输出功能，适用于对处理能力和响应时间有较高要求的场合，在运行时需要安装微存储卡（MMC），CPU313C 外形如图7-10（b）所示。

a) CPU312C

b) CPU313C

图 7-10　两种紧凑型 CPU 模块的实物外形

3）CPU313C-2PtP：集成了数字量输入/输出和一个 RS-422/485 串口，适用于处理量大和响应时间快的场合，在运行时需要安装微存储卡（MMC）。

4）CPU313C-2DP：集成了数字量输入/输出和 PROFIBUS- DP 主站/从站接口，可以完成具有特殊功能的任务，在运行时需要安装微存储卡（MMC）。

5）CPU314C-2PtP：集成了数字量和模拟量输入/输出及一个 RS-422/485 串口，适用于处理能力和响应时间要求高的场合，在运行时需要安装微存储卡（MMC）。

6）CPU314C-2DP：集成了数字量和模拟量输入/输出及 PROFIBUS- DP 主站/从站接口，可以完成具有特殊功能的任务，在运行时需要安装微存储卡（MMC）。

S7-300 紧凑型 CPU 的技术参数见表 7-1。

表 7-1　S7-300 紧凑型 CPU 的技术参数

CPU	312C	313C	313C-2PtP	313C-2DP	314C-2PtP	314C-2DP
集成工作存储器 RAM	32KB	64KB	64KB	64KB	96KB	96KB
装载存储器（MMC）	最大 4MB	最大 8MB	最大 8MB	最大 8MB	最大 8MB	最大 8MB

（续）

CPU	312C	313C	313C-2PtP	313C-2DP	314C-2PtP	314C-2DP
位操作时间	0. 2μs	0. 1μs	0. 1μs	0. 1μs	0. 1μs	0. 1μs
浮点数运算时间	6μs	3μs	3μs	3μs	3μs	3μs
集成 DI/DO	10/6	24/16	16/16	16/16	24/16	24/16
集成 AI/AO		4 + 1/2			4 + 1/2	4 + 1/2
位存储器（M）	128B	256B	256B	256B	256B	256B
S7 定时器/S7 计数器	128/128	256/256	256/256	256/256	256/256	256/256
FB 最大块数/大小	1024/16KB	1024/16KB	1024/16KB	1024/16KB	1024/16KB	1024/16KB
FC 最大块数/大小	1024/16KB	1024/16KB	1024/16KB	1024/16KB	1024/16KB	1024/16KB
DB 最大块数/大小	511/16KB	511/16KB	511/16KB	511/16KB	511/16KB	511/16KB
OB 最大容量	16KB	16KB	16KB	16KB	16KB	16KB
全部 I/O 地址区	1024B/1024B	1024B/1024B	1024B/1024B	1024B/1024B	1024B/1024B	1024B/1024B
I/O 过程映像	128B/128B	128B/128B	128B/128B	128B/128B	128B/128B	128B/128B
最大数字量 I/O 点数	266/262	1016/1008	1008/1008	8192/8192	1016/1008	8192/8192
最大模拟量 I/O 点数	64/64	253/250	248/248	512/512	253/250	512/512
最大机架数/模块总数	1/8	4/31	4/31	4/31	4/31	4/31
通信接口与功能	MPI	MPI	MPI/PtP	MPI/DP	MPI/PtP	MPI/DP

2. 标准型 CPU

标准型 CPU 为模块式结构，未集成 I/O 功能。标准型 CPU 型号有 CPU312、CPU314、CPU315-2DP、CPU317-2DP、CPU315-2PN/DP、CPU315-2PN/DP 和 CPU319-3PN/DP。

S7-300 标准型 CPU 的技术参数见表 7-2。

表 7-2　S7-300 标准型 CPU 的技术参数

CPU	312	314	315-2DP	315-2PN/DP	317-2DP	319-3PN/DP
集成工作存储器 RAM	32KB	96KB	128KB	256KB	512KB	1400KB
装载存储器（MMC）	最大 4MB	最大 8MB	最大 8MB	最大 8MB	最大 8MB	最大 8MB
最大位操作指令执行时间	0. 2μs	0. 1μs	0. 1μs	0. 1μs	0. 05μs	0. 01μs
浮点数指令执行时间	6μs	3μs	3μs	3μs	1μs	0. 04μs
FB 最大块数/大小	1024/16KB	2048/16KB	2048/16KB	2048/16KB	2048/64KB	2048/64KB
FC 最大块数/大小	1024/16KB	2048/16KB	2048/16KB	2048/16KB	2048/64KB	2048/64KB
DB 最大块数/大小	511/16KB	511/16KB	1024/16KB	1024/16KB	2047/64KB	4096/64KB
OB 最大容量	16KB	16KB	16KB	16KB	64KB	64KB
位存储器（M）	128B	256B	2048B	2048B	4096B	8192B
S7 定时器/计数器	128/128	256/256	256/256	256/256	512/512	2048/2048
每个优先级的最大局部数据	256B	512B	1024B	1024B	1024B	1024B
全部 I/O 地址区	1024B/1024B	1024B/1024B	2048B/2048B	2048B/2048B	8192B/8192B	8192B/8192B
最大分布式 I/O 地址区	—	—	2048B/2048B	2048B/2048B	8192B/8192B	8192B/8192B

（续）

CPU	312	314	315-2DP	315-2PN/DP	317-2DP	319-3PN/DP
I/O 过程映像	128B/128B	128B/128B	128B/128B	2048B/2048B	2048B/2048B	2048B/2048B
最大数字量 I/O 点数	256/256	1024/1024	16384/16384	16384/16384	65536/65536	65536/65536
最大模拟量 I/O 点数	64/64	256/256	1024/1024	1024/1024	4096/4096	4096/4096
最大机架数/模块总数	1/8	4/32	4/32	4/32	4/32	4/32
内置/通过 CP 的 DP 接口数	0/4	0/4	1/4	1/4	2/4	2/4

3. 故障安全型 CPU

故障安全型 CPU 适用于对安全性要求极高的场合，它可以在系统出现故障时立即进入安全状态或安全模式，以保证人与设备的安全。故障安全型 CPU 型号有 CPU315F-2DP、CPU317F-2DP、CPU315F-2PN/DP、CPU317F-2PN/DP、CPU319F-2PN/DP。

4. 运动控制型 CPU（技术功能型 CPU）

运动控制型 CPU 具有工艺/运动控制功能，可满足系列化机床、特殊机床及车间应用的多任务自动化系统。运动控制型 CPU 型号有 CPU315T-2DP、CPU317T-2DP。

7.2.2 操作面板说明

S7-300 CPU 模块型号很多，图 7-11 列出了两种具有代表性的 CPU 操作面板。从图中可以看出，面板上主要由状态和错误指示灯、MMC（微存储卡）插槽、电源端子、通信接口和模式选择开关等构成，接口端子和电源端子需要拆下外盖才能看见。

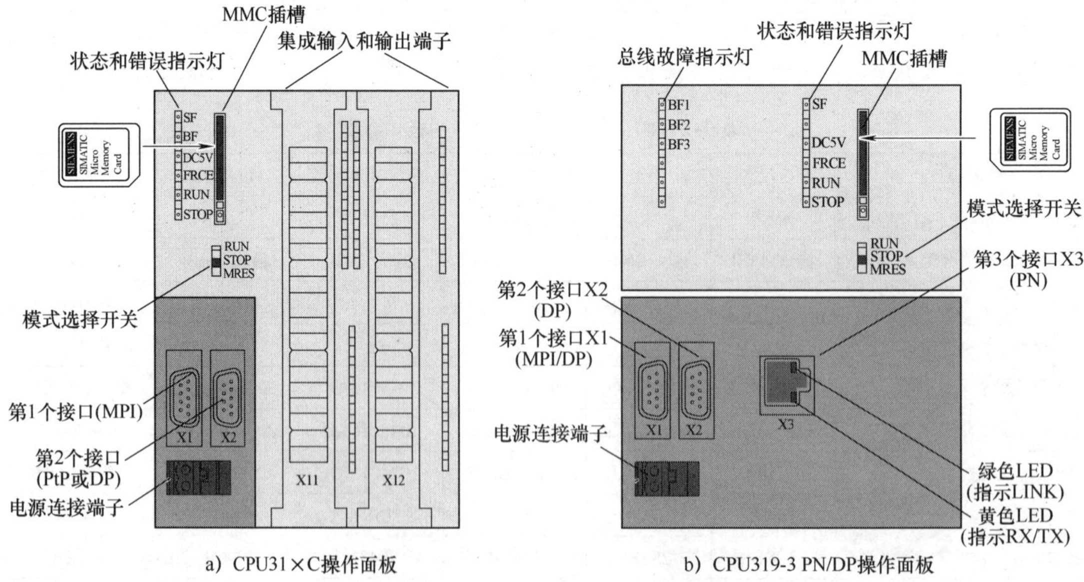

图 7-11 两种典型 S7-300 CPU 模块的操作面板

1. 状态与错误指示灯

状态与错误指示灯的含义见表 7-3。

表 7-3　状态与错误指示灯的含义

名称	颜　色	含　义
SF	红色	当硬件或软件出现错误时，灯亮
BF	红色	当总线接口通信出现错误时，灯亮，如果 CPU 模块带有 X1、X2、X3 三个接口，其发生错误时由 BF1、BF2、BF3 三个对应的总线故障指示灯指示，如图 7-11b 所示
DC5V	绿色	当 CPU 和总线的 5V 电源正常时，灯亮
FRCE	黄色	当 I/O 端口被强制输入或输出时，灯亮
RUN	绿色	当 CPU 处于 RUN（运行）状态时灯亮，当处于 STARTUP（启动）状态时灯以 2Hz 的频率闪烁，当处于 HOLD（保持）状态时灯以 0.5Hz 的频率闪烁
STOP	黄色	当 CPU 处于 RUN（运行）、STARTUP（启动）或 HOLD（保持）状态时灯常亮，当 CPU 请求存储器复位时以 0.5Hz 的频率闪烁，复位时以 2Hz 的频率闪烁
LINK	绿色	当 PN 接口处于连接状态时，灯亮
RX/TX	黄色	当 PN 接口正在接收或发送数据时，灯亮

2. MMC 插槽

MMC 插槽用于安插西门子 MMC（微存储卡），不能使用数码相机等设备的 MMC，该卡用来存储 PLC 程序和数据，又称装载存储器，无 MMC 的 CPU 模块是不能工作的，而 CPU 模块本身不带 MMC，可根据需要选购合适容量的西门子 MMC，在选用时，要求 MMC 的容量应大于 CPU 的内存容量，以 CPU312C 为例，其内存为 32KB，选用的 MMC 最大容量为 4MB。

插拔 MMC 应在断电或 STOP 模式下进行，若在 RUN 模式下插拔 MMC，可能会使卡内的程序和数据丢失，甚至损坏 MMC。

3. 模式选择开关

模式选择开关用来选择 CPU 的工作模式。CPU 的工作模式说明如下：

1）RUN（运行）模式：在该模式下，CPU 执行用户程序。

2）STOP（停止）模式：在该模式下，CPU 不执行用户程序。

3）MRES（存储器复位）模式：当选择开关由 STOP 拨至 MRES 位置时（松开会自动返回到 STOP 位置），可对 CPU 内部存储器进行复位，让 CPU 回到初始状态。如果 MMC 插槽中有 MMC，CPU 在复位时会重新将 MMC 中的程序和数据装载入内部存储器。

4. 通信接口

S7-300 CPU 模块的通信接口类型有：MPI 接口（多点接口）、DP 接口（现场总线接口）、PtP 接口（点对点接口）和 PN 接口（工业以太网接口）。

所有的 CPU 模块至少有一个 MPI 接口（多点接口），用于连接 PG（编程器）、PC（个人计算机）或 OP（操作员面板）。CPU 模块是否有 DP 接口、PtP 接口和 PN 接口，只需查看 CPU 型号中是否含有 DP、PtP、PN 字符即可判明，例如 CPU319-3 PN/DP 模块中含有 PN/DP，表示同时具有 DP 和 PN 接口。

5. 电源连接端子和集成输入输出端子

电源连接端子的功能是从外界为 CPU 模块接入 24V 工作电源。对于 CPU31×C 系列紧凑型CPU，其集成了数字量或模拟量输入输出功能，故本身带有输入输出端子，可以直接给CPU模块的输入输出端子连接输入输出部件。

7.3 数字量I/O模块

数字量I/O模块又称开关量I/O模块， S7-300的数字量I/O模块主要有SM321（数字量输入）、SM322（数字量输出）和SM323/SM327（数字量输入/输出）。

7.3.1 SM321数字量输入模块

数字量输入模块（DI）的功能是给PLC输入1、0信号（开、关信号）。

1. 技术规格

SM321数字量输入模块有两种输入方式：直流输入和交流输入，根据输入方式和点数不同，SM321又可分为多种类型，其类型在模块上有标注，图7-12为DC24V/32点型SM321模块的外形。SM321数字量输入模块常用类型的规格见表7-4。

图7-12　DC24V/32点型SM321模块

表7-4　SM321数字量输入模块常用类型的规格

技术参数	直流16点输入模块	直流32点输入模块	交流16点输入模块	交流8点输入模块
输入点数	16	32	16	8
额定负载直流电压L+/V	24	24		
负载电压范围/V	20.4~28.8	20.4~28.8		
额定输入电压/V	DC24	DC24	AC120	AC120/230
额定输入电压“1”范围/V	13~30	13~30	79~132	79~264
额定输入电压“0”范围/V	-3~5	-3~5	0~20	0~40
输入电压频率/Hz			47~63	47~63
与背板总线隔离方式	光耦合	光耦合	光耦合	光耦合
输入电流（“1”信号）/mA	7	7.5	6	6.5/11
最大允许静态电流/mA	15	15	1	2
典型输入延迟时间/ms	1.2~4.8	1.2~4.8	25	25
消耗背板总线最大电流/mA	25	25	16	29
消耗L+最大电流/mA	1			
功率损耗/W	3.5	4	4.1	4.9

2. 结构与接线方式

SM321模块有多种类型，不同类型模块的内部结构与接线方式有一定的区别，图7-13列出了两种典型SM321模块的面板、端子内部结构与接线方式。

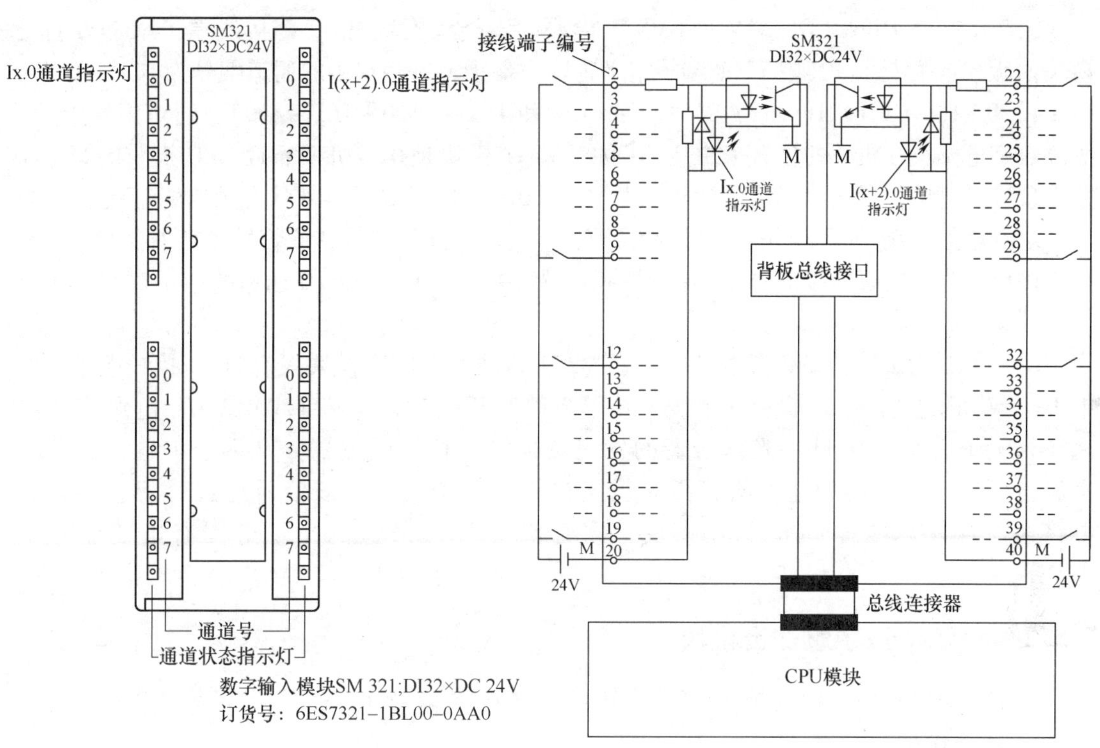

a) DI 32×DC 24V型SM321模块

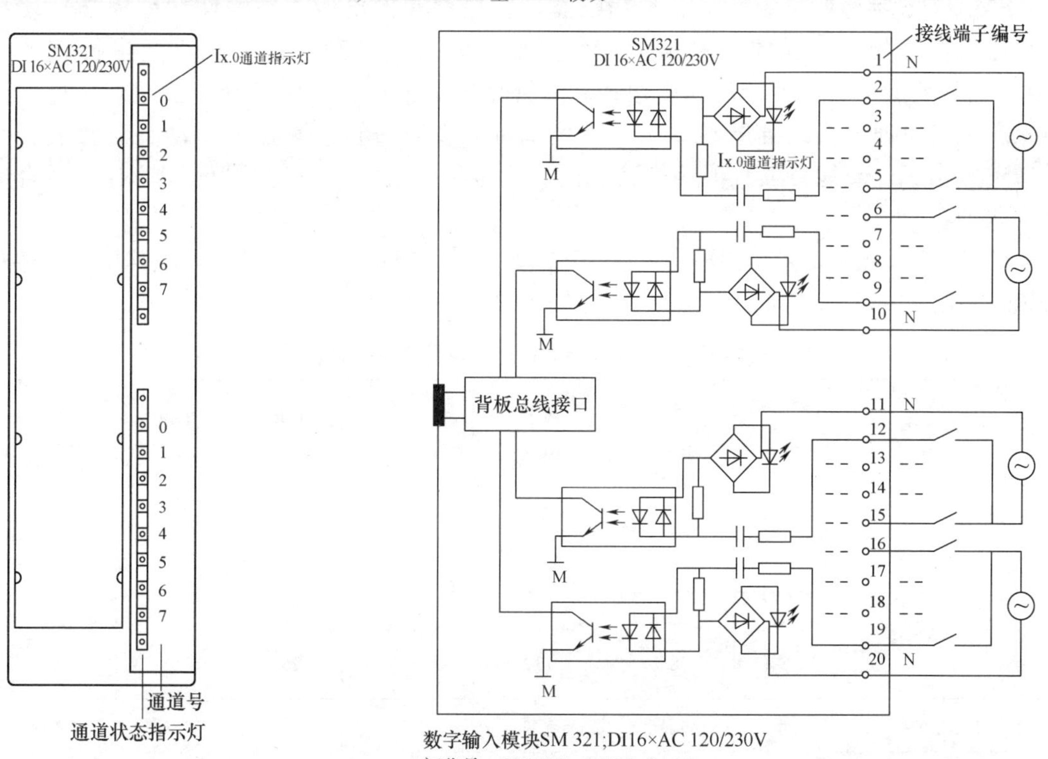

b) DI 16×AC120/230V型SM321模块

图 7-13　两种典型 SM321 模块的面板、内部结构与外部接线图

图 7-13a 为 DI32×DC 24V 型 SM321 模块，该类型模块有 40 个接线端子（需要打开模块面板才能看见），其中 32 个端子定义为输入端子，这些端子的通道编号为 Ix.0～Ix.7、I(x+1).0～I(x+1).7、I(x+2).0～I(x+2).7 和 I(x+3).0～I(x+3).7，通道编号中的 x 值由数字量模块在机架的位置来决定，例如 SM321 模块是 0 号机架靠近 CPU 模块的第 1 个数字量输入模块，那么该模块的通道编号的 x=0。当按下端子 2 外接开关时，直流 24V 电源产生电流流入端子 2 内部电路，即给通道 Ix.0 输入“1”信号，该信号经光耦合器→背板总线接口电路→模块外接的总线连接器→CPU 模块，同时代表 Ix.0 通道的指示灯因有电流流过而点亮。

图 7-13b 为 DI16×AC 120/230V 型 SM321 模块，该类型模块只有 20 个接线端子，其中 16 个端子定义为输入端子，当按下端子 2 外接开关时，交流 120V/230V 电源产生电流流入端子 2→RC 元件→光耦合器的发光二极管→桥式整流器→从端子 1 输出，回到交流电源，光耦合器导通，给背板总线接口输入一个信号，该信号通过背板总线接口电路送往背板总线插口去 CPU 模块，同时代表 Ix.0 通道的指示灯因有电流流过而点亮。

7.3.2 SM322 数字量输出模块

数字量输出模块（DO）的功能是从 PLC 输出 1、0 信号（开、关信号）。

1. 技术规格

SM322 数字量输出模块有三种输出类型：晶体管输出型、晶闸管（可控硅）输出型和继电器输出型。晶体管输出型模块只能驱动直流负载（即要求负载连接直流电源），其过载能力差，但响应速度快；晶闸管输出型模块只能驱动交流负载，其过载能力差，但响应速度快；继电器输出型模块既可驱动直流负载，也能驱动交流负载，其导通电阻小、过载能力强，但响应速度慢（继电器的机械触点通断速度慢），不适合动作频繁的场合。

SM322 数字量输出模块的输出点数有 8 点、16 点和 32 点等，SM322 模块常用类型的规格见表 7-5。

表 7-5 SM322 数字量输出模块常用类型的规格

技术参数	16 点 晶体管	32 点 晶体管	16 点 晶闸管	8 点 晶体管	8 点 晶闸管	8 点 继电器	16 点 继电器
输出点数	16	32	16	8	8	8	16
额定电压/V	DC24	DC24	DC120	DC24	AC120/230		
额定电压范围/V	DC20.4～28.8	DC20.4～28.8	AC93～132	DC20.4～28.8	AC93～264		
与总线隔离方式	光耦	光耦	光耦	光耦	光耦	光耦	光耦

（续）

技术参数		16 点晶体管	32 点晶体管	16 点晶闸管	8 点晶体管	8 点晶闸管	8 点继电器	16 点继电器
最大输出电流	"1" 信号/A	0.5	0.5	0.5	2	1		
	"0" 信号/mA	0.5	0.5	0.5	0.5	2		
最小输出电流（"1" 信号）/mA		5	5	5	5	10		
触点开关容量/A							2	2
触点开关频率	阻性负载/Hz	100	100	100	100	10	2	2
	感性负载/Hz	0.5	0.5	0.5	0.5	0.5	0.5	0.5
	灯负载/Hz	100	100	100	100	1	2	2
触点使用寿命/次							10^6	10^6
短路保护		电子保护	电子保护	熔断保护	电子保护	熔断保护		
诊断				红色 LED 指示		红色 LED 指示		
电流消耗（从 L_x）/mA		120	200	3	60	2		
功率损耗/W		4.9	5	9	6.8	8.6	2.2	4.5

2. 结构与接线方式

SM322 模块的类型很多，图 7-14 列出了三种典型的 SM322 模块面板、端子内部结构与接线方式。

图 7-14a 为 32 点晶体管输出型 SM322 模块，该类型模块有 40 个接线端子，其中 32 个端子定义为输出端子，当 CPU 模块内部的 Qx.0 = 1 时，CPU 模块通过背板总线将该值送到 SM322 的总线接口电路，接口电路输出电压使光耦合器导通，进而使 Qx.0 端子所对应的晶体管器件（图中带三角形的符号）导通，有电流流过 Qx.0 端子外接的线圈，电流途径是，24V +→1L +端子→晶体管器件→端子 2→线圈→24V-，通电线圈产生磁场使有关触点产生动作。

图 7-14b 为 16 点晶闸管输出型 SM322 模块，该类型模块有 20 个接线端子，其中 16 个端子定义为输出端子，当 CPU 模块内部的 Qx.0 = 1 时，CPU 模块通过背板总线将该值送到 SM322 内的总线接口电路，接口电路输出电压使晶闸管型光耦合器导通，进而使 Qx.0 端子所对应的双向晶闸管导通，有电流流过 Qx.0 端子外接的线圈，电流途径是，交流电源一端→L1→熔断器→双向晶闸管→端子 2→线圈→交流电源另一端，通电线圈产生磁场使有关触点产生动作。如果 L1 端子内部熔断器开路，其内部所对应的光耦合器截止，SF 故障指示灯因正极电压升高而导通发光，指示 Qx 通道存在故障。

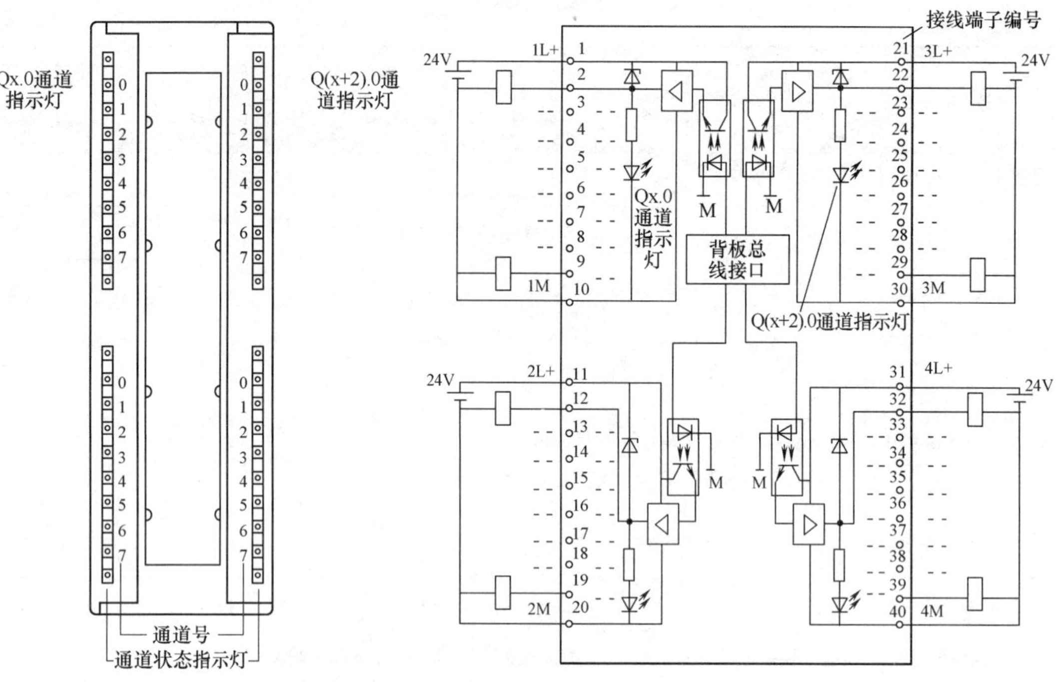

数字输出模块SM 322;DO32×DC 24V/0.5A(订货号：6ES7322-1BL00-0AA0)

a) 32点晶体管输出型

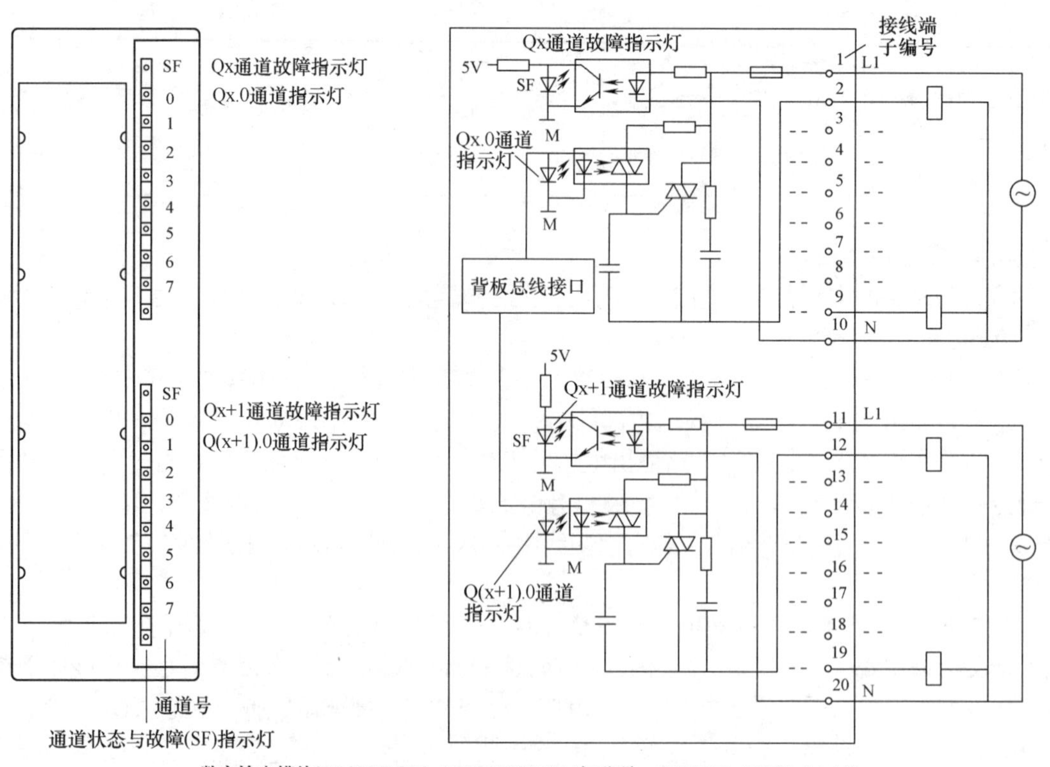

数字输出模块SM 322;DO16×AC120/230V/1A(订货号：6ES7322-1FH00-0AA0)

b) 16点晶闸管输出型

图 7-14　三种典型 SM322 模块的面板、内部结构与外部接线图

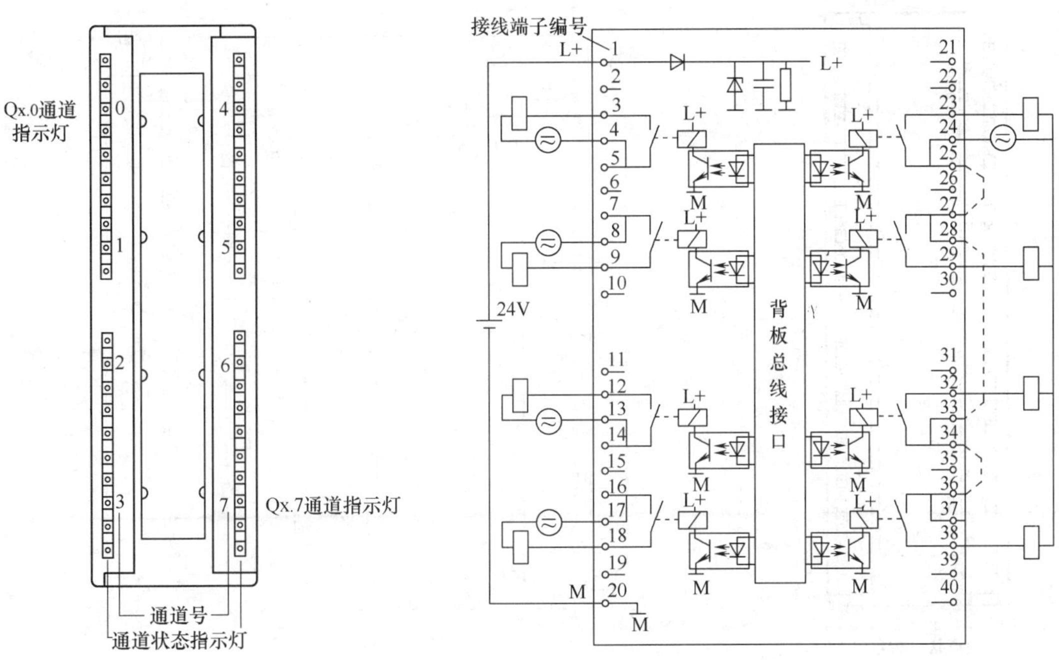

数字输出模块SM 322;DO8×Rel AC 230V/5A(订货号：6ES7322-1HF10-0AA0)

c) 8点继电器输出型

图 7-14　三种典型 SM322 模块的面板、内部结构与外部接线图（续）

图 7-14c 为 8 点继电器输出型 SM322 模块，该类型模块有 40 个接线端子，其中 8 个端子定义为输出端子，当 CPU 模块内部的 Qx. 0 = 1 时，CPU 模块通过背板总线将该值送到 SM322 的总线接口电路，接口电路输出电压使光耦合器导通，继电器线圈有电流通过，线圈产生磁场使触点闭合，有电流流过 Qx. 0 端子外接的线圈，电流途径是，交流或直流电源一端→Qx. 0 端子外接的线圈→端子 3→内部触点→→端子 4→交流或直流电源另一端。

7. 3. 3　SM323/SM327 数字量输入输出模块

数字量输入输出模块（DI/DO）既可输入数字量信号，也可输出数字量信号。S7-300 系列 PLC 的数字量 I/O 模块有 SM323 和 SM327 两种。

1. SM323 数字量输入输出模块

SM323 模块是一种普通的具有输入输出功能的数字量模块，它分为 16 点输入/16 点输出和 8 点输入/8 点输出两种类型，其面板、内部结构及接线如图 7-15 所示。

2. SM327 可编程数字量输入输出模块

SM327 模块是一种可编程的数字量输入输出模块，其默认具有 8 点输入/8 点输出功能，也可以使用编程软件 STEP 7 将 8 点输出设置成 8 点输入，即可将 SM327 设置成 16 点输入。SM327 模块的面板、内部结构及接线如图 7-16 所示。

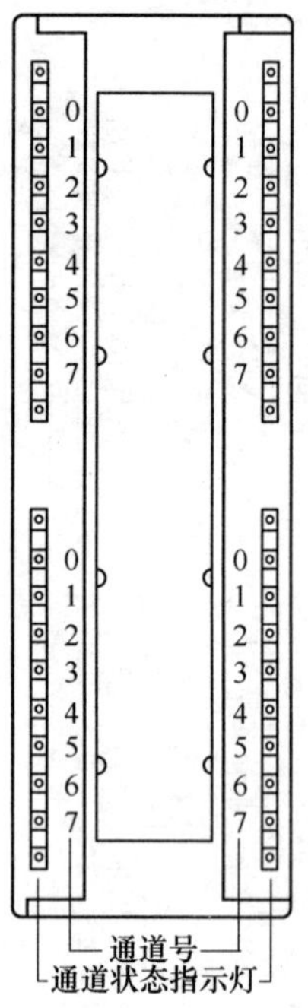

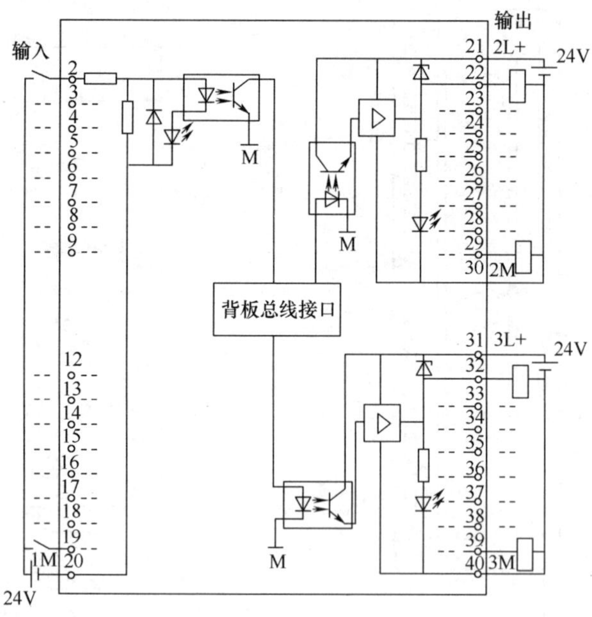

数字IO模块SM 323;DI 16/DO 16×DC 24V/0.5A
订货号：6ES7323–1BL00–0AA0

a) 16点输入16 点输出型

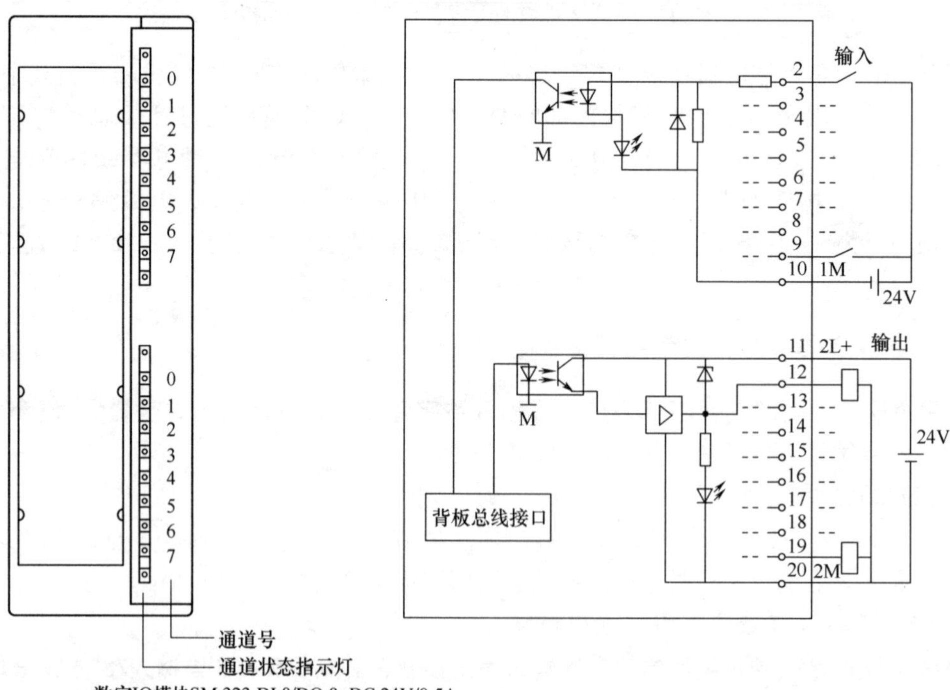

数字IO模块SM 323;DI 8/DO 8×DC 24V/0.5A
订货号：6ES7323–1BL01–0AA0

b) 8点输入/8 点输出型

图 7-15　两种类型 SM323 模块的面板、内部结构与外部接线图

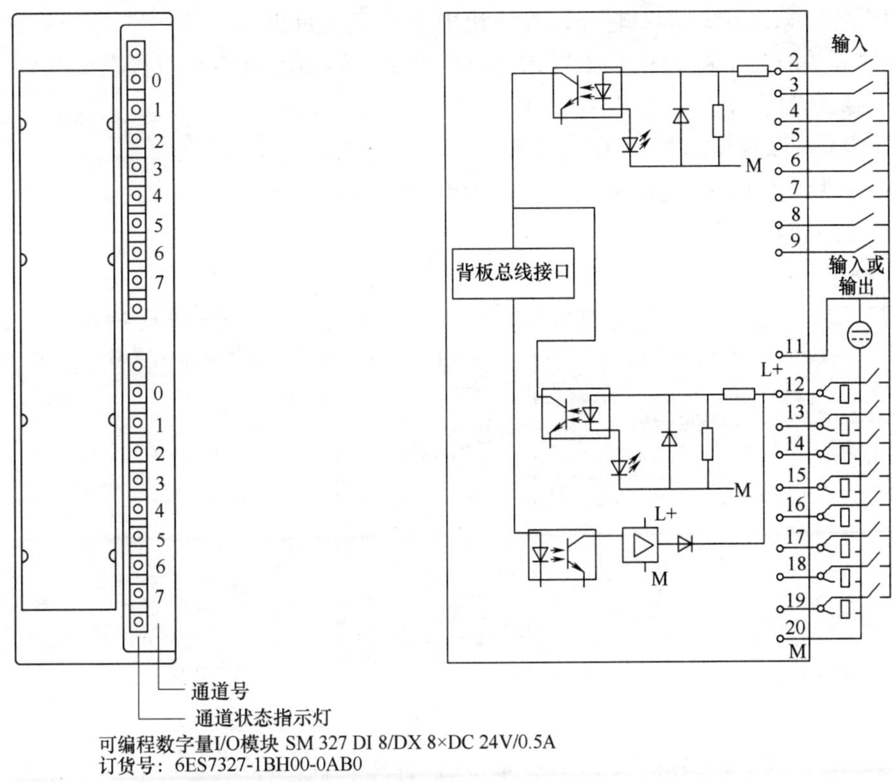

图 7-16　SM327 模块的面板、内部结构与外部接线图

7.4 电源模块

电源模块的功能是为 PLC 提供 24V 的直流电压，该电压既可作为某些模块的 24V 工作电源，也可作为某些模块输入输出端子的外接 24V 直流电源。电源模块采用开关电源电路，开关电源的优点是效率高、稳压范围宽、输出电流大且体积小。

S7-300 系列 PLC 的电源模块主要有 PS305 和 PS307 两种，根据输出电流不同，PS307 模块又分为 PS307（2A）型、PS307（5A）型和 PS307（10A）型。

7.4.1　面板与接线

1. PS305 电源模块

PS305 电源模块输入电压只能接 24/48/72/96/110V 直流电压，输出电压有三路，电压均为 DC 24V。PS305 电源模块的面板与接线如图 7-17 所示，输入电压的正、负极分

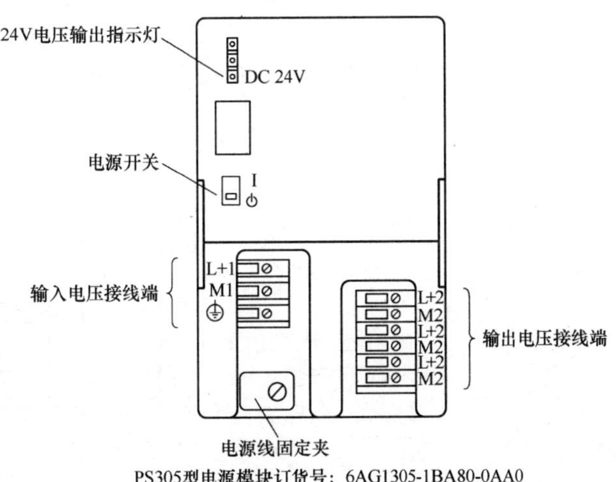

图 7-17　PS305 电源模块的面板与接线

别接L+1、M1 端，L+2、M2 端分别为输出电压的正、负极，可输出三路 24V 直流电压，当关闭电源开关时，三路 24V 电压均无输出，当给某路输出电压端子接上负载后，左上角该路对应的指示灯会变亮。

2. PS307 电源模块

PS307 电源模块输入电压为 AC 120/230V，输出电压为 DC 24V，根据输出电流不同，可分为 2A、5A、10A 型。

（1）PS307（2A）型电源模块

PS307（2A）型电源模块的面板与接线如图 7-18 所示，输入电压的正、负极分别接 L1、N 端，当输入电压为 220V 时，应将输入电压选择开关置于 230V 位置。

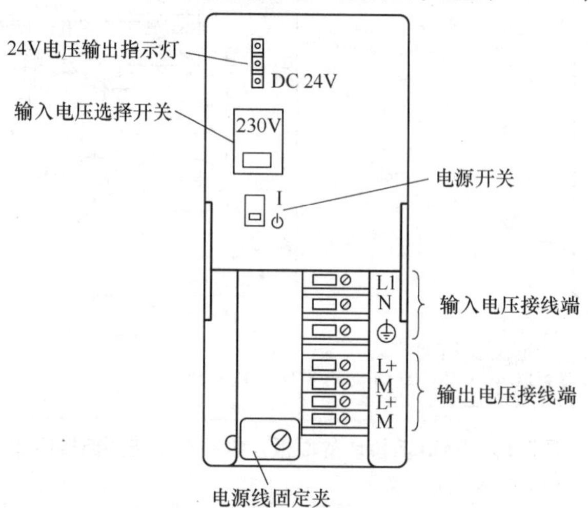

图 7-18　PS307（2A）型电源模块的面板与接线

（2）PS307（5A）型电源模块

PS307（5A）型电源模块的面板与接线如图 7-19 所示。

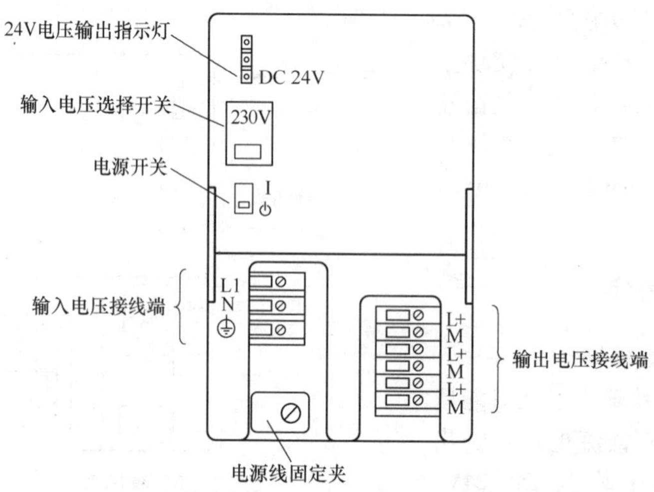

图 7-19　PS307（5A）型电源模块的面板与接线

（3）PS307（10A）型电源模块

PS307（10A）型电源模块的面板与接线如图 7-20 所示。

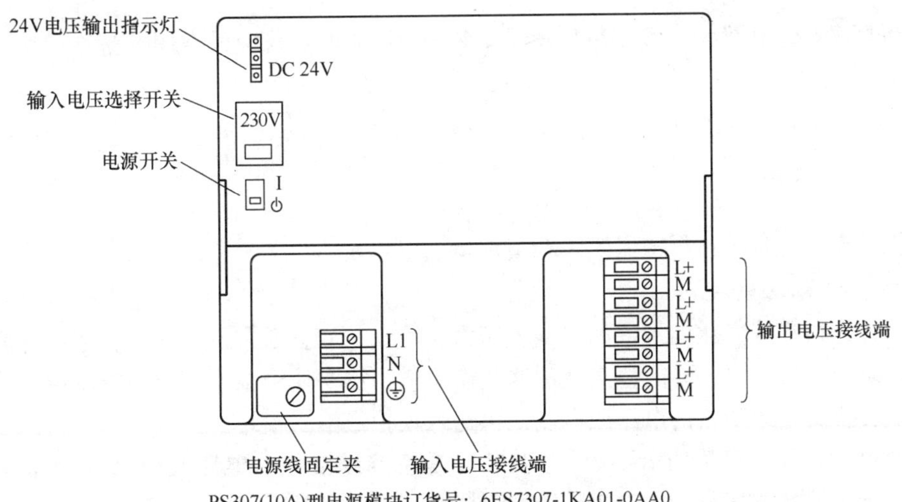

图 7-20　PS307（10A）型电源模块的面板与接线

7.4.2　技术指标

PS305、PS307 电源模块的技术指标见表 7-6。

表 7-6　PS305、PS307 电源模块的技术指标

主要技术指标	PS305	PS307（2A）	PS307（5A）	PS307（10A）
额定输入电压/V	DC 24/48/72/96/110	AC 120/230 50～60Hz	AC 120/230 50～60Hz	AC 120/230 50～60Hz
输入电压范围/V	DC 16.8～138			
额定输入电流	24V/2.7A、48V/1.3A、72V/0.9A、96V/0.65A、110V/0.6A	230V/0.5A 120V/0.8A	230V/1A 120V/2A	230V/1.7A 120V/3.5A
启动电流/A	20	20	45	55
额定输出电压/V	DC 24	DC 24	DC 24	DC 24
额定输出电流/V	2	2	5	10
保护	防短路和开路保护	防短路和开路保护	防短路和开路保护	防短路和开路保护
输出功率/W	65	56	138	270
消耗功率/W	16	10	18	30
说明	输入电压大于 24V 时，可提供 3A 电流；可以并联方式连接	不能以并联方式连接	不能以并联方式连接	不能以并联方式连接

7.5 其他模块

电源模块、CPU 模块、数字量模块是 S7-300 系列 PLC 系统最常用的基本模块，除此以外，S7-300 系列 PLC 系统还有模拟量模块、通信模块、功能模块和特殊模块，对于初学者，稍了解一下这些模块功能即可，这并不影响后续内容的学习。

7.5.1 模拟量模块

模拟量模块包括模拟量输入模块和模拟量输出模块。

1. 模拟量输入模块

模拟量是指连续变化的量，如温度、压力、流量的变化通常是连续的，它们都属于模拟量。PLC 属于电气系统，不能直接处理这些模拟量，需要使用温度、压力或流量传感器将这些模拟量转换成连续变化的电压或电流，再送入模拟量输入模块。

模拟量输入模块简称为 AI 模块，其功能是将连续变化的电压或电流（通常来自传感器）转换成二进制数字量，再送入 CPU 模块进行处理。SM331 模块为 S7-300 系统常用的模块量输入模块。

2. 模拟量输出模块

模拟量输出模块简称为 AO 模块，其功能是将 CPU 模块内部的二进制数字量转换成连续变化的电压或电流输出，去控制模拟量调节器或模拟量执行器。SM332 模块为 S7-300 系统常用的模块量输出模块。

3. 模拟量输入/输出模块

模拟量输入/输出模块简称为 AIO 模块，它既可以将连续变化的电压或电流转换成二进制数字量送入 CPU 模块，也可以将 CPU 模块送来的二进制数字量转换成连续变化的电压或电流输出。

S7-300 系统有多种类型的模块量输入/输出模块，除最常用的 SM334 模块外，还有 SM335 模块（快速模拟量输入/输出模块）和 EX 模拟量输入/输出模块。

7.5.2 通信模块

S7-300 系统有很多类型的通信模块，可以实现点对点、AS-I、PROFIBUS-DP、PROFIBUS-FMS、工业以太网和 TCP-IP 等通信。S7-300 系统的通信模块及说明见表 7-7。

表 7-7 S7-300 系统的通信模块及说明

通信模块	说明
CP 340	◆执行点到点串行通信的经济解决方案 ◆具有不同传输接口的 3 个型号：①RS-232C（V.24）；②20mA（TTY）；③RS-422/RS-485（X.27） ◆执行协议：①ASCII；②3964（R）（不适用于 RS-485）；③打印机驱动程序 ◆通过集成在 STEP 7 中的参数化工具，简化参数设定

（续）

通信模块	说　明
CP 341	◆用于执行强大的点到点高速串行通信 ◆具有不同物理特性的 3 个型号：①RS-232C（V. 24）；②20mA（TTY）；③RS-422/RS-485（X. 27）。 ◆执行协议：①ASCII；②3964（R）；③RK 512；④客户协议（可装载） ◆通过集成在 STEP 7 中的参数化工具，简化参数设定
CP 343-1 Lean	◆用于 S7-300 与工业以太网之间的通信：①10/100Mbit/s、全/半双工传输，自适应功能；②RJ-45 接口；③可对传输协议 TCP 与 UDP 实现多协议运行；④Keep Alive 功能 ◆通信服务：①TCP/IP 和 UDP 传送信息；②PG/OP 通信；③S7 通信（服务器）；④S5 兼容通信 ◆用于 UDP 的多点传送 ◆通过工业以太网进行远程编程和首次调试 ◆通过 SNMP 集成在网络管理功能中 ◆使用用于工业以太网的 NCM S7 选件包（集成在 STEP 7 中）组态 CP 343-1 Lean ◆通过 S7 路由实现交叉网络编程器/操作员面板通信
CP 343-1	◆用于 S7-300 与工业以太网之间的通信：①10/100Mbit/s 的全/半双工传输，自适应功能；②RJ-45 接口；③可对传输协议 TCP 与 UDP 实现多协议运行；④可调节的 Keep Alive 功能 ◆通信服务：①TCP/IP 和 UDP 传送信息；②PG/OP 通信；③S7 通信（客户机、服务器、多路复用技术）；④S5 兼容通信 ◆用于 UDP 的多点传送 ◆通过网络进行远程编程与首次调试 ◆SNMP 诊断 ◆使用 NCM S7 选件包（集成在 STEP 7 中）对 CP 343-1 组态 ◆通过 S7 路由实现交叉网络编程器/操作员面板通信
CP 343-1 Advanced	◆用于 S7-300/SINUMERIK 840D powerline 与工业以太网的连接：①10/100 Mbit/s 的全/半双工传输，自感应接口；②RJ-45 连接；③对传输协议 TCP 与 UDP 实现多协议运行；④可调节的 Keep Alive 功能 ◆通信服务：①开放式 IE 通信（TCP/IP 和 UDP），用于 UDP 的多点传送；②PROFINET I/O 控制器；③PROFINET CBA；④编程器/操作面板通信，通过 S7 路由的交叉网络；④S7 通信（客户机、服务器、多路复用技术）；⑤S5 兼容通信；⑥IT 通信（HTTP 通信支持通过 Web 浏览器的过程数据访问；FTP 通信支持程控 FTP 客户机通信；通过 FTP 服务器访问数据块；通过 FTP、E-mail 对自有文件系统进行数据处理） ◆通过 DHCP、简单的 PC 工具或通过程序块（例如 HMI）进行 IP 地址分配 ◆通过可组态的访问列表进行访问保护 ◆无需编程器即可进行模板更换，所有信息都保存在可更换 C-PLUG 中（即使是用于 IT 功能的文件系统） ◆丰富的诊断功能，可用于机架中的所有模块 ◆通过 SNMP V1 MIB-Ⅱ，集成在网络管理系统中

（续）

通信模块	说　　明
CP 343-1 IT	◆用于 S7-300 连接到工业以太网：①10/100Mbit/s 的全/半双工传输，自感应接口；②通过 RJ-45 连接；③多协议运行，用于 TCP/IP 与 UDP；④可调节的 Keep Alive 功能 ◆通信服务：①TCP/IP 和 UDP 传送信息；②UDP 多点传送；③编程器/操作面板通信，应用 S7 路由的网络宽带编程器/OP 通信；④S7 通信；⑤S5 兼容通信；⑥IT 通信（HTTP 通信支持通过 Web 浏览器访问过程数据；FTP 通信支持程控 FTP 客户机通信；通过 FTP 服务器访问数据块；通过 FTP 对自有文件系统进行数据处理；E-mail 功能） ◆通过 DHCP、简单的 PC 工具或通过程序块（例如 HMI）进行 IP 地址分配 ◆基于 IP 地址的访问保护 ◆通过网络进行远程编程与初始调试 ◆通过 NTP 或 SIMATIC 程序的时钟同步 ◆通过 SNMP V1 MIB-Ⅱ，集成在网络管理系统中
CP 343-1 PN	◆用于将 S7-300 连接到工业以太网：①10/100 Mbit/s 的全/半双工传输，带自动开关的自动感测功能；②通用连接选件，用于 ITP、RJ-45 与 AUI；③可调节的 Keep Alive 功能；④TCP/ UDP 传送信息 ◆PROFINET 通信标准：基于以太网的通信标准，PROFINET 为分布式自动化解决方案提供了一种工程模型，并为系统范围内通过 PROFIBUS 和工业以太网的通信提供了一种模型。西门子公司使用该标准来实现基于部件的自动化 ◆附加通信服务：①PG/OP 通信；②S7 通信；③S5 兼容通信 ◆在 UDP 的多类型数据转换功能 ◆通过网络进行远程编程与调试
CP 343-2	◆用于 S7-300 系列 PLC 和分布式 I/O 设备 ET 200M 的 AS-Interface 主站 ◆通信处理器的功能如下： ① 最多可连接 62 个 AS-Interface 从设备并进行集成模拟值传输（符合扩展 AS-Interface 技术规范 V 2.1） ② 支持所有 AS-Interface 主站，符合扩展 AS-Interface 接口技术规范 V2.1 ③ 通过前面板上的 LED 显示运行状态和所连接从设备的运行准备情况 ④ 使用前面板上的 LED 显示错误（例如 AS-Interface 电压错误，配置错误等） ⑤紧凑型外壳设计，用于与 S7-300 相匹配
CP 343-2P	◆用于 S7-300 系列 PLC 和分布式 I/O 设备 ET 200M 的 AS-Interface 主站 ◆通信处理器的功能如下： ① 支持使用 STEP 7 V5.2 及以上版本组态 AS-Interface 网络 ② 最多可连接 62 个 AS-Interface 从设备并进行集成模拟值传输（符合扩展 AS-Interface 技术规范 V 2.1） ③ 支持所有 AS-Interface 主站，符合扩展 AS-Interface 接口技术规范 V2.1 ④ 使用前面板上的 LED 显示错误（例如 AS-Interface 电压错误，配置错误等） ⑤ 紧凑型外壳设计，用于与 S7-300 相匹配
CP 342-5	◆带有电气接口的 PROFIBUS-DP 主站或从站，用来将 S7-300 和 C7 连接到最大传输率为 12Mbit/s（包括 45.45kbit/s）的 PROFIBUS 上 ◆通信服务：①PROFIBUS-DP-V0；②PG/OP 通信；③S7 通信（客户机、服务器、多路复用技术）；④S5 兼容通信（SEND/RECEIVE） ◆容易实现对 PROFIBUS 的组态和编程 ◆通过 S7 路由实现交叉网络编程器通信 ◆不需 PG 即可更换模块

（续）

通信模块	说　明
CP 342-5FO	◆带有光学接口的 PROFIBUS-DP 主站或从站，用来将 S7-300 和 C7 连接到最大传输率为 12Mbit/s（包括 45.45kbit/s）的 PROFIBUS 上 ◆通过用于塑料和 PCF 光纤电缆的集成光纤电缆接口，直接连接到光纤 PROFIBUS 网络 ◆通信服务：①PROFIBUS-DP-V0；②PG/OP 通信；③S7 通信（客户机，服务器，多路复用技术）；④S5 兼容通信（SEND/RECEIVE） ◆使用 PROFIBUS 的简单组态和编程 ◆通过 S7 路由实现交叉网络编程器通信 ◆不需 PG 即可更换模块
CP 343-5	◆用于 S7-300 和 C7 与 PROFIBUS（12 Mbit/s，包括 45.45kbit/s）的主站连接 ◆通信服务：①PG/OP 通信；②S7 通信；③S5 兼容通信（SEND/RECEIVE）；④PROFIBUS FMS ◆使用 PROFIBUS 的简单组态和编程 ◆很容易集成到 S7-300 系统中 ◆经过 S7 路由进行 PG 网络通信 ◆不需 PG 即可更换模块

7.5.3 功能模块

功能模块是指具有特定功能的模块。S7-300 系统的功能模块可分为计数器模块、定位控制及检测模块和闭环控制模块等。

1. 计数器模块

S7-300 系统的计数器模块及说明见表 7-8。

表 7-8　S7-300 系统的计数器模块及说明

计数器模块	说　明
FM350-1	◆用于简单计数任务的单通道智能计数模块 ◆用于直接连接增量式编码器 ◆具有通过 2 个可选择的比较值进行比较的功能 ◆当达到比较值时，通过集成的数字量输出进行输出响应 ◆工作模式：①连续计数；②单次计数；③周期计数 ◆特殊功能：①计数器设置；②计数器锁存 ◆通过门功能控制计数器的启动/停止
FM350-2	◆8 通道智能计数器模块，用于通用计数和测量任务 ◆直接连接 24V 增量式编码器、方向元件、启动器和 NAMUR 传感器 ◆可与可编程的比较值进行比较（比较数量取决于工作模式） ◆当达到比较值时，通过内置的数字量输出进行输出响应 ◆工作模式：①连续/单次/周期计数；②频率/速度控制；③周期测量；④比例

2. 定位控制及检测模块

S7-300 系统的定位控制及检测模块说明见表 7-9。

表 7-9　S7-300 系统的定位控制及检测模块说明

定位控制及检测模块	说　明
FM351 （定位模块）	◆用于快速进给/慢速驱动的双通道定位模块 ◆每通道 4 个数字量输出用于电动机控制 ◆增量或同步连续位置解码器
FM352 （电子凸轮控制器）	◆极高速电子凸轮控制器 ◆可以低成本地替代机械式凸轮控制器 ◆32 个凸轮轨迹，13 个内置数字量输出用于动作的直接输出 ◆增量或同步连续位置解码器
FM352-5 （高速布尔处理器）	◆可以进行快速的二进制控制以及提供最快速的切换处理（循环周期 15s） ◆可以用 LAD 或 FBD 编程 ◆指令集包括位指令（STEP 7 指令的子集）、定时器、计数器、分频器、频率发生器和移位寄存器 ◆集成 12DI/8DO ◆两种型号：源极和漏极数字量输出 ◆1 个通道用于连接 24V 增量编码器、5V 增量编码器（RS-422）或串口绝对值编码器 ◆运行时需要一个微存储器卡
FM353 （步进电动机定位模块）	◆在高速机械设备中使用的步进电动机定位模块 ◆可用于点到点定位任务以及复杂的运动模式
FM354 （伺服电动机定位模块）	◆在高速机械设备中使用的伺服电动机定位模块 ◆可用于点到点定位任务以及复杂的运动模式
FM357-2 （定位和连续路径控制模块）	◆用于最多 4 轴的路径和定位智能运动控制 ◆从独立的单轴定位到多轴插补连续路径控制的广泛应用领域 ◆用于控制步进电动机和伺服电动机 ◆简单的参数化工具便于用户启动工作 ◆使用 PROFIBUS 等时模式可以与 SIMODRIVE 611U 和 MASTERDRIVES MC 连接（不适用 FM 357-2H 和 HT6 组合使用）
FM STEPDRIVE （功率器件）	◆FM STEPDRIVE 单元可最大精度地驱动 SIMOSTEP 1FL3 系列步进电动机运动 ◆可与 FM353 和 FM357-2 功能模块组合使用，它可执行高精度的定位任务，输出功率范围为 5～600W
SM338 （超声波编码器输入模块）	◆使用带启/停接口的超声波编码器进行位置检测 ◆提供最多 3 个绝对值编码器（SSI）和 CPU 之间的接口 ◆提供位置编码器数值用于 STEP 7 程序进一步处理 ◆允许 PLC 直接响应运动系统中的编码值

3. 闭环控制模块

S7-300 系统的闭环控制模块说明见表 7-10。

表 7-10　S7-300 系统的闭环控制模块说明

闭环控制模块	说　　明
FM355 （闭环控制模块）	◆4 通道闭环控制模块，可以满足通用的闭环控制任务 ◆用于温度、压力、流速、物位的闭环控制 ◆方便用户在线自适应温度控制 ◆预编程的控制器结构 ◆2 种控制算法 ◆两种型号：①FM355C 连续动作控制器；②FM355S 步进或脉冲控制器 ◆4 个模拟量输出（FM355C）或 8 个数字量输出（FM355S），用于控制通用类型的执行器 ◆CPU 停机或故障后仍能进行控制任务
FM 355-2 （闭环温度控制模块）	◆特别适合温度控制需要的 4 通道温度控制器 ◆方便用户在线自适应温度控制 ◆可实现加热、冷却以及加热冷却组合控制 ◆预编程的控制器结构 ◆2 种型号：①FM355-2C 连续动作控制器；②FM355-2S 步进或脉冲控制器 ◆4 个模拟量输出（FM355-2C）或 8 个数字量输出（FM355-2S）通常用于最终控制单元的直接控制 ◆CPU 停机或故障后仍能进行控制任务

7.5.4　特殊模块

S7-300 系统的特殊模块有 SM374 仿真模块和 DM370 占位模块。S7-300 系统的特殊模块说明见表 7-11。

表 7-11　S7-300 系统的特殊模块说明

特 殊 模 块	说　　明
SM374 （仿真模块）	◆用于在启动和运行时调试程序 ◆通过开关仿真传感器信号 ◆通过 LED 显示输出信号状态
DM370 （占位模块）	◆特别适合温度控制需要的 4 通道温度控制器 ◆用于给未参数化的信号模块保留插槽 ◆当用一个信号模块替换时，将保持结构和地址分配

第 8 章 S7-300/400系列PLC编程组态及仿真软件的使用

8.1 STEP 7 快速入门

STEP 7 是用于对西门子 PLC 进行编程和组态（配置）的软件。

STEP 7 主要有以下版本：

1）STEP 7 Micro/DOS 和 STEP 7 Micro/WIN：适用于 S7-200 系列 PLC 的编程和组态。

2）STEP 7 Lite：适用于 S7-300、C7 系列 PLC、ET200X 和 ET200S 系列分布式 I/O 的编程和组态。

3）STEP 7 Basis：适用于 S7-300/S7-400、M7-300/M7-400 和 C7 系列 PLC 的编程和组态。

4）STEP 7 Professional：它除包含 STEP 7 Basis 版本的标准组件外，还包含了扩展软件包，如 S7-Graph（顺序功能流程图）、S7-SCL（结构化语言）和 S7-PLCSIM（仿真）。

本书介绍 STEP 7 V5.4 SP5 软件属于 STEP 7 Basis 版本，如果需要在该软件中使用仿真功能和绘制顺序流程图，必须另外安装 S7-PLCSIM 和 S7-Graph 组件。

8.1.1 STEP 7 的安装与卸载

1. 安装要求

（1）硬件要求

在 PC（个人计算机）上安装 STEP 7 V5.4 软件，对 PC 的硬件要求如下：

1）CPU：主频为 600MHz 及以上。

2）内存：至少为 256MB。

3）硬盘的剩余空间：应在 300 ~ 600MB 以上，视安装选项不同而定。

4）显示设备：显示器支持 1024 × 768 分辨率和 16 位以上彩色。

（2）软件要求

在安装 STEP 7 V5.4 软件时，PC 应安装有以下某个操作系统：

1）Microsoft Windows 2000（至少为 SP3 版本）。

2）Microsoft Windows XP（建议 SP 1 或以上）。

3）Microsoft Windows Server 2003。

以上操作系统需要安装 Microsoft Internet Explorer 6.0 或以上版本。STEP 7 V5.4 对 Microsoft Windows 3.1/95/98/ME/NT 都不支持，也不支持 Microsoft XP Home 版本。

2. 软件的安装

（1）安装前的准备

为了让安装过程能顺利进行，建议在安装 STEP 7 软件前关闭 Windows 防火墙、杀毒软件和安全防护软件（如 360 安全卫士）。Windows 防火墙的关闭方法如图 8-1 所示，打开“控制面板”，双击“Windows 防火墙”图标，弹出 Windows 防火墙窗口，选择“关闭”项，单击“确定”按钮后即可关闭 Windows 防火墙。

图 8-1　在控制面板中关闭防火墙

（2）安装过程

将含有 STEP 7 软件的光盘放入计算机光驱，**为了使安装过程更加快捷，建议将 STEP 7 软件复制到硬盘某分区的根目录下（如 D:\），文件夹名称不要包含中文字符，否则安装时可能会出错。**打开 STEP 7 软件文件夹，如图 8-2 所示，双击“Setup. exe”文件即开始安装 STEP 7 软件。STEP 7 软件的获取方式可登录易天电学网 www. eTV100. com 了解，STEP 7 软件安装过程中出现的对话框及说明见表 8-1。

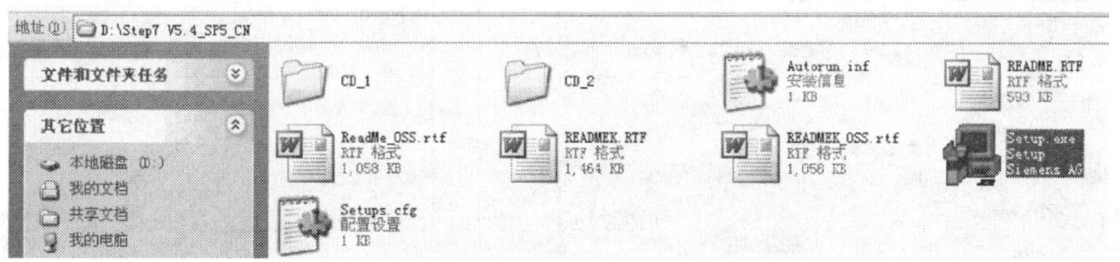

图 8-2　双击 Setup. exe 文件开始安装 STEP 7

表 8-1　STEP 7 软件安装过程中出现的对话框及说明

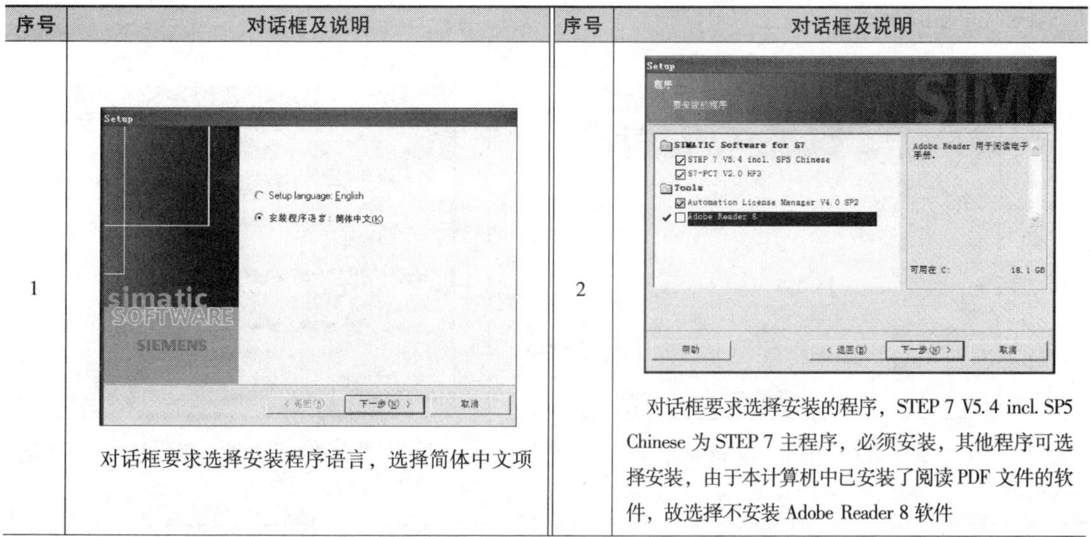

序号	对话框及说明	序号	对话框及说明
1	对话框要求选择安装程序语言，选择简体中文项	2	对话框要求选择安装的程序，STEP 7 V5. 4 incl. SP5 Chinese 为 STEP 7 主程序，必须安装，其他程序可选择安装，由于本计算机中已安装了阅读 PDF 文件的软件，故选择不安装 Adobe Reader 8 软件

（续）

<table>
<tr><th>序号</th><th>对话框及说明</th><th>序号</th><th>对话框及说明</th></tr>
<tr><td>3</td><td>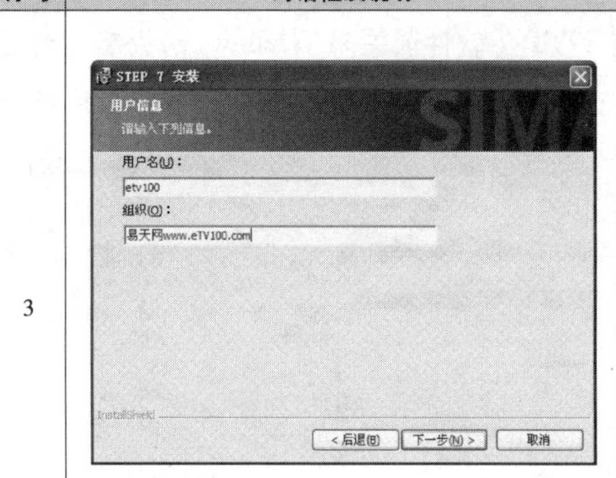

对话框要求输入用户信息，包括用户名和组织名，这里按图输入</td><td>6</td><td>

对话框要求选择密钥传送方式，如果无密钥，SETP 7 软件只能使用 14 天，这里选择“以后再传送许可证密匙”，可先试用或以后使用授权工具来安装密钥</td></tr>
<tr><td>4</td><td>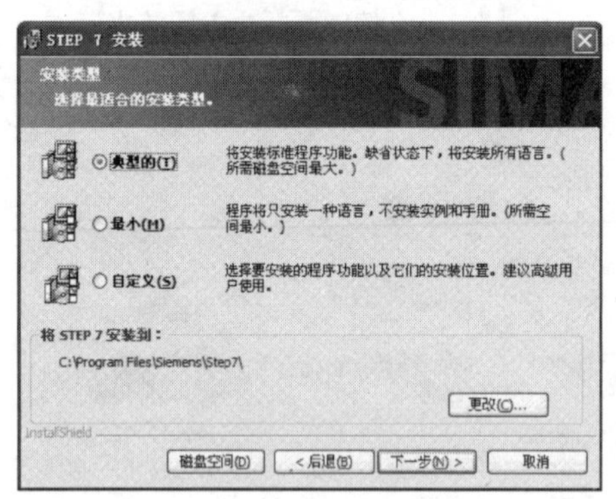

对话框要求选择安装类型和安装路径（位置），这里保持默认类型和路径，如果要更改软件安装位置，可单击“更改”按钮来选择新的安装路径，注意路径中不能含有中文字符</td><td>7</td><td>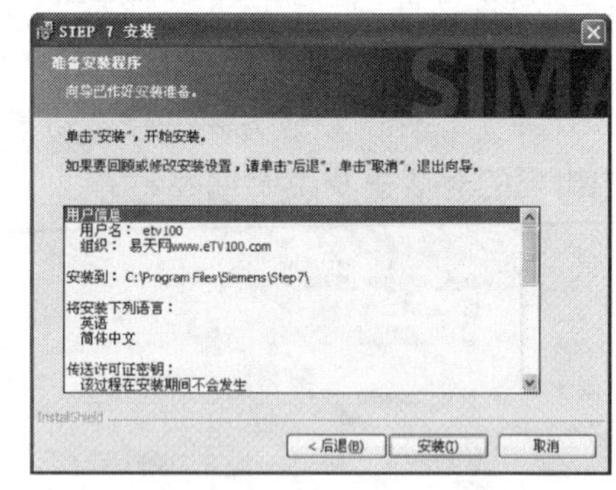

对话框提示准备安装程序，并显示前面进行的选择和输入的信息，单击“安装”按钮即开始安装 SETP 7 软件，安装需要较长的时间。在安装过程中，如果遇到无法继续安装的情况，可重启计算机后重新安装</td></tr>
<tr><td>5</td><td>

对话框要求选择产品语言，这里选择“简体中文”</td><td>8</td><td>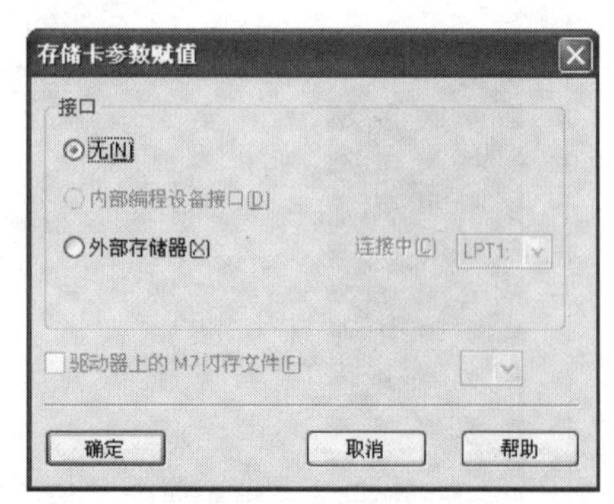

对话框要求选择存储卡参数赋值方式，这里选择“无”，再确定</td></tr>
</table>

（续）

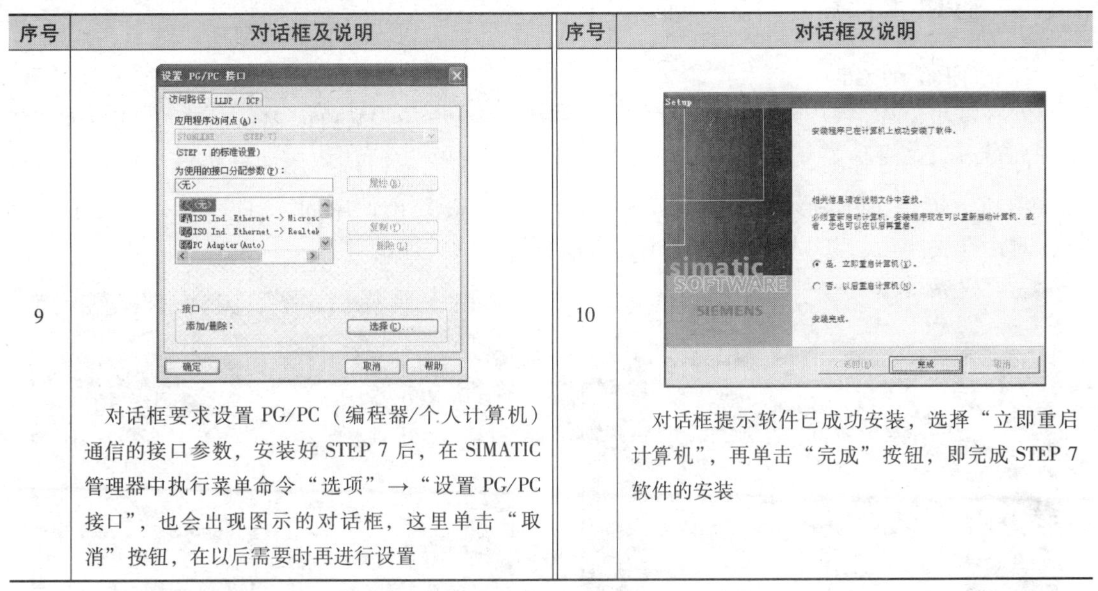

序号	对话框及说明	序号	对话框及说明
9	对话框要求设置 PG/PC（编程器/个人计算机）通信的接口参数，安装好 STEP 7 后，在 SIMATIC 管理器中执行菜单命令“选项”→“设置 PG/PC 接口”，也会出现图示的对话框，这里单击“取消”按钮，在以后需要时再进行设置	10	对话框提示软件已成功安装，选择“立即重启计算机”，再单击“完成”按钮，即完成 STEP 7 软件的安装

STEP 7 软件安装完成后，在计算机桌面上会出现图 8-3 所示的 3 个图标。“Automation License Manager”为自动化许可证管理器，用来传送、显示和删除西门子软件的许可证密钥；“S7-PCT-Port Configuration Tool”为西门子 ET200 I/O-Link 主站的 S7-PCT 端口组态工具；“SIMATIC Manager”为 SIMATIC 管理器，用于将 STEP 7 标准组件和扩展组件集成在一起，并将所有数据和设置收集在一个项目中，双击 SIMATIC 管理器即启动 STEP 7。

图 8-3　STEP 7 安装后在桌面上出现的图标

3. 软件的卸载

如果要卸载 STEP 7 软件，可打开控制面板，双击其中的“添加或删除程序”图标，打开“添加或删除程序”对话框，如图 8-4 所示，选择要删除的 STEP 7 程序，单击“删除”按钮即可删除选中的程序。

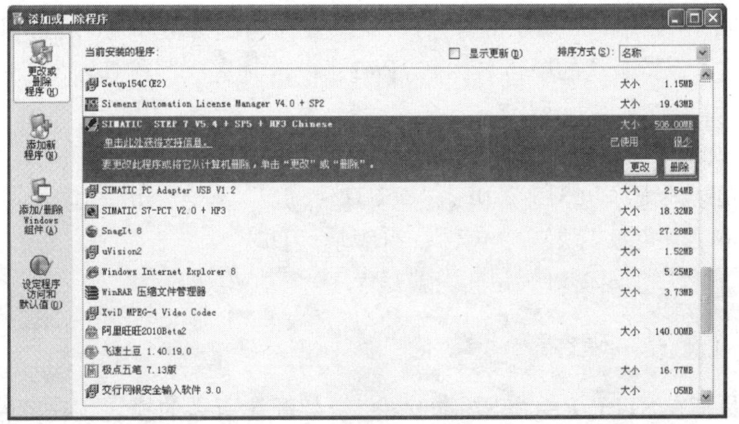

图 8-4　卸载 STEP 7 软件

8.1.2 STEP 7 的启动与新建项目

1. STEP 7 的启动

在计算机桌面上双击“SIMATIC Manager”图标，启动 SIMATIC Manager，出现图 8-5 所示软件窗口，同时弹出 STEP 7 “新建项目”向导对话框，如果不用向导来新建项目，可单击“取消”按钮，关闭该对话框，如图 8-6 所示，如果以前使用 SIMATIC Manager 建立过项目，对话框关闭后，SIMATIC Manager 会自动打开上次关闭的项目。

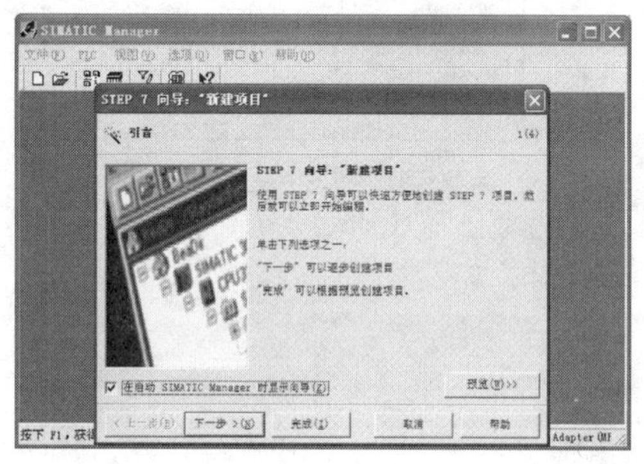

图 8-5 SIMATIC Manager 窗口（含向导对话框）

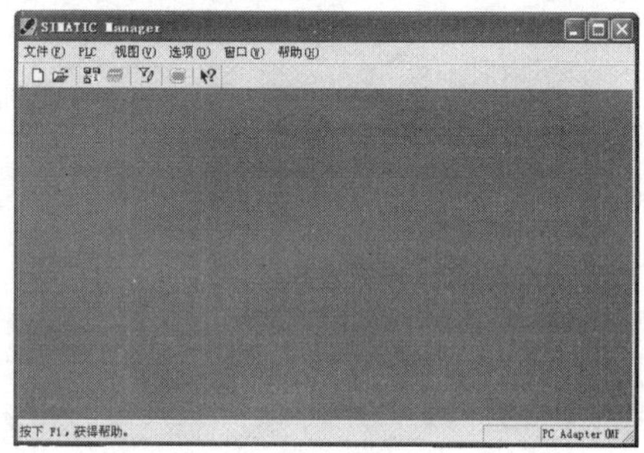

图 8-6 SIMATIC Manager 窗口（向导对话框关闭）

2. 新建项目

在 SIMATIC Manager 中新建项目有两种方式：一是利用向导新建项目，二是采用常规方法新建项目。使用向导来新建项目特别适合初学者，下面介绍如何利用向导来新建项目。

启动 SIMATIC Manager 后会弹出图 8-7b 所示的“新建项目”向导对话框，如果未出现该对话框，可选择 SIMATIC Manager 窗口中“文件”菜单下的“新建项目向导”，也会弹出图 8-7b 所示的向导对话框，单击对话框中的“预览”按钮，下方会显示新建项目的结构与内容形式，如图 8-7c 所示，单击“下一步”按钮，出现图 8-7d 所示的对话框，在对话框中选择 CPU 型号，这里选择 CPU 型号为 CPU315-2 DP，预览栏内的 CPU 也换成了该型号，单击“下一步”按钮，出现图 8-7e 所示的对话框，在对话框中选择项目要加载的组织块（组织块用于编写程序），这里选择默认加载组织块 OB1，程序语言选择 LAD（梯形图），单击“下一步”按钮，出现图 8-7f 所示的对话框，在对话框中显示已有的项目，并要求填写当前项目的名称，这里保持默认的项目名称 S7-Pro2，单击“完成”按钮，即新建了一个名称为 S7-Pro2 的新项目，如图 8-7g 所示。

从图 8-7g 所示的新建项目窗口左方可以看出，该项目中有一个 S7-300 站点（SIMATIC 300 站点），该站点采用 CPU315-2 DP，“CPU315-2 DP”包含“S7 程序”，“S7 程序”包含有“源文件”和“块”，“块”中包含有组织块“OB1”（主程序，见窗口右方），双击“OB1”即可打开程序编辑窗口，在其中编写程序。

8.1.3 组态（配置）硬件

组态硬件是指在 STEP 7 中为 S7-300/400 机架配置所需的模块，在软件中配置的模块要与实际机架上安装的模块型号相同。S7-300/400 有单机架和多机架之分，组态硬件也分

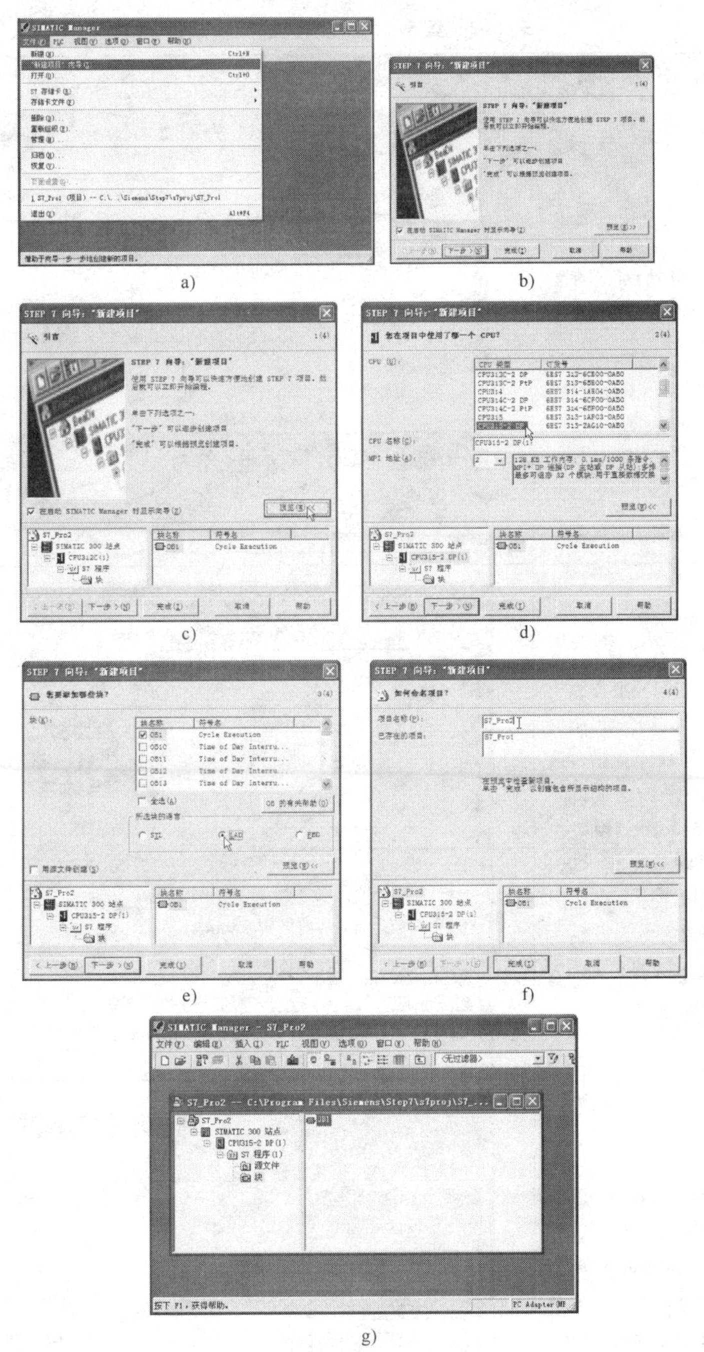

图 8-7　利用向导新建项目

为组态单机架和组态多机架。下面介绍 S7-300 单机架和多机架的组态方法，S7-400 机架组态方法与之基本相同。

1. 组态单机架系统

组态 S7-300/400 机架要用到硬件组态工具“HW Config”。组态单机架系统的操作过程见表 8-2。

表 8-2　组态单机架系统的操作过程

序号	操作说明	操作图
1	在 STEP 7 项目窗口的左方单击“SIMATIC 300 站点”，在窗口右方出现“硬件”图标，如右图所示，双击“硬件”图标，会弹出硬件组态工具“HW Config”窗口	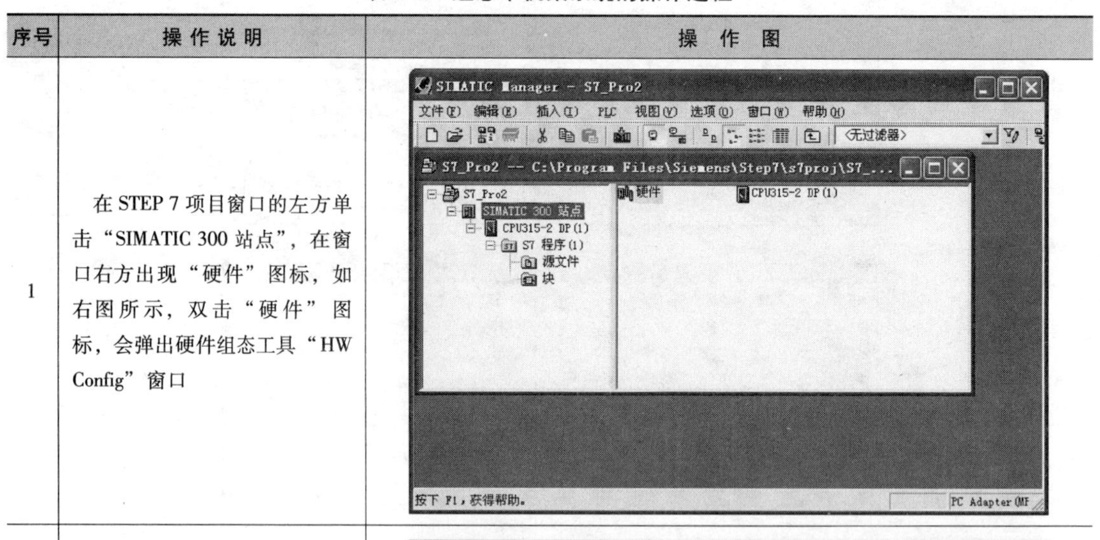
2	右图为硬件组态工具“HW Config”窗口，窗口左上方为机架放置区，“（0）UR”为中央机架，机架中有 11 个插槽，第 2 号插槽已放置了新建项目时选择的 CPU315-2 DP；窗口左下方为机架模块信息显示区，用来显示上方机架中各模块的有关信息；窗口右方为模块选择区，可以从中选择各种 S7-300/400 模块	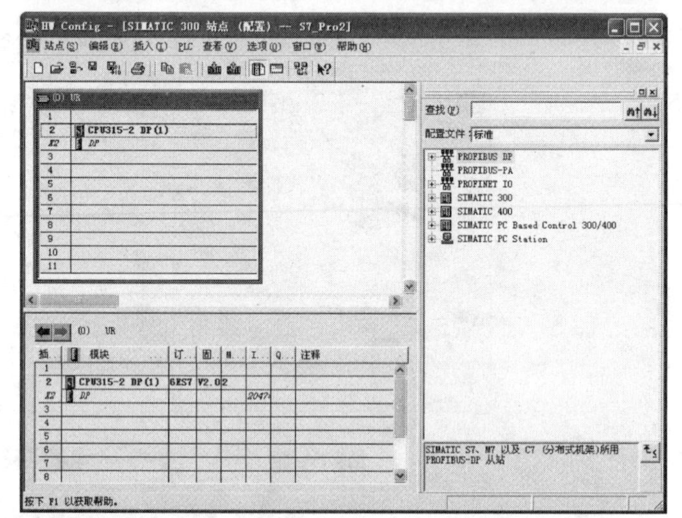
3	在窗口右方的模块选择区，按顺序先展开“SIMATIC 300”，再在其中展开“PS-300”，选中 PS307 5A 电源模块，左上方机架的 1 号插槽背景变为绿色，表示该插槽可以放置选中的模块 在模块选择区下方会显示上方选中的 PS307 5A 模块的订货号及有关信息	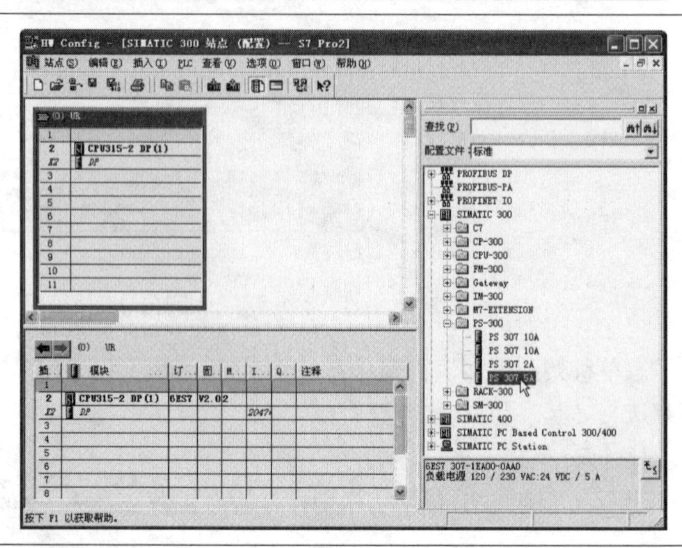

（续）

序号	操作说明	操作图
4	选中 PS307 5A 电源模块，按下鼠标不放，将其拖到左上方机架的 1 号插槽位置，松开鼠标，PS307 5A 电源模块即被放在 1 号插槽中	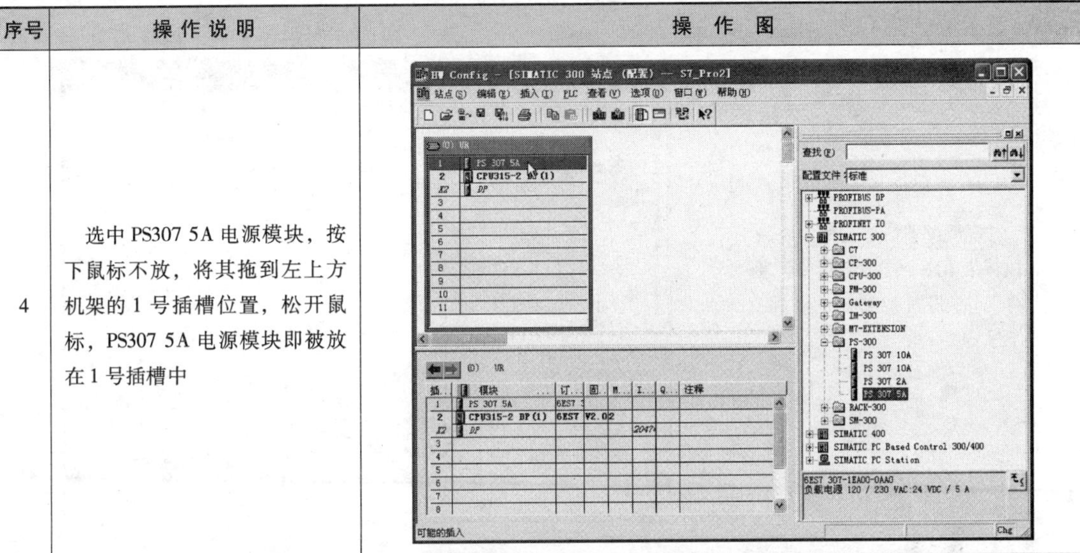
5	用同样的方法将数字量输入模块 DI16 × DC24V 和数字量输出模块 DO16 × Rel AC120V/230V 拖放到 4、5 号插槽中，在拖放模块时，若鼠标为🚫形状，表示当前位置不能放置模块 配置单机架时通常不使用接口模块，故 3 号插槽空置	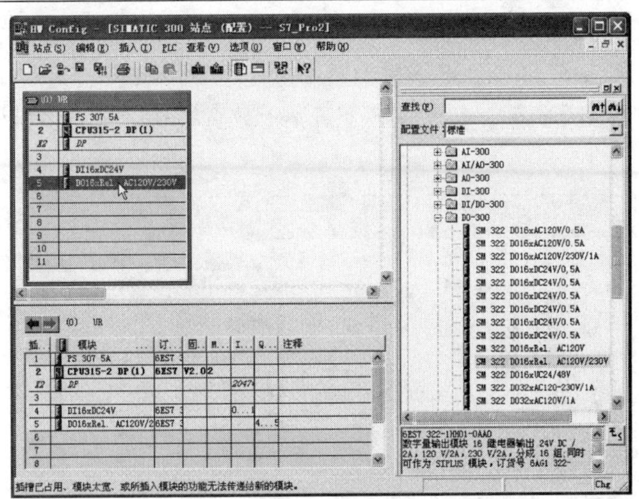
6	如果要删除某插槽中的模块，可在该插槽的模块上单击鼠标右键，在弹出的菜单中选择“删除”，马上弹出对话框，询问是否删除该模块，单击“是”按钮即可将选中的模块删掉 选中某插槽中的模块后，按键盘上的 DEL 键也可将模块删除	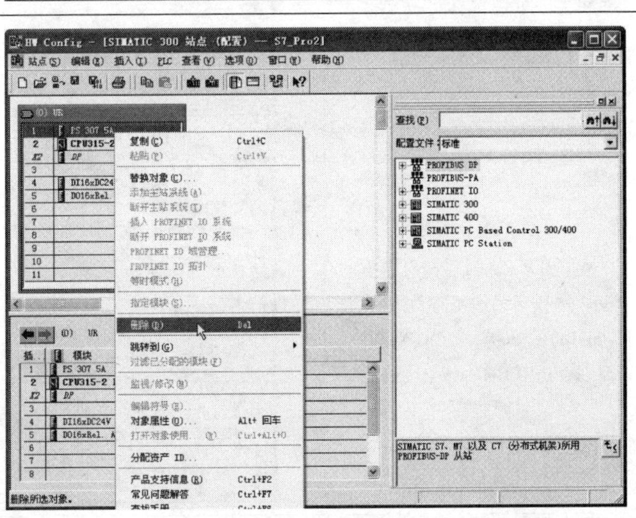

（续）

序号	操 作 说 明	操 作 图
7	按需要配置好单机架系统后，执行菜单命令“站点”→“保存”，即将机架配置信息保存下来	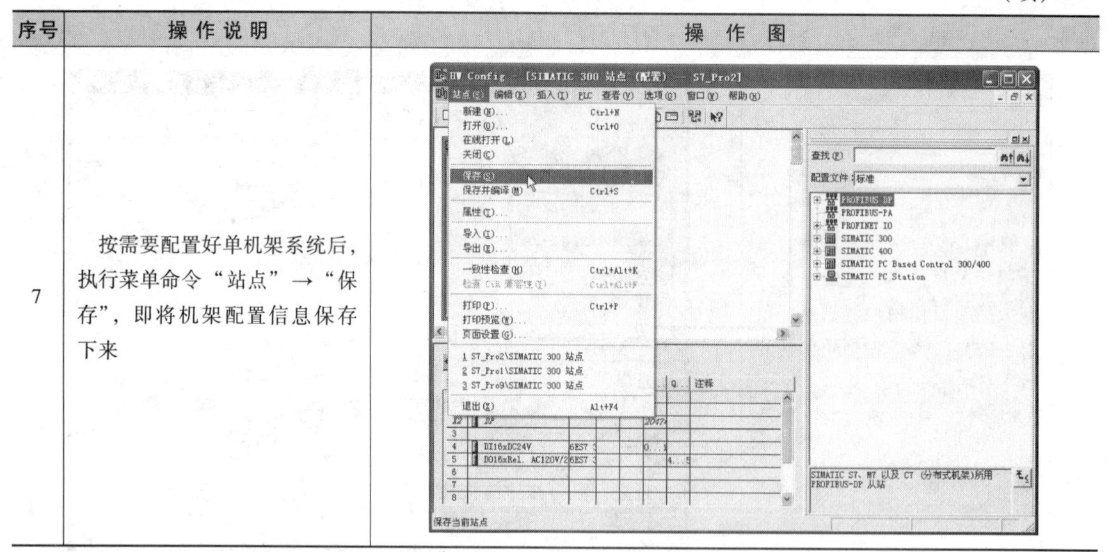

2. 组态多机架系统

组态 S7-300/400 多机架系统也使用硬件组态工具“HW Config”，在组态时，先在机架区放置多个机架，然后往各个机架上放置模块。组态多机架系统的操作过程见表 8-3。

表 8-3　组态多机架系统的操作过程

序号	操 作 说 明	操 作 图
1	在 STEP 7 项目窗口中双击“硬件”图标，弹出硬件组态工具“HW Config”窗口，窗口左上方的机架放置区只有一个中央机架 UR0，由于要放置多个机架，可用鼠标将机架区调大一些	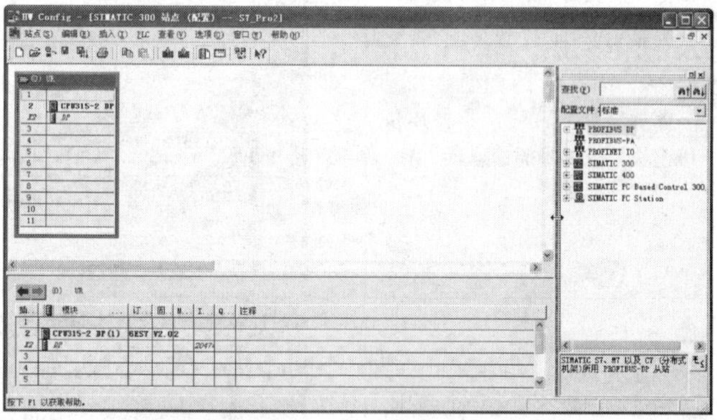
2	在“HW Config”窗口右方的模块选择区，按顺序先后展开“SIMATIC 300”“RACK-300”目录，选中 Rail（机架）	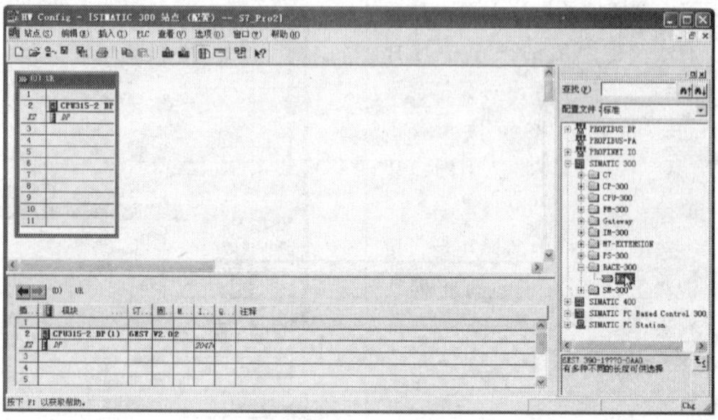

（续）

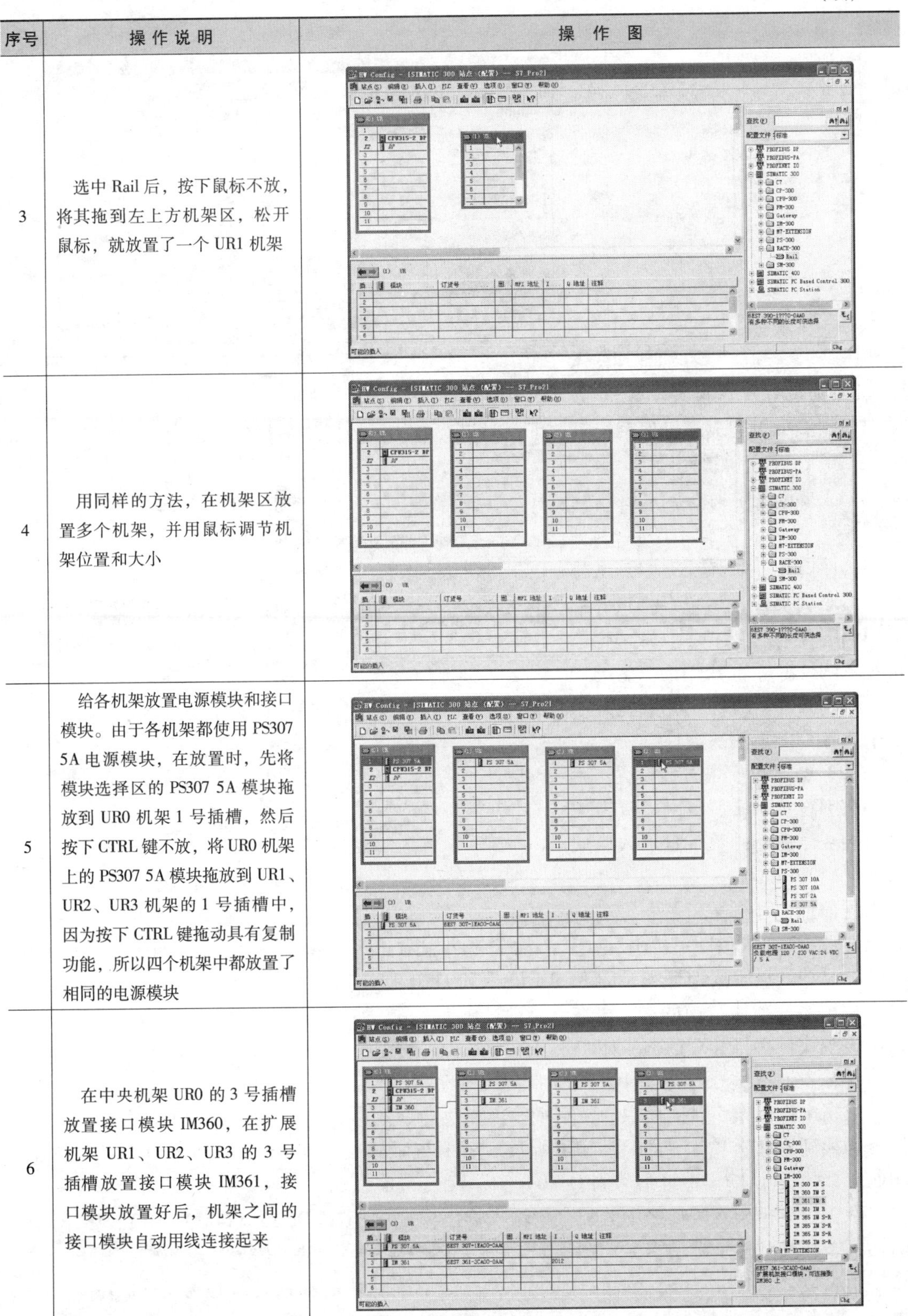

序号	操作说明	操作图
3	选中 Rail 后，按下鼠标不放，将其拖到左上方机架区，松开鼠标，就放置了一个 UR1 机架	
4	用同样的方法，在机架区放置多个机架，并用鼠标调节机架位置和大小	
5	给各机架放置电源模块和接口模块。由于各机架都使用 PS307 5A 电源模块，在放置时，先将模块选择区的 PS307 5A 模块拖放到 UR0 机架 1 号插槽，然后按下 CTRL 键不放，将 UR0 机架上的 PS307 5A 模块拖放到 UR1、UR2、UR3 机架的 1 号插槽中，因为按下 CTRL 键拖动具有复制功能，所以四个机架中都放置了相同的电源模块	
6	在中央机架 UR0 的 3 号插槽放置接口模块 IM360，在扩展机架 UR1、UR2、UR3 的 3 号插槽放置接口模块 IM361，接口模块放置好后，机架之间的接口模块自动用线连接起来	

（续）

序号	操作说明	操 作 图
7	在各机架上放置其他模块。模块放置完成后，执行菜单命令“站点”→“保存”，即将多机架配置信息保存下来	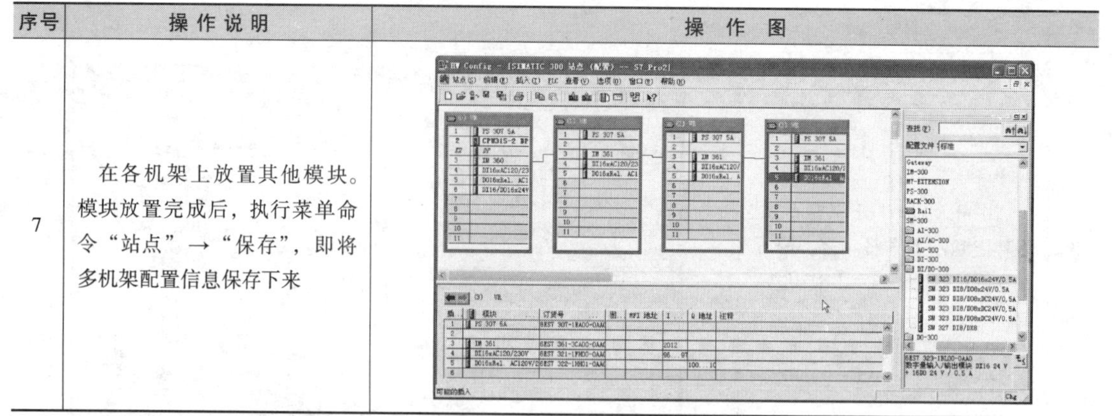

3. 机架的硬件模块属性设置

在组态单机架或多机架系统时，可以对机架上放置的模块进行属性设置。

（1）CPU 模块属性设置

如果要设置中央机架上 CPU 的属性，可在 HW Config 窗口的机架的 CPU 上单击鼠标右键，如图 8-8a 所示，会弹出图 8-8b 所示的属性设置对话框，在 CPU 上直接双击左键也会弹出该对话框，此对话框中有 10 个选项卡，对话框弹出时默认显示“常规”选项卡的内容，如果必要，可切换到其他选项卡来设置 CPU 的有关属性。

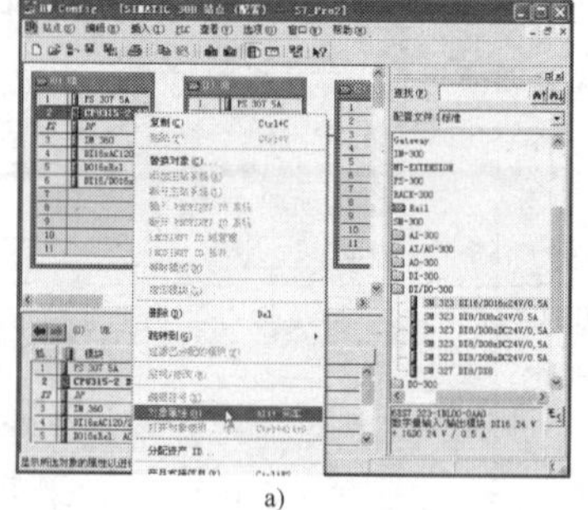

a)

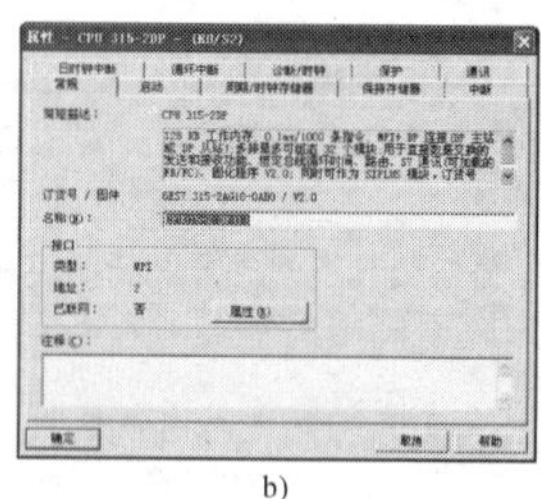

b)

图 8-8　CPU 模块的属性设置

（2）数字量模块属性设置

在 HW Config 窗口中，双击中央机架 4 号插槽的数字量输入模块（DI16×120/230V），马上会弹出图 8-9a 所示的属性对话框，在常规选项卡中，显示模块简易描述信息、订货号和名称，其中名称可以更改，如果要查看或更改模块的地址，单击切换到地址选项卡，如图 8-9b 所示，从对话框中可以看出，该模块占用 0、1 两个字节（IB0、IB1），系统默认输入地址编号为 I0.0～I0.7 和 I1.0～I1.7，如果要更改模块输入地址编号，可去掉“系统默认”前的钩，再在开始地址中输入 6，如图 8-9c 所示，确定后关闭对话框，双击该模块再次打开对话框，如图 8-9d 所示，会发现模块的地址变为 6、7 两个字节（IB6、IB7），输入地址编号变为 I6.0～I6.7 和 I7.0～I7.7。

双击中央机架 5 号插槽中的数字量输出模块（DO16×Rel AC120/230V），弹出属性对话框，切换到地址选项卡，如图 8-10 所示，图中显示该模块的占用 4、5 两个字节（QB4、QB5），系统默认输出地址编号为 Q4.0～Q4.7 和 Q5.0～Q5.7。

双击中央机架 6 号插槽中的数字量输入输出模块（DI16/DO16×24V/0.5A），弹出属性对话框，切换到地址选项卡，如图 8-11 所示，图中显示该模块的输入、输出均占用 8、9 两个字节（输入：IB8、IB9；输出：QB8、QB9），系统默认的输入地址编号为 I8.0～I8.7 和 I9.0～I9.7，输出地址为 Q8.0～Q8.7 和 Q9.0～Q9.7。

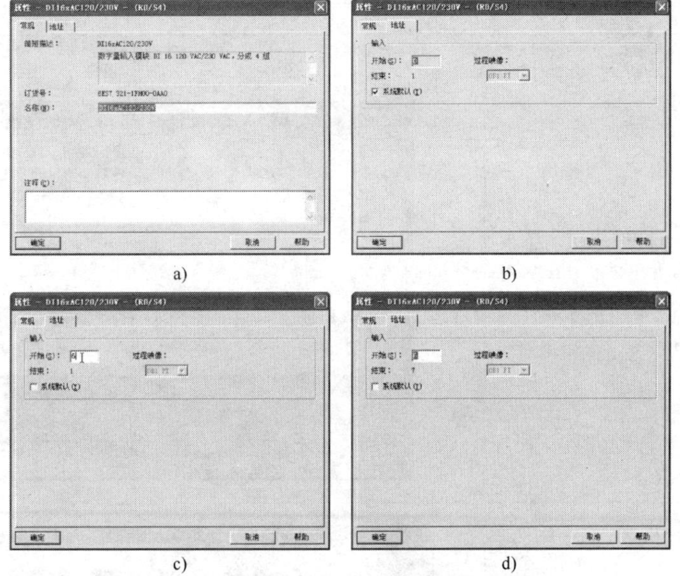

图 8-9　数字量输入模块的属性设置

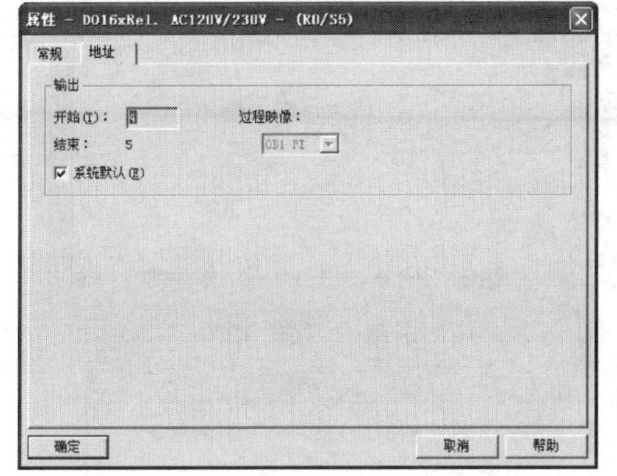

图 8-10　数字量输出模块的属性对话框

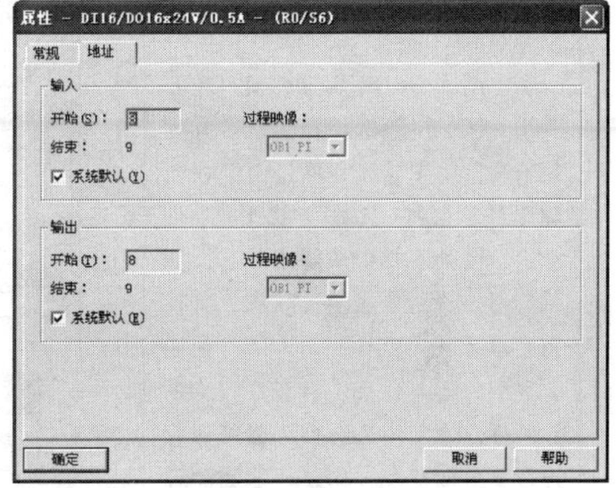

图 8-11　数字量输入输出模块的属性对话框

8.1.4　编写程序

下面以编写图 8-12 所示的电动机正、反转控制程序为例来说明程序的编写方法，程序的编写过程见表 8-4 。

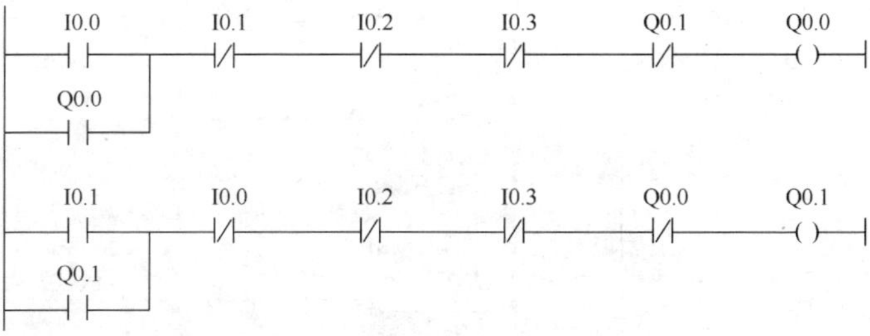

I0.0　I0.1　I0.2　I0.3　Q0.1　Q0.0

Q0.0

I0.1　I0.0　I0.2　I0.3　Q0.0　Q0.1

Q0.1

图 8-12　电动机正、反转控制程序

表 8-4　程序的编写过程

序号	操作说明	操作图
1	在 STEP 7 项目窗口的左方单击“块”，在窗口右方出现“OB1”图标，如右图所示，双击该图标，会打开 OB1 编辑器	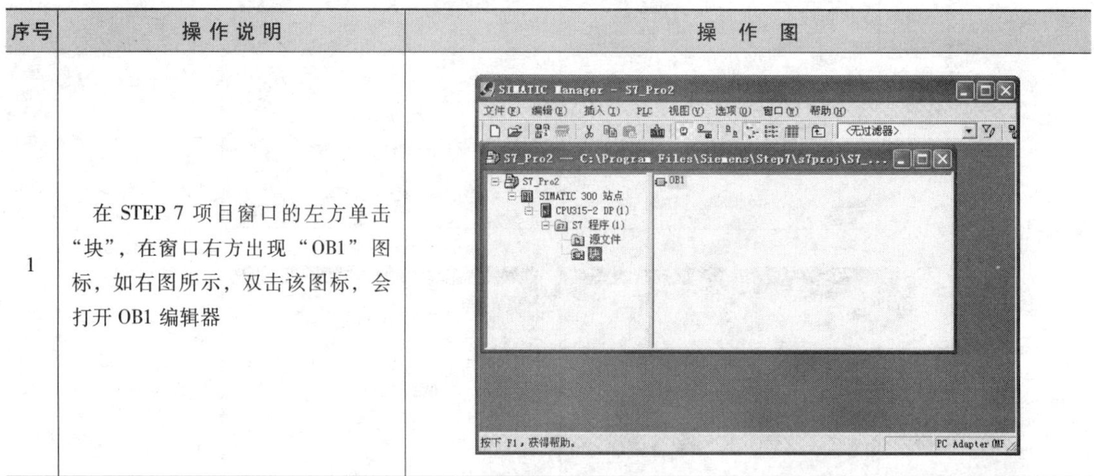
2	右上图为 OB1 编辑器，窗口左方为指令区，用于选择指令，右方为编辑区，用于输入程序，由于在新建项目时选择“LAD（梯形图）”，故编辑区处于梯形图输入状态，如果要切换到指令表输入状态，可执行菜单命令“视图”→“STL” 在编辑区中有 OB1 和程序段 1 的注释框，分别用来给整个程序和程序段 1 添加注释，如果要取消注释区，可执行菜单命令“视图”→“显示方式”→“注释”，注释框会消失。用这种方式取消注释后，下次打开 OB1 时注释框又会出现，最彻底的方法是执行菜单命令“选项”→“自定义”，会弹出右下图所示的“自定义”对话框，切换到“视图”选项卡，取消“块/程序段注释”，确定后，关闭 OB1 编辑器，再打开 OB1 时，注释框会消失	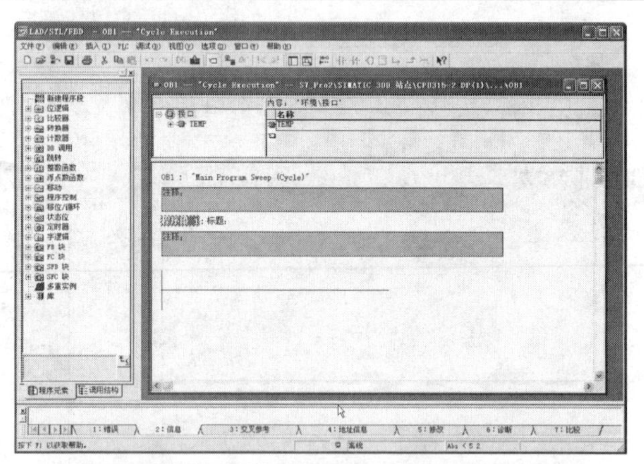

（续）

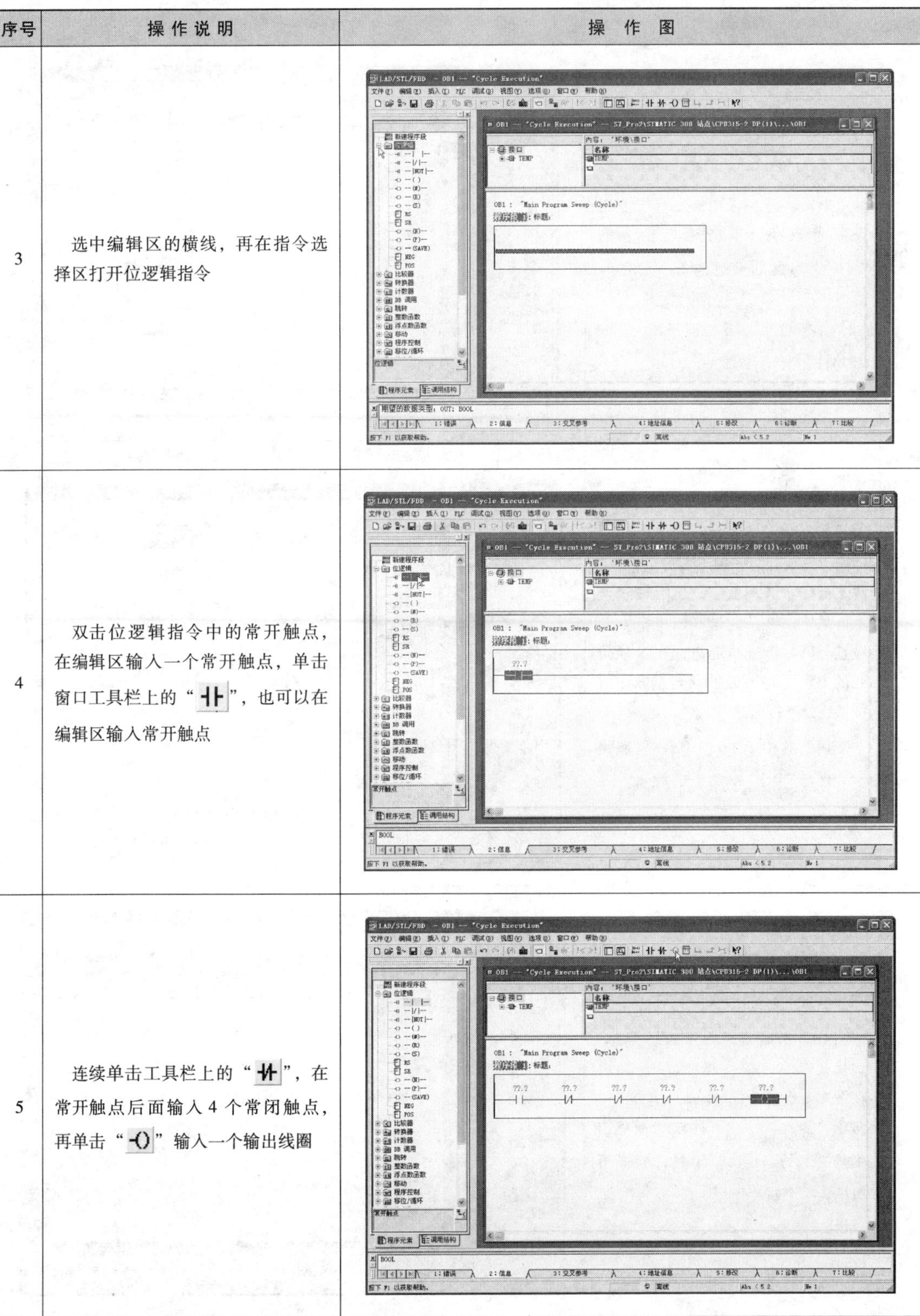

序号	操作说明	操　作　图
3	选中编辑区的横线，再在指令选择区打开位逻辑指令	
4	双击位逻辑指令中的常开触点，在编辑区输入一个常开触点，单击窗口工具栏上的“-| |-”，也可以在编辑区输入常开触点	
5	连续单击工具栏上的“-|/|-”，在常开触点后面输入 4 个常闭触点，再单击“-( )”输入一个输出线圈	

（续）

序号	操作说明	操作图
6	选中梯形图左母线，左母线上出现粗背景条，单击工具栏上的“”，可另起一行输入一个常开触点	
7	选中第2行常开触点右方的箭头，按下鼠标左键不放，拉出一根线至上方某处，松开左键，即将下方的触点与第1行连接起来，用这种拉线的方法可将下方触点与上方任意可接线处连接起来 使用工具栏上的“”仅能将下方触点与正上方的线连接起来	
8	程序段1的程序输完后，在下方空白处单击右键，弹出右键菜单，选择其中的“插入程序段”，即可在下方生成一个程序段2，执行菜单命令“插入”→“程序段”或单击工具栏上的“”工具，同样可以插入一个新程序段	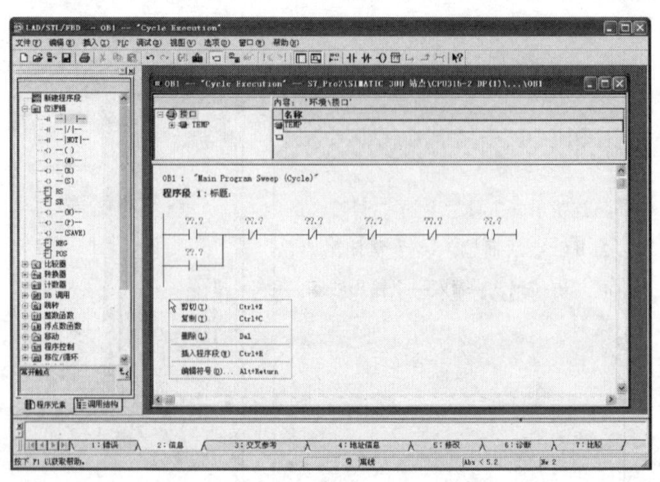

（续）

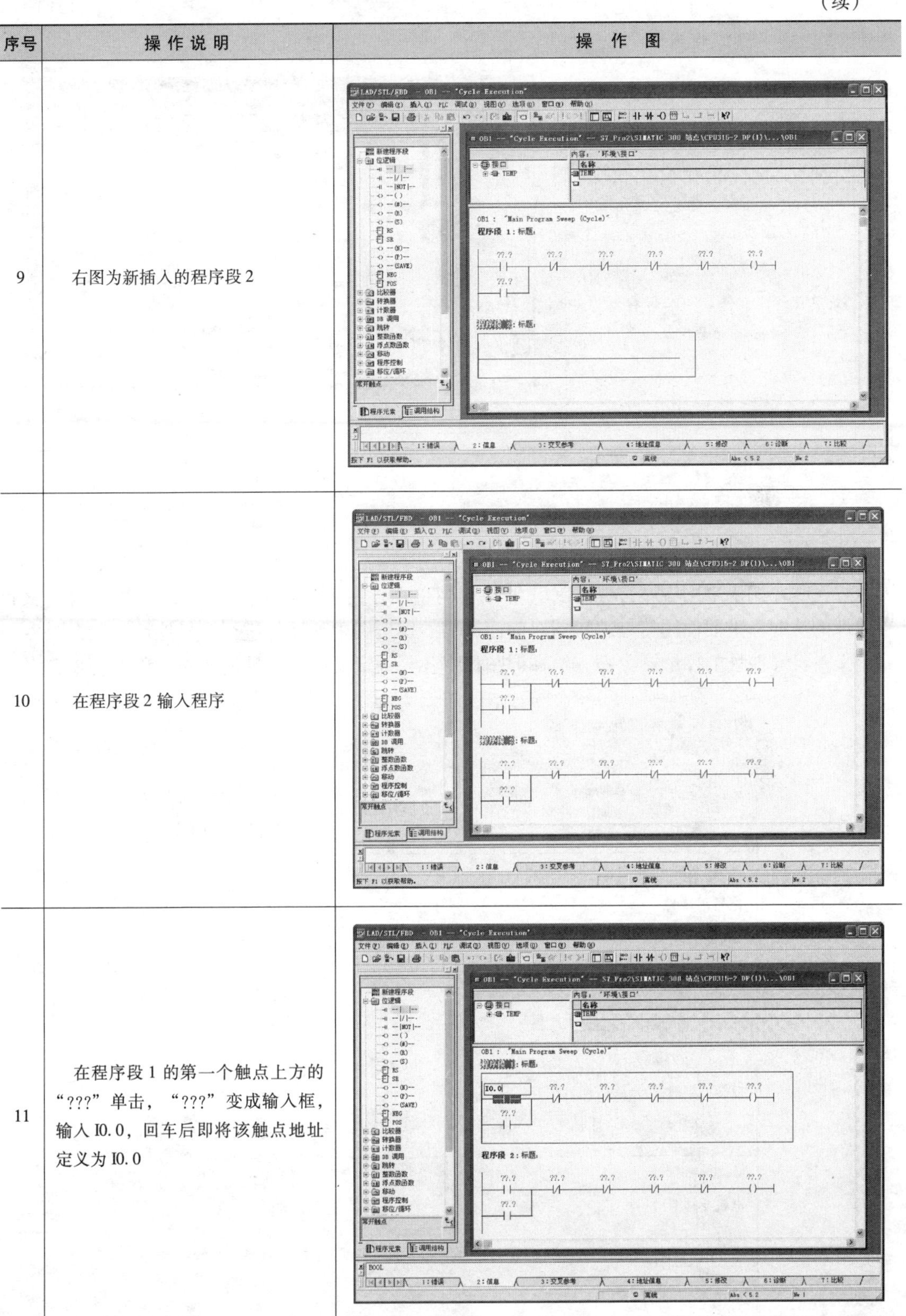

序号	操作说明	操作图
9	右图为新插入的程序段 2	
10	在程序段 2 输入程序	
11	在程序段 1 的第一个触点上方的“???”单击，“???”变成输入框，输入 I0.0，回车后即将该触点地址定义为 I0.0	

（续）

序号	操作说明	操作图
12	用相同的方法对程序中其他的元件进行地址定义，地址定义完成的程序如右图所示 单击工具栏上的“ ”，或执行菜单命令“文件”→“保存”，将编写的程序保存下来	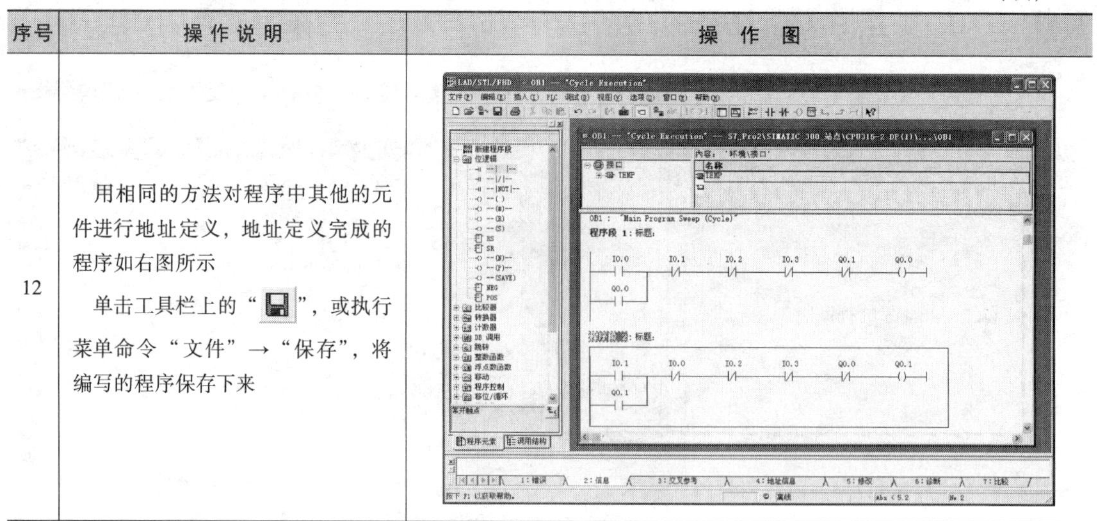

8.1.5 定义符号地址

在前面编写的梯形图程序中，元件的地址采用字母和数字表示，如 I0.0、Q0.0，这样不易读懂程序时，如果采用中文符号定义元件地址则直观方便。STEP 7 的符号编辑器具有定义符号地址的功能，下面使用符号编辑器对前面编写的梯形图中的元件进行符号地址定义，图 8-13 为定义了符号地址的梯形图程序。给梯形图程序各元件定义符号地址的操作过程见表 8-5。

OB1：“Main Program Sweep(Cycle)”

程序段1：电机正转时动作

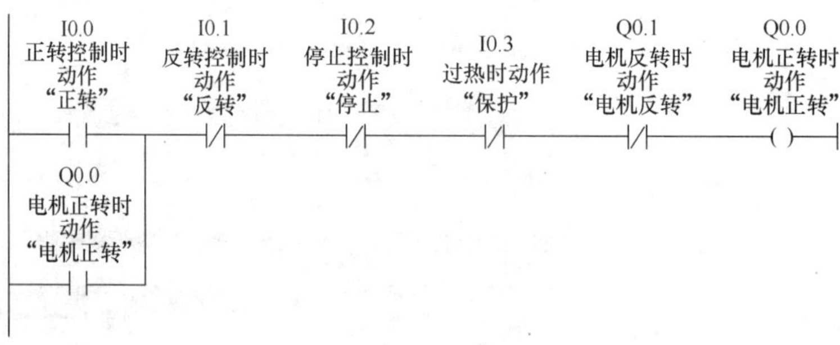

程序段2: 电机反转时动作

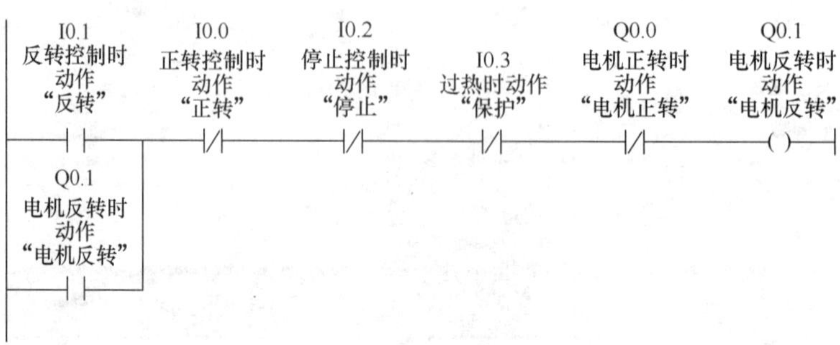

图 8-13 定义了符号地址的梯形图

表 8-5　定义符号地址的操作过程

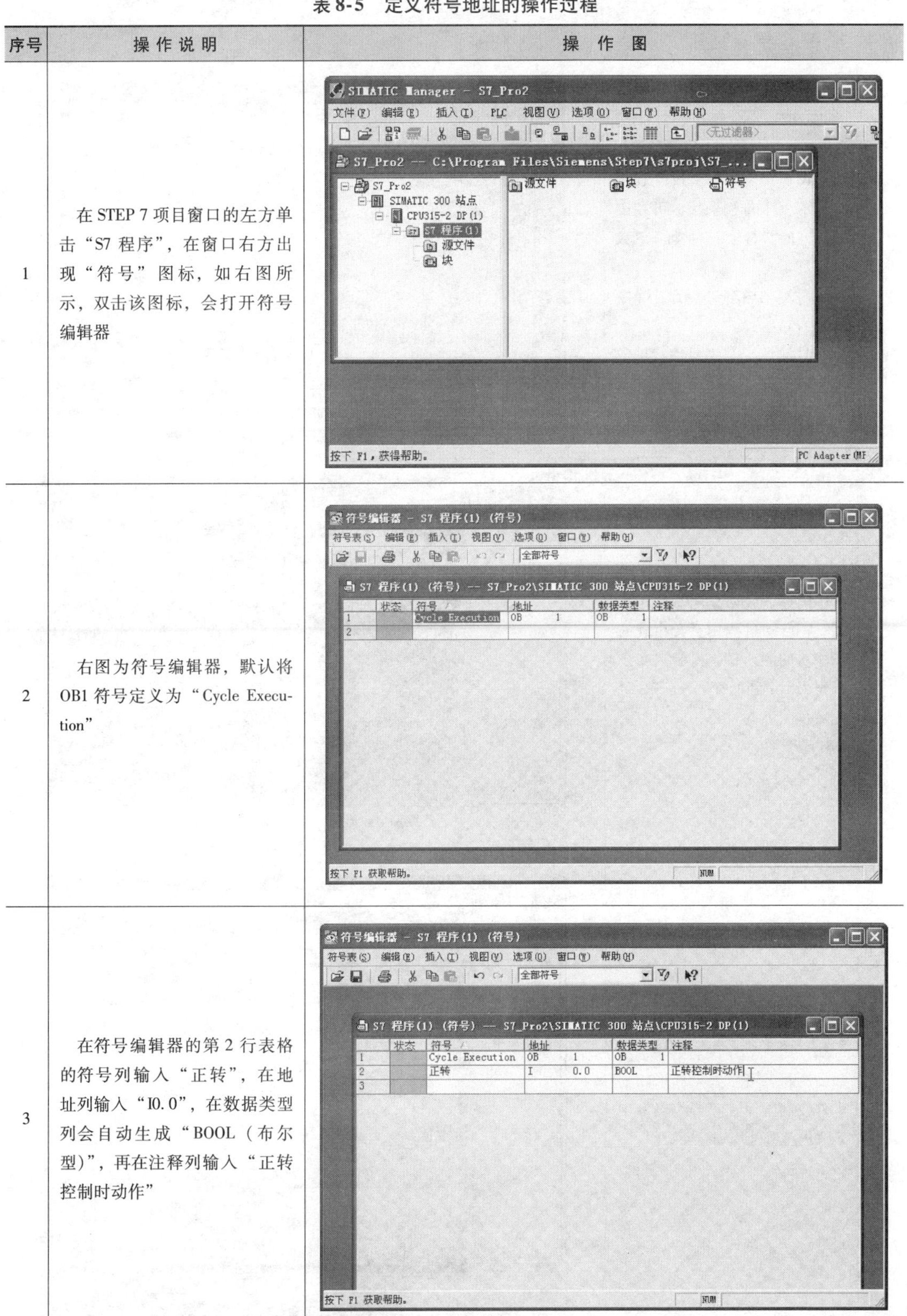

序号	操作说明	操作图
1	在 STEP 7 项目窗口的左方单击“S7 程序”，在窗口右方出现“符号”图标，如右图所示，双击该图标，会打开符号编辑器	
2	右图为符号编辑器，默认将 OB1 符号定义为“Cycle Execution”	
3	在符号编辑器的第 2 行表格的符号列输入“正转”，在地址列输入“I0.0”，在数据类型列会自动生成“BOOL（布尔型）”，再在注释列输入“正转控制时动作”	

（续）

序号	操作说明	操作图
4	用同样的方法给梯形图中存在的 I0.1、I0.2、I0.3、Q0.0 和 Q0.1 定义中文符号和注释，如右图所示。如果要改变表格内容的上下排列顺序，可在表格上方的“符号”“地址”“数据类型”或“注释”上单击，即可对本列内容进行升、降序排列 符号地址定义完成后，单击工具栏上的“ ”，将定义的符号地址保存下来	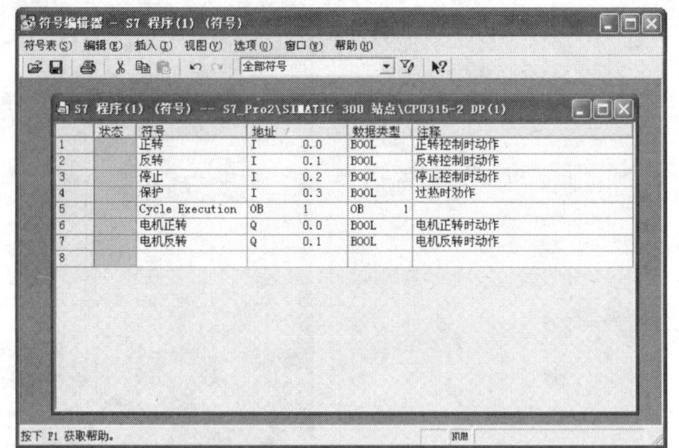
5	在 STEP 7 项目窗口双击该 OB1 图标，启动 OB1 程序编辑器，在启动过程中，会出现右图所示的对话框，提示“找到了至少一个新的符号分配”，确定后关闭该对话框，同时打开 OB1 编辑器	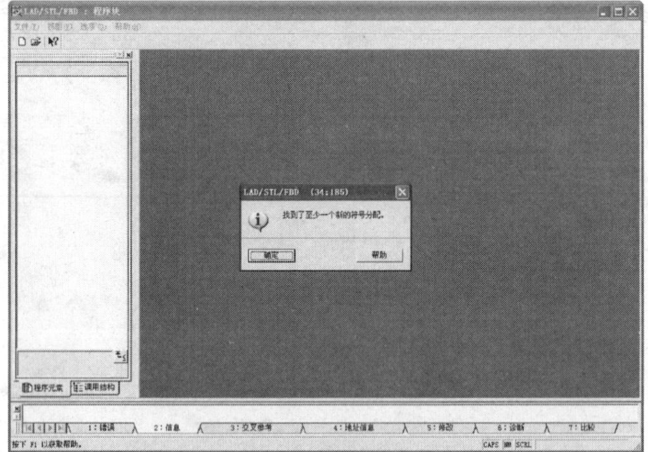
6	在打开的 OB1 编辑器中，如右图所示，可以看见梯形图的元件被赋予了在符号编辑器中定义的符号地址和注释	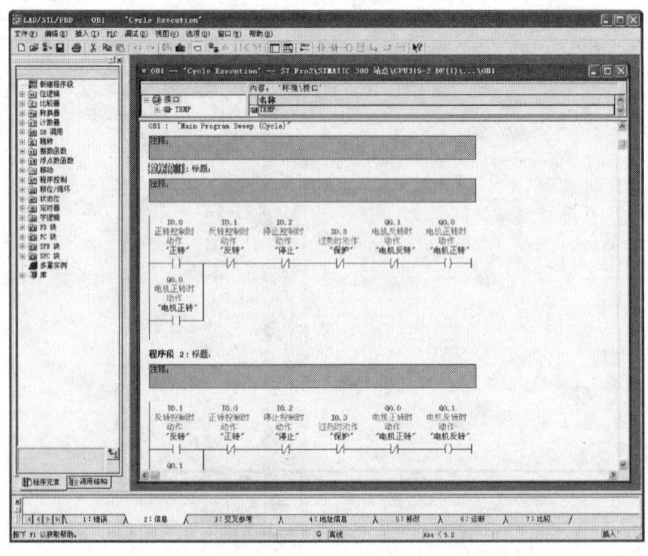

（续）

序号	操作说明	操作图
7	如果希望梯形图中不显示符号地址，可执行菜单命令“视图”→“显示方式”，取消“符号表达式”和“符号信息”，梯形图元件只显示字母+数字地址 用这种方式取消显示符号地址后，下次打开 OB1 时符号地址又会出现，要彻底取消显示，可执行菜单命令“选项”→“自定义”，在弹出的对话框中切换到“视图”选项卡，取消“符号表达式”和“符号信息”项的选择，确定后，关闭 OB1 编辑器，再打开 OB1 时，符号地址会消失	

8.1.6　程序的下载与上传

程序的下载是指将编程计算机（或编程器）中的程序写入 PLC，程序的上传是指将 PLC 中的程序读入编程计算机（或编程器）。不管是程序的下载还是上传，均需要先将 PLC 与计算机连接起来。

1. 计算机与 PLC 的连接

（1）三种连接方式

计算机与 PLC 连接有三种方式：一是两者使用 PC/MPI 适配器连接；二是两者使用 USB/MPI 适配器连接；三是在计算机中安装通信卡（如 CP5611、CP5612、CP5613、CP5614、CP5621 等），计算机通过通信卡与 PLC 连接起来。如果计算机有 RS-232C 接口（又称 COM 口），可使用 PC/MPI 适配器连接 PLC，采用计算机安装通信卡的方式来连接 PLC 成本比较高，对于单台 PLC 不推荐使用，现在大多数计算机不带 RS-232C 接口，而将 USB 接口作为基本接口，故计算机与 PLC 的连接通常采用 USB/MPI 适配器连接。

（2）使用 USB/MPI 适配器连接计算机与 PLC

USB/MPI 适配器外形如图 8-14 所示，要**使用 USB/MPI 适配器连接 PLC，必须在计算机中安装该适配器的驱动程序（PC Adapter USB）**。

图 8-14　USB/MPI 适配器

驱动程序安装好后，用 USB/MPI 适配器将计算机的 USB 接口与 CPU 模块的 MPI 接口连接起来，如图 8-15 所示。

（3）通信设置

使用 USB/MPI 适配器将计算机与 PLC 连接好后，还要在 STEP 7 中进行通信设置，设置方法是，在 SIMATIC Manager 窗口中执行菜单命令“选项”→“设置 PG/PC 接口”，弹出图 8-16a所示的“设置 PG/PC 接口”对话框，选择其中的“PC Adapter（MPI）”项，再单击“属性”，弹出图 8-16b 所示的属性对话框，在对话框中设置计算机的站号、与 PLC 建立连接的最长时间，与 PLC 的通信速率和网络中的最高允许站号，这里保持默认值，单击“本地连接”选项卡，切换到该选项卡，如图 8-16c 所示，将连接端口设为 USB，确定后设置生效。

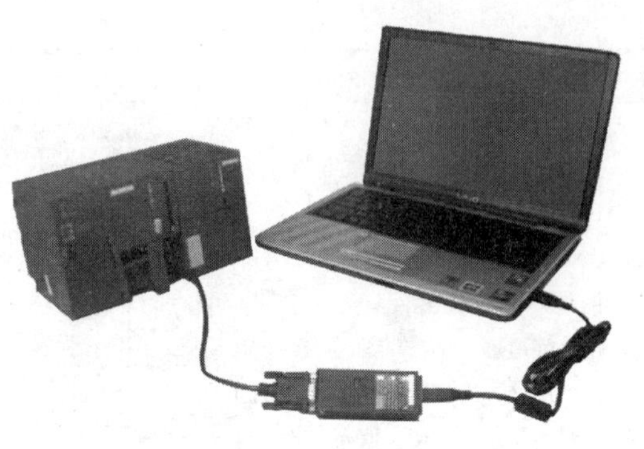

图 8-15　使用 USB/MPI 适配器连接计算机和 PLC

图 8-16　在 STEP 7 中进行通信设置

（4）建立在线连接

计算机与 PLC 硬件连接完成并进行通信设置后，接下来在 SIMATIC Manager 中对两者进行通信连接。在 SIMATIC Manager 窗口中执行菜单命令“视图”→“在线”，如图 8-17 所示，SIMATIC Manager 通过通信接口将计算机与 PLC 连接起来，在 SIMATIC Manager 中有两个项目窗口出现，一个是已存在的离线项目窗口，另一个是在线项目窗口。如果要断开 STEP 7 与 PLC 的连接，可执行菜单命令“视图”→“离线”。

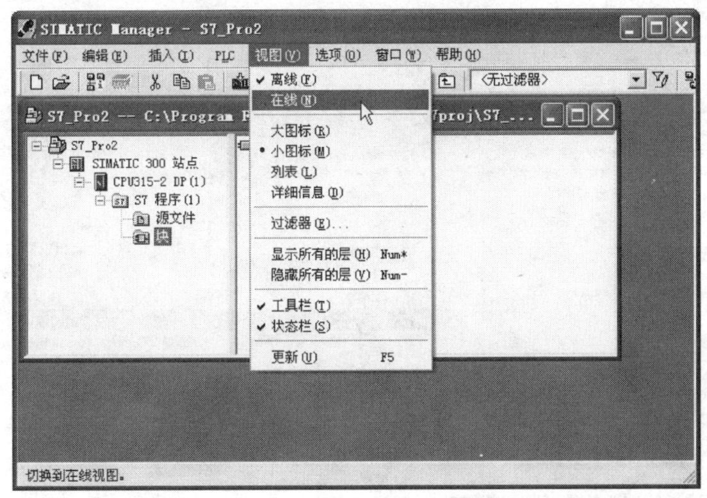

图 8-17　建立在线连接

2. 程序的下载与上传

(1) 程序的下载

1) 下载整个站点。如果要将整个 STEP 7 的某个 S7-300 站点内容（包括程序块 OB 和硬件组态信息等系统数据）下载到 CPU，应先选中项目窗口中的某站点，然后执行菜单命令“PLC”→“下载”，如图 8-18 所示，也可在某站点上单击鼠标右键，在弹出的右键菜单中选择“PLC”→“下载”，还可在选中某站点后直接单击工具栏上的工具，同样可以将所选站点的整个内容下载到 CPU 中。

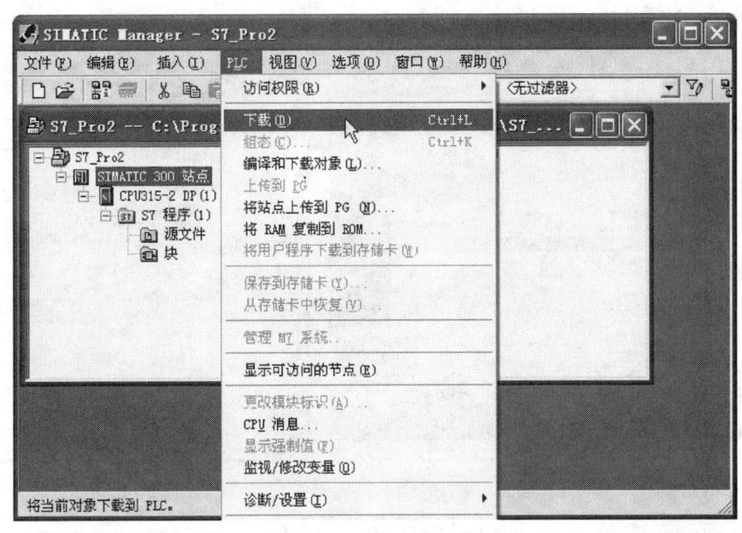

图 8-18　下载整个站点

2) 下载程序块。如果仅下载项目中的某个（或某些）程序块，可先选中该程序块，单击鼠标右键，在弹出的右键菜单中选择“PLC”→“下载”，如图 8-19 所示，即可将选中的程序块下载到 CPU 中，下载程序块也可以使用前面介绍的菜单命令或下载工具。

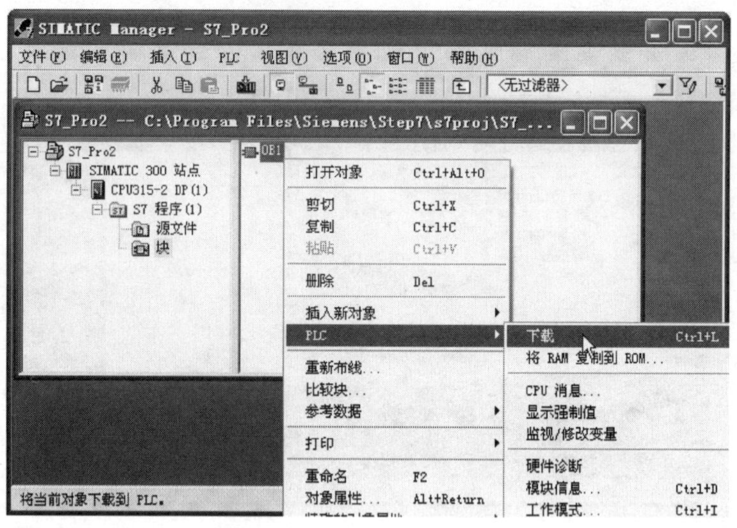

图 8-19　下载某个程序块

（2）程序的上传

如果要编辑某站点 CPU 中的程序，可以先将该 CPU 中的程序读入 STEP 7，然后进行编辑，再重新下载到 CPU。将 CPU 模块中的程序读入 STEP 7 的操作方法是，在 SIMATIC Manager 中执行菜单命令“PLC”→“将站点上传到 PG”，如图 8-20 所示，马上弹出“选择节点地址”对话框，选择目标站点为“本地”，单击“显示”按钮，与计算机连接的 CPU 信息将会在对话框中显示出来，选择 CPU 再确定后，就会将该 CPU 中的内容上传到 STEP 7 中，在 SIMATIC Manager 会自动插入一个站点名称，并且包含硬件组态和程序目录，选择该站点的硬件或程序，即可更改硬件组态或程序。

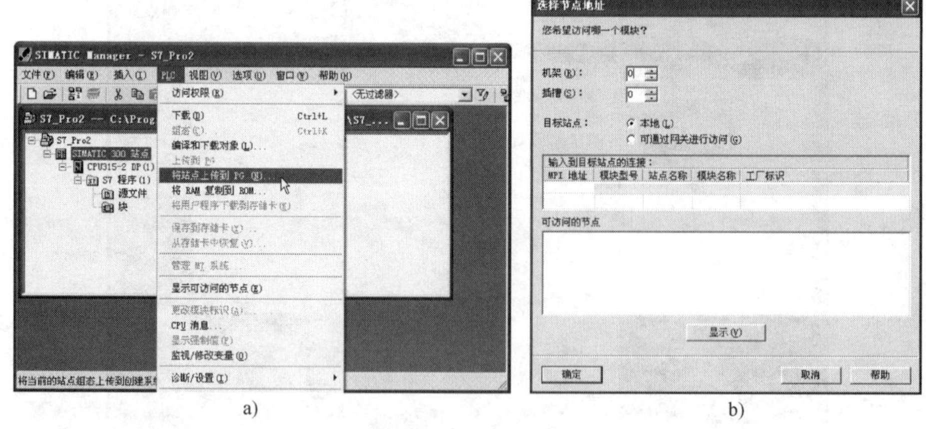

图 8-20　程序的上传

8.2　S7-PLCSIM 仿真组件的使用

在使用 STEP 7 编程时，为了了解程序的实际运行效果，最好的方法是组建一个真实的

S7-300/400 系列 PLC 硬件系统，再将编写的程序下载到 PLC 的 CPU 中，通过实际的硬件系统来查看程序的运行效果。但是 S7-300/400 硬件系统价格昂贵，对于普通学习者不具备这方面的条件，为此西门子公司专门开发了 S7-PLCSIM 仿真组件，该组件可模拟实际的 S7-300/400硬件系统。在仿真时，只要将 STEP 7 中编写的程序下载到该组件，在该组件窗口中可查看到程序运行效果。

8.2.1　S7-PLCSIM 的安装

S7-PLCSIM 不属于 STEP 7 软件的标准组件，在安装 STEP 7 软件时并不会安装该组件，要使用仿真功能，需要另外安装 S7-PLCSIM 组件。S7-PLCSIM 安装过程见表 8-6。

表 8-6　S7-PLCSIM 安装过程

序号	操作说明	操作图
1	打开 S7-PLCSIM 安装文件夹，找到其中的“Setup. exe”文件，双击该文件，弹出右图所示的对话框，选择安装语言为“中文（简体）”，确定后开始安装	 SIMATIC S7-PLCSIM - InstallShield Wizard 从下列选项中选择安装语言。 中文（简体） 确定(O)　取消
2	在右图中，单击“下一步”按钮	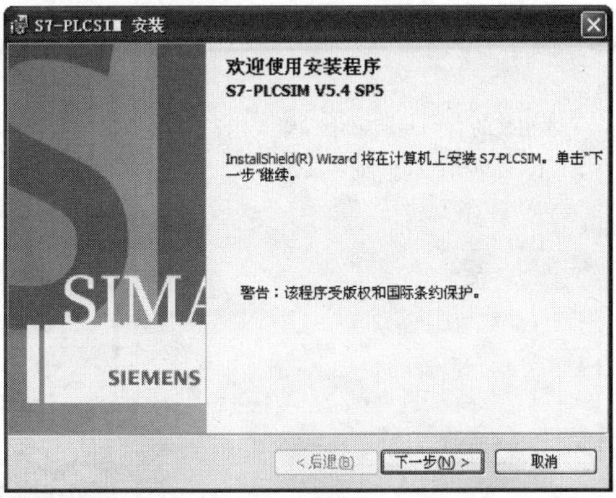 S7-PLCSIM 安装 欢迎使用安装程序 S7-PLCSIM V5.4 SP5 InstallShield(R) Wizard 将在计算机上安装 S7-PLCSIM。单击"下一步"继续。 警告：该程序受版权和国际条约保护。 SIMA SIEMENS < 后退(B)　下一步(N) >　取消
3	如果在安装过程中出现右图所示的对话框，必须重新启动计算机，然后再运行“Setup. exe”文件，重新开始安装 S7-PLCSIM	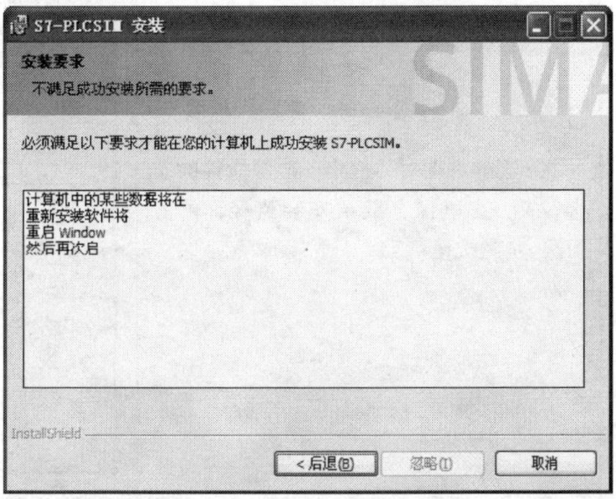 S7-PLCSIM 安装 安装要求 不满足成功安装所需的要求。 必须满足以下要求才能在您的计算机上成功安装 S7-PLCSIM。 计算机中的某些数据将在 重新安装软件将 重启 Window 然后再次启 InstallShield < 后退(B)　忽略(I)　取消

（续）

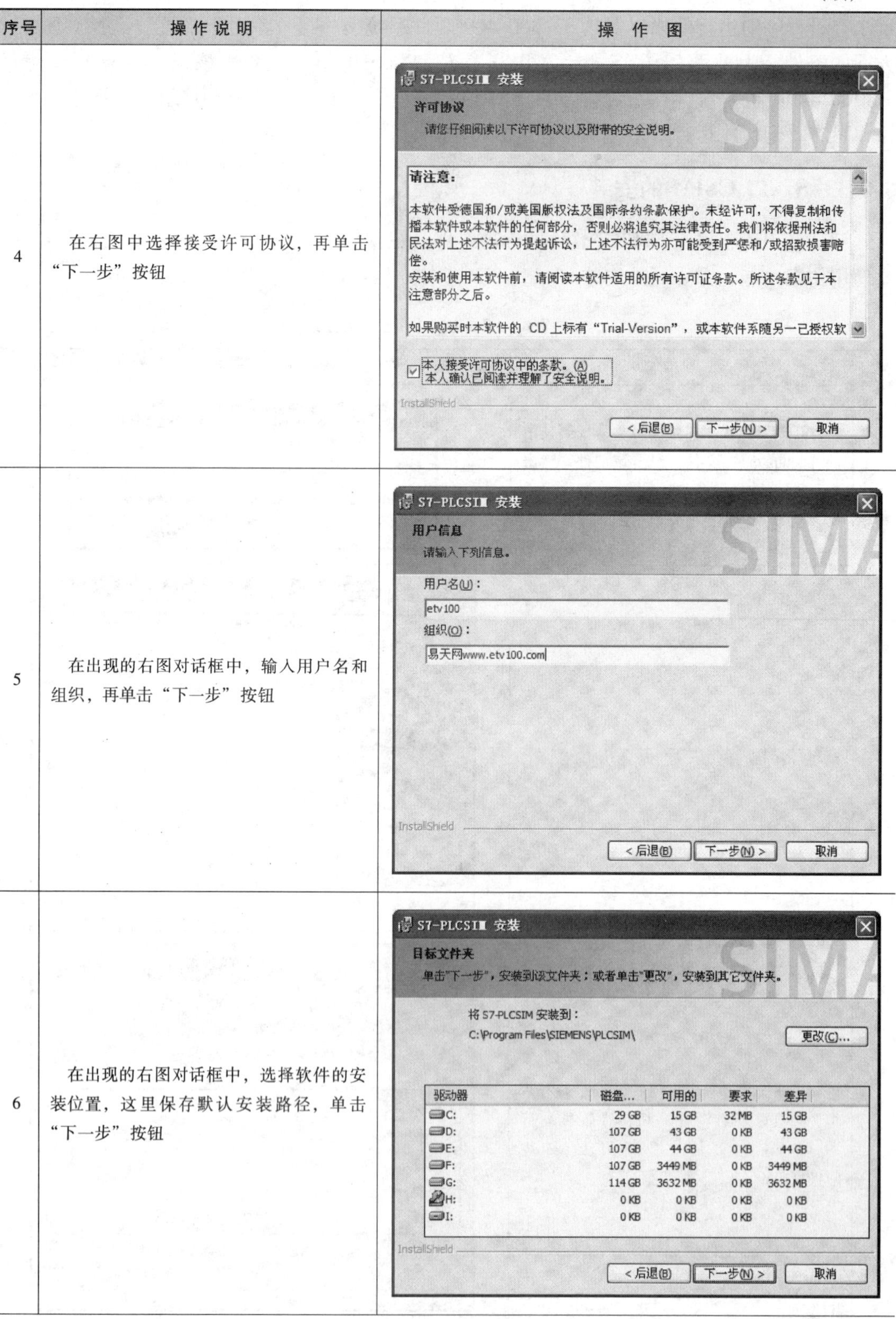

序号	操作说明	操作图
4	在右图中选择接受许可协议，再单击“下一步”按钮	
5	在出现的右图对话框中，输入用户名和组织，再单击“下一步”按钮	
6	在出现的右图对话框中，选择软件的安装位置，这里保存默认安装路径，单击“下一步”按钮	

（续）

序号	操作说明	操作图
7	在出现的右图对话框中，显示前面选择或输入的信息，如果确认无误，单击“安装”按钮，即正式开始安装 S7-PLCSIM	
8	右图所示的对话框显示安装进程	
9	右图对话框提示 S7-PLCSIM 安装完成，单击“完成”按钮，即完成 S7-PLCSIM 的安装	

8.2.2　S7-PLCSIM 的启动及常用对象

1. S7-PLCSIM 的启动

S7-PLCSIM 是 STEP 7 软件的一个组件，需要先打开 SIMATIC Manager，再来启动 S7-PLCSIM。启动 S7-PLCSIM 操作方法是，在 SIMATIC Manager 中执行菜单命令“选项”→“模块仿真”，如图 8-21a 所示，或者单击工具栏上的工具，即可启动 S7-PLCSIM 组件，如图 8-21b 所示。

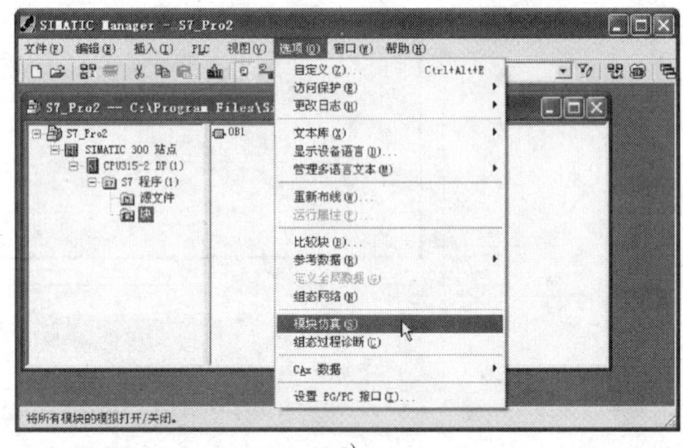

a)

b)

图 8-21　启动 S7-PLCSIM

2. S7-PLCSIM 的常用对象

S7-PLCSIM 组件首次启动后，在窗口中只会出现一个 CPU 对象框，如图 8-21b 所示，它上面有 5 个指示灯（SF、DP、DC、RUN、STOP）、3 个运行模式选择项（RUN-P、RUN、STOP）和一个存储器复位按钮（MRES），依次单击工具栏上的、、、、工具，可依次调出输入继电器（IB）、输出继电器（QB）、辅助继电器（MB）、定时器（T）和计数器（C）对象框，如图 8-22 所示，另外，如果依次执行“插入”菜单下的“输入变量”“输出变量”“位存储器”“定时器”“计数器”命令，也可调出这些常用的对象框，如果单击某工具多次，可以调出多个同类对象框。

8.2.3　仿真程序

S7-PLCSIM 是 STEP 7 的一个仿真组件，在仿真时可以将它当成是一个 S7-300/400 硬件系统。使用 S7-PLCSIM 仿真程序的基本过程是，将编写好的程序下载到 S7-PLCSIM，

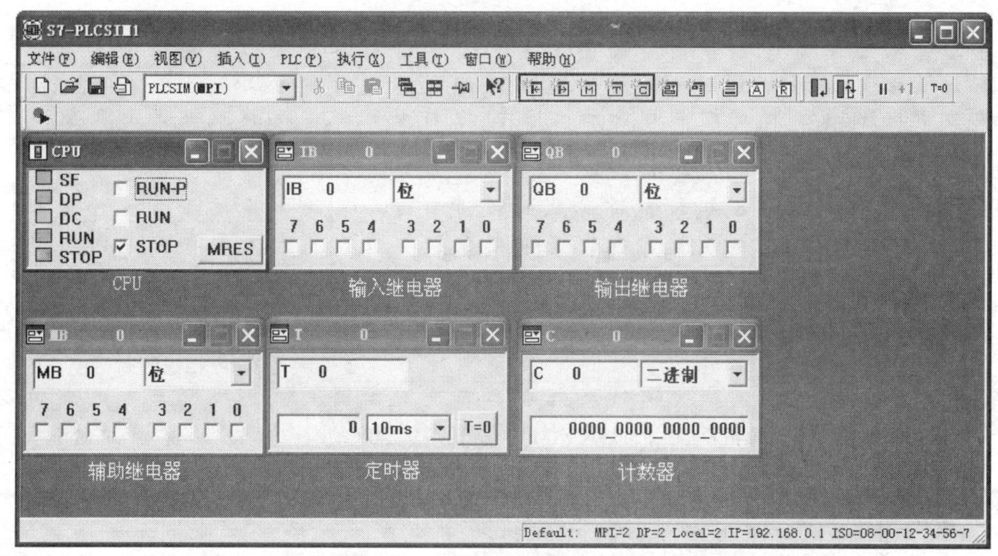

图 8-22　S7-PLCSIM 的常用对象

然后在 S7-PLCSIM 中给程序一定的输入条件（如将某输入继电器置 1），再查看在该输入条件下，程序运行后的输出结果（如输出继电器的状态），从而判断程序是否符合要求。

下面以仿真图 8-23 所示的 OB1 程序为例来说明使用 S7-PLCSIM 仿真程序的操作方法。

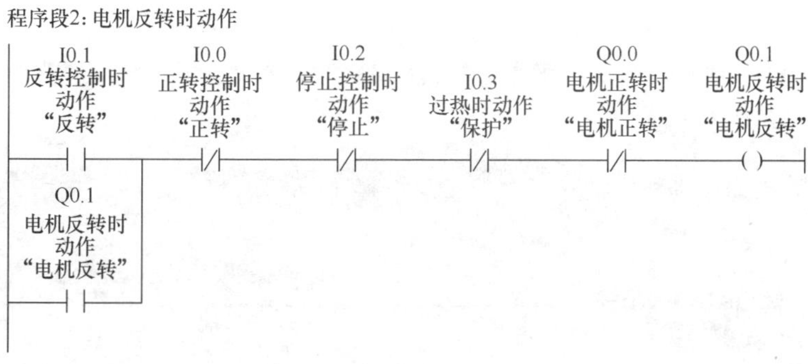

图 8-23　待仿真的 OB1 程序

1. 下载程序

要在 S7-PLCSIM 中仿真程序，须先启动 S7-PLCSIM，再将程序下载到 S7-PLCSIM 中。下载程序的操作方法是，在 SIMATIC Manager 窗口中选中要仿真的 OB1 程序，单击鼠标右键，在弹出的菜单中选择“PLC”→“下载”，即可将选中的 OB1 程序下载到 S7-PLCSIM，如果下载程序前没有启动 S7-PLCSIM，将会出现图 8-24 所示对话框，确定后关闭该对话框，启动 S7-PLCSIM 后再重新下载 OB1 程序。

图 8-24　未启动 S7-PLCSIM 时下载程序弹出的对话框

2. 仿真程序

在 S7-PLCSIM 中仿真 OB1 程序的操作过程见表 8-7。

表 8-7　在 S7-PLCSIM 中仿真 OB1 程序的操作过程

序号	操作说明	操作图
1	程序下载到 S7-PLCSIM 后，切换到 S7-PLCSIM 窗口，由于 OB1 程序中只用到输入继电器和输出继电器，故在 S7-PLCSIM 窗口中只打开这两种继电器对象框，如右图所示 对象框中的继电器编号可以更改，比如将 IB0 改为 IB1，回车后更改生效	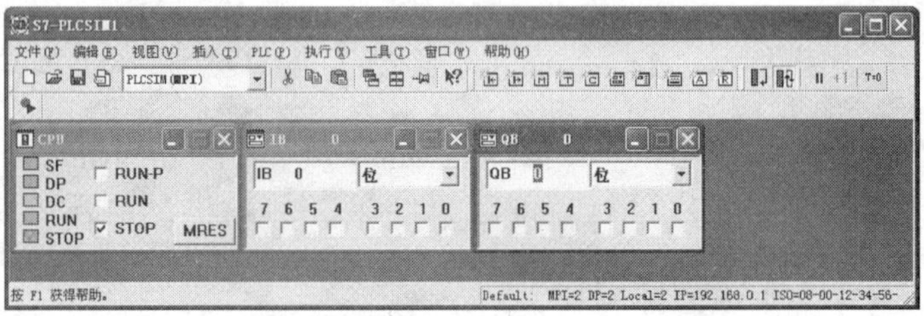
2	在 IB0 对象框内将 I0.0 置 1（即将位 0 选中），相当于让 OB1 程序中的 I0.0 常开触点闭合，然后在 CPU 对象框中将运行模式由 STOP 切换到 RUN，会发现 QB0 对象框中的 Q0.0 状态马上变为 1，相当于 Q0.0 线圈得电，如右图所示 在 OB1 程序中，当 I0.0 常开触点闭合时，Q0.0 线圈得电，仿真结果与程序分析结果一致	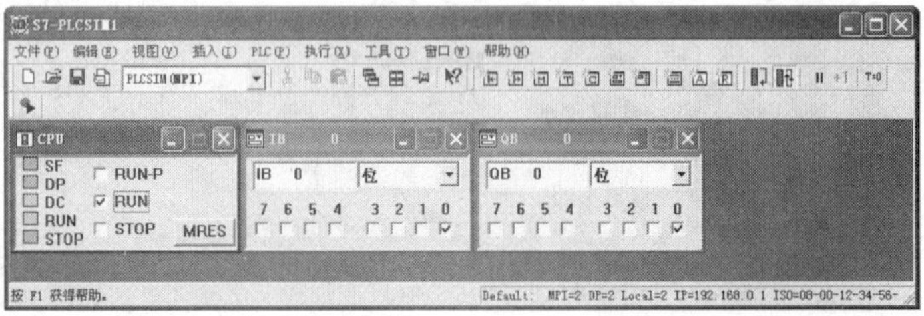
3	将 IB0 对象框中的 I0.0 置 0，相当于让 I0.0 常开触点断开，会发现 QB0 对象框中的 Q0.0 状态仍为 1，说明 Q0.0 具有自锁功能，如右图所示 在 OB1 程序中，I0.0 常开触点闭合时，Q0.0 线圈得电，Q0.0 常开自锁触点闭合，当 I0.0 触点由闭合转为断开时，由于 Q0.0 自锁触点处于闭合，故 Q0.0 线圈仍得电，仿真结果与程序分析结果一致	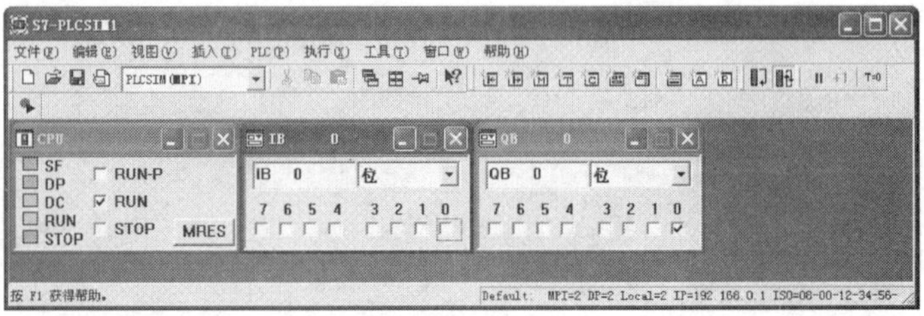

（续）

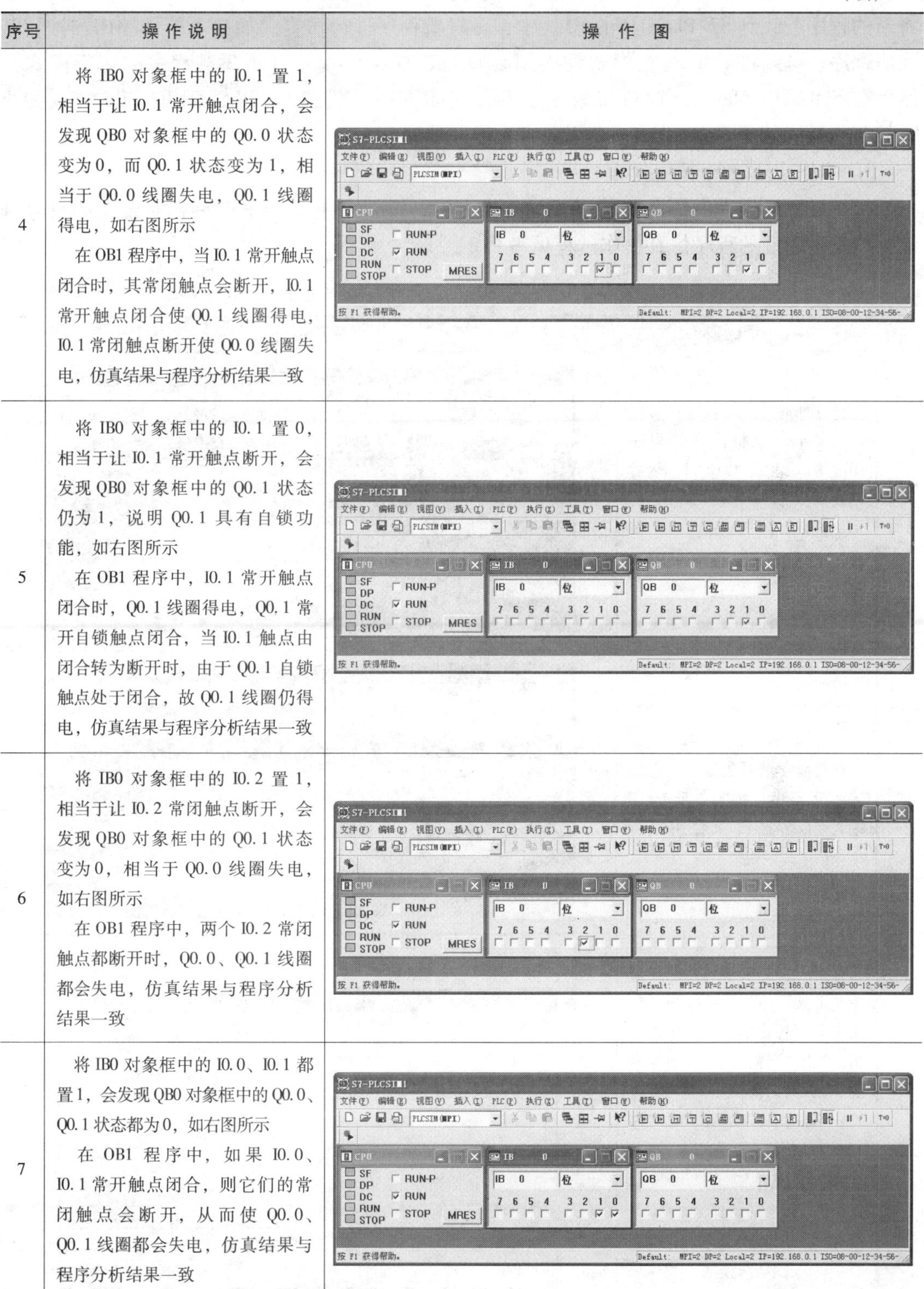

序号	操作说明	操作图
4	将 IB0 对象框中的 I0.1 置 1，相当于让 I0.1 常开触点闭合，会发现 QB0 对象框中的 Q0.0 状态变为 0，而 Q0.1 状态变为 1，相当于 Q0.0 线圈失电，Q0.1 线圈得电，如右图所示 在 OB1 程序中，当 I0.1 常开触点闭合时，其常闭触点会断开，I0.1 常开触点闭合使 Q0.1 线圈得电，I0.1 常闭触点断开使 Q0.0 线圈失电，仿真结果与程序分析结果一致	
5	将 IB0 对象框中的 I0.1 置 0，相当于让 I0.1 常开触点断开，会发现 QB0 对象框中的 Q0.1 状态仍为 1，说明 Q0.1 具有自锁功能，如右图所示 在 OB1 程序中，I0.1 常开触点闭合时，Q0.1 线圈得电，Q0.1 常开自锁触点闭合，当 I0.1 触点由闭合转为断开时，由于 Q0.1 自锁触点处于闭合，故 Q0.1 线圈仍得电，仿真结果与程序分析结果一致	
6	将 IB0 对象框中的 I0.2 置 1，相当于让 I0.2 常闭触点断开，会发现 QB0 对象框中的 Q0.1 状态变为 0，相当于 Q0.0 线圈失电，如右图所示 在 OB1 程序中，两个 I0.2 常闭触点都断开时，Q0.0、Q0.1 线圈都会失电，仿真结果与程序分析结果一致	
7	将 IB0 对象框中的 I0.0、I0.1 都置 1，会发现 QB0 对象框中的 Q0.0、Q0.1 状态都为 0，如右图所示 在 OB1 程序中，如果 I0.0、I0.1 常开触点闭合，则它们的常闭触点会断开，从而使 Q0.0、Q0.1 线圈都会失电，仿真结果与程序分析结果一致	

如果仿真完一个程序后需要再仿真另一个程序，可单击 CPU 对象框中 MRES（存储器

复位）按钮，则下载到 S7-PLCSIM 中的程序会被清除，然后切换到 SIMATIC Manager 窗口，将新的程序下载到 S7-PLCSIM 的 CPU 中，再对新程序进行仿真。如果不使用 MRES 按钮清除旧程序，可以将 CPU 运行模式切换到 STOP 或 RUN-P 模式（可下载程序的运行模式），然后在 SIMATIC Manager 窗口将新程序以覆盖的方式下载到 S7-PLCSIM 的 CPU 中，如果 CPU 工作模式处于 RUN 模式，新程序将无法下载到 S7-PLCSIM。

3. 带符号地址的程序仿真

带符号地址的程序仿真比较直观，在仿真时，变量对象框会出现编程时定义的符号地址。带符号地址的程序仿真操作过程见表 8-8。

表 8-8　带符号地址的程序仿真操作过程

序号	操作说明	操作图
1	在进行带符号地址程序仿真时，同样先要将仿真的程序 OB1 下载到 S7-PLCSIM，然后切换到 S7-PLCSIM，单击工具栏上的（插入垂直位）两次，插入两个垂直变量对象框，如右图所示	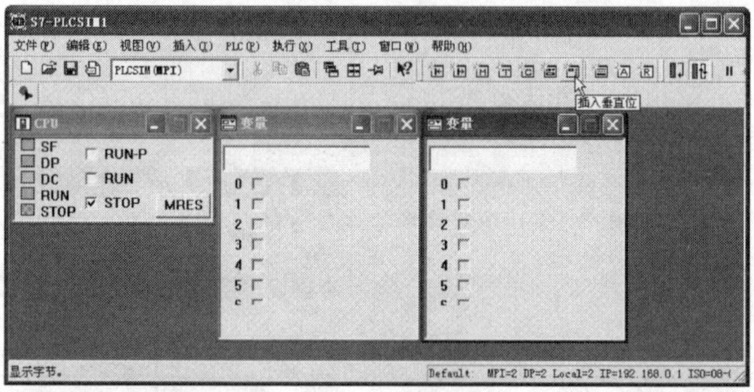
2	在两个变量对象框中分别输入变量名 IB0、QB0，回车后，输入变量名生效，如右图所示	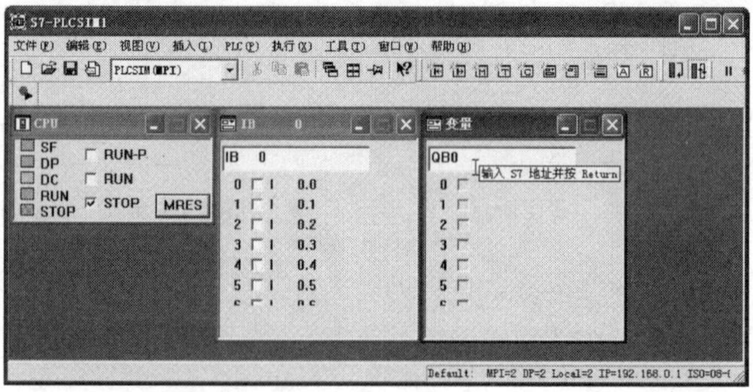
3	在 S7-PLCSIM 中执行菜单命令"工具"→"选项"→"连接符号"，弹出右图 a 所示对话框，单击"浏览"按钮，弹出右图 b 所示对话框，从中选择程序符号所在的项目，由于 OB1 程序和定义的符号地址都在 S7_Pro2 项目中，故选中 S7_Pro2，确定后返回到上一个对话框，如右图 c 所示，展开 S7_Pro2 项目，找到"符号"，选中后确定，即将符号表中定义的符号地址与程序中的元件连接对应起来	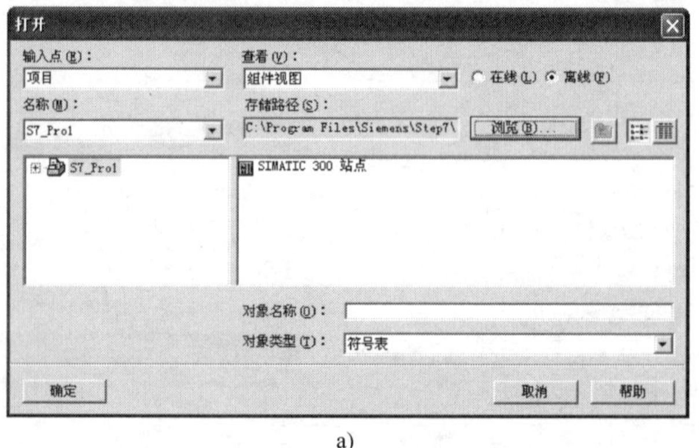 a)

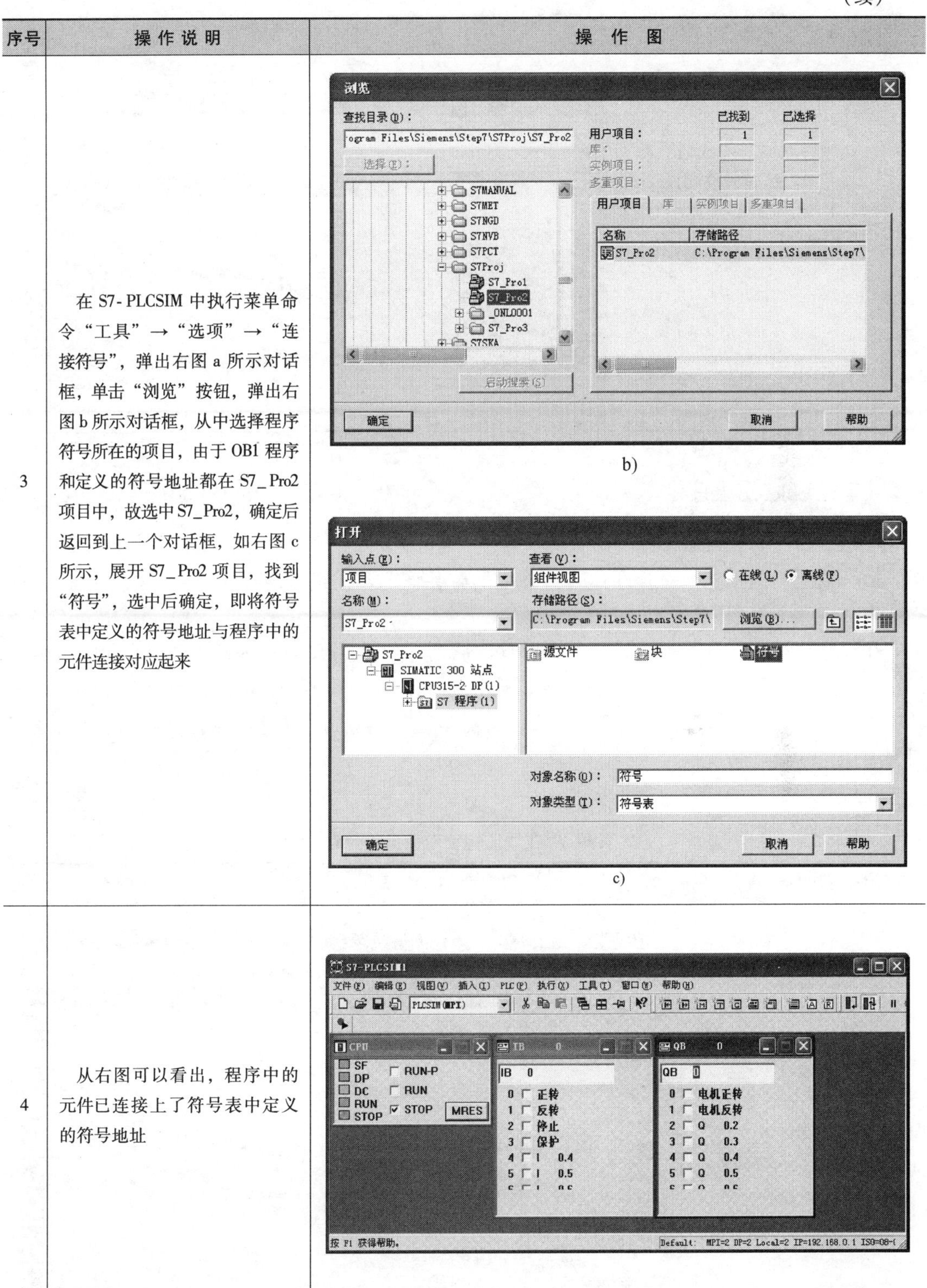

（续）

序号	操 作 说 明	操　作　图
3	在 S7-PLCSIM 中执行菜单命令“工具”→“选项”→“连接符号”，弹出右图 a 所示对话框，单击“浏览”按钮，弹出右图 b 所示对话框，从中选择程序符号所在的项目，由于 OB1 程序和定义的符号地址都在 S7_Pro2 项目中，故选中 S7_Pro2，确定后返回到上一个对话框，如右图 c 所示，展开 S7_Pro2 项目，找到“符号”，选中后确定，即将符号表中定义的符号地址与程序中的元件连接对应起来	b) c)
4	从右图可以看出，程序中的元件已连接上了符号表中定义的符号地址	

（续）

序号	操作说明	操 作 图
5	将 CPU 的工作模式切换到 RUN 模式，然后在 IB0 对象框中将 I0.0（正转）置 1，会发现 QB0 对象框中的 Q0.0（电机正转）状态马上变为 1，仿真结果与程序分析结果一致 其他情况可自行仿真	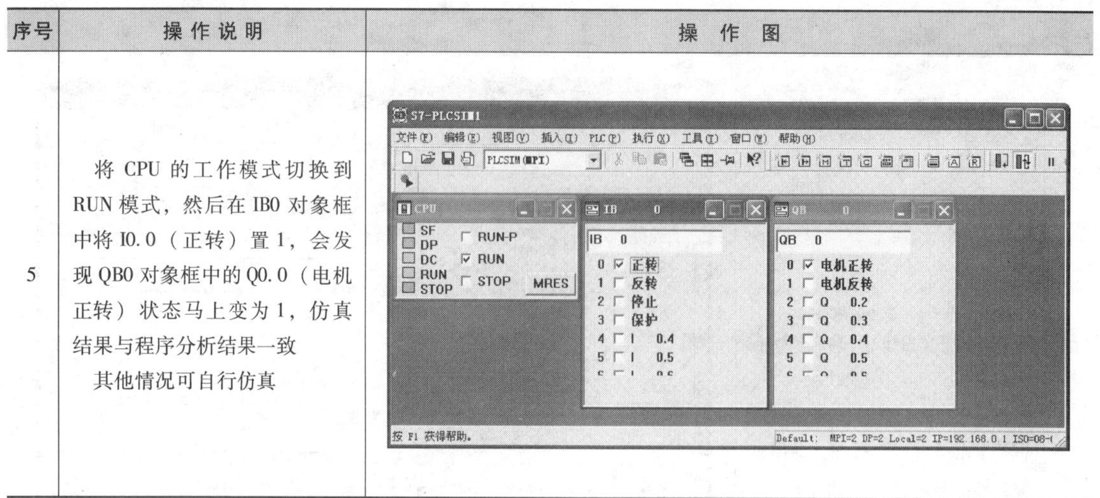

8.2.4 在线监视程序

在仿真程序时，可以了解在设定输入条件下程序运行的输出结果，即仿真程序只能了解程序运行结果，而不能了解程序运行过程中的有关情况。在线监视程序不但可以了解程序运行结果，还能了解程序运行过程情况。

在线监视程序的基本过程是，打开程序，将程序下载到 S7-PLCSIM，在程序编辑器中执行监视命令，让程序编辑器与 S7-PLCSIM 模拟的 PLC 建立联系通道，然后在 S7-PLCSIM 中设定输入条件，除了在 S7-PLCSIM 可以看到程序运行结果外，在程序编辑器中还可以观察到程序运行的过程情况。

在线监视程序的操作过程见表 8-9。

表 8-9 在线监视程序的操作过程

序号	操作说明	操 作 图
1	在线监视程序时，先打开 S7-PLCSIM，并将 CPU 的工作模式切换到 RUN-P 模式，再打开要监视的 OB1 程序，如右图所示，然后单击工具栏上的（下载）工具，将当前的 OB1 程序下载到 S7-PLCSIM	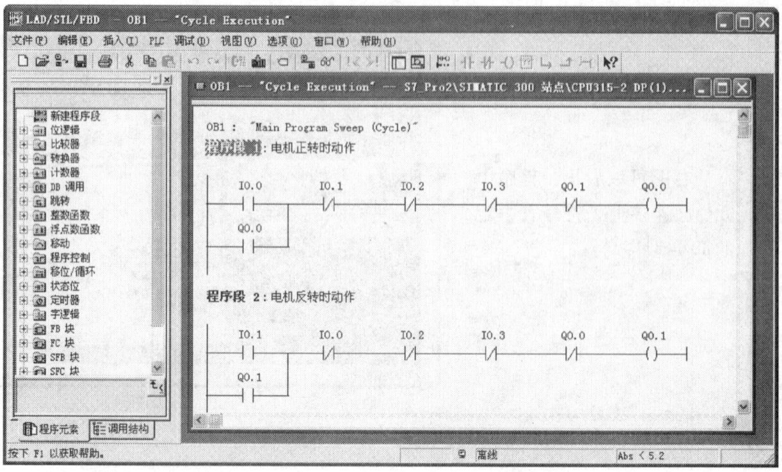

（续）

序号	操 作 说 明	操　作　图
2	在程序编辑器中单击工具栏上的（监视）工具，如右图所示，程序编辑器马上进入在线监视状态，标题栏背景颜色发生变化，同时窗口下方状态栏上的“离线”变为“RUN”，另外梯形图中的部分实线变为虚线，表示该线无能流通过，常闭触点变为绿色	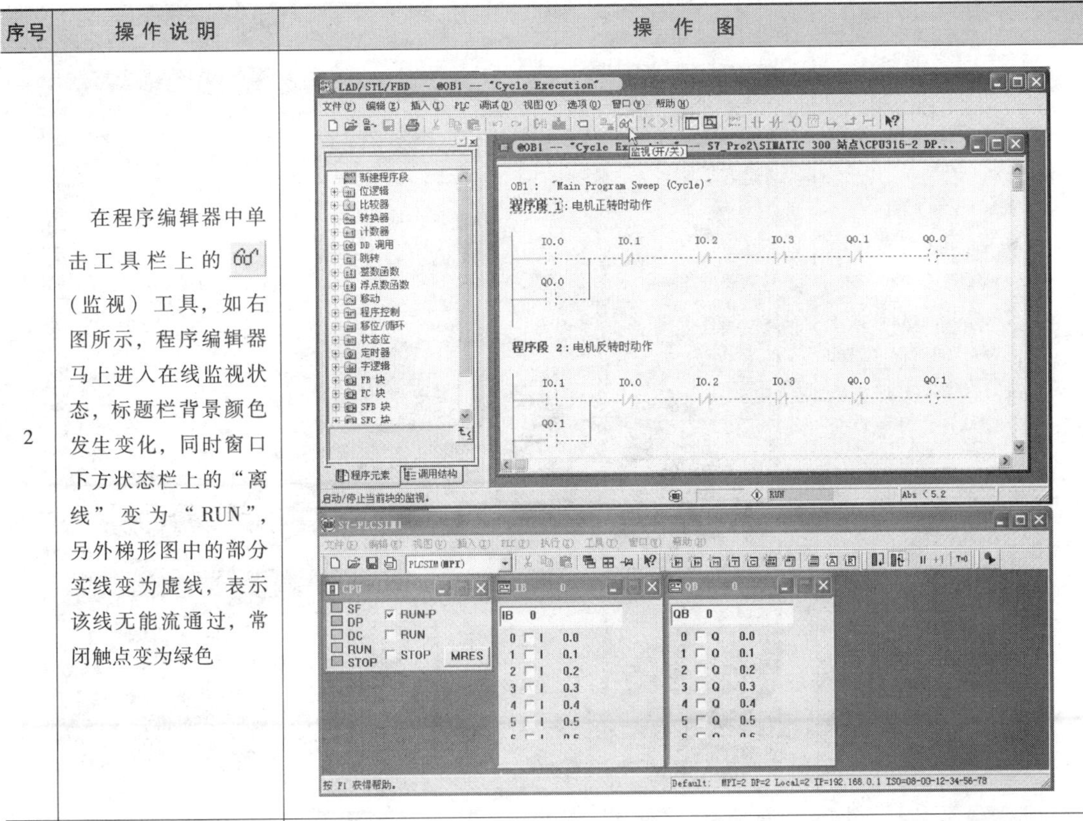
3	在 S7-PLCSIM 窗口中，将 IB0 对象框中的 I0.0 状态置 1，QB0 对象框中的 Q0.0 状态马上变为 1，同时程序编辑器的程序段 1 梯形图中的虚线变为绿色实线，常开触点和线圈都变为绿色，表示有能流流过它们，如右图所示	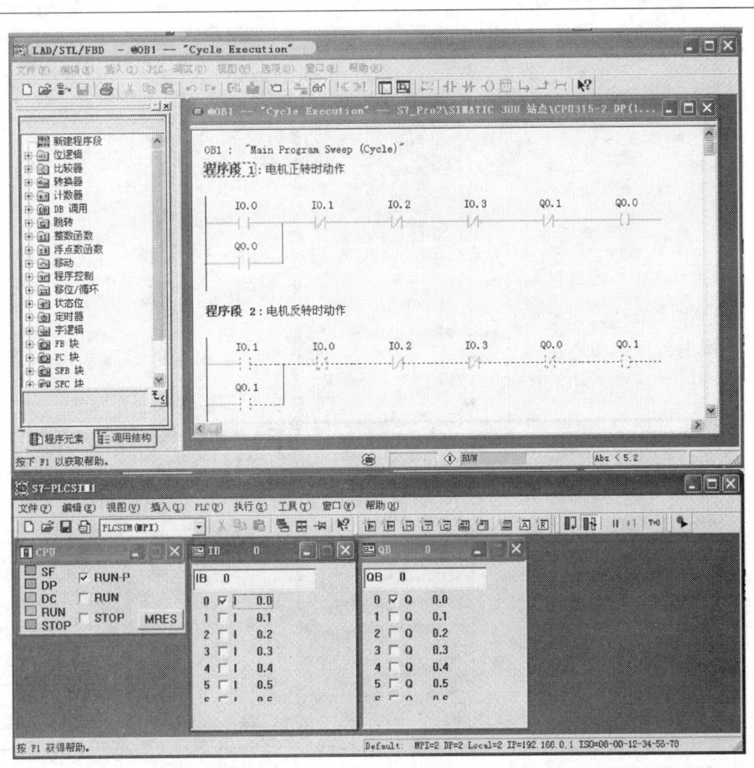

（续）

<table>
<tr><th>序号</th><th>操作说明</th><th>操作图</th></tr>
<tr><td rowspan="2">4</td><td>在S7-PLCSIM窗口中，将IB0对象框中的I0.0状态置0，QB0对象框中的Q0.0状态仍为1，同时程序编辑器的程序段1梯形图中的I0.0常开触点变为虚线（表示断开），由于Q0.0常开触点仍为绿色（表示闭合），故Q0.0线圈仍为绿色（有能流通过），如右图所示</td><td>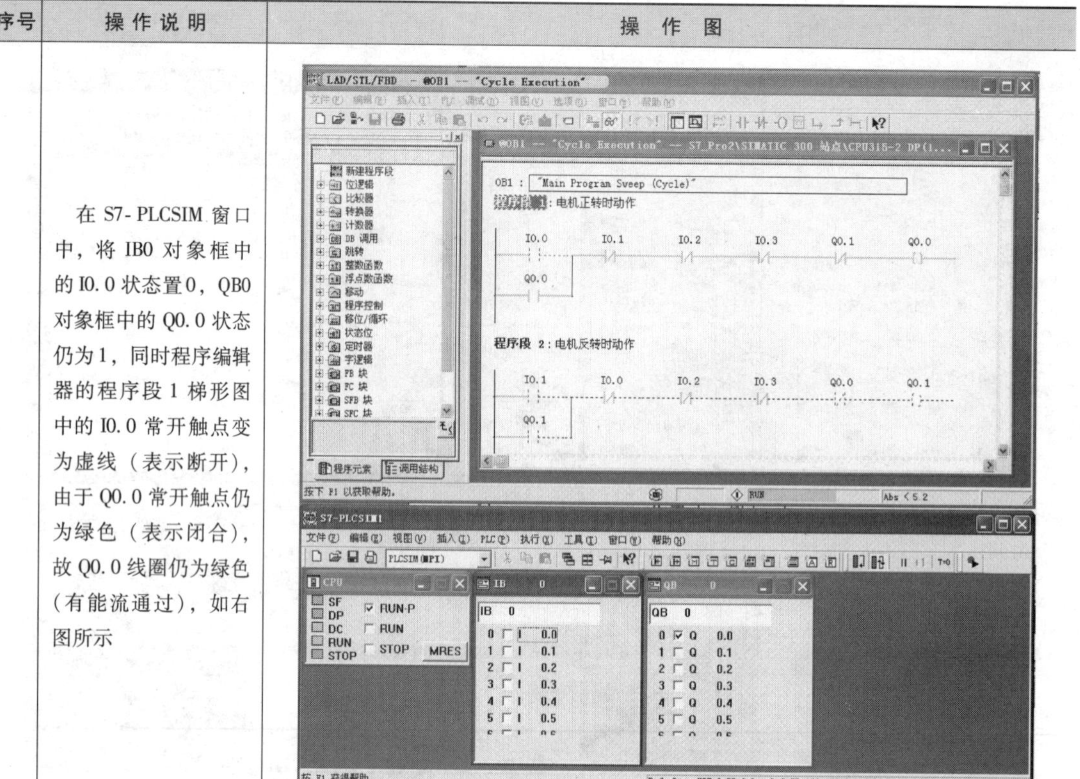</td></tr>
<tr><td>在S7-PLCSIM窗口中，将I0.1状态置1，Q0.1状态马上变为1，同时程序编辑器的程序段2梯形图中的虚线变为绿色实线，常开触点和线圈都变为绿色，表示有能流流过它们，如右图所示</td><td>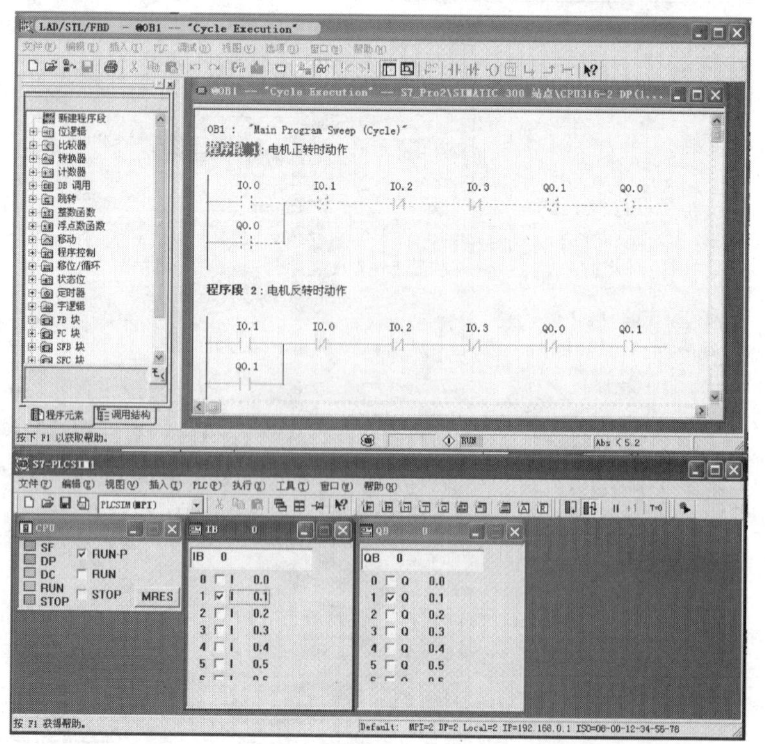</td></tr>
</table>

（续）

序号	操作说明	操作图
5	如果在程序编辑器中选中程序段2，则程序段 1 的梯形图变成非监视状态，在 S7-PLCSIM 中将 I0.0 状态置 1，Q0.0 状态马上变为1，但程序编辑器的程序段 1 梯形图中的线、触点和线圈均无变化 也就是说，选中某程序段时，只能监视该程序段后面的程序，该程序段之前的程序不可监视	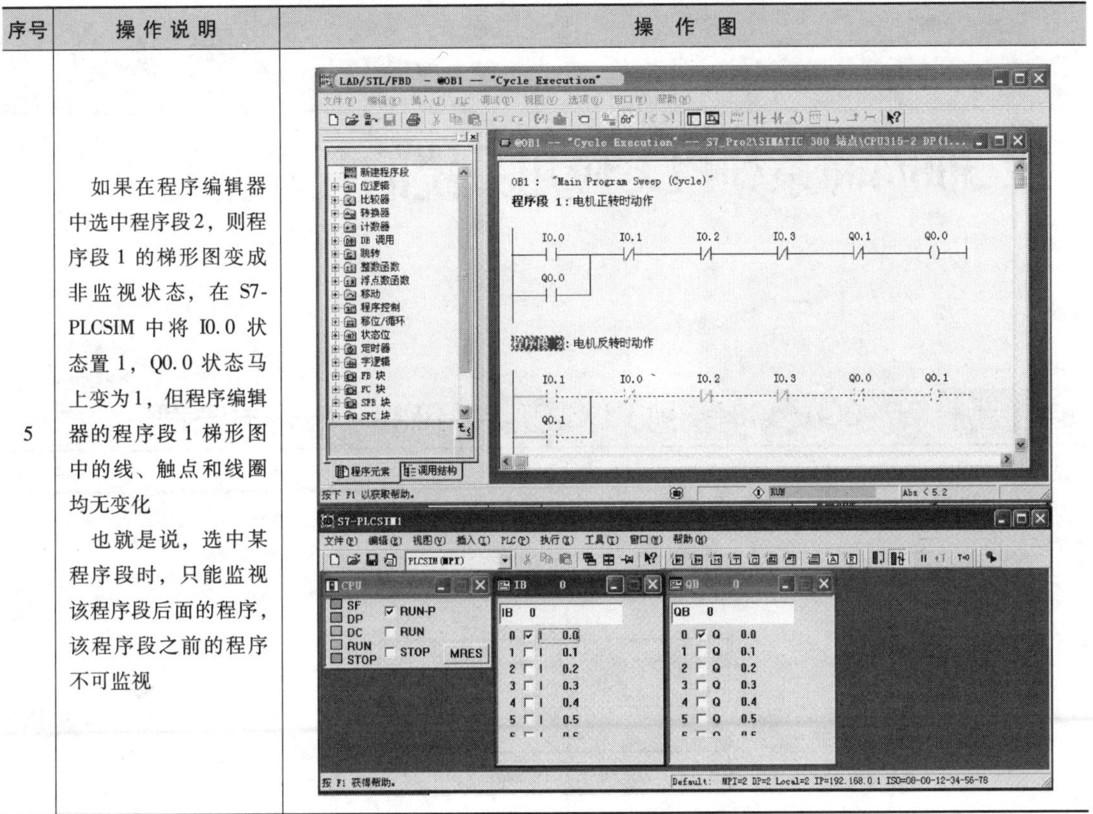

第9章 S7-300/400系列PLC应用系统的开发流程及举例

9.1 S7-300/400 系列 PLC 应用系统的一般开发流程

S7-300/400 系列 PLC 应用系统的一般开发流程如图 9-1 所示。

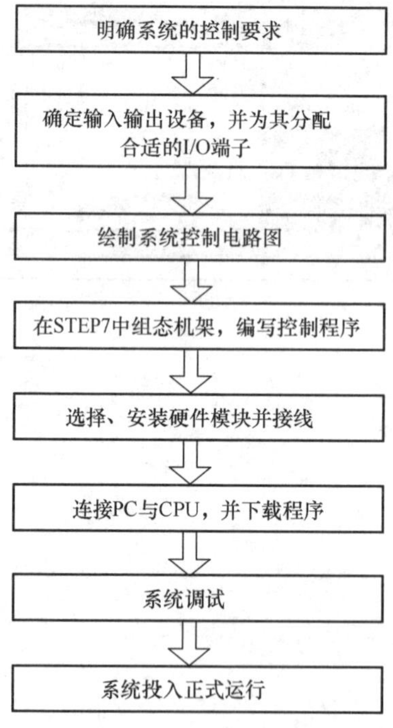

图 9-1　S7-300/400 系列 PLC 应用系统的一般开发流程

9.2 S7-300/400 系列 PLC 应用系统的开发举例

S7-300 和 S7-400 应用系统开发过程基本相同，下面以开发一个电动机正反转控制的 S7-300 系列 PLC 应用系统为例进行说明。

9.2.1　明确系统的控制要求

系统的控制要求如下：

1）采用 3 个按钮分别控制电动机连续正转、反转和停转。

2）采用热继电器对电动机进行过载保护。

3）具有软、硬件正反转联锁功能。

9.2.2　确定输入/输出设备，并为其分配合适的 I/O 端子

表 9-1 列出了系统要用到的输入/输出设备及对应的 I/O 端子。

表 9-1　系统用到的输入/输出设备及对应的 I/O 端子

输入			输出		
输入设备	对应 PLC 端子	功能说明	输出设备	对应 PLC 端子	功能说明
SB2	I0.0	正转控制	KM1 线圈	Q0.0	驱动电动机正转
SB3	I0.1	反转控制	KM2 线圈	Q0.1	驱动电动机反转
SB1	I0.2	停转控制			
FR 常开触点	I0.3	过载保护			

9.2.3　绘制系统控制电路图

由于 S7-300/400 系列 PLC 属于模块式结构，组建应用系统要使用多个模块，在绘制系统控制电路图，可不使用具体的模块，但要将一些关键部分（如输入端子、输出端子及电源类型）表示出来。图 9-2 为 S7-300 系列 PLC 控制电动机正、反转的电路图，图中的 S7-300系列 PLC 相当于电源模块、CPU 模块、数字量输入模块和输出模块的组合体。

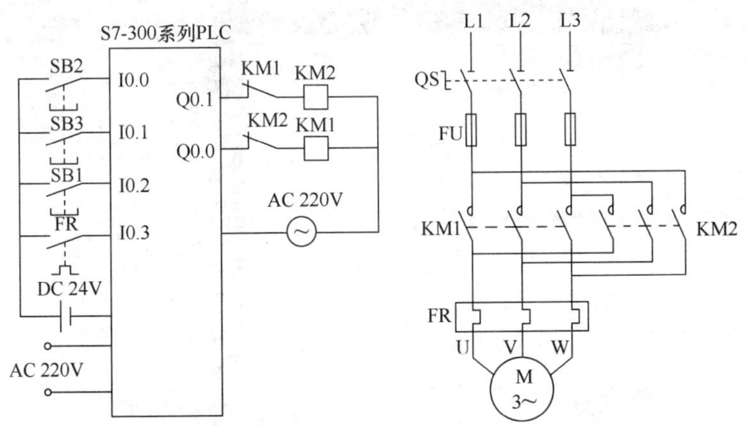

图 9-2　S7-300 系列 PLC 控制电动机正、反转的电路图

9.2.4　在 STEP 7 中组态机架并编写控制程序

1. 新建项目

在计算机中启动 SIMATIC Manager，利用“新建项目”向导建立一个“电动机正反转控

制”项目，如图 9-3 所示。

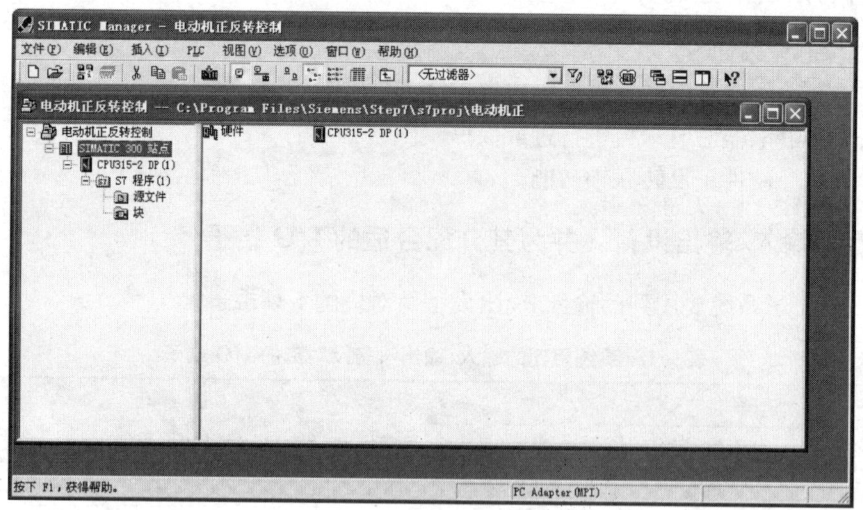

图 9-3　建立一个“电动机正反转控制”项目

2. 组态（配置）机架

在 SIMATIC Manager 的“电动机正反转控制”项目窗口的左方单击“SIMATIC 300 站点”，再双击右方的“硬件”，启动硬件组态工具“HW Config”，选择合适模块配置一个电动机正反转控制的 S7-300 机架，组态的 S7-300 机架如图 9-4 所示，保存后关闭 HW Config 工具。

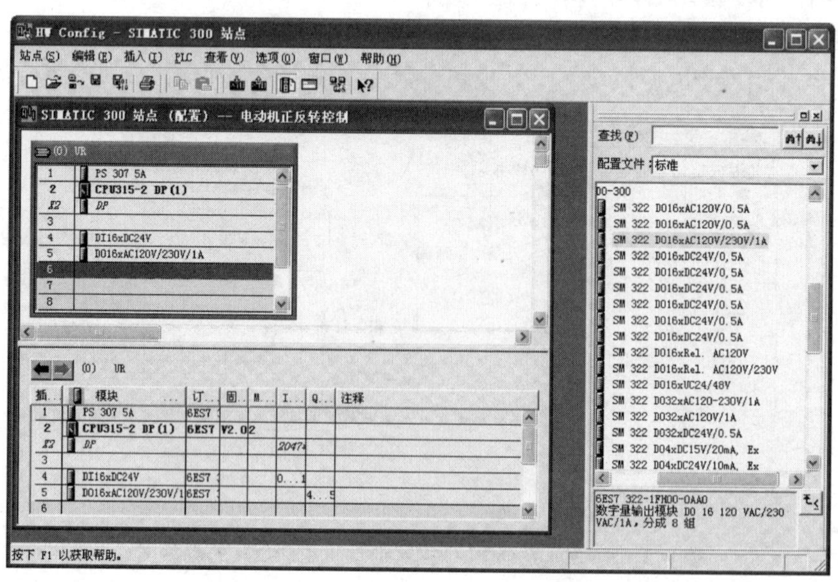

图 9-4　在 HW Config 中组态的 S7-300 机架

3. 编写控制程序

在 SIMATIC Manager 的“电动机正反转控制”项目窗口中双击 OB1 启动程序编辑器，

编写电动机正反转控制程序，编写完成的程序如图 9-5 所示。

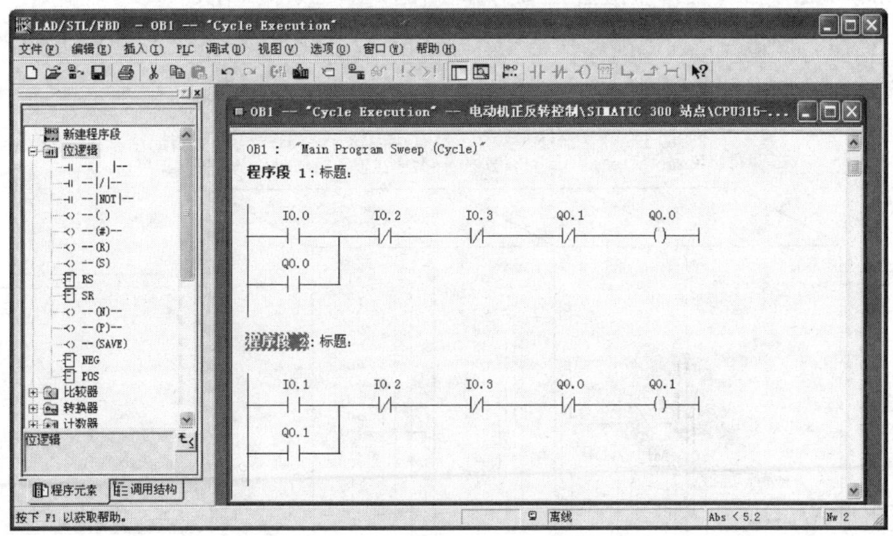

图 9-5　编写完成的电动机正反转控制程序

9.2.5　选择安装硬件模块并接线

1. 选择安装模块

前面在 HW Config 中已经配置了机架上的模块，HW Config 中配置的硬件模块有：①PS307 5A（电源模块）；②CPU315-2-DP（CPU 模块）；③SM321 DI16×DC 24V（数字量输入模块）；④SM322 DO16×AC120/230V/1A（数字量输出模块）。实际选用的硬件模块型号应与 HW Config 中配置的硬件模块型号相同。

将已选好后电源模块、CPU 模块、数字量输入模块和数字量输出模块安装在机架上，安装所需模块的 S7-300 机架如图 9-6 所示，在机架上安装模块的具体操作方法见 7.1.2 节。

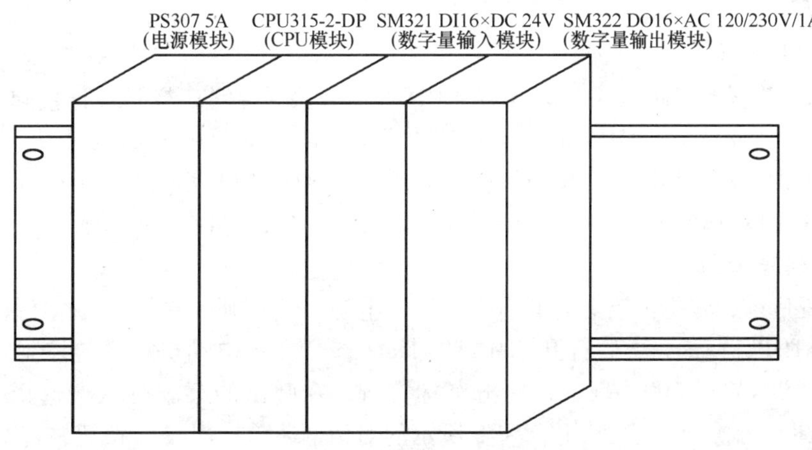

图 9-6　安装所需模块的 S7-300 机架

2. 模块接线

S7-300 机架上的模块接线主要包括电源模块接线、输入模块接线、输出模块接线，在接线时，需要打开模块接线端的保护盖。电动机正反转控制的 S7-300 机架模块接线如图 9-7 所示，主电路的接线可参照图 9-2。

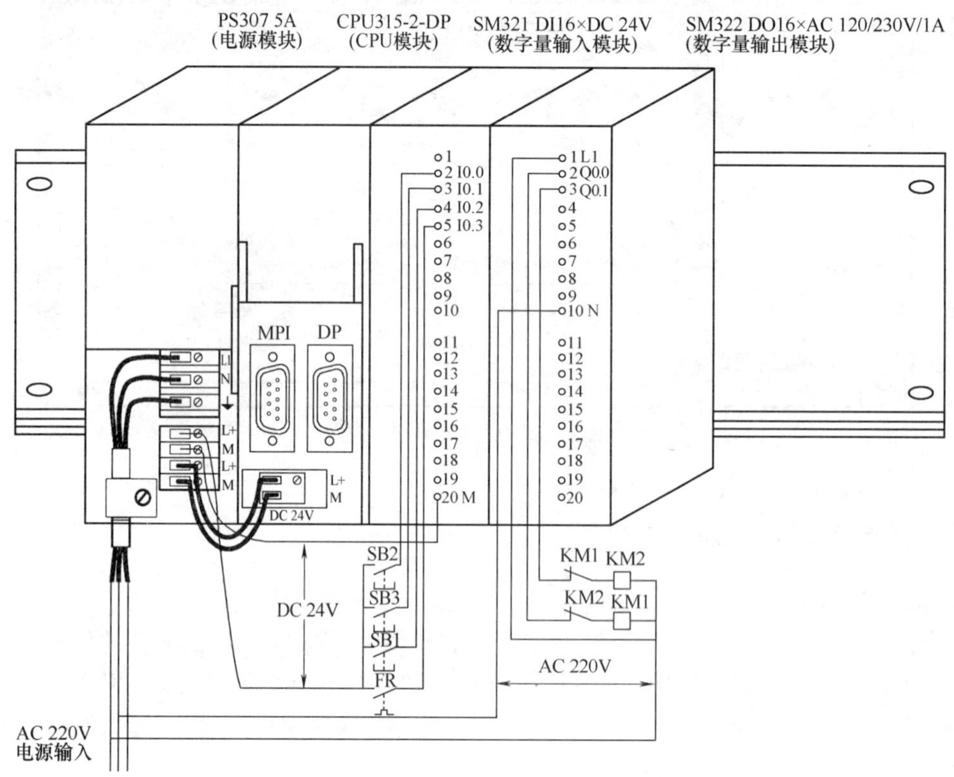

图 9-7 电动机正反转控制的 S7-300 机架模块接线

9.2.6 连接 PC 与 PLC 并下载程序

1. 连接 PC 与 PLC

PC 与 PLC 连接有三种方式，这里采用 USB/MPI 适配器将 PC 与 PLC 连接起来，在连接前，需要在 PC 中安装 USB/MPI 适配器配带的驱动程序，然后在 STEP 7 中进行通信设置，将通信接口设为 USB，具体设置操作如图 8-16 所示，通信设置完成后，用 USB/MPI 适配器将 PC 的 USB 接口与 PLC 的 CPU 模块的 MPI 接口连接起来，如图 9-8 所示。

2. 下载程序

在下载程序前，先将机架上的 PS307 模块的电源开关打开，并将 CPU 模块的工作模式开关置于“STOP”模式，然后打开 SIMATIC Manager，在“电动机正反转控制”项目窗口的左方选中“SIMATIC 300 站点”，单击鼠标右键，在弹出的菜单中依次选择“PLC”→“下载”，如图 9-9a 所示，会弹出图 9-9b 所示的对话框，单击“是”按钮，将 CPU 模块中原数据删除，并将当前选中站点的数据（包含机架配置信息和编写的程序等内容）下载到 CPU 模块中。

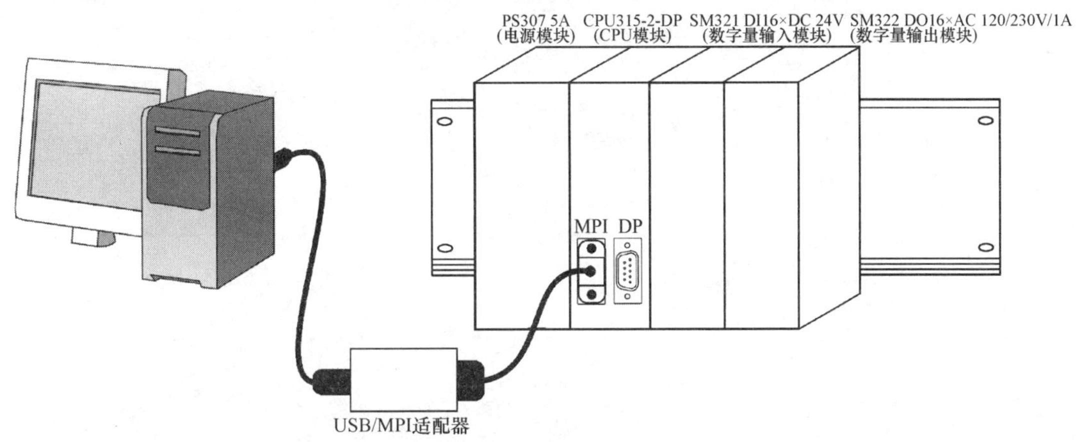

图 9-8　用 USB/MPI 适配器连接 PC 与 PLC

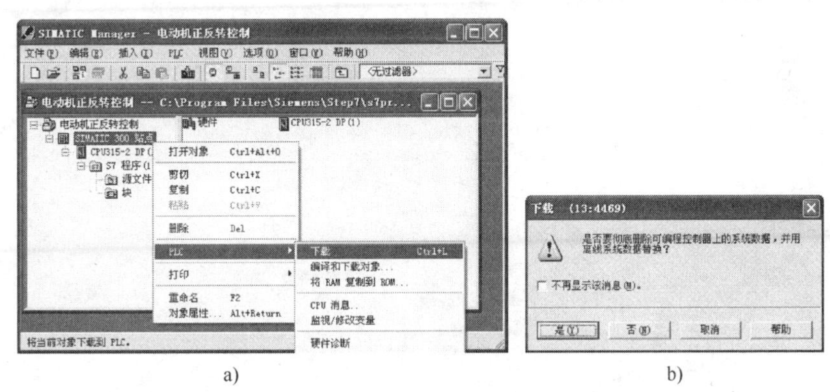

图 9-9　下载程序

9.2.7　系统调试运行

程序下载到机架的 CPU 模块后，将 CPU 模块的工作模式开关切换到 RUN 模式，然后操作各个输入按钮，观察是否产生相应的输出，比如按下按钮 SB2，电动机会正转，按下按钮 SB3，电动机会反转，按下按钮 SB1，电动机应该停转，如果不正常，可对硬件系统（机架模块、接线、输入按钮、输出接触器和主电路及电动机等）和程序进行检查。

系统调试正常后，可试运行一段时间，若无问题发生可正式投入运行。